유기농 농부

The New Organic Grower

유기농 농부 The New Organic Grower

30주년 기념판

엘리엇 콜먼 지음 | 제효영 옮김 | 김원신 감수

서문

한국의 독자들에게

미국 대서양 북부 해안에 사는 한 농부가 쓴 책을 저 멀리 한국의 어느 농부가 관심을 갖고 읽을지도 모른다고 생각하니 정말 기쁩니다. 그리고 인간이 땅을 대하는 방식은 보편적으로 중요한 일이라는 저의 신념은 더욱 확고해집니다.

유기농법은 생물학적으로 살아 있는, 비옥한 토양을 만들고 유지하는 것에 뿌리를 두며 토양이 혜택을 선사할 때 성공할 수 있습니다. 이렇게 농사를 지으면 해충 걱정 없는 식물과 면역력이 튼튼한 동물을 생산할 수 있다는 사실은 과학적으로도 검증되었습니다.

놀랍도록 복잡한 토양 미생물을 연구할수록, 화학물질을 사용하지 않는 자연적인 식품 생산에는 이 토양 미생물이 담당하는 생태학적인 과정이 반드시 필요하다는 사실이 드러나고 있습니다. 전통적인 농업 시스템에 담긴 직관적인 슬기로움 역시 명확하게 밝혀지고 있습니다. 생물학적으로 살아 있는 비옥한 토양에서는 영양학적으로 최상의 품질을 갖춘 식량이 생산됩니다.

농장 외에 다른 곳에서 나온 무언가를 투입하지 않아도 땅을 비옥하게 만들 수 있습니다. 밭에서 나온 비료와 윤작, 친환경 거름, 피복작물, 풀을 먹고 사는 가축, 얕게 갈기, 뿌리가 깊게 자라는 콩과식물, 그 밖에 오랜 세월 전해진 땅을 보살피는 방식들, 토양의 한계가 없는 에너지를 북돋우고 토양의 원칙을 지킨 방법들이 땅을 비옥하게 만듭니다. 유기농법은 끝없는 순환과 재생의 과정이며 땅이 있는 곳이라면 어디서든 성공할 수 있습니다. 풀과 콩과식물이 자라는 목초지를 포함시켜 윤작을 하면 땅을 비옥하게 유지하고, 땅속 깊은 곳의 무기질을 거의 무한히 활용할 수 있습니다. 가축이 풀을 뜯으며 자라면 땅에 이롭고, 목초지가 있으면 가축에게 이롭습니다.

가장 중요한 사실은, 유기농법으로 땅을 비옥하게 만드는 기술이 그리 어렵지 않은 토양 관리 기법을 터득하면 더욱 공고해지고, 이렇게 구축된 식량 생산 시스템은 모든 농민들이 따로 돈을 들이지 않고도 활용할 수 있으므로 지구 전체가 우수한 식량을 영원히 얻을 수 있다는 것입니다. 유기농법은 지역과 문화를 모두 초월하여 이제 식량 생산의 세계 공통어가 되었습니다. 이제 한국의 독자 여러분들과도 유기농법이라는 삶의 방식을 나누고자 합니다.

30주년 기념판 서문

소규모 농장은 농업이 더욱 탄탄하게 성장하는 곳이다. 자연의 퍼즐을 풀고 있는 그곳 사람들로부터 매일 새로운 아이디어가 생겨난다. 나는 오래전 이 책의 초판 원고를 완성한 후에 다른 나라를 여러 차례 다녀왔다. 어떤 새로움이 있는지 알아보기 위해서였다. 두 번 찾아간 호주에서, 한 달을 보냈던 칠레와 아르헨티나에서, 그리고 일주일간 머물렀던 멕시코에서 유기농 농부들과 만나 나의 생각들을 계속 발전시키고 다듬었다. 내 책을 읽은 분들, 그리고 책에서 다룬 특정 주제에 관한 더 많은 정보, 혹은 내가 다루지 않은 내용에 관한 자료를 얻고자 하는 분들로부터 의견을 듣는 혜택도 누렸다. 새로 수입되는 농기구와 이곳 미국에서 직접 제작되어 판매되는 장비들도 생겼다. 예전에 결론을 내렸지만 더 많은 정보를 얻고 난 후 그때와 생각이 정반대로 바뀐 경우도 일부 있었다.

본 개정판은 전체적으로 세부적인 내용이 조금씩 변경됐다. 몇몇 장에는 새로운 내용이 많이 더해졌고 필요하다고 생각한 내용을 다루기 위한 새로운 장도 추가되었다. 특정 주제를 더욱 심층적으로 알고자 하는 독자들을 위해 책 뒷부분 각주에 학술 자료 목록을 추가했다. 식물과 해충의 균형에 관한 장은 본문 내용이 늘어났다. 내가 각별히 관심을 쏟는 주제이기도 하고, 유기농 채소를 자연계의 흐름에 맞춰서 재배하는 법을 이해하는 데 중요한 의미가 있는 내용이기 때문이다.

나는 내가 잘 아는 것에 관해서만 글을 쓴다는 원칙을 세웠다. 그래서 이 책에서 다루지 않는 주제가 많다. 내가 경험해보지 않은 기술 가운데 독자들에게 유용할 것 같다고 판단되는 부분은 그 기술을 실제로 활용해온 사람의 정보를 참고할 수 있도록 표시해두었다.

처음 초판을 쓸 때부터 이렇게 개정판이 나오기까지 내가 가장 바란 것은 이 책이 농부들에게 꼭 도움이 되었으면 하는 것이다. 그래서 초판의 내용이 잘못된 것으로 밝혀져 이번에 수정해야 할 부분이 하나도 없었다는 점과, 좀 더 명확하게 설명할 수 있는 부분이 생겨서 그리고 우리의 농사짓는 방식이 크게 발전하여 내용을 더 보완해야 할 필요성 때문에 수정하게 된 점은 참으로 기쁜 일이다. 1988년에 이 책의 초판을 마무리하면서 나는 '20년 전에 이런 책이 한 권 있었다면 좋았을 텐데.'라고 생각했었다. 전 세계 다른 농부들로부터 배운 신뢰할 만한 정보들, 여러 도서관에서 뒤지고 파헤쳐서 찾아낸 잘 알려지지 않은 정보들, 그리고 내가 직접 떠올린 생각들을 도움을 필요로 하는 많은 이들에게 전할 수 있다는 건 보람찬 일이다. 자연의 생물학적 시스템에는 품질이 가장 우수한 채소를 생산하는 기술로 활용할 수 있는 일관된 패턴이 존재한다. 나는 이 책이 그러한 패턴에 좀 더 쉽게 다가가는 발판이 되었으면 한다.

감수자의 글

1950년부터 세계 식량생산량은 두 차례의 녹색혁명을 거치면서 경이롭게 증가하였다. 이러한 배경에는 현대화된 농업기계, 관계, 그리고 화학비료와 농약의 지속적인 사용에 기인하였다고 볼 수 있다. 그러나 우리는 계속적인 화학비료와 물 그리고 농약의 투입이 더 이상 추가적인 증산이 일어나지 않는다는 것을 알게 되었다. 이와 같은 화학적인 농업방식으로 인한 병해충의 유전학적 저항성 생성은 농약의 사용량을 증가시키고 지하수와 지표수를 오염시키는 환경문제 등을 유발시켰다. 환경문제는 지구상의 생태계를 교란하고, 결국은 부메랑이 되어 돌아와 우리 모두의 건강문제에 영향을 주고 있기 때문에 농업에 의한 환경오염을 줄이고 자연과 함께 공존할 수 있는 지속가능한 유기농업으로 전환하자는 목소리가 높아지고 있다. 그러나 농부들이 지속가능한 농업을 적절하게 잘 운용하여 성공하기 위해서는 유기농업에 대한 체계적인 연구와 정확한 정보제공 그리고 직접 체험할 수 있는 현장교육 등이 이루어져야한다. 물론 유기농법에 관한 연구와 교육이 다양한 기관에서 이루어지고 있지만, 농부들이 지속가능한 유기농업체계를 구축하기 위한 체계적인 정보를 얻기에는 충분하다고 볼 수 없다. 이 책은 엘리엇 콜먼이 아무것도 모르는 상태에서 생물학을 기반으로 하는 유기농업을 시작하여 20년 동안 연구와 경험을 통해서 얻은 소중한 정보들을 모든 농부들과 공유하기 위해서 1989년에 초판을 출간하였고, 이후로도 30년 동안의 끊임없는 연구와 노력으로 얻은 추가적인 정보들을 보완하여 내놓은 3번째 개정판으로 소규모 농업으로 성공하고 싶어 하는 농부들에게 반드시 필요한 비법들이 담긴 유기농법에 대한 지침서라고 볼 수 있다.

그는 지속가능한 농사 방법의 해답은 자연계에서 끊임없이 일어나는 생물지화학적인 순환의 원리에 있다는 신념을 가지고 그 방법을 찾아 탐험한 모험가라고 볼 수 있다. 식량증산의 원동력이라고 할 수 있는 화학적인 농법에서는 농부는 비료와 농약과 같은 화학물질을 투입하여 생물순환을 간섭하지만, 생물학에 기반을 둔 유기농법에서는 농부는 그 순환과정에 관여하는 구성요소들이 하나가 되도록 조율하는 마치 오케스트라의 지휘자와 같은 역할을 해야 한다는 것을 알게 된 것이다. 그의 이런 신념은 인간이나 동물도 영양의 균형이 무너지게 되면 질병에 걸리기 쉽듯이, 식물도 마찬가지로 토양에 영양성분의 균형이 깨지게 되면 부적절한 성장을 초래하고 그로 인한 병충해 저항성 저하, 영양소의 균형이 깨진 저품질의 식품생산, 건강문제 초래 등이 서로 연계되어 있다는 것을 인식하고 토양의 균형 잡힌 비옥도야말로 유기농법의 핵심이라고 강조하고 있다. 그는 다년간의 경험을 통해 직접 얻은 균형 잡힌 토양비옥도를 유지하는 노하우를 알려주고 있다. 소규모인 그의 농장에서는 1년 내내 다채로운 신선한 채소들이 생산되고 있다. 이 책에서는 자연계의 순환 원리를 바탕으로 하는 토양관리 방법은 물론이고 작물의 선택과 재배관리 방법, 유용한 농기구와 시설, 가축의 사육방법, 그리고 수확과 판매 전략까지도 쉽게 적용할 수 있을 정도로 생생하게 소개되어 있다.

웰빙과 날이 갈수록 심각해지는 환경오염에 대한 관심이 점점 높아지고 있는 시점에서 엘리엇 콜먼이 50년간 직접 체험하여 얻어낸 지속가능한 유기농법에 대한 결정체나 마찬가지인 소중한 정보들을 이 한 권의 책으로 접할 수 있게 되었다. 이는 소규모 농업으로 성공해보려고 하는 농부들은 물론이고 유기농 채소에 대한 보다 정확한 정보를 얻고자 하는 소비자들에게도 아주 커다란 행운이 아닌가 싶다.

— 김원신

차례

일러두기

1. 저자는 미국 북동부의 메인 주에서 유기농 농장을 운영한 경험을 바탕으로 이 책을 집필했습니다. 작물의 선택과 재배 방법 등은 기후와 토양에 따라 다를 수 있으니 현지의 환경에 맞추어서 사용할 것을 권합니다.
2. 독자의 편의를 위해 저자가 사용한 미국 단위계를 환산하여 미터법으로 수록하였으나 도면 등 일부 내용에는 '인치' 단위가 남아 있습니다. '평' 단위는 2006년 산업자원부의 '법정 계량단위 사용 정착 방안' 발표 이후 더 이상 사용되지 않지만, 면적에 대한 독자의 이해를 돕기 위해 '제곱미터' 단위에 '평' 단위를 병기하였습니다.
3. 본문 하단에 작성된 각주는 옮긴이의 주입니다.

1장

농업이라는 태피스트리

하나의 언어를 다른 언어로 번역하는 일이란… 플랑드르 산 태피스트리의 뒷면을 보는 것과 같소. 형체는 보이겠지만 실이 너무 많은 나머지 뚜렷하지가 않은데다, 앞면처럼 매끄럽고 선명하지는 않으니 말이오.

— 미겔 데 세르반테스Miguel de Cervantes, 『돈키호테』

지금 커다란 홀의 천장에 매달린 거대한 플랑드르• 산 태피스트리••를 보고 있다고 상상해보자. 그 태피스트리에는 자연계가 정교하게 수놓아져 있다. 심토와 표토, 잘 갈린 밭과 푸르른 목초지, 정원과 과수원, 대초원과 숲, 골짜기와 산, 바다,

• Flandre. 벨기에 동, 서 2개의 플랑드르를 중심으로 북해와 접하는 지역. 영어로는 플랜더스(Flanders)라고 부른다.

•• 여러 가지 색실로 그림을 짜 넣은 직물. 벽걸이나 가리개 따위의 실내 장식품으로 쓴다.

그리고 하늘까지 모두 생생하다. 크고 작은 생물들도 볼 수 있다. 새들과 물고기들, 세균과 균류, 포식자와 먹이…. 이들 사이의 동적인 균형도 느껴진다.

태피스트리의 앞면을 보고 있는 여러분 주변에는 사람들이 별로 없다. 그런데 뒷면 쪽에서 굉장히 시끌벅적한 소리가 들린다. 홀 끝까지 걸어가서 모퉁이를 돌아가니 태피스트리의 뒷면이 보인다. 칙칙한 색깔과 축 늘어진 실들 때문에 세르반테스가 언급한 것처럼 그림은 어렴풋이 드러날 뿐이다. 그런데 그 앞에 엄청나게 많은 사람들이 모여서 무엇이 보이는지 해독해보려고 골머리를 앓고 있다. 오직 태피스트리 뒷면이기 때문에 존재하는 문제들인데, 사람들은 그것을 해결하려고 애쓰는 중이다. 이 태피스트리에 앞면이 있다는 사실조차 알지 못한다. 여러분이 이야기해주더라도 아마 믿지 않으리라. 이들이 서 있는 위치에서는 정교한 자연계가 보이지 않는다. 그래서 사람들은 흐릿한 뒷면을 토대로, 지구는 설계부터가 식량을 생산히기에는 형편없는 곳이며 이를 바로잡으려면 인류가 나서서 상당 부분 힘을 보태야 한다고 확신한다.

이런 문제가 태피스트리 뒷면에 서 있는 사람들의 무지함 때문에 생긴 일이라고는 할 수 없다. 오히려 이들 중에는 머리가 좋은 사람들이 많다. '엉킨 실 이론'이라던가 '무작위 색 가설'처럼 널리 인정받고 광범위한 연구가 이루어진 대표적인 과학적 이론도 존재한다. 대학마다 '너저분한 실 끄트머리 학과'가 있고 관련 분야에서 커리어를 쌓으려는 학생들이 대거 몰린다. 다양한 학술지에 논문도 많이 발표되었다. 학계의 연구에 발맞춰 대규모 산업단지도 조성되어 해마다 무언가를 촉진하거나 통제하는 물질이 톤 단위로 끝없이 생산된다. 태피스트리 뒷면을 보는 사람들은 자연의 허점을 보완하기 위해 앞으로도 계속해서 이렇게 막대한 노력을 기울인다면 전부 다 잘 해결되리라고 굳게 믿는다.

하지만 다시 태피스트리의 앞면을 보면, 허점은 전혀 보이지 않는다. 뒷면에 서 있는 사람들이 혹시 "자연은 우리가 생각하는 것 이상으로 복잡하지 않다. 우리가 생각할 수 있는 것보다 더 복잡할 뿐이다."라는 생태학자 프랭크 에글러Frank Egler의 말을 증명하려는 건 아닌가하는 의구심이 들 정도로 앞면에는 전혀 해당되지 않는 이야기다. 앞면을 좀 더 상세히 탐구하면 패턴이 눈에 들어온다. 또 농부들이 농사짓는 방식들은 전부 자연계가 원하는 방향으로 조화를 이루게끔 설계되었음을 알게 된다. 농부들이 해온 일들은 우리와 상호작용하는 세상을 보살피고, 더 강화시킬 수 있도록 선택된 것이라는 사실도 알게 된다. 자연계를 좌우하는 것은 생명 활동이며 올바른 농업이란 토양에 중점을 두는 생물학적인 농업이다. 그와 같은 생물학적 농업은 지구가 존속하는 한 생산성이 지속된다. 이를 현실로 만들기 위해서는 일단 태피스트리 앞으로 와서 논의를 해야 한다.

2장

유기농업의 간략한 역사

지식이 정리되지 않으면 많이 알수록 혼란만 커진다.

— 허버트 스펜서Herbert Spencer

20세기 초반에 독일과 프랑스, 영국에서 농업에 관심이 많았던 여러 농민들은 수십 년 동안 화학적인 농업이 아닌 순수한 '생물학적' 농업을 이루어보려고 노력했다. 농사에 화학물질을 사용하면(수용성 비료와 유독한 살충제 모두) 토양은 물론 그 땅에서 나온 농산물을 먹는 가축과 사람의 건강에도 해롭다는 결론에 다다랐기 때문이다. 이들의 생각은 오늘날의 유기농업 형성에 자극제가 되었다. 생물학에 초점을 맞추는 이 새로운(나는 '재발견되었다'는 표현이 더 어울린다고 생각한다) 농업방식은 화학물질이 우리가 먹는 식품의 품질에 악영향을 준다는 사실을 직접 경험한 사람들로부터 나왔다. 이들 '생물학적 농업'을 선택한 농민들은 농업이 잘못된 길로 가고 있다고 주장했다.

기존의 농업을 대체할 수 있는 방법이 필요하다는 생각은 19세기에 처음 흘러나왔다. 화학물질이 기본 성분인 투입물을 활용하여 식량을 생산하는 방식은 1840년대에 처음 등장한 이래로 널리 알려지게 되었지만, 시간이 지나면서 많은 농민들과 과학자, 시골 지역의 철학자들이 그러한 방식에 의문을 제기하기에 이르렀다. 그러다 19세기 후반에 생물학의 발전으로 질소 고정의 원리와 균근의 형성, 토양의 미생물학적 특성, 타감 작용, 잡초의 생태학적 특성, 식물과 해충의 관계를 설명할 수 있는 새로운 사실들이 발견되자 이들은 그런 내용을 바탕으로 하는 자연농법을 연구해야 한다는 의견에 뜻을 함께했다. 새롭게 밝혀진 생물학적인 사실들을 통해 자연적으로 이루어지는 일들을 더 깊이 이해할 수 있게 되었고, 윤작과 녹비, 혼합 재배, 퇴비 만들기 같은 전통적인 농법에 직관적인 지혜가 담겨 있다는 사실도 알게 됐다. 생물학을 토대로 현대적인 농업을 구축할 수 있는 과학적인 기반이 마련된 것이다.

농업의 화학물질 사용에 조직적으로 반대하는 움직임은 건강 개선이 목표였던 독일의 '생활 개혁 운동'에서 맨 처음 시작됐다. 1890년대 초부터 식품의 품질 저하에 관한 논의가 확대되었고, 과도한 화학 비료의 사용이 그와 같은 문제의 원인일 수 있다는 의혹이 일부에서 제기됐다. 당시는 납과 비소가 함유된 농약도 마음대로 사용할 수 있었던 시절이었고, 그러한 물질이 유독한 잔류물질로 남는다는 사실도 문제로 지적됐다. 생활 개혁 운동에서는 이러한 흐름에 대응하여, 비옥한 토양에서 자연적인 방식으로 식량을 재배할 경우 어떤 이점이 있는지 강조했다. 1911년에 발간된 『토양의 비옥함과 식물 성장, 인간의 건강』이라는 구스타프 시몬스Gustav Simons의 저서는 토양과 그 토양에서 재배되는 식물의 품질이 인체 영양의 질적 수준에 직접적으로 연결되어 있다는 생각이 점차 확산되고 있다는 것을 알려준 최초의 서적이다.[1]

미국에 유기농법이 처음 들어온 1940년대를 이야기할 때 가장 많이 언급되는 두 인물인 영국인 앨버트 하워드Albert Howard나 미국인 로데일J. I. Rodale의 업적을 살펴보면, 이들의 새로운 아이디어가 그 시대에 격렬한 반응을 일으켰으나 실제로는 이미 50여 년 전부터 쭉 발전해온 생각이었으며 이들이 창시자라기보다는 그런 아이디어를 널리 알린 사람들이었음을 알 수 있다. 유기농법을 한낱 몽상으로 만들려는 움직임이 지금도 끊임없이 이어지고 있다는 점을 감안할 때, 유기농법은 실제 농사에 적용된 것은 물론 과학적 연구의 측면에서도 오랜 역사가 있음을 강조할 필요가 있다.

그와 같은 방식을 지지한 초창기 유기농 농부들이 답을 찾고자 했던 다음 세 가지 질문에서, 농업을 생물학적으로 새롭게 접근하는 방식이 무엇에 초점을 두는지 알 수 있다. 이 세 질문의 답은 서로 긴밀히 연결되어 있다.

1. 토양을 오랫동안 비옥하게 만들고 유지할 수 있는 방법이 있을까?
2. 식량 작물의 영양가를 최대한 향상시키는 방법이 있을까?
3. 농업에서 해충 문제는 어떻게 해결할 수 있을까?

토양의 비옥함

영국의 의사 비비안 푸어G. Vivian Poore가 쓴 1893년 저서 『시골 지역 위생에 관한 에세이』중 한 장은 '살아 있는 땅'이라는 제목으로 시작된다. 푸어는 이 부분에서 토양이 비옥해지는 과정에 유기물이 얼마나 중요한 역할을 하는지 설명하고 토양 생물의 생물학적인 활성이 그 과정에 동력이 된다고 강조했다. "농부들이나 상업적인 원예 농민들은 화학 비료에 '근거가 없다'고 이야기한다. 즉 그런 비료는 그저 추측에 기대어 사용할 뿐이다. 하지만 폐기된 유기물은 그와 정반대다. 유기물이 토양에 끼치는 영향은 3~4년 정도면 뚜렷하게 드러난다. 결국에는 이 유기물이 땅을 비옥하게 하는 '부엽토'가 되고, 모든 나라를 살찌우게 하는 유일무이한 '영구적' 자원이라는 사실을 알게 된다."[2]

생물학을 기반으로 한 농업의 기틀을 형성하는 데 큰 역할을 한 영국의 농민 로버트 엘리엇Robert Elliot 역시 1898년에 펴낸 그의 저서 『농업의 변화』에서 이 같은 사실을 더욱 강조했다. 엘리엇은 화학물질 제조업체들이 농업에서 우수한 결과를 얻기 위해 화학 비료 사용을 권장하는 현실을 개탄했다. "부엽토의 또 다른 기능을 간단히 열거하면 다음과 같다. 부엽토는 질소를 공급할 뿐만 아니라, 부식되는 과정에서 토양에 인과 탄산칼륨도 공급한다. 씨앗이 발아하고 식물이 성장하려면 공기와 습도, 온도 조건이 모두 알맞게 갖춰져야 한다. 즉 토양의 화학적 조성에는 거의 영향을 받지 않고 물리적인 조건에 더 큰 영향을 받는데, 이 부분은 부엽토를 대량 활용하는 방식으로만 효과적으로 충족할 수 있다. 화학자들은 사실상 농업을 전혀 알지 못한다. 그렇지 않다면, 농민들에게 천연자원을 전부 다 활용해봤는지부터 물어보았을 것이다."

1910년에 일리노이 농업실험장 대표를 맡았던 미국의 농업과학자 시릴 홉킨스Cyril Hopkins는 가장 많이 알려진 저서 『토양의 비옥함과 영구적인 농업』을 펴냈다(지속가능한 농업 시스템에 관한 최신 자료라 해도 손색이 없는 자료다).[3] 홉킨스는 연구 결과 다음과 같은 결론을 내렸다고 밝혔다. "일반적인 미국의 토양에서, 토양의 생산력을 꾸준히 증대시키거나 최소한 영구적으로 생산력을 유지할 수 있는 농업 시스템을 구축하는 데 필요한 요소 세 가지가 있다. 바로 석회석과 인, 그리고 유기물이다. 유기물을 공급하는 방식은, 유기물이 부패하면서 질소가 공급되고 토양에 풍부하게 함유된 칼륨과 기타 필수 성분이 활용될 수 있는 방향으로 개선되어야 한다. 더불어 인은 토양에 자연적으로 포함되어 있거나 토양에 인산염을 원재료로 공급한 후 충분히 활용할 수 있어야 한다."[4]

위 세 가지 예시는 모두 화학 비료가 활용된 초창기부터 농민들과 연구자들 모두가 허점을 명확히 알고 있었다는 사실을 보여준다. 그러나 화학업계는 경제력과 정치적 영향력에 힘입어 계속해서 제품을 생산, 판매하는 실망스러운 결과가 이어졌다. 그런 상황에서도 20세기 초 유럽에서는 생물학적으로 토양을 비옥하게 만들어야 한다는 새로운 생각을 중심으로 한 연구가 활발히 진행되었고 점차 많은 사람들이 동조했다. 1930년대에는 이 문제에 관심이 많았던 농민들이 과학적인 근거를 토대로 화학물질, 그리고 화학 산업이 침투하기 전에 이루어졌던 생물학적 기반의 농업을 업데이트하기 시작했다. 독일의 하인리히 크란츠Heinrich Krantz와 에발트 쾨네만Ewald Könemann[5], 스위스의 한스와 마리아 뮐러Hans and Maria Müller[6], 프랑스의 피에르 델베Pierre Delbet[7]와 라울 르메르Raoul Lemaire[8], 영국의 이브 발포어Eve Balfour[9]와 앨버트 하워드[10]까지, 모두 자연적인 방식으로 토양을 지속적으로 비옥하게 개선함으로써 농업 시스템을 성공적으로 발전시키는 데 기여했다.

1946년까지 농업계 전반에서 이와 같은 생각에 상당한 관심이 기울여지고 많은 논의가 이루어졌다. 미국의 주요 농기구 생산업체인 인터내셔널 하베스터 컴퍼니International Harvester Company는 칼 믹키Karl Mickey가 쓴 125쪽 분량의 팸플릿 「땅에서부터 시작되는 건강」[11]의 제작을 후원하기도 했다. 이 팸플릿은 칼 믹키가 그보다 먼저 발표한 토양 보존에 관한 자료 「인간과 토양」에 이어서 나온 것이지만 1권과 달리 "주로 토양의 특성이 개개인에게 미치는 영향"을 다루었다. 믹키는 웨스턴 프라이스Weston Price와 로버트 맥캐리슨Robert McCarrison, 앨버트 하워드 등 당시 대체 농업 분야에서 거의 독보적인 존재였던 인물들의 연구 결과를 언급하며 매우 긍정적인 의견을 밝혔다. 비료에 관한 부분에서 믹키는 다음과 같이 설명했다. "다른 영양소가 부족한 토양에 질소 비료를 첨가하면 작물이 비정상적으로 성장하거나 병에 걸리는 일이 종종 있다. 순수 화학물질로 이루어진 염 성분의 비료를 과도하게 사용하거나 적절치 않은 방식으로 사용하면 토양에 꼭 필요한 성분 일부를 잃을 수 있다. 축사에서 나온 거름이나 콩과 식물을 갈아엎는 방식, 토양의 유기물 함량을 높일 수 있는 다른 방법을 활용하면 그러한 성분을 보존할 수 있다."

영양학적 품질

의문을 해결할 두 번째 주제는 "비옥한 토양과 재배 방법이 농작물의 영양학적 품질에 어떤 영향을 끼치는가"이다. 과학적인 연구는 덜 이루어졌지만, 오래전부터 깊은 관심이 많았던 주제다. 옛 자료들을 살펴보면 찰스 노던Charles Northen, 율리우스 헨젤Julius Hensel, 앨버트 카터 세비지Albert Carter Savage, 샘슨 모건Sampson Morgan, 로열 리Royal Lee, 웨스턴 프라이스 같은 이름들이 줄줄이 등장한다. 이들이 우려한 문제는 무기질(칼슘, 칼륨 같은 주요 무기질과 구리, 아연, 붕소 등 미량원소 모두)이 토양에 존재하지 않으면 음식의 영양학적 품질이 떨어져 소비자의 건강이 악화된다는 점이다. 토양의 쓸 수 있는 무기질을 개선할 수 있는 일반적인 방안으로는 유기물 비율을 높여서 토양의 생물학적 활성도를 높이는 것부터 뿌리가 깊은 곳까지 자라는 녹비 작물을 재배하여 더 깊은 토양층에 있는 무기질을 위로 끌어 올리는 것, 골재 채취시 발생하는 돌가루를 미세하게 분쇄한 후 토양에 뿌려서 천연 무기질을 공급하는 것과 같은 방법이 제시되었다. 이 문제에 관한 관심이 증대되면서 천연 무기질과 관련된 신뢰할 만한 연구 결과도 상당수 발표되었으나, 결정적으로 사람들의 관심을 끌어 모은 것은 토양의 무기질 결핍이 사람과 가축에게 영향을 준다는 사실이 밝혀진 점이다.

미국 농무부 식물 산업국의 국장이었던 아우처E. C. Auchter 박사는 1939년 『사이언스Science』지에 '토양과 식물, 동물, 인간의 영양학적인 상호 관계'라는 제목의 사설을 썼다. 이 글에서 그는 그동안 "인간의 신체 건강과 식물의 조성, 발달에 영향을 주는 토양 요소 간의 상호 관련성"이 경시되어 왔다고 언급했다. 이어 과거에는 생산량을 늘리는 것에만 중점을 두었지만, "인간과 동물을 위해서는 '영양학적' 품질이 가장 우수한 작물을 생산하는 일에 더 큰 관심을 기울여야 한다. 영양이 부족한 토양에서 생산된 저품질 식물 또는 동물 제품이 현재 나타나는 건강 악화의 부분적인 원인으로 작용했다면 이는 식물과 동물, 토양을 연구하는 사람들이 해결해야 할 문제이며 이들에게 회피할 수 없는 책임이 있다."고 밝혔다. 뒤이어 기고한 글에서 아우처는 다음과 같은 결론을 내렸다. "이러한 연관성이 밝혀짐으로써 농업 이론과 실제 농업 방식에 혁신적인 변화가 일어날 것으로 예상되며 인간의 복지 향상에 관한 생각도 대폭 바뀔 것이다."[12]

그로부터 10년 뒤, 예일 대학교의 폴 시어스Paul Sears도 오하이오주 의학협회에 보낸 편지에서 이렇게 밝혔다. "토양과 건강의 관계에 관한 대중의 관심이 점점 높아지고 있습니다. 그러한 사람들이 내건 주요 원칙은 토양에서 이루어지는 일반적인 생물학적 과정을 증진시키고 유기물을 토양에 가능한 한 전부 되돌려 놓을 때 비로소 식물과 가축, 인간이 모두 건강해질 수 있다는 것입니다. 때때로 아주 열성적인 사람들이 다소 지나친 노력을 할 때도 있지만, 전반적으로 이들 모두가 굉장히 중요한 진실로 향하고 있습니다."

해충의 역할

토양의 비옥함을 기반으로 하는 자연적인 농업을 옹호하는 움직임이 시작된 때와 거의 비슷한 시기에 또 다른 연구자들은 농업에서 해충을 대하는 일반적인 시각을 재평가했다. 그리고 농약을 열렬히 지지하는 사람들과는 상당히 다른 견해를 밝혔다. 새로운 의견을 형성한 이들 연구자들에 따르면, 해충은 없애야 할 적이 아니라 주목해야 할 지표라고 말했다. 즉 식물이 부적절한 재배 환경으로 인해 취약해지지만 않는다면 해충이 끼어들 틈도 생기지 않는다는 것이 이들의 주장이었다. 그리고 해충을 없애는 방법을 식물의 재배 조건을 개선시키는 일이라고 강조했다. 이는 상당히 오래전부터 제기된 의견이었다. 무려 1793년까지 거슬러 올라가, 토머스 제퍼슨Thomas Jefferson이 딸에게 쓴 편지에도 다음과 같은 언급이 나온다. "너를 괴롭히는 그 해충들은 척박한 토양 때문에 식물이 약해서 생기는 것은 아닌지 의심되는구나."[13]

찰스 다윈의 증조부인 에라스무스 다윈Erasmus Darwin은 1800년에 과실수 잎이 곤충에 의해 손상된 것을 두고 다음과 같은 추측을 내놓았다. "그 잎들은 이전부터 상태가 좋지 않았고, 그것이 곤충들이 괴롭히기에 딱 좋은 환경이 된 것으로 보인다."[14] 1830년대에 어마어마한 인기를 얻었던 원예 도서 『미국의 새로운 원예사 The New American Gardener』에서 저자 토머스 그린 페센든 Thomas Green Fessenden은 다음과 같이 설명했다. "최상의 성장 환경이 갖추어지면 예방할 수 있다. 종자 또는 식물의 선정, 토양, 여건, 기후 등에 세심한 관심을 기울이면 종류와 상관없이 어떤 곤충이든 식물에 심각하고 영구적인 해를 입히는 일은 일어나지 않는다. 건강한 채소는 유충이나 파리, 벌레 등에 쉽게 피해를 입지 않는다."[15]

파리에서 원예사업가로 활동한 빈센트 그레센트 Vincent Gressent는 1870년 동종 업계에 종사하는 사람들을 위해 쓴 지침서 『현대의 채소밭 Le Potager moderne』에서 다음과 같이 밝혔다. "채소 재배에 사용되는 화학 비료로는 원하는 결과를 전혀 얻을 수 없다. 식물 성장을 촉진하고 농작물의 양은 늘릴 수 있으나 채소의 품질은 떨어진다. 원칙적으로 해충은 영양이 충분치 않아 허약하고 병든 식물만 공격한다. 채소 재배가 완벽하게 이루어지는 파리의 상업 재배지를 가 보면 알 수 있다. 파리의 상업 재배지들 가운데 해충 문제가 없는 곳에서는 모두 재배 농민들이 퇴비를 넉넉히 사용하며 적절한 윤작이 이루어지고 있다."[16]

19세기 초에는 세균이나 균류로 인한 식물 병해를 자연발생으로 설명하려는 이론이 등장했다. 이 이론을 주장하는 사람들은 환경적인 요소가 식물 병해의 주된 원인이라고 보았다. 식물 내부에 발생한 기능 이상을 겉으로만 보고 판단한 것이다. 그러나 이 이론은 19세기 말, 파스퇴르와 코흐 등의 연구 결과가 발표되고 농업계가 식물의 병해는 식물에 존재하는 세균이나 균류와 관련이 있다고 여기면서 완전히 무시됐다. 그로 인해 식물 병해에 환경적인 요소가 끼치는 영향이 경미하다는 결론을 내렸다. 그러나 미생물의 기능에 관한 병리학적 이론이 새롭게 인정받는 상황에서도 일부 연구자들은 재배 환경이 영향을 준다는 생각을 버리지 않았다. 이들은 숙주 식물이 이미 부적절한 환경 조건으로 인해(부실한 토양, 과도한 습기, 공기 부족, 저온 등) 취약해진 상태인 경우에만 미생물이 병해를 일으킬 수 있으며, 이 부분은 농부가 충분히 조절할 수 있다고 주장했다.

'소인 이론 Predisposition Theory'으로도 알려진 이 견해를 주도한 대표적인 두 인물이 영국의 마셜 워드 H. Marshall Ward와 프랑스의 파울 소라우어 Paul Sorauer다. 여기서 '소인'이란 감염에 영향을 미치는 비 유전적인 조건의 경향을 말하며, 해충에

대한 식물의 취약성을 좌우하는 요소로 정의된다(바로 위 문단에서 괄호 안에 나열된 조건이 그 예에 해당된다). 소인에 따라 외부적인 병해 원인과 만났을 때 식물의 저항성이나 취약성의 수준이 달라진다. 그중에서도 토양의 품질은 병해로 이어지는 주된 원인으로 작용한다. 소라우어는 「병해의 특성」(1905)이라는 글에서 다음과 같이 설명했다. "기생충병은 기생충이 존재하는 것 하나만으로는 일어나지 않는다. 숙주 생물의 상태도 질병을 좌우한다. 우리가 명확하게 정의를 내릴 수는 없어도 흔히 '건강하다'고 이야기하는 생물의 환경이 정상적인 수준을 유지하면 기생충은 이를 이겨내지 못한다. 그러한 환경이 감염을 제한하는 요소로 작용하는 것이다."[17] 영국 왕립 학술원과 왕립 의학협회의 요청으로 실시되는 크루니언 강의Croonian Lecture에 초청된 마셜 워드는 1890년, '소인 이론'을 주장하는 사람들의 견해를 "마치 정상적인 삶이 실재하는 요소들이 적절하게 균형을 이룬 결과물인 것처럼 질병은 생존을 위한 투쟁에서 균형이 깨진 결과물이다."라고 간략하게 설명하였다.[18] 그로부터 85년이 흐른 뒤에 베이커Baker와 쿡Cook은 저서 『식물 병원균의 생물학적인 통제』에서 거의 동일한 설명으로 워드의 이 같은 통찰력 있는 견해에 찬사를 보냈다. "식물에 병해가 발생하는 것은 식물의 생물학적 균형 중 평형이 일부분 깨졌음을 나타낸다."[19]

독일의 학자 폰 티엠Von H. Thiem은 1938년, 해충에 대한 절대적인 면역력과 상대적인 면역력이 존재한다고 밝혔다. 그는 전자를 유전적 면역으로, 후자를 현상적 면역pheno-immunity으로 칭했다. 티엠은 유전적 면역 기능이 발달한 식물은 특정 해충이 번식하거나 발달하지 못하는 반면, 현상적 면역이 발달한 식물은 외부 요소에 영향을 받아 면역력이 달라진다고 보았다. 그리고 현상적 면역 기능을 가진 식물이 해충 저항성을 유지하기 위해서는 토양의 종류와 비옥도, 습도와 같은 환경적 요소를 세심하게 고려해야 한다고 설명했다. 심지어 티엠은 오래전부터 해충을 증대시키는 원인으로 지목된 단일 재배도 재배 방식만 적절하다면 작물의 현상적 면역력이 유지되므로 아무런 문제가 발생하지 않는다고 주장했다.[20]

마셜 워드의 이론은 1940년, 앨버트 하워드의 저서『농업의 증거』에서 다룬 자연농법에 관한 논의에서도 한 부분을 차지했다. 하워드가 1896년부터 1898년까지 캠브리지 대학교에서 대학원 과정을 공부할 때 마셜 워드가 담당 교수였다는 사실도 이때 알려졌다. 하워드의 아내는 그가 '소인 이론'을 처음 떠올리게 된 계기 중 하나가 워드와 만난 것이라고 밝히기도 했다.[21] 하워드는『농업의 증거』에서 자신만의 자연적인 농업 방식에 '소인 이론'을 결합시켜 다음과 같이 강력하게 주장하였다. "곤충과 균류는 진짜 원인이 아니며… 제대로 자라지 못한, 부적격한 작물만 공격한다. 곤충과 균류의 실제 역할은 작물의 영양 상태가 적절치 않다는 사실을 콕 집어서 보여주는 것이다."[22]

위와 같은 견해들은 1940년대에 유기농법이라고 명명된, 생물학적인 기반을 둔 새로운 농업의 개념으로 종합되는 세 가지 생각에 밑거름이 되었다.

1. 토양의 비옥도는 유기물의 비율을 높이는 기술과 작물, 가축의 윤작, 그리고 석회석과 기타 미세하게 분쇄한 돌가루 등 천연 물질을 사용하여 토양의 무기질 함량을 유지하는 방식으로 최상의 수준까지 향상시킬 수 있다.
2. 1번과 같은 방법으로 생산된 식물의 품질이 향상되면 영양이 가장 풍부한 식량이 되고, 이를 통해 인간과 동물은 최상의 건강을 유지할 수 있다.
3. 1번이 적절히 시행되어 식물의 생명력이 향상되면 해당 식물의 면역 기능이 촉진되므로 해충과 병해에 대한 저항성이 생긴다.

위 세 가지 모두 토양을 어떻게 다룰 것인가에서부터 출발하며 다루는 방식에 따라 그 결과가 확연히 달라진다. 소규모 농업에서 최상의 결과를 얻을 수 있다고 알려진 전통적인 농업 방식을 살펴보면 그 핵심적 토양요소인 비옥도는 시중에서 판매되는 산업용 제품의 기능이 아니라는 것을 알 수 있다. 토양의 비옥도는 지능적인 인간과 토양 자체가 스스로 살아 숨쉬는 과정들 사이에서 일어나는 상호작용을 통해서 향상된다. 유기물로 관리되는 토양은 어느 곳이든 이러한 과정이 본질적으로 일어난다. 그것이 바로 토양이 하는 일이다.

폄하하길 좋아하는 사람들은 생물학적인 기반의 농업을 그저 상점에서 사온 화학물질을 똑같이 상점에서 파는 유기물로 대체하는 것일 뿐이라고 하지만 그건 틀린 말이다. 이러한 생각을 뒷받침하는 근거가 있더라도, 경제적인 측면을 고려하면 난처한 일이 된다. 예를 들어 '유기농' 비료로 인기가 많은 골분과 건혈분을 농장 전체에 사용하려고 하면 비싼 비용 때문에 불가능한 일이 된다. 이처럼 물질 대체 효과만 보는 견해는 생물학적 농업의 진짜 목적, 즉 토양을 비옥하게 유지하기 위해 농장에서 직접 만들어낸 지속 가능한 시스템을 발전시키려는 노력과는 무관하다는 것이다. 비료를 다른 것으로 대체하는 것이 아니라, 광범위한 관점에서 농업 방식에 실용성과 경제적 활력을 더하는 것이 생물학적 농업의 핵심이다. 골분과 건혈분을 공급하는 것이나 화학 비료를 공급하는 것이나 점차 줄어들고 있는 유한자원을 이용한다는 면에서 크게 다르지 않다. 둘 다 농업 시스템이 장기적으로 의존할 수 있는 자원이 아니라는 의미다. 이와 달리 효과가 이미 검증된 재배 방식과 그 지역에서 구할 수 있는 폐기물을 활용하여 토양을 비옥하게 유지하는, 생물학적인 측면에 중점을 둔 농업 방식을 선택할 수도 있다. 그와 같은 재배 방식을 예로 들면 아래와 같다.

윤작 러트거스 대학교의 퍼민 베어Firmin Bear는 계획적인 윤작은 농부가 할 수 있는 다른 모든 노력들의 75퍼센트에 해당하는 가치가 있다고 밝혔다.

녹비 뿌리가 깊이 뻗어 자라는 콩과 식물은 질소가 고정된다는 장점과 더불어 단단하게 굳은 지층을 통과하여 토양의 공기 순환을 크게 향상시키고 땅속 깊은 곳에 있는 무기질을 공급한다는 장점이 있다.

퇴비 만들기 생물학적인 방식으로 농사를 짓는 모든 방법 중 우수한 퇴비만큼 토양의 개선에 뜻밖의 큰 도움이 되는 요소도 없다. 농작물 주변에서 자라는 재료들을 활용하면 돈 한 푼 들이지 않고 퇴비를 만들 수 있다.

혼합 농업 동물과 작물을 같은 농장에서 키우면 공생에서 비롯되는 시너지 효과를 최대로 얻을 수 있다. 남은 작물은 동물의 먹이로 쓸 수 있고, 동물의 분뇨는 토양을 기름지게 한다.

다종 피복작물 윤작 시 8종 이상의 식물을 피복작물로 활용하면 토양이 건강해지고 바이오매스와 생태계 다양성이 증가하는 동시에 잡초를 보다 원활히 억제하는 등 다양한 효과를 얻을 수 있으므로 다음에 기르는 작물의 생산량을 최대로 끌어 올릴 수 있다.

곡초식 윤작법 목초지나 클로버 목장으로 사용되던 미개간지는 토양의 유형에 따라 2년 또는 4년 후 땅을 갈아엎어서 비옥하게 만들어준 다음에 줄뿌림 작물을 기른다. 이렇게 하면 여러해살이 식물의 뿌리에서 비롯된 식물의 섬유질을 대량으로 얻을 수 있고, 그곳에서 풀을 뜯고 생활한 가축이 남긴 분뇨의 기능을 생물학적으로 활성화시킬 수 있다.

작물 사이에 씨앗 심기 상품용 작물 사이사이에 녹비작물을 키우면, 상품 작물에는 아무런 영향도 주지 않고 한 해 동안 유기물을 두 배로 얻을 수 있다.

암석 광물 농사짓는 지역에 형성된 암석을 파쇄해서 만든 토양 개량 성분(칼슘, 인, 칼륨, 미량원소 등)을 천천히, 계획적으로 식물에 공급하면 천연 토양입자의 기능을 대신할 수 있다. 이렇게 공급된 영양분은 토양에 존재하는 유기물에서 영양을 얻어서 자란 토양의 생물학적 요소들을 통해 식물이 사용할 수 있는 물질이 된다.

생물 다양성 강화 광범위하게 다양한 작물을 재배하는 것, 목초지에 풀과 콩과 식물 외에 다양한 잡초를 키우는 것, 여러 종류의 가축을 함께 키우는 것, 유익한 곤충이 서식지로 활용할 수 있는 생울타리를 마련하는 것, 새집을 설치하는 것, 생물의 서식지가 늘어날 수 있도록 연못을 만드는 것 등이 생물 다양성을 강화할 수 있는 활동에 포함된다. 자연계는 구성 요소가 다양할수록 안정성이 높아진다.

위와 같은 방식은 생물학적 농업을 채택한 농부들이 인간이 필요로 하는 식량과 섬유질의 수요를 충족시키면서도 큰 부담 없이 작물이 제대로 기능을 발휘하도록 하는 프로그램이다. 생물학적 농업을 실행하는 농부는 화학적인 농업과는 다른 패턴을 보인다. 화학적, 산업적인 농업에서는 어떤 문제가 발생하면 증상에 초점을 맞추고 그 증상을 완화시킬 수 있는 값비싼 상품을 만들어낸다. 반면 생물학적 농업, 즉 유기농업에서는 문제의 원인에 중점을 두고 그 원인을 바로잡으면서 같은 문제가 다시는 발생하지 않도록 막는 자연적인 과정을 촉진할 방법을 찾으려고 한다.

생물학적 농업을 택한 농부들은 화학적인 자극물질을 구입해서 품질과 수확량을 높이려 하지 않고, 토양을 비옥하게 만들기 위해 위에서 언급한 전통적인 방식을 활용한다. 해충 문제도 마찬가지이다. 토양을 더 비옥하게 만들고 무기질 성분의 불균형을 막아 배수와 공기 순환이 적절히 이루어질 수 있도록 관리하고, 토양에 알맞은 식물을 키우며 이를 통해 해충 문제로 이어지는 식물의 스트레스를 없애려고 한다. 농약을 구입해서 해충과 병해를 치료하지 않는 것이다. 앨버트 하워드도 1946년에 쓴 글에서 다음과 같이 밝혔다. “오늘날 농업 교육과 연구가 과연 건실한가에 관하여 나는 주저 없이 의문을 제기한다. 농장과 정원에서 발생하는 문제들이 화학적인 차원이 아니라 생물학적인 차원의 문제라는 사실을 깨닫지 못하고 있기 때문이다. 그러므로 인공 비료와 살포용 독성물질을 만드는 업계 역시 기반이 건실하다고 할 수 없다.” 요약하면, 생물학적 농업의 장기 목표는 ‘병해’나 ‘이상 현상’과의 헛된 싸움이 아닌 ‘수월하고’ ‘질서정연한’ 경작이 되어야 한다.

정말 그런 방식이 가능할까? 자연적인 농업 과정을 따를 때 나타난 현상과 그 과정을 촉진하는 방법으로 밝혀진 사실들을 토대로 등장한 여러 가지 관리법을 단순히 합치는 것으로 성공적인 결과를 거둘 수 있을까? 농업이 그와 같은 방식으로 운영되고 더욱 보편화된다면, 이 새로운 농업은 진정으로 지속 가능한 농업, 세상을 변화시킬 힘을 가진 농업이 될 것이다. 내가 농사를 처음 짓기 시작한 1967년에는 그 당시에 알려진 농업학적 지식이 우리가 시도하려는 유기농법과 일치하는지 확인해보려는 사람이 아무도 없었다. 우리는 퇴비와 재배법을 활용해서 유기적인 방식으로 농사를 짓는 것이 이치에 맞는 일이라는 생각으로 실천에 옮겼고 꽤나 효과가 있었다. 오늘날 대체 농법에 관한 연구 결과를 보면 그때 우리의 시도가 얼마나 영리했는지 알 수 있다. 이제 그러한 연구 결과는 우리가 다 소화하지 못할 정도로 쏟아지고 있다.

한 예로, 토양 유기물은 "토양의 구성물 중 가장 복잡하고 알려진 것이 가장 적은 요소"임에도 불구하고 유기물의 중요성이 거의 매일 발표될 정도다.[23] 퇴비에 사는 지렁이가 만들어내는 생물활성 부식물의 경우 뿌리 성장을 촉진하고 식물에 영양소를 공급하는 것으로 밝혀졌음에도 "상대적으로 큰 관심이 주어지지 않는" 분야라 그러한 작용이 어떤 원리로 이루어지는지는 "아직 명확히 밝혀지지 않았다."[24] 오하이오 주립 대학교의 해리 호이팅크Harry Hoitink가 실시한 퇴비에 관한 연구에서는 '전신획득저항성systemic acquired resistance'이라 명명한 기능이 식물을 보호한다는 사실이 확인되었다.[25] 화이트T. C. R. White는 식물의 생장 환경에 스트레스 요소가 많을 경우 "식물의 대사기능에 악영향을 주고 이로 인해 식물 조직에 활용 가능한 질소의 양이 증가"하며 이는 "그 식물 조직을 먹고 사는 초식동물의 생존과 숫자를 늘리는" 결과로 이어지지만 "식물에서는 이 같은 생리학적 변화가 가시적으로 드러날 만큼 뚜렷한 스트레스 징후로 나타나지 않는 경우가 많다"고 설명했다.[26] 스트레스를 견디는 비유전적 내성은 "환경적 요소에 의해 유도되는 저항성"의 한 형태이며, "한정된 연구자들만 규명하려고 한" 접근방식이다.[27] 유전적인 저항성도 생장 환경에 해당 유전자의 발현을 저해하는 요소가 있을 경우 기능이 발휘되지 않는 건 마찬가지다. 쿠마르 연구진Kumar et al.은 미국 농무부 연구의 일환으로 살갈퀴*로 만든 녹비를 뿌리덮개로 활용해서 키운 토마토가 검은색 비닐을 같은 용도로 사용해서 키운 토마토보다 질병 내성이 우수하고 수명도 더 긴 이유가 무엇인지 조사하였고, 그 결과 살갈퀴가 없는 환경에서는 토마토의 수명과 질병 내성과 관련된 유전자가 "활성화"되지 않았다고 밝혔다.[28]

'녹색 혁명'을 대표하는 작물에서는 영양학자들이 '희석효과'라 부르는 현상을 발견하고 크게 좌절했다. 수확량이 좋은 품종을 만들기 위해 화학 비료를 집

---

* 콩과의 두해살이 풀. 90 cm정도로 자란다.

중적으로 사용하여 키운 채소와 곡물은 한정된 뿌리로 미량 영양소를 충분히 흡수할 수가 없어 결국 영양학적 조성이 불완전해진다. 이런 음식을 소비한 사람들은 미량원소가 부족한, 소위 '숨겨진 허기'라 불리는 상황을 겪게 된다. 최근 브라이언 홀웨일Brian Halweil이 '공짜 점심은 여전히 없다'[29]라는 제목으로 발표한 연구 결과를 보면 식물 육종과 화학 비료의 과도한 사용, 그렇게 생산된 농작물의 영양학적 품질과 이러한 현상에 관한 연구에 새로운 관심이 쏠리고 있음을 알 수 있다. 전 세계에서 활동하는 다른 진보적인 과학자들도 농업의 생물학적 쟁점을 연구하기 시작했다. 이들은 유기농법으로 농사를 지어온 농부들이 지난 125년 동안 구축해온 생물학적 기반의 농업 시스템이 우수하다는 사실을 입증하였다.

이 시점에서 흥미로운 의문이 떠오른다. 이렇게 명확하고 논리적으로 입증된 사실들을 왜 대다수의 농업 과학자들은 무시하는 것일까? 이유를 세 가지로 나누어 생각할 수 있다. 또 다른 현실도 가능하다는 사실을 농업 과학자들이 이해하지 못하는 것, 그리고 퇴비와 녹비, 암석 광물을 활용하여 토양을 관리하면 굳이 농약과 살충, 살균제를 쓰지 않아도 식물이 왕성하게 잘 자라며 수확량도 높아진다는 사실을 이들이 상상조차 하지 못하는 것을 들 수 있다. 무엇보다 그런 사람들은 보편적인 해충 음성적 접근 방식(약한 식물을 먹이로 삼는 해충을 없애는 것)과 상반되는 의미로 내가 '식물 양성적 방식(최적의 재배 환경을 마련하여 식물의 기능을 강화함으로써 해충을 방지하는 것)'이라 칭하는 접근 방식을 받아들이는 데 큰 어려움이 따르는 것으로 보인다. 벤저민 월쉬Benjamin Walsh는 1866년에 쓴 책 『실용 곤충학』에서 다음과 같이 언급했다. "누군가가 새로 특허를 받은 '벌레 끝'이라는 살충제를 밭 구석구석에 조금씩 뿌려두면 벌레란 벌레는 모조리 죽는다고 주장하면, 사람들은 그 이야기에 귀를 기울이고 높게 평가한다. 그러나 정확한 과학적 원칙에서 나온 간단하고 상식적인 방법으로 농부들의 숙적인 해충을 적당한 범위 내에서 점검하고 멀리 떼어 놓을 수 있다고 이야기하면, 사람들은 깔깔 웃으면서 비난한다."[30]

내가 생각하는 첫 번째 원인은 표현 부족이다. 우리가 일반적으로 사용하는 어휘 중에 '식물 양성적' 방식을 설명할 수 있는 단어는 없다. 대학의 식물 '병리학(영어로 pathology이고, 여기서 pathos는 '고통스러워하다'라는 의미)'과에서

무엇을 가르치는지는 누구나 쉽게 예상할 수 있지만, 이와 정반대되는 내용을 가르치는 식물 '○○'학과는 왜 없을까? 이 빈 자리에 어떤 단어가 들어가야 할까? (학문을 의미하는 영어 접미사 '-ology' 앞에 라틴어로 '건강'을 의미하는 san을 집어넣어서) 식물 '건강학Sanology'이나 (또는 그리스어로 '좋다, 우수하다'는 뜻을 가진 eu를 활용하여) 식물 '우수학Euology' 정도를 떠올릴 수 있다. 아니면 ('보호하다'는 뜻의 phylact와 '영양 공급'이라는 뜻의 troph를 합쳐서) 식물 '보호영양Phylactotrophy학'이라고 해야 할까? 정부가 제공한 무상 토지에 설립된 대학에는 '우수한 영양 조성Eucrasiotrophic(앞서 등장한 단어 eu와 trophic, 그리고 '조성, 성질'의 뜻을 가진 crasio를 합친 것)' 농업학과가 반드시 운영되도록 하면 어떨까? 다시 말해 식물이 해충에 찌들어 있다는 전제 대신 건강하다는 전제가 우선시되는 세상이 된다면? 어느 대학의 '식물 강점Phytostenics('식물'을 의미하는 phyto와 '힘, 강점'을 뜻하는 sten을 합쳐서)' 학과에서 잘못된 식물 재배 방식을 전면적으로 뒤집어야 한다고 가르치고 그 방법을 설명한 연구 논문을 발표한다면? 지금과는 전혀 다른 세상이 될 것이다. 그러나 현실은 그러한 개념을 정의할 만한 과학적인 표현이 없고, 이로 인해 대부분의 사람들이 너무한 개념으로 여길 뿐만 아니라 그 의미를 잘 이해하지 못한다.

두 번째 원인은 인간이 직접 관여하여 처리하지 않는 세상은 아예 상상조차 못 하기 때문이다. 생물학적 농업방식을 실천하는 농부 중 한 사람으로서 나는 자연과 협업하며 자연의 지시를 따르는 위치에 있다고 생각한다. 내가 활용할 수 있는 명확한 지식은 한정적이므로, 나는 이 같은 농업 경영방식을 '능력은 있지만 무식한' 방식이라고 칭하곤 한다. 그리고 실제로 이 명칭이 아주 적절하다고 느낄 때가 많다. 하지만 자연계의 설계를 믿고 자연이 이끄는 대로 기꺼이 따르는 나의 방식은 인간이 자연을 관리해야 한다고 생각하는 사람들의 눈에 못마땅하게 비춰진다. 토머스 콜웰Thomas Colwell의 저서 『인간의 가치와 자연과학』에 이 점을 지적한 설명이 나온다. "그러나 인간은 자연의 일부임에도 자연의 지도를 성실히 따르기보다 자연계를 통제하고 변화시키는 독특한 기능을 발휘한다. 오늘날에는 그래야 한다는 믿음이 더욱 강해졌고, 당연한 일로 여긴다. 인간이 만든 문명 전체가 그 믿음을 토대로 세워졌다. 과학이 자연을 통제해야 한다는 베이컨의 주장은 추정에 근거한 지식으로 끝나지 않고 인간의 정서적 태도에 깊이 뿌리를 내렸다."[31]

세 번째 이유는 화폐가 물물교환을 대체한 산업혁명 초기로 거슬러 올라간다. 생물학적 농업 시스템에서는 돈을 주고 구입한 상품을 농업에 투입해야 하는 필요성이 가장 낮다. 이러한 사실은 큰 장점이 될 수 있지만, 당시에는 결점으로 여겨졌다. 산업화된 화폐경제 시대에는 생물학적 농업을 활용하여 식품을 생산하는 방식이 세상이 돌아가는 방식과 완전히 역행하는 것으로 여겨진 것이다. 위에서도 설명했듯이 생물학적인 농업은 자연계와 협업하고 필요한 자원은 자급자족해서 활용하므로 산업화와는 무관하다. 여기서 자급자족이란 생물학적인 농업에서 농사에 필요한 자원 대부분이 농장 내에서 나온다는 것을 의미한다. 한 마디로 농사에서 땅을 전적으로 활용하는 생물학적 농업에서는 산업화된 세상에서 만들어진 제품을 굳이 구입해서 사용할 필요가 없다.

지금까지 살펴본 것들은 자연의 생물학적인 현실 내에서도 인간이 필요로 하는 식량과 섬유질을 얼마든지 충족시킬 수 있음을 깨달은 지각 있는 농부들이 밝혀낸 간단한 농업 방식을 제대로 이해하는 사람이 적기 때문이다. 생물학적 농업에서는 자원을 자급자족으로 얻는 만큼 산업이 끼어들 틈이 없고, 결과적으로 광고도, 연구개발 사업도, 시끌시끌한 이야기나 귀를 기울이는 관중도, 비즈니스도 없다. 직접 만든 퇴비와 오랜 세월 전해진 생물학적 농업 기술을 활용하여 누구나 해충 피해 없이 잘 자라는 식물을 기를 수 있고 그 생산량도 상당하다면 살진균제나 농약, 무수암모니아를 사고파는 시장은 존재할 수가 없다. 그러므로 산업사회는 상품화가 불가능한 개념, 즉 산업 생산품을 꼭 구입하지 않아도 되는 아이디어를 적대시하며 그러한 아이디어는 시장에서 금세 외면당한다.

혹은 그저 단순히, 생물학적 농업에 관한 아이디어가 실현 가능성이 없다고 믿는 것이 문제인지도 모른다. '브로콜리를 벌레가 생기지 않게 기를 수 있다고? 항생제를 안 쓰고 가축을 기를 수 있다고? 헛꿈 꾸고 있네!'라고 생각하는 것이다. 하지만 내가 이 책을 통해 어쩌면 극단적으로 보이는 아이디어와 결론을 이렇게 제시하게 된 이유는, 이것들이 내가 일하는 밭에서 매일 실제로 보고 겪은 일들이기 때문이다. 나와 동료들은 농담 삼아 우리 밭을 '국립 경험연구소'라고 부르곤 한다. 과학적인 근거가 부족하다면, 우리가 할 수 있는 일은 실제 경험을 통해 알아내는 것뿐이다. 나는 식물을 키우고, 옮겨 심고, 밭을 갈고, 울타리를 손질하며 바로 눈앞에서 벌어지는 일들을 통해 배운다. 지난 50년간 내가 실천해온 생물학적 기반의 농업 방식이 정말로 효과가 있다는 사실을 직접 확인할 수 있었다. 농부로서 해야 할 몫을 잘 해내면, 즉 토양의 유기물을 유지하고, 토양의 공기 순환과 무기질 균형을 향상시키고, 적당한 수분을 공급하고, 자연적으로 이루어지는 과정을 집중적으로 강화함으로써 작물 생산에 필요한 생물학적 조건을 최적화하면 손해 보는 일이 절대 없다. 가축은 건강하고 튼튼하게 자라고 브로콜리에는 벌레가 꼬이지 않는다. 양파 뿌리에도 구더기가 생기지 않는다. 산업 제품을 전혀 사용하지 않아도 내 밭에서 생산되는 농산물의 양과 품질은 늘 일관되게 우수하다. 생물학적인 농사가 성공적으로 이루어지면 매일 이런 결과와 마주한다. 상업화된 요소를 일체 사용하지 않는 방식은 아예 떠올리지도 못하도록 세계관을 축소시키고 그와는 전혀 다른 농업 방식으로 누릴 수 있는 놀라운 장점을 무시하게 만드는 일이 정말로 가능할까?

생물학적인 농업으로 많은 농장들이 실질적인 성공을 거두고 있지만 이런 성공이 어떻게 가능한가에 대해서는 놀라울 정도로 관심이 없고(관심이 없다기보다는 사실상 적대적이라고 봐야 한다) 농업 과학적인 탐구도 결여된 상황이 오늘날의 현실이다. 메인 주*에 자리한 우리 농장은 자연의 세밀한 패턴들로 구성된 시스템을 중시하고 충분히 따를만한 가치가 있다는 원칙을 토대로 운영되고 있지만, 농업 과학자 대다수는 이것을 해독 불가능한 외래어처럼 여긴다.

이 책은 화학적인 농업에서 중시되는 기술들이 자연계에는 불충분하며 따라서 산업적으로 생산된 화학물질로 보충해야만 한다는 잘못된 전제에서 나온 것임을 강조한다. 이 같은 잘못된 생각이 더 큰 문제를 일으키고, 화학적인 농업이 기능하려면 어마어마한 규모의 수습 전략이 동원되어야 한다. 살충제, 살균제, 진드기 살충제 같은 물질들이 모두 그러한 수습 전략에 포함된다. 아마 익숙한 시스템일 것이다. 엄청난 경제적 인센티브까지 따른다면, 화학적 농업을 충실히 믿는 사람들은 그러한 농업 방식의 시초가 된 전제부터 잘못됐다는 사실을 인정하려고 하지 않는다. 그리고 자신이 믿는 것과는 명백히 정반대되는 증거가 눈앞에 나타나도 끝내 그 방식을 고수한다.

* 미국에서 가장 북동쪽에 위치한 주. 북위 45°로 우리나라보다 북쪽에 위치한다.

3장

농부의 솜씨

식물은 어떻게 성장할까? 식물이 성장하지 못한다면 그 이유는 무엇이고 왜 그런 일이 벌어질까? 어떤 사람들이 키우거나 특정한 장소에서 키우면 잘 자라는 식물이 다른 사람들, 다른 장소와 만나면 그러지 못하는 이유는 무엇일까? 이러한 물음의 답은 식물의 성장에 영향을 주는 요소들에서 찾을 수 있다. 빛과 습도, 온도, 토양의 비옥함, 무기질 균형, 생물, 잡초, 해충, 씨앗, 노동, 계획, 기술과 같은 요소가 포함된다. 그중에는 식물을 재배하는 사람이 큰 영향력을 발휘할 수 있는 요소들도 있다. 그러나 작물이 좋아하는 환경에 다가가려는 농부의 시도가 있어야 성공을 거둘 가능성도 높아진다.

작물은 밭과 온실 두 곳에서 키워야 한다.

농업 생물학

농업의 특징은 제조업과 달리 살아 있는 생명체인 식물 그리고 동물과 함께 일한다는 점이다. 결과물이 상품으로 나오는 것은 같지만 그 과정은 전혀 산업적이지 않다. 농업의 과정은 생물학적이다. 농부는 생기 없는 제조공정이 아닌 생기 넘치고 살아 있는 시스템을 다룬다. 생물학적 시스템을 관리하는 기술은 오케스트라 지휘자가 갖춰야 하는 기술과 비슷하다. 오케스트라를 이루는 연주자들은 각자 자신의 분야에서 아주 우수한 실력을 갖고 있다. 지휘자의 역할은 악기를 연주하도록 하는 것이 아니라 제각기 다른 소리가 하나가 되도록 만드는 것이다. 연주자 한 사람 한 사람이 들이는 노력이 다른 연주자들의 노력과 결합하고, 그것이 전체적인 하모니를 이루도록 조정하는 것이 지휘자의 역할이다.

음악을 산업적인 과정으로 볼 수 없는 것처럼 농업도 마찬가지다. 금속에 압력을 가해 다른 모양으로 만드는 일, 또는 어떤 화학물질에 시약을 섞어서 이러저러한 혼합물을 만드는 일과는 다른 일임을 이해해야 한다. 농업의 핵심 근로자는 토양 미생물과 진균류, 무기질 입자, 태양, 공기, 물 등이고 이들 모두가 생산 시스

템의 한 부분을 차지한다. 성공적인 결과를 얻기 위해서는 이들 하나하나를 채용하는 것에 그치지 않고 이들이 전체적으로 하나가 되도록 조정해야 한다.

1979년에 캔자스 주에서 2.8제곱킬로미터(약 850평) 규모의 땅에 농사를 짓던 60대 농부와 나눈 대화가 떠오른다. 제초제나 농약은 일체 구입하지 않고 석회와 인만 소량 사서 활용하는 그의 방식은 당시에 이례적이라는 평가를 받았다. 나는 어떤 이론을 근거로 그런 농업 방식을 택했느냐고 물었다. 그러자 자신이 아는 이론은 사실 아무 것도 없다는 대답이 돌아왔다. 지금이나 그때나 늘 상황은 마찬가지다. 그 농부는 즐겨 읽는 책이 있다고 이야기했는데, 1930년대에 나온 농업 교과서였다. 윤작과 동물 배설물로 만든 거름, 녹비, 피복작물, 혼합 경작, 혼합 재배, 콩과 식물, 작물 잔류물과 같은 생물학적 기법의 가치를 강조한 책이었다. 그는 이러한 방식을 활용해보니 굉장히 효과가 좋아서 계속 활용하게 되었다고 설명했다. 이 농부가 소개한 책에는 '이론'에 관한 언급은 전혀 없었다. 어쩌면 이론 같은 건 모르는 사람이 쓴 책인지도 모른다. 그 책의 저자는 생물학적인 농업 기술을 "우수 농업 실무"라고 칭했다.

캔자스에서 만난 그 농부는 그 기술대로 작물을 키우면 수확량이 이웃 농부들과 동일하거나 훨씬 더 많을 때가 잦다고 알려주었다. 수용성 비료를 사용해본 적이 있는데, 그때는 수확량이 전혀 늘어나지 않았다고도 이야기했다. 윤작과 혼합 재배로는 잡초나 해충, 병해가 무시해도 될 정도의 수준으로만 발생했다고도 했다. 비료 가격이 올라도, 시중에 판매되는 재료와는 근본적으로 무관한 방법으로 농사를 이어가므로 안도감이 든다는 이야기도 들을 수 있었다. 그는 우수 농업 실무 방식이 제대로 기능하고 계속해서 농사 수익을 유지하게 해준다면 앞으로도 활용할 생각이라고 했다. 그리고 다음과 같은 말로 이야기를 마쳤다. 만약 이런 방식에 적용되는 이론이 존재한다면, 자신은 "성공적인 농사 이론"이라 부르고 싶다는 말이었다.

나도 오래전부터 그와 비슷한 생물학적 기법을 내가 일구는 밭에 적용해 왔다. 농업에서 성공의 비결은 바로 식물 성장을 제한하는 요소를 없애는 것이다. 농장 내에서 나온 재료들로 균형 잡힌 비옥한 토양을 마련한다면 효율적이고 경제적으로 얻을 수 있는 결과다. 이는 토양이 비옥해지는 자연적인 과정과 식물 생장, 해충 관리를 강화함으로써 농업 시스템 전체에 큰 힘을 불어넣는다. 자연계의 특정 측면을 온전히 전부 활용할 수 있도록 세심하게 선택하고 지각 있게 관리한다면 훨씬 더 좋은 결과를 얻을 수 있으므로, 농부에게 이 우수 농업 실무 방식만큼 필요한 것은 없다고 볼 수 있다. 게다가 토양의 침식과 비료 유출, 농약으로 인한 환경오염을 없애는 효과까지 덤으로 얻게 된다.

시스템 구축

나는 농사를 짓기 시작한 이후로 지금까지 생물학적 기반의 식품 생산 기술에 관한 정보를 꾸준히 수집하고 평가해왔다. 처음에는 상업적인 재배자의 입장에서 내가 하는 방식이 정말 성공적인지 확인하려고 자료를 수집하기 시작했다. 그러나 시간이 흐를수록 생물학적 기반의 농사 기술에 숨어 있는 엄청난 잠재성을 깨닫고, 간단한 농업 기술이 자연계와 조화를 이룰 때 얻을 수 있는 결과와 그 방식에 매료되었다.

믿고 따를 수 있는 채소 생산 모형을 구축하기 위해, 나는 다음 네 가지 주제를 기준으로 정보를 수집하는 데 집중했다.

1. 생산 기술을 간소화하는 법
2. 장비와 도구를 가장 효율적으로 사용하는 법
3. 재료 구입비용을 줄이는 법
4. 농산물을 가장 큰 수익을 남기고 판매하는 방법

그동안의 경험에 비추어 볼 때, 위 네 가지는 생물학적인 소규모 농업 생산으로 경제적인 성공을 거두려면 반드시 필요한 기본 정보에 해당된다.

첫 번째 항목은 성공적인 채소 생산 시스템을 얼마나 간단하고 합리적으로 만들 수 있느냐와 관련이 있다. 상업용 작물을 키우는 일은 '전문가들'이나 할 수 있는 일로 여겨지는 경우가 많지만 대부분 결코 그렇지 않다. 식물은 살아 있고 생명력이 넘치며 스스로 모든 것을 시작한다. 땅에 씨앗을 심으면 그 씨앗은 자라고 싶어 한다. 성공한 농부들의 공통점은, 자라고자 하는 씨앗이 그 일을 잘 해낼 수 있도록 어떻게 도와야 하는지를 지혜롭게 파악한다는 것이다. 성공을 거둔 농부일수록 자연적으로 이루어지는 과정을 압도하지 않고 촉진하는 법을 제대로 알고 있다. 그 기술을 간단히 정리하는 것은 성공적인 유기농 식품 생산의 핵심 열쇠가 된다.

두 번째 항목은 소규모 농업에서 필요로 하는 효율적이고 합리적인 장비와 도구가 필요하다. 소규모 농업에서는 크기나 가격이 활용 가능한 범위 내에 있고 구체적으로 원하는 작업에 알맞은 장비를 확보해야 현실적으로 경쟁력을 갖출 수 있으며 계획한 결과도 얻을 수 있다. 그러나 현실적으로는 적절한 장비를 쉽게 구할 수 없는 것이 농사를 망치는 원인으로 작용해왔다. 이로 인해 소규모 농사는 성공할 수 없다는 불신까지 생겨났다. 값도 비싸고 크기도 과도하게 큰 기계 외에는 달리 활용할 수 있는 장비가 없고, 그러한 장비를 정당화하기 위해 무턱대고 위험하게 농장 규모만 키우는 사례가 너무 비일비재한 실정이다.

나는 적절한 장비를 찾아보고, 써보고, 개량해보려고 세계 곳곳을 뒤졌다. 이 책에서 소개하는 장비 관련 아이디어는 여러 나라에서 배운 것이다. 그리고 여기서 추천한 도구는 모두 기능이 매우 뛰어나다. 미래에는 또 새로운 모델이 나올 것이고, 분명 더 향상된 버전이 만들어질 것이다. 그러나 도구의 기능이 농업 시스템에서 차지하는 역할은 거의 변함없이 유지될 것이라 생각한다.

세 번째 항목인 경제적인 성공은 모든 농사에서 보장되어야 하는 부분이다. 나는 소요되는 비용을 줄이기 위해 '투입물이 적은 생산 방식'의 중요성을 강조한다. 이를 위해 나는 윤작과 녹비, 동물 배설물을 이용한 거름 관리, 효율적인 노동, 재배 기간의 확대와 같은 방법을 활용한다. 생산 수익은 값비싼 상품이 아닌 세심한 관리로 얻을 수 있다. 이 같은 농업 방식은 단기적으로 비용을 줄여줄 뿐만 아니라 장기적으로 농업의 안정성과 독립성을 향상시킨다. 농사에 필요한 재료를 농장 내에서 얻는 비율이 늘어나고 노동력이 절약될수록 농업 방식도 더욱 독립적이고 안정된다. 이렇게 되면 외부 공급업체가 제공하는 상품을 확보하지 못하거나 해당 상품의 가격이 뛰더라도 농가와 농가 경제 모두 인질처럼 질질 끌려 다닐 일이 없다. 농장 경제를 크게 안정화시키는 방법은 농사에 도움이 되는 수단을 농장 내에서 마련하고 그것을 최대한 많이 활용하는 것이다.

앞선 세 가지 항목이 성공적으로 확보된다 하더라도 마케팅 계획이 실패한다면 아무 소용이 없다. 마지막 항목인 마케팅은 늘 소규모 농사의 성패를 좌우하는 요소다. 하지만 고도의 마케팅 기술을 갖추어야 한다는 생각 때문에 애당초 농사는 엄두도 못 내는 사람들도 있다. 최근 들어 농산물 직판장이 성장하면서 지역 농산물 판매를 지원하는 장치가 많이 마련된 것도 사실이다. 그러나 그것 외에 또 다른 해결 방법이 있다. 대서양 양쪽 대륙에서 경제적으로 막대한 성공을 거둔 농부들의 비결을 탐구해본 결과, 나는 이들이 보다 규모가 큰 마케팅 시스템 속에서 충분히 경쟁력 있는 틈새를 찾아냈다는 것을 알 수 있었다. 소규모 농업이 참여할 수 있는 시장의 범위와 그와 같은 시장에 발을 들일 수 있는 방법은 마케팅을 다루는 장에서 다시 살펴보기로 하자.

방법을 배워라

새로운 기술을 배우는 방법은 여러 가지가 있다. 시작부터 과감하게 되는지 안 되는지 직접 부딪혀보면서 알아보고 헤쳐 나가는 방법도 있고, 농업 기술을 잘 아는 사람 밑에서 견습생으로 일하는 방법도 있다. 대학에 들어가 정규과정을 밟는 것도 한 가지 방법이다. 내가 택한 것은 첫 번째 방법이었다. 도전을 즐기는 사람이라면 이 같은 방법을 권한다. 다른 방도가 없으므로 금방 배울 수밖에 없는데, 미리 경고하자면 때때로 스트레스와 기력이 다 소진되는 모험이 될 수도 있다. 특히 내가 그랬듯이 최소한의 자원으로 시작하거나 아직 살아보지 않은 세상을 실질적으로 만들어내야 하는 경우 더욱 그러하다.

많은 사람들이 기술 전문가에게 배우는 두 번째 방법을 선호한다. 관리에 따르는 압박은 모두 관리자의 몫으로 돌아가므로 배우는 사람은 세부적인 내용에 집중할 수 있다. 나는 이 방법이 세 번째 방법보다 성공률이 높다고 생각한다. 대학에서 농업을 공부하는 것보다 훌륭한 농부와 함께 일할 때 더 많은 것을 배울 확률이 높다. 무언가를 어떻게 해야 하는지 배우고 싶다면 그 일을 잘 하는 사람에게 가라. 값을 매길 수 없는 실제 경험을 얻을 수 있고, 추가로 자료를 찾아 읽고 책을 뒤져서 더 익혀야겠다는 의욕도 한층 더 강해진다. 실습을 통해 탄탄한 기반이 형성되고 직접 해본 일과 흥미가 생긴 일에서 여러 가지 궁금한 점이 생기게 마련이기 때문이다.

내가 즐겨 읽는 책 중 하나인 『농사 사다리The Farming Ladder』에서 저자 조지 핸더슨George Henderson은 다른 농부들의 실습생으로 일하면서 얻은 경험과 나중에 자신이 전문적인 농부가 되어 학생들을 가르치면서 얻은 경험이 서로 어떤 관련성이 있는지 이야기한다.[1] 견습생 시절, 그는 최대한 폭넓은 배경 지식을 쌓을 수 있는 농장을 네 곳 선정하고 그곳에서 일을 했다. 내게 가장 인상 깊게 다가온 부분은 그가 주어진 일에 그야말로 심혈을 기울였다는 점이다. 무엇이든 새롭게 배울 것이 있으면 누구보다 열심히 일하고 더 오래 일하기를 주저하지 않았다. 건초 더미에 불이 붙어 사투를 벌였을 때도, 자욱한 연기에 기침을 하고 날리는 재가 온몸에 들러붙는 와중에 물을 끼얹느라 홀딱 젖어도 아랑곳하지 않고 일하였다. 마침 그곳을 지나던 이웃 농장의 농부가 당신은 참 행운아라고 이야기했다. 이 모든 일을 돈 한 푼 내지 않고 경험했다는 사실을 알려준 것이다.

핸더슨은 나중에 농부로 성공한 후 자신을 찾아온 학생들을 혼자 공부하던 시절과 같은 방식으로 가르쳤다. 좋은 훈련을 제공하고 열심히 노력하는 것으로 보답하도록 했다. 당시에는 일반적으로 행해지던 보상 시스템에 관해서도 설명했다. 학생들은 생활할 수 있는 방이나 기숙사를 제공받고 첫 3개월 동안은 일을 배우는 농부에게 매달 일종의 수업료를 낸다. 3개월 후 쓸모 있는 일꾼이 되면, 다음 3개월 동안 농부는 앞서 받은 수업료를 매달 그 학생에게 월급으로 돌려준다. 이와 같은 시스템에서는 학생이 의욕을 잃고 금세 다른 곳으로 가버리더라도 농부는 소정의 비용을 받을 수 있다. 학생의 입장에서는 끈기 있게 노력하고 열심히 일하면 6개월간 돈 한 푼 들이지 않고 많은 훈련을 받을 수 있다. 대학에 입학할 경우 드는 비용을 생각하면 매우 좋은 시스템이다. 특별한 재능을 보유한 농부 밑에서 일을 하고 싶은 학생은 대학에 입학하는 것에 못지않은 노력을 들여야 배움의 기회를 얻을 수 있다.

핸더슨은 위 저서에서 다른 농장에서 일하면서 경험을 쌓았던 일들을 이야기한 후, 그 시절에 배운 지혜를 짤막하게 전한다. 내가 독학으로 처음 농사를 지으며 깨달은 것과 매우 흡사한 내용이다. "훌륭한 농사법은 땅과 노동력, 자본을 최대한 잘 활용할 수 있게 하는 시너지 효과를 발휘한다. 밭의 면적이 아니라 농부가 꾸준히 유지해온 생산 강도가 농업에서 금전적인 성공을 좌우한다."

왜 농업이어야 하는가

이 책은 독자들이 각자 답을 찾아야 하는 질문이 한 가지 있다. 이 질문에 답을 찾기 전까지는 세상에 알려진 훌륭한 가르침들도 전혀 도움이 안 될 것이다. 그 질문은 다음과 같다. "여러분은 왜 농부가 되고 싶은가?"

펜과 종이를 한 장 준비해서 자리에 앉아 이 질문의 답을 몇 가지 써 보길 권한다. 내 경험상 혼란스러운 생각을 정리하는 가장 좋은 방법은 직접 읽을 수 있는 형태로 써보는 것이다. 농사짓고 사는 것이 늘 갈망해온 가장 이상적인 생활 방식인가? '강 건너 숲을 지나 할머니 집에 가는 길'도 떠오르고? 농업을 향한 열정이 농사짓는 일을 긍정적으로 여기기 때문인지, 아니면 지금 현재 하고 있는 일에 대한 부정적인 생각에서 나온 반응인지 깊이 생각해보기 바란다.

현재 직업에 대한 불만족, 도시 생활을 더는 못 견디겠다는 생각, 인생에 도무지 재미있는 일이 없다는 인식에서 그와 같은 부정적인 반응이 나올 수 있다. 시골에서의 삶은 마음 깊은 곳에서 공감하는 전원생활에 대한 환상을 충족시켜주므로 그것만이 미래의 희망이라는 순진한 생각으로 이어지는 경우가 많다. 그래서 나는 진정으로 바꾸고 싶은 것이 무엇인지, 정말로 가고 싶은 곳은 어디이고 그 이유는 무엇인지 좀 더 오래, 깊이 생각해볼 것을 권한다.

부정적인 반응에서 농부를 꿈꾸는 사람은 도시 생활이 지겹고 하던 일에 아무런 희망도 찾을 수 없어서, 혹은 그냥 지루해서 신선한 공기와 시골생활에 대한 환상을 품고 쉽게 충동적인 결정을 내린다. 이와 달리 오래전부터 농부가 되고 싶었지만 현실적인 이유, 또는 경제적인 이유 때문에 미뤄두었다면 긍정적인 반응으로 농사를 선택한 경우에 해당된다. 이 경우 농업에 종사하면 고된 노동과 훈련이 반드시 따른다는 사실도 잘 안다. 이사는 세심하게 계획되고, 상황과 시점이 딱 맞아떨어지기만을 기다린다.

농부가 되려는 이유를 스스로 잘 아는지 여부와 별도로 이를 확인할 수 있는 한 가지 분명한 방법이 있다. 여러 번 강조해도 지나치지 않을 만큼 중요한 이 방법은 바로 농장에 가서 직접 일을 해보는 것이다. 다른 사람들과 함께 일하고 배우면서 농사에 대한 자신의 마음을 시험해보라. 좋은 점과 나쁜 점, 현실적인 부분들과 얻을 수 있는 것들을 모두 경험해보라. 가능하다면 한 곳이 아닌 여러 농장에서 일해 보는 것이 좋다. 배경지식과 경험을 많이 쌓을수록 실력도 쌓인다.

농업의 성공 요건은 모든 소규모 사업에 적용되는 성공 요건과 동일하다. 조직적인 기질, 성실함, 재무 계획, 장시간 일할 수 있는 능력, 성공하려는 열망과 더불어 주어진 일을 처리하는 데 필요한 기술과 살아 있는 생명을 세심하게 대하는 태도, 우수한 건강과 체력, 그리고 자신이 하는 일을 진정으로 사랑하는 마음이 필요하다. 필수 조건만 충족되면 농업은 어려운 부분을 뛰어넘는, 다른 어떤 직업에서도 얻을 수 없는 만족감과 보상을 선사한다.

불가능한 일이라고 생각된다면

미국도 소규모 지역 농가에서 나온 식량으로 먹고살았던 시절도 있었다. 오늘날에는 불가능한 일로 여겨진다. 하지만 저비용 생산 방식에 올바른 장비 사용과 획기적인 마케팅 방법이 있다면 그렇게 희망 없는 일이 아니라는 것도 알 수 있다. 사실 '전문가'들이 내놓은 부정적인 견해는 미국과 해외 여러 나라에서 소규모로 식품을 성공적으로 생산해온 수많은 사례들과 모순된다. 개선된 저비용 기술이 점차 확산되고 품질 좋은 지역 농산물을 찾는 소비자의 수요도 날로 늘어나면서 이러한 성공 사례도 계속 늘고 있다.

내 경험에 비추어 볼 때 약 4천~8천 제곱미터(약 1,200~2,400평) 정도의 면적에서도 상당히 높은 생산성을 유지하면서 농산물을 재배할 수 있다. 이 정도 규모라면 농사를 운영하는 데 필요한 경영 기술도 충분히 즐길 수 있는 수준이므로 크게 부담이 되지 않는다. 생계를 유지할 수 있는 규모에 농작물의 품질에 중점을 둘 수 있고, 일이 지루하다고 느낄 틈이 없을 만큼 적당히 다채로운 동시에 통제가 불가능할 만큼 범위가 적당히 압축적이므로 상업적인 식품 생산에 보편적으로 알맞다.

어쩌다 한 번 일어난 성공 사례와 지속적인 성공 사례에는 분명한 차이가 있

1968년, 야생 환경에서 밭을 일구던 시절의 모습이다.

다. 지속적인 성공은 농사짓는 시스템이 현실적이고 충분한 검증과 함께 수년에 걸쳐 효과가 입증되었을 때, 그리고 성실한 노력과 이해가 뒤따를 때만 얻을 수 있는 결과다. 과거에 내놓은 전문가들의 견해는 오류가 많고 또 앞으로 내놓을 의견들 역시 모두 맞을 것이라고 볼 수 없다. 이들이 소규모 농업에 관하여 미처 깨닫지 못한 사실은, 세심한 계획과 체계화, 열의가 있다면 '하지 못할 일'은 없다는 것이다.[2]

4장

땅

우리 모두는 땅에 친근함을 느낀다. 가까이에 있건 멀리 떨어져 있건, 이상적인 시골 풍경을 떠올릴 때면 굉장히 생생한 열망이 따라온다. 읽었던 책, 어린 시절의 기억, 영혼 깊숙한 곳에서 피어난 감정, 어디에서 기원했건 이러한 기억은 결코 지워지지 않는다. 제각기 꿈꾸는 풍경에 따라 밭은 여기, 과수원은 저기에 자리하고 개울도 흘러간다. 완벽한 모습의 집 옆에는 커다란 나무들이 서 있고 주변에는 헛간과 별채도 마련되어 있다. 꿈은 얼마든지 쉽게 꿀 수 있지만 꿈꾸던 바로 그 장소를 찾아내서 소유하는 건 어려운 일이다.

나는 그런 완벽한 장소를 찾으려고 애쓰지 말 것을 제안한다. 완성된 그림 대신 너른 땅을 찾아라. 지금 여러분의 눈에 이상적으로 보이는 농장도 처음에는 들

어떤 땅이든 유기물을 공급하면 더욱 비옥해진다.

판과 삼림지대에 불과했다. 그곳을 물려받은 사람들이 계획을 수립하고, 체계적으로 정리하고, 필요한 것을 짓고, 관리해서 변화시킨 것이다. 그 자체도 보람을 느낄 수 있는 과정이고, 농부가 직접 만든 변화가 최종적으로 그와 같은 결과로 이어진다면 더욱 성공적인 일이다. 단, 내가 권하는 것이 모두에게 완벽한 것은 아니며 한 가지 제안일 뿐이다. 충분히 잘 운영되고 있는 생산성 높은 농장을 이미 보유하고 있거나 보유할 수 있다면 하던 대로 하면 된다. 하지만 그것이 불가능한 일인 경우에는 주저 말고 맨 땅을 구입해서 직접 농장을 만들기 바란다. 성공적인 소규모 농장으로 변화시킬 수 있는 땅을 찾을 때는 염두에 두어야 할 사항들이 몇 가지 있다.

토양의 종류

모든 땅을 작물을 재배할 수 있는 생산성 높은 토양이 될 수 있다. 그런 땅과 그렇지 않은 땅의 차이는 얼마만큼의 노력을 들였느냐에 있다. 처음에 농경지로는 영 부적절한 토양일수록 더 큰 관심을 기울여 특성을 변화시켜야 한다. 상태가 좋지 않은 토양은 많은 노력이 필요하다. 점토나 모래만 가득한 땅, 자갈밭은 비옥한 양토와 비교하면 분명 농사에 어울리지 않는 곳으로 여겨진다. 불완전한 토양을 변화시키려면 시간과 에너지가 필요한 것은 사실이지만 처음부터 유망했던 양질의 토양 못지않게 높은 생산성을 끌어낼 수 있다. 나는 초기 pH(수소이온농도지수)가 4.3에 모래와 자갈이 다량 섞인 토양에서 엄청난 양의 농작물을 재배해 왔다. 거름과 석회를 뿌리고 인, 칼륨, 미량원소를 더하는 한편 녹비작물을 키우고 윤작을 실시하기까지 몇 년의 시간이 걸렸지만 결국에는 생산성이 아주 높은 땅이 되었고 지금도 그 상태가 유지되고 있다.

채소 재배에 가장 적합한 토양은 사양토다. 사양토란 진흙과 유사(실트), 모래까지 세 가지 요소가 적당히 섞인 흙을 의미한다. 진흙은 토양이 수분을 머금고 있도록 도와주는 미세한 입자로 구성되어 식물에 필요한 영양성분을 가득 저장하는 창고 역할을 한다. 모래는 입자 크기가 그보다 크고 주로 규토로 이루어져 토양에 공기가 드나들고 물이 쉽게 스며들 수 있도록 하며 봄이 되면 흙이 금방 따뜻해지도록 하는 역할도 한다. 유사는 입자 크기가 진흙과 모래의 중간 정도에 해당된다. 토양의 생산성을 좌우하는 핵심 구성물은 네 번째 성분인 부엽토 또는 유기물이다. 부엽토는 묵직한 진흙에 공기와 물이 더 원활히 흘러 작용할 수 있도록 토양을 개방시킨다. 동시에 가벼운 모래를 한 덩어리가 되도록 붙들어서 형태를 유지시켜 식물에 필요한 물과 영양소가 보다 안정적으로 제공될 수 있는 환경을 만든다.

최상의 토양을 찾되, 생각했던 기준과 완벽히 맞아떨어지지 않는다고 해서 외면하지는 말아야 한다. 이 책에서 권장하는 재배 방식을 활용하면 다양한 형태의 토양에 유기물과 영양성분을 공급하여 생산성을 높이는 데 도움이 될 것이다.

토양의 깊이

옛 속담에 사람뿐만 아니라 토양에도 적용할 수 있는 말이 있다. '빛 좋은 개살구'가 바로 그것이다. 흙 표면보다는 표면 아래의 상태가 중요하니 처음부터 지표면 밑을 점검해야 한다.

토양에 생길 수 있는 문제들 중에는 상대적으로 쉽게 바로잡을 수 있는 것들도 있다. 이 점을 감안해서 토양의 깊이는 세 가지 측면에서 고려해야 한다. 첫 번째는 기반암까지의 깊이가 얼마나 되는가이다. 이 부분은 어떻게 해도 바꿀 수 없으므로 까다롭게 따져봐야 하며, 정확히 알 수 없을 때는 토양 샘플 채취용 도구를 사용하여 샘플을 얻어 확인해야 한다. 주변 지형에 지표 위로 뚫고 나와 노출된 바위가 있다면 토양이 얕다는 적신호로 봐야 한다.

두 번째로 고려할 사항은 지하수면의 깊이다. 괜찮아 보이는 땅도 우기에 지하수면이 높이 올라올 수 있고, 이 경우 초봄에 작물 재배가 어렵거나 아예 불가능할 수 있다. 지하수면이 너무 높으면 뿌리 성장도 저해되므로 농사에 활용할 수 있는 토양의 깊이가 제한적일 수 있다. 대부분의 경우 지표 배수나 지하 배수로 문제를 해결할 수 있으나 이러한 방법은 비용이 많이 든다.

세 번째로 고려할 사항은 겉흙(표토)의 깊이다. 토양은 여러 층으로 되어 있다. 최상층인 겉흙은 깊이가 보통 10~30센티미터 정도이다. 직접 땅을 파보면 색이 짙은 겉흙이 끝나고 그보다 색이 옅은 하층토가 시작되는 경계를 쉽게 확인할 수 있다. 겉흙의 깊이는 토양의 생산성과 밀접한 관련이 있으므로, 일반적으로 깊을수록 좋다. 토양의 깊이와 관련된 세 가지 요소 중 시간이 흐르면서 가장 쉽게 변화하는 부분이기도 하다. 하층토에 심는 농작물, 거름, 심경법, 그리고 토양 개선 기능을 발휘하는 심근 작물을 재배하는 것까지 모두 겉흙의 두께를 늘리는 데 도움이 된다. 이와 같은 기술은 책 뒷부분에서 다시 설명할 예정이다.

토양의 방향과 경사

미국의 경우 국토의 북쪽 절반에 해당하는 대부분의 지역은 지형이 매우 중요한 요소로 작용한다. 남쪽 절반은 농사에 여러 가지 이점이 있다. 특히 봄철에 토양이 더 빨리 따뜻해지는 특징이 있다. 물론 남반구에서는 정반대의 특징이 나타난다. 경사면이 태양을 향해 더 많이 기울어진 곳일수록 빨리 데워진다. 채소가 막 출하되는 초기에 경쟁력을 확보하고 싶은 농부라면 이러한 이점을 활용해야 한다. 북반구에서도 위도가 약 43도(미국의 경우 매사추세츠, 일리노이, 캘리포니아주의 북쪽 경계), 경사가 남쪽으로 5도 정도 기울어진 곳은 태양 기후가 남쪽으로 약 480킬로미터 떨어진 곳과 사실상 동일하다고 볼 수 있다.

논리적으로 초기 수확 작물은 남쪽으로 경사진 땅을 경작지로 택해야 한다.[1] 구체적으로는 경사면의 방향이 남쪽이나 남동쪽인 땅보다는 남서쪽을 향한 곳이 더 적합하다. 경사면이 남서쪽을 향하면 이슬이나 새벽에 생긴 서리를 증발시키기 위해 작물에 방사열이 직접적으로 닿아야 할 필요가 없고, 매일 이른 아침에 온도가 올라가기 시작하면 작물이 열을 보다 많이 흡수할 수 있다. 그러나 다른 모든 요소들과 마찬가지로 이러한 장점을 누리는 대신 다른 부분은 적당히 포기해야 할 수도 있다.

토양의 배기

사람이나 식물이나 모두 신선한 공기를 마실 수 있어야 한다. 공기가 순환되지 않

드론으로 촬영한 '포 시즌 팜'의 풍경.

는 저지대는 여러 가지 이유로 농사에 부적합하다. 공기가 정체되면 진균류에 의한 병해가 촉진되고 공기 오염물질이 식물 주변에 쌓이며 서리가 끼는 밤 시간에는 주변 온도가 더욱 낮아진다. 이 중에서 마지막 문제는 따뜻한 공기보다 무거운 차가운 공기가 경사면에서 아래로 '흘러 들어가' 빈 공간이나 골짜기에 쌓인다는 점을 고려하여 특히 중요하게 생각해야 하는 부분이다. 농장이 이런 곳에 있다면 굉장히 불리한 요소가 된다. 반대로 농장이 비탈이나 경사면 맨 위쪽에 가까이 있다면 늦봄과 초가을에 부는 찬 공기가 비탈 아래로 흘러 골짜기에 머물게 되므로 서리 피해를 덜 받는다. 실제로 찬 공기가 얼마나 빠져나가느냐에 따라 늦봄과 초가을 모두 서리 피해 없이 작물을 재배할 수 있는 기간이 2주, 길면 3주까지 늘어날 수 있다.

물론 지나치게 경사진 땅은 농사가 힘들거나 쉽게 침식되는 문제가 있어 피하게 된다. 경사면 가장자리에 자리한 평지는 꼭대기 못지않게 배기가 원활하므로 가장 이상적인 위치라 할 수 있다.

방풍과 햇빛

공기가 잘 흐른다고 무조건 유리한 것은 아니다. 바람이 과도하게 부는 곳은 식물이 물리적으로 손상되거나 토양이 침식될 수 있으며 온도가 낮아져 부적절한 재배 환경이 될 수도 있다. 나무, 높은 생울타리, 나지막한 돌, 판벽, 띠처럼 길게 심은 밀과 호밀 등 바람을 막을 수 있는 방안을 마련하면 강풍으로 인한 피해를 최소화하면서 햇빛에서 얻는 온기를 최대한 활용할 수 있다.

햇빛을 받는 표면이 넓어지면 표면에 축적된 열이 아래로 흘러 토양으로 전달되므로 이러한 가림막이 있으면 토양의 온도도 더욱 상승한다. 또한 방풍막은 수분 증발을 방지하므로 더욱 이상적인 재배 환경을 갖추는 데 도움이 된다. 수분 증발이 줄면 결과적으로 열 손실도 감소한다. 바람을 막아주는 장치는 단순히 풍속을 늦추는 것 외에도 여러모로 유리하다. 방풍막 아래에는 주변 땅과 전혀 다른 미세기후가 형성되는 장점도 있다.

안타깝게도 좋은 것도 과하면 반드시 잃는 것이 생긴다. 방풍막을 과도하게 설치하면 햇빛이 부족해질 수 있다. 바람을 충분히 막으면서도 그늘이 너무 많이 형성되지 않는 지점을 찾아 균형을 맞추어야 한다. 방풍막을 설치해야 하는 딱 맞는 장소와 시점을 찾기 위해서는 태양이 이동하는 경로를 유심히 살펴봐야 한다. 바람이 심한 계절에 적절한 기능을 하는 방풍막도 1월의 온실에 설치하면 그늘이 질 수 있다.

햇빛은 광합성의 원천이다. 그러므로 햇빛의 기능을 온전히 누릴 수 있도록 모든 노력을 다해야 하며, 특히 작물의 성장기 초반과 후반에 특히 신경을 써야 한다. 그늘을 줄이기 위해 나무를 베야 하는 경우도 있다. 실제로 이러한 상황에 처했다면, 정말 나무를 없애야 할 만큼 그늘 문제가 심각한지 면밀히 생각해볼 것을 권한다. 나무를 반드시 없애야 한다는 판단이 들면 나도 주저 없이 베지만, 그럴 때는 적당한 다른 장소에 반드시 다른 나무를 하나 심는다. 햇빛은 식물 생산 시스템에서 가장 믿고 활용할 수 있는 공짜 투입물 중 하나이므로, 농부는 햇빛의 기능을 최대한 활용할 수 있도록 최선을 다해야 한다.

물

물이 넘치면 홍수가 나고 너무 부족하면 가뭄이 된다. 농부는 이 두 가지 상황에 대비해야 한다. 강 하류에 자리한 토양은 보통 비옥하고 농사짓기도 수월하지만 비가 많이 올 때를 대비하여 그보다 높은 지대에서 의지할 수 있는 조기 수확 작물을 재배해야 한다. 홍수 피해가 잦은 땅은 여름철 윤작이나 늦곡식을 키우는 용도로 활용하면 농사에 실패할 가능성을 줄일 수 있다. 가뭄은 홍수와 함께 동전의 양면성 같은 것이다. 식물의 성장기에는 매주 평균 농지의 2.5센티미터 높이 정도로 물을 공급해야 한다. 채소 재배지로 적합한 땅을 고를 때는 특히 물이 중요한 요소가 된다.

연중 물이 흐르는 샘이나 개울이 경작지보다 적당히 높은 지대에 위치하고 중력을 활용하여 물을 끌어다 쓸 수 있다면 가장 이상적인 해결책이 될 것이다. 이와 같은 환경에서는 지표 최상층에 저렴한 비용으로 파이프를 설치하여 봄철과 가을철에 활용할 수 있으므로 굳이 큰 비용을 들여 땅 밑에 긴 송수관을 묻을 필요가 없다. 이렇게 중력을 이용할 수 있는 방법 다음으로 좋은 해결책은 물을 펌프로 퍼서 활용할 수 있는 연못이다. 우물도 세 번째 대안이 될 수 있으나, 물이 한창 많이 필요한 시기에 충분한 양을 확보하기 어려울 수 있다. 지표수, 지하 관개, 위에서 뿌리는 방식, 드립 방식 중 어느 것이 논밭에 관개수를 공급하기에 적합한지는 지형과 기후, 확보할 수 있는 물의 양에 따라 결정된다.[2] 나는 무조건 위에서 물을 살포하는 스프링클러 방식을 선호한다. 드립 시스템에 따르는 여러 가지 복잡한 문제를 감안할 때 이 방식이 훨씬 수월하다고 생각하기 때문이다. 하지만 여러분에게 알맞은 방식을 찾으려면 인근에서 농사를 짓는 다른 사람들의 조언을 들어보는 것이 가장 좋다.

지리적 위치

이 항목은 상세히 설명하기에는 내용이 너무 방대하다. 동서남북 모든 방향, 더운 곳과 추운 곳, 습한 곳과 건조한 곳, 도시, 교외, 시골, 오지까지 작물은 어디서든 재배할 수 있다. 농사지을 지역을 고려할 때 중요한 것은 시장과의 거리다. 도시 주변은 소비자도 많고 상점도 많을 뿐만 아니라 음식점도 많아서 매력적이지만 대신 땅값이 비싸다. 시골 지역은 땅값이 그만큼 비싸지 않지만 적당한 시장을 개발하고 접근하려면 더 많은 노력을 해야 한다.

접근성

농사를 짓는 사람과 소비자가 모두 농사짓는 곳과 그 근처에 오갈 수 있어야 한다. 하지만 농부와 소비자 모두의 접근성이 고려되지 않는 경우가 많다. 차량 통행량이 많은 국도 근처에 판매장을 여는 경우 안전한 주차 공간이 충분히 확보되어 있어야 한다. 또한 물건을 배송 받으려면 트랙터 트레일러가 오갈 수 있을 정도로 충분히 넓은 길이 확보되어야 한다. 논밭 주변에 강이 흐르면 보기에는 멋진 풍경일지 몰라도 강을 건너는 다리가 없다면 큰 골칫거리가 될 수도 있다. 성공적인 식품 생산을 위해서는 경작지에 쉽게 진입할 수 있어야 하고 그곳과 주변에서 일하기도 수월해야 한다. 그리고 땅을 깊숙이 파고 거름을 뿌릴 때 활용하는 장비가 들어올 수 있어야 한다. 파종부터 수확, 공급까지 농사를 지을 때 하는 일들을 순서대로 꼼꼼히 고려해서 한 가지 작업을 진행할 때 다른 단계에 문제가 생기지 않도록 해야 한다.

보안

소규모 농업에서는 두 발 또는 네 발 달린 침입자로 인해 큰 피해가 발생할 수 있다. 라즈베리, 딸기 등 과일 밭은 울타리가 없거나 근처에 주거지가 있는 경우 한밤중에 절도를 당하기 쉽다.

갓 뿌린 씨앗을 노리는 까마귀, 비둘기 등 날개 달린 침입자는 두 가지 방법으로 막을 수 있다. 물리치거나 함께 지내는 것이다. 물리치는 방법으로는 24장에서 설명할 작물용 부유덮개를 꼽을 수 있다. 이러한 덮개는 새들이 씨앗을 쪼아 먹지 않도록 막아주는 기능을 한다. 반대로 새들과 함께 지내는 방법도 효과가 있다. 한 노인이 내게 배고픈 까마귀를 해결하는 확실한 방법을 가르쳐준 적이 있다. 바로 먹이를 주는 것이다. 그분은 경작지 주변에 새들이 쉽게 접근할 수 있는 곳에 다 옥수수를 쌓아둔다고 했다. 배부른 까마귀가 굳이 이제 막 싹이 튼 옥수수를 먹을 리가 없다는 생각에서 나온 방법으로, 재배 중인 옥수수가 연약한 단계를 지나 충분히 탄탄해질 때까지 계속해서 먹이를 주는 것이 핵심이다. 나는 오랫동안 이 방법을 그대로 따라했고 기발하면서도 친절한 방법이라 굉장히 좋아하는 해결책이 되었다.

네 발 달린 약탈자들도 대비해야 한다. 내가 사는 지역에는 사슴이 나타나 단 몇 시간 만에 밭 전체에 뿌려 놓은 모종을 전부 뜯어 먹곤 한다. 일시적으로 해결할 수 있는 방법은 여러 가지가 있지만(화학성분으로 된 기피제나 유기성분의 기피제, 라디오를 토크쇼가 흘러나오는 채널에 맞춰 밤새 틀어 놓는 것, 허수아비 등) 가장 꾸준히 성공을 거둘 수 있는 방법은 튼튼한 울타리를 설치하는 것이다.

나일론 그물망을 설치하는 것도 좋은 방법이다. 그물망은 힘이 아닌 속임수로 동물의 접근을 막는다. 동물들이 거대하고 무서운 거미줄이 쳐진 것처럼 느끼도록 하는 것이다. 그물망을 한창 설치하다가 셔츠 단추에 거미 한 마리가 붙은

필자의 농장 입구에는 사슴의 접근을 막기 위해 철망문이 설치되어 있다.

것을 보고 기겁했는데, 그때 나는 야생 동물들이 이것을 거미줄로 여긴다면 얼마나 놀랄지 이해할 수 있었다. 사용하지 않을 때는 거둬서 둘둘 말아 보관해두면 오랫동안 사용할 수 있다.

오염물질

대부분의 지역에서 오염물질은 피할 수 없는 현실이다. 오염물질이 문제가 되기 전에 어떤 조치를 취해야 하는지 파악하려면, 우선 어떤 문제가 생길 수 있는지부터 알아야 한다. 차량 통행량이 극히 많은 고속도로 주변 60~90미터 범위에서 재배된 식품에는 배기가스에서 나온 납, 타이어가 마모되면서 나온 카드뮴이 과량 함유된 것으로 밝혀졌다. 고속도로 경계선을 따라 상록수로 만든 생울타리를 높게 설치하면 이러한 오염물질이 그 너머에 있는 경작지까지 대거 흘러 들어가지 않도록 차단할 수 있다. 건물이 들어섰던 부지에는 오래된 페인트와 석회반죽에서 나온 납이 토양을 크게 오염시킬 수 있다. 특정 환경에서는 식물이 토양에 존재하는 납과 기타 중금속을 빨아들여 그 식물을 소비하는 사람, 특히 어린 아이들에게 심각한 악영향을 줄 수 있다.

독성 폐기물의 잔류물질이 강물 또는 바람을 타고 폐기된 장소와 상당히 멀리 떨어진 곳까지 옮겨가는 경우도 흔히 발견된다. 이처럼 오염된 토양에 고인 물을 끌어다 농사에 사용하면 작물 안팎에 유독한 잔류물질이 축적된다. 산업시설의 거대한 굴뚝 쪽에서 불어오는 바람에 노출된 지역은 식물 성장에 직접적으로 악영향을 주는 오존 가스를 비롯해 미세먼지로 인한 피해에 지속적으로 시달린다.

상업적인 목적으로 과일이나 채소 작물이 수년 동안 재배된 토양에는 부적절한 잔류물질이 남아 있을 수 있다. 오래전에는 농업에 납과 비소, 수은이 포함된 독성물질이 과수원에 다량 사용되었으며 20세기 중반까지는 일부 채소 작물에도 사용됐다. 지금은 이러한 물질들이 앞으로도 넓은 토지를 농업용지로 사용하는 데 걸림돌이 될 만큼 영구적인 문제를 야기한다는 사실도 밝혀졌다. 이로 인해 지금은 시골에 집을 장만할 때 근처 우물의 수질 검사부터 실시하는 것이 일반적인 일이 되었다. 마찬가지로 오래된 농지를 살 때는 토양의 중금속 오염도부터 검사해보는 것이 현명하다.

오염 수준도 다양하다. 오염 물질은 농사지을 땅을 선택할 때 고려해야 할 여러 요소들 중 한 가지에 해당하며, 농사의 성공 여부에 영향을 줄 수 있는 다른 모든 요소들과 마찬가지로 실제 농사를 짓기 전에 알아두는 것이 가장 좋다. 소규모 농업을 시작하려고 많은 투자를 한 후 예기치 못한 상황이 벌어지는 일보다 절망적인 일도 없을 것이다. 미리 알면 대비할 수 있는 법이다.

면적

땅은 얼마나 구입해야 할까? 선택은 전적으로 개개인의 몫이다. 이 책에 나온 설명은 8천 제곱미터(약 2,400평) 정도의 땅에서 집약적으로 채소를 생산하면 충분히 생계를 유지할 수 있다는 사실을 전제로 한다(미국의 경우). 따라서 대부분의 내용은 그 정도 면적을 기준으로 삼는다. 확보할 수 있는 땅이 이 정도만 되면 경제적으로 성공적인 농사를 이어가기에 부족함이 없다. 그보다 더 큰 면적을 구입할 수 있다면 또 다른 가능성이 열린다. 남는 땅에 심근성 풀과 콩과 식물을 키워 소규모로 가축도 함께 키울 수 있고, 이를 통해 장기적으로 토양이 비옥해지는 효과를 얻는 동시에 몇 년 뒤에는 갈아엎어서 채소 작물을 키우는 땅으로 바꾸는 윤작도 할 수 있게 된다(9장 참고). 책상 앞에 앉아 종이와 펜만 들고 생각할 때는 드넓은 땅에서도 손쉽게 농사를 지을 수 있을 것 같지만 실제로는 훨씬 더 힘들다. 최선의 방법은 꼭 필요한, 지금 형편으로 감당할 수 있는 가장 좋은 땅만 구입하는 것이다.

토질 시험

내 경험상 토질 시험의 유용성은 논란의 여지가 있다. 보통 토질 시험은 흙을 조사해서 어떤 물질들로 구성되어 있는지 알아낸다는 분석시설로 토양 샘플을 보내는 것으로 시작된다. 채소를 재배할 계획인 경우에는 기본적인 토질 시험을 실시해볼 것을 권한다. 한 곳보다는 두세 곳의 의견을 듣고 결론을 내리는 것이 좋다. 하지만 시험 업체와 검사비용을 미리 체크하고 결정하기를 바란다.

나는 농부들에게 토질 시험 결과를 직접 해석하라고 조언한다. 초자연적으로 접근하거나 한 가지 특정 이론에 치우치지 말고 상식을 토대로 해석해야 한다. 토양에 영양소 농도가 낮다는 결과가 나왔다면 추가해야 한다. 부족한 영양성분을 보충하는 방법은 12장에 나와 있다. 내가 추천하는 방식은 가용성을 최대한 높이되 용해도는 가장 낮은 상태로 보충하는 것이다. 여기서 '가용성을 최대한 높인다'는 말은 미세한 분말 형태로 사용해야 한다는 의미이고, '용해도가 가장 낮다'는 것은 넣자마자 용해되는 형태가 아니라 토양 미생물과 토양의 묽은 산과 만나서 이루어지는 작용을 거쳐서, 즉 흙에서 자연히 이루어지는 과정을 통해 서서히 물에 녹는 형태로 첨가하라는 의미다.

토질 시험으로 경작하려는 땅이나 대지의 전체적인 상태를 파악하고 싶다면 경작지의 어느 한 지점에서 채취한 샘플 한 가지만 검사하지 말고, 경작지 전체에서 최대한 많은 샘플을 무작위로 채취한 후 섞어서 검사해야 한다. 이렇게 마련한 토양 샘플을 분석하면 경작지의 전체적인 상태를 보다 정확하게 확인할 수 있다. 샘플을 채취하고 혼합할 때는 시험 결과에 영향을 주지 않는 도구를 사용해야 한다. 예를 들어 토양의 철분 함량을 검사하려고 한다면 녹슨 철제 모종삽으로 샘플을 채취하면 안 된다. 일반적으로 스테인리스스틸 재질의 토양 탐침기로 샘플을 채취한 후 경질 플라스틱 양동이에 담아서 섞는 것이 가장 좋다.

이상적인 소규모 농장

소형 농장을 꾸리기에 정말 이상적인 장소를 발견할 가능성은 없다고 생각하지만(나는 한 번도 그런 곳을 본 적이 없다), 여러분에게는 꼭 그런 행운이 따르기를 기원한다. 내가 생각하는 가장 완벽한 땅은 다음과 같다. 중요한 것은 바꿀 수 없는 건 아무것도 없다는 것이다. 의지만 확고하다면, 가능성이 거의 보이지 않는 땅도 기본적인 기술을 적용하여 토양을 좋게 가꿀 수 있다.

면적 12만 제곱미터(약 3만 6천 평). 8만 제곱미터(약 2만 4천 평)는 활엽수림이 섞여 있으며 4만 제곱미터(약 1만 2천 평)는 목초지일 것.

부지 환경 적당한 평지이며(남쪽 또는 남서쪽으로 5퍼센트 정도 경사) 언덕 꼭대기에 자리하여 아래쪽에 위치한 골짜기로 배기가 수월하게 이루어진다. 고지대와 울창한 숲이 북쪽에 자리해 보호막 역할을 한다. 연중 내내 중력수가 충분히 공급된다.

토질 개간된 땅은 흙이 점질 양토와 사양토가 절반씩 차지한다. 겉흙의 두께는 30.5센티미터 정도로 배수가 원활하고 매우 비옥하며 돌이 거의 없고 pH는 자연적으로 중성 수준이다.

특징 현재 벼과 식물과 콩과 식물이 자라고 있을 것.

5장

규모와 자본

크다고 다 좋은 것은 아니다

농업에서는 클수록 좋다는 태도를 가장 많이 접하게 되고, 크게 짓지 않는 거라 그만둬야 한다는 경고도 심심찮게 듣는다. 수만 제곱미터 정도의 땅에 여러 가지를 키우는 농부는 기본적으로 큰 농지에서 한 가지 작물만 재배하는 농부보다 성공 가능성도 낮고 덜 선진화된 방식을 택한 것처럼 여겨진다. 미국의 경우 최근 농업의 역사를 살펴보면 왜 이러한 문화가 형성되었는지 알 수 있다. 야망이 넘치고 기업가적 능력을 갖춘 미국의 농부들은 많은 자본, 운송수단, 농업기술을 발전시키고 땅도 더 많이 사들여서 더욱 특화된 농업을 할 수 있게 되었다. 그러나 이러한 추세를 농사짓는 유일한 방법, 또는 가장 좋은 방법으로 해석하면 안 된다. 지금은 대규모 농업으로 인한 경제적인 문제와 환경 문제가 매일 헤드라인을 장식한다. 이제는 "농사를 크게 짓지 마라"고 경고해야 할 판이다.

내가 농사일을 시작했을 때 맞닥뜨린 가장 큰 문제는 모델로 삼을 만한 대상이 없다는 것이었다. 1965년에는 영감을 얻고 생각을 공유할 수 있는, 유기농업으로 상업적 성공을 한 소규모 농장이 거의 한 군데도 없었다. 경제적으로 살아남을 수 있는 소형 농장의 표준으로 여길 만한 곳마저 없었다. 과거에는 생산성이 굉장히 높은 소규모 채소 농장들이 존재했었다는 사실을 확인한 후, 그렇다면 나도 할 수 있을 거라고 생각했다. 분명 어딘가에 그와 관련된 노하우가 있을 것 같았다. 내가 농업에 뛰어든 초창기에는 옛날 책들과 옛날 사람들이 가장 좋은 정보원이자 지원군이었다. 출발선에 있을 때는 큰 도움이 되었지만, 옛날 방식에 머물러 있었다. 그럼에도 나는 어느 정도 앞으로 나아갈 길을 찾았고, 그 과정에서 왜 소규모 농업들이 자취를 감추었는지 이유를 깨달았다. 최종 결과물은 우수했지만 그 과정이 너무 힘들었다. 비용 대비 효과나 효율성을 지킬 수가 없었다. 하지만 나는 포기할 생각이 없었다. 어딘가에 그러한 생산 과정을 개선시킬 수 있는 적절한 기술과 전통, 장비가 있을 것이라 믿었기 때문이다.

유럽의 모형

산업화 시대에도 소규모 농장이 꾸준히 성공을 거두고 있는 곳들이 있다. 서유럽도 그러한 지역 중 한 곳이다. 실제로 서유럽에서는 소형 농업이 사라지지 않고 하나의 농업 형태로 자리를 잡았다. 전통이 쌓여서든 고집 때문이든, 유럽의 소농들은 인내하며 버텼고 도구나 장비 생산자, 정보원도 농부들 곁을 꾸준히 지켰다.

연장은 항상 공들여 관리해야 한다.

유럽에서는 농업의 규모보다 질을 선택하였다. 부분적으로는 더 넓은 땅을 그리 쉽게 구할 수 없기 때문이기도 하고, 땅을 넓히는 것보다 기존에 운영하던 수준의 면적에서 생산성을 개선하는 것이 수입을 늘리는 길이 되었기 때문이다. 하지만 이보다 더 큰 영향력을 발휘한 중요한 요소는 우수한 식품을 향한 열정이었다. 유럽에서는 농산물의 품질이 농부가 땅에 얼마나 세심한 관심을 기울이는가가 관건이었고, 실제 농사에도 반영이 되었다. 그 결과 유럽의 소규모 농장에서 나온 농산물은 언제 내놓아도 판로를 찾을 수 있는 특별한 상품이 되었다. 유럽의 소농들은 오래전부터 유럽에서 소비된 식품 중 상당 부분을 생산해 왔고, 덕분에 농부들의 생계도 원활히 유지되어 왔다.

유럽의 농부들은 내가 궁금해 하던 문제의 답을 제시해 주었다. 그리고 농장을 꾸리는 데 필요한 영감도 제공했다. 지역 단위로 운영되는 소규모 식품 생산이 미국에서도 그만큼 이뤄질 수 있다는 확신이 들었다. 완전히 익은 과일과 채소는 곡류와 달리 부패하기 쉽다. 따라서 지역에서만 팔 수 있는 식품을 제공해야 한다. 지역에 신선한 식품을 제공할 수 있는 것은 소규모 농장들의 장점이다.

소규모 농사의 본보기와 철학, 도구, 기술을 찾는 과정에서 나는 농사의 규모에 대해 아주 많은 것을 배웠고, 작은 규모를 유지할 때 얻는 이점도 알게 되었다. 농업에 뛰어든 그 시점부터 농사 규모에 관한 기본적인 내용들을 전부 재평가해야 한다는 사실을 깨달았다. 이를 위해서는 지금까지 알려진 것을 싹 잊고 맨 처음부터 새로 생각하는 것이 가장 좋다. 모든 질문들의 답을 새롭게 찾을 필요가 있다. 한 사람, 또는 한 가족이 충분히 관리할 수 있는 생산 규모는 어느 정도일까? 농가에서는 어떤 종류의 장비와 기술을 활용하는 것이 효율적일까? 농가가 최소 비용으로 최대 효과를 얻는 데 도움이 되는 것은 무엇일까?

8천 제곱미터가 답이다

내게 가장 알맞은 규모는 1만 제곱미터(약 3,000평)다. 부부, 또는 소가족이 식물 재배와 수확을 관리하면서 토양을 비옥하게 유지할 수 있는 면적이다. 여기서 '관리한다'는 표현에는 실질적인 측면과 전문적인 측면에서의 의미가 모두 들어 있다. 실질적인 측면이란 작업에 알맞은 장비를 저비용으로 마련하고 간단한 기술도 확보할 수 있는 범위를 의미하고, 전문적인 측면은 농지 4천 제곱미터(약 1,200평)당 갖추어져야 할 전문 인력의 범위를 의미한다. 농장 운영이 효과적으로 관리되려면 농지 면적 대비 투여 인원의 비율이 이 범위를 넘어서면 안 된다고 생각한다. 양질의 식품을 생산하기 위해서는 재배 농민의 노력이 투자되어야 하고, 이로 인해 한 사람이 농사지을 수 있는 땅의 규모에 자연히 한계가 생긴다. 여러 종류의 채소를 다양하게 재배할 경우, 내가 생각하는 적정 재배 면적의 상한선은 부부가 함께 관리한다는 전제로 8천 제곱미터(약 2,400평) 안팎이다. 숫자로만 보면 작은 면적처럼 보이지만 결코 그렇지 않다. 이 정도 면적이면 100명이 1년 동안 먹을 수 있는 채소를 키우기에 충분하고도 남는다. 실제로 그만한 규모로 채소를 공급할 수 있는 농부라면 현재 운영 중인 농사가 생산성이 아주 높다고 할 만하다.

소규모 농장도 경제적인 성공을 거둘 수 있는 잠재력이 있다는 사실을 완전히 이해하기 위해서는 농업 규모에 제한을 두거나 규모를 고정해야 할 필요가 없다는 점을 알아야 한다. 규모는 경제활동을 구성하는 한 가지 요소에 불과하며 성장은 규모의 변화일 뿐이다. 살아남으려면 사업이 성장해야 하고 변화에 대응해야 한다는 인식이 널리 수용되는데, 소규모 농장도 마찬가지다. 품질, 종류, 서비스 등 몇 가지만 예로 들어도 알 수 있듯이 농장이 확장될 수 있는 길은 무수히 많다. 소규모 농장이 더 나은 방향으로 성장하고 변화할 때 덩치를 키우는 방법보다 경제적으로나 농업경영 측면에서 더욱 확실하게 생존할 수 있음을 나는 강력하게 느낀다.

경제학자들이 좋은 의도로 건네는 규모에 관한 조언들이 농업이 아닌 산업적인 시각에서 나온 것임을 안다면 이들의 말에 굳이 신경 쓰지 않아도 된다. 즉 경제학자들의 조언은 생물학적인 생산에는 적용되지 않는다. 농업에서는 작은 규모에서 성공을 거둔 무언가를 더 큰 규모로 실시한다고 해서 결과가 동일해지지 않는다. 소규모 농장의 목표는 질 좋은 농산물을 볼 줄 아는 안목 있는 고객들에게 양질의 농산물을 제공하는 것이다. 대형 마켓에 납품하려고 온통 빨강, 초록, 주황색이 가득한 셀룰로오스 덩어리를 만드는 일과 결코 같다고 할 수 없다.

도구에 관한 배경지식

50년 전에 내가 처음 작은 땅에 채소를 재배하기 시작했을 때 구할 수 있는 장비라곤 19세기에 쓰던 것들이 대부분이었다. '플래닛 주니어(Planet Jr.)' 브랜드의 바퀴 호미와 파종 기구, 전통적인 형태의 호미 정도였다. 상업을 목적으로 하는 소형 농업에 활용할 만한 더 효율적인 도구를 찾아야 한다는 생각이 들었다. 현대에 들어 저비용 생산기술의 핵심이 된 도구들은 다양한 곳에서 등장했다.

1970년대에 유럽의 농장들에서 본 도구: 직접 운전하며 작동하는 트랙터 트레일러, 흙 블록, 쟁기, 화염 제초기, 비닐하우스, 스위스 바퀴호미 등이 이에 속한다.

유럽의 철물점에서 본 농기구: 3면 지표 롤러, 정밀 파종기, 써레, 선호미, 계량형 한 줄 파종기 등이다.

최근 들어 시장에 등장한 농기구: 솔라랩(SolaWrap) 온실 필름, 전동 수확기 등이다.

농민들이 직접 고안한 농기구: 경량 경운기계(틸더), 공선 괭이, 와이어 제초기, 와이어 괭이, 써레용 줄 표시기, 비닐하우스용 '퀵 훕스', 6열 파종기 등이 이에 속한다.

프랑스의 농기구 업체 테라텍(Terrateck)에서는 기존의 트랙터 기능을 놀라운 상상력으로 변형시켜 수작업의 효율성을 더욱 높일 수 있는 제품을 선보이고 있다. 뿌리덮개를 씌울 때 사용하는 수동 기구, 손가락 모양 제초기, 바퀴 달린 제초기, 바퀴호미에 장착할 수 있는 새로운 장치 등이 개발되었다.

종묘 생산업체 '조니스 셀렉티드 시즈(Johnny's Selected Seeds)'의 농기구 개발 부문에서는 위에서 언급한 대부분의 기구를 소규모 농민들에게 직접 가져다주고 사용할 수 있도록 하는 서비스를 시행 중이다.

이제 19세기 수준에서 벗어난 것은 분명해 보인다.

소규모 농업을 독려할 수 있는 가장 큰 특징은 초기에 필요한 자본의 규모가 적정선이라는 점이다. 이 특징을 비롯해 다른 여러 가지 측면에서 소규모 농업은 분명 굉장히 긍정적인 요소가 있다고 봐야 마땅하다.

농기구

수천 제곱미터 정도의 땅에 채소를 생산할 때 필요한 기본적인 농기구는 굉장히 합리적인 가격으로 품질 좋은 새 제품을 장만할 수 있다. 중고를 구할 수 있다면 비용은 더 크게 줄어든다. 그러나 내가 추천하는 농기구는 대부분 최근에야 널리 구할 수 있게 되었으므로 중고품을 구할 수는 없을 것으로 생각된다. 내가 추천하는 기본적인 농기구는 아래와 같다.

- 보행 트랙터/경운기
- 바퀴호미
- 한 줄 또는 여러 줄 파종기
- 흙 블록용 기구
- 괭이 등 손 도구
- 수레, 외바퀴 손수레

자본 투자의 규모를 아주 합리적인 수준으로 유지하기 위해(그리고 농기구의 사용과 유지 관리에 필요한 기술을 간소화하기 위해) 꼭 지켜야 할 가장 중요한 원칙 하나는 농기구의 크기를 잘 선택해야 한다는 것이다. 파종할 때는 비용이 많이 드는 사륜 트랙터 대신 훨씬 단순한 이륜 보행 트랙터나 경운기를 사용하고 파종과 경작 단계에 동력식 수공구를 함께 사용하는 것이 좋다. 그렇다고 경제적인 이유만으로 이와 같은 도구에 의존하라는 것은 아니다. 뛰어난 성능과 유동성을 고려한 의견이다.

위에서 언급한 기구 외에도 재배 환경이나 판매 여건에 따라 다른 장비에도 자본 투자가 필요할 수 있다(또는 농부 스스로 다른 기구를 추가로 원할 수도 있다). 내가 생각할 때 이 항목에 해당되는 농기구는 온실과 관개 시설이다.

6장

노동력

"요즘에는 사람을 구할 수가 없어요." "사람들이 그리 열심히 일하지 않아요." "하는 일에 별로 신경들을 안 써요." "인건비가 너무 올랐어요." "믿고 맡길 수가 없네요." 노동력은 분명 문제가 될 수 있다. 그러나 이런 말 중에는 사실도 있고 사실과 다른 내용도 있다. 그럼에도 모두 주목해야 할 필요는 있다. 그리고 이런 말들을 어느새 내뱉고 있는 자신을 발견하기 전에, 미리 신중한 선택을 하는 것이 현명할 것이다.

필자의 농장에서 일하는 훌륭한 젊은이들의 모습.

가족 노동

노동력과 관련하여 내가 제안하는 내용은 식품 생산과 관련하여 이 책에서 내가 전체적으로 제안하는 방향과 일치한다. 작게, 관리할 수 있는 수준으로, 효율성을 지켜야 한다는 것이다. 소규모 농업에서 가족은 최상의 노동력이다. 그러므로 가족의 노동력을 주된 원천으로 삼아 충분히 운영할 수 있는 농사를 유지하는 것이 가장 중요하다. 농사는 고된 일이고, 초반에는 두툼한 월급봉투 대신 만족감과 자부심이 보상으로 돌아오기 때문이다. 가족이 함께 농장을 꾸리면 늘 꿈꾸던 일을 한다는 마음으로 일을 한다. 스스로 마련한 캔버스 위에 바라던 그림이 나오게끔 직접 그림을 그리는 것이다. 사람을 고용할 경우, 처음부터 가족들만큼 농사에 몰두할 수 있는 사람을 찾기란 쉽지 않다. 가족에게서 노동력의 대부분을 얻는 생산 시스템은 아래와 같이 운영될 수 있다.

- 손쉽고 효율적으로 사용하고 고칠 수 있는 농기구를 선택한다.
- 재배 기간을 분산시키고 노동이 보다 균일하게 분산될 수 있도록 광범위한 작물을 선택한다.
- 관리 집약적인 접근 방식으로 땅을 비옥하게 하고 해충을 관리한다.
- 실제 상황에서 당황하지 않도록 미리 고민하고 사전에 계획을 철저히 세운다.
- 판매 단계에서 시간과 에너지를 절약하려면 어떤 방식으로 판매할 것인지 미리 떠올려본다.

위와 같은 시스템은 단기적으로 대량 투입하는 시스템과 달리, 알아서 굴러가고 투입량도 적은 장기적인 시스템을 구축함으로써 안정성을 얻는 것이 목표인 농업 철학을 바탕으로 한다는 점을 가장 중요하게 기억해야 한다.

외부 노동력

계획을 잘 세웠다고 해서 항상 성공한다는 보장은 없다. 따라서 외부 노동력을 구해야 하는 경우도 생긴다. 유급 일꾼이 필요할 때 참고하면 도움이 될 만한 사항이 몇 가지 있다.

우수한 일꾼을 구하고 싶다면 그 일꾼을 오래 데리고 쓸 수 있는 계획부터 세워야 한다. 보수를 후하게 주고, 이윤을 나눌 수 있는 방법이나 다른 보상 방안을 찾아보자. 농부가 원하는 방식을 잘 아는 우수한 일꾼 한 사람은 경험 없는 일꾼 세 명의 몫을 할 수 있다. 이상적인 노동력을 확보하려면 농장이 무엇을 제공해야 할까?

농장에서 시간제로 근무하려는 사람들은 물론 최상의 선택이라 할 수 없다. 하지만 생각의 범위를 넓혀보자. 농사일을 재미있다고 여기는 사람들은 많다. 거의 모든 사람들의 마음속에는 도시화된 표면적인 삶 뒤에 농업에 대한 욕구가 숨어 있다. 이토록 많은 사람들이 여전히 농업을 꿈꾼다면, 여러분의 농장이 꿈을 실현시켜줄 수 있다. 그러므로 일을 한다기보다는 시간제로 그 꿈을 실현해볼 수 있다는 취지로 사람을 구해보자. 농업을 꿈꾸면서도 실제로 추진해볼 것인지 마음을 정하지 못한 사람들은 놀랄 만큼 많다. 그 꿈을 실현해볼 수 있는 것만으로도 이들에게는 보상이 된다.

의지가 있는 일꾼을 찾아라

젊은이부터 노인, 학생, 은퇴자까지 누구나 일꾼이 될 수 있다. 자녀를 모두 학교나 대학에 보낸 주부들 중에도 새롭게 도전할 일을 찾는 사람들이 많다. 유기농 농장에서 시간제로 일을 한다면 충분히 의미 있는 일이 될 뿐만 아니라 에너지와 자신감을 가치 있는 자산으로 만드는 기회가 될 수 있다. 믿음직하고 똑똑하며 성실하고 농사일에 관심이 많고 열의가 넘치는 사람들, 다른 사람이 꿈을 실현하기 위해 시작한 일에서 자신도 함께 그 꿈을 실현할 기회를 얻었다는 사실에 기뻐하는 사람들이 실제로 많다. 이들이 생각하는 보상 중에 금전은 한 부분일 뿐이다. 또한 주부들의 경우 일을 할 수 있는 시간이 저녁 시간대나 이른 아침 등으로 한정되는 경우가 많으므로(아침인 경우 시장에 내놓을 작물을 수확하면 된다) 농사일이 일상의 한 부분이 될 수 있는 가능성도 높다. 그렇다면 의지가 있는 일꾼은 어디에서 찾아야 할까? 아래와 같은 곳들은 좋은 출발점이 될 것이다.

- 은퇴자들로 구성된 공동체
- 슈퍼마켓 게시판(일꾼 모집 광고를 붙이고 어떤 특전이 따르는지 명시하자)
- 지역 대학
- 식품 관련 공동조합
- 텃밭 가꾸기가 취미인 사람들의 모임
- 아파트

효율성과 유연성을 유지하라

효율성을 갖추자. 기술을 극대화하고 실수는 최소화하라. 고용인이 잘 못하는 일, 또는 고용인이 굳이 할 필요가 없는 일을 할 사람이 일꾼으로 들어와야 한다. 가장 이상적인 구조는 농작물 재배와 마케팅에 일가견이 있는 고용인이 일꾼을 고용해서 수확과 세척, 상자 포장, 유통을 맡기는 것이다. 농업 전 과정 중 특정한 부분에 가장 잘 맞는 사람, 충분히 해낼 수 있는 사람이 그 일을 맡아야 한다. 그래야 전체적인 효율성이 높아진다. 가족이 보유한 기술을 대체할 사람보다는 보완할 수 있는 인력을 구해야 한다.

유연성을 갖추자. 그때그때 필요한 노동력을 채울 수 있는 방법을 찾자. 운영 중인 농장에서 확보해야 하는 인력이 현대의 일반적인 농업 방식과 일치하지 않더라도 걱정할 필요는 없다. 특이한 상황임에도 성공한 사례가 많다. 근처에 큰 채식주의자 공동체가 있다면 모든 농작물을 좋은 가격에 사들이고 무엇이든 도와주려 할 것이다. 인근 농업관련 학교에 다니는 학생들을 실습 프로그램의 일환으로 참여하도록 하면 상시 구할 수 있는 노동력이 확보될 수 있다. 가까운 지역에 형제자매가 모여 살고, 다들 필요한 일이 있으면 언제든 적극적으로 도와줄 의향이 있는 경우도 있다. 특수한 경우에만 농사가 성공할 수 있다는 주장이 들리면 다 무시하기 바란다. 성공이란 농부가 일을 올바르게 하고 있다는 의미일 뿐이다. 그리고 지금 당장 아주 흡족한 조건으로 거래를 성사했다 하더라도 그것이 영원할 수 없다는 사실을 기억해야 한다. 늘 대안을 한두 가지 정도는 마련해두어야 한다.

양질의 노동력을 확보하라

농사는 기술이 필요한 일이며 빠르고 정확하게 작업을 할 수 있어야 한다. 이러한 상황에서 노동을 보완하는 것이 관리 능력이다. 관리의 질적 수준에 따라 원만한 일 처리의 가능성도 상당 부분이 좌우된다. 기준도 반드시 필요하다. 유럽에 갔을 때, 나는 사람들이 원예농업을 크게 존중하고 이해한다는 사실을 확인하고 깊은 인상을 받았다. 직업의식이 있는 고용인은 자신이 하는 일을 자랑스러워하고 잘 해내면 만족감을 느낀다. 과거에는 실제로 그런 경우를 볼 수 있었지만 이제는 드문 일이 되었다. 농장주는 고용인에게 직업의식을 불어넣어 주어야 한다.

밭에서 엉성하게 일을 하면 그 여파는 축적된다. 한순간의 부주의로 줄을 똑바로 맞추지 않고 심어버린 식물은 효율적으로 키울 수가 없고 재배 기간이 끝날 때까지 잡초를 일일이 손으로 뽑아야 한다. 잡초를 방치하는 바람에 씨앗이 열리면 향후 7년간 골칫덩이가 될 수 있다. 개별 작업의 질적 수준은 농사 전체의 효율성에 영향을 준다. 일을 형편없이 처리한다면 절대 그냥 넘어가면 안 된다.

질적 수준과 함께 우수한 결과를 만드는 것이 기술이다. 작업 기준을 수립하고 엄격히 지켜라. 간단한 도구라도 그 도구를 이용하여 일을 잘 완료하려면 인체의 움직임이 조화를 이루어야 한다는 사실을 대부분이 전혀 모르는 채로 일을 한다. 그러한 훈련이 부족하면 어설픈 결과로 이어지고, 작업이 실제보다 훨씬 더 어려운 일이 되고 만다. 일꾼에게 일을 어떻게 해야 하는지 직접 보여주자. 농기구를 사용할 때는 악기를 연주하거나 외국어로 말을 할 때처럼 조심하고 신중해야 한다는 사실도 가르쳐줘야 한다. 육체노동은 어떤 일이건 사전에 할 일을 계획하고, 효율적인 리듬으로 일하고, 목표 달성이 가능한 단위로 쪼갤 때 더 수월하게 완료할 수 있다.

작물마다 간격을 각기 다르게 정해서 심는다.

일하고 싶은 마음이 들게 하라

농장주가 신경 써야 하는 중요한 요소 중 하나가 태도다. 농장주는 고용인이 얼마나 만족스럽게 일하는지 관심을 기울여야 한다. 농사일은 스스로 흥미를 느껴서 하려는 경우가 많으므로 적극적으로 참여하게끔 독려해야 한다. 해야 할 일만 설명하는 데 그치지 말고 그 일이 전체적인 과정에서 어떤 부분인지, 왜 중요한지도 알려주자. 도중에 처음 일을 시작한 사람이 들어오면 시간을 내서 그 일의 시작과 끝을 충분히 이해할 수 있도록 설명을 해주어야 한다. 자신이 왜 공들여 일해야 하는지 이유를 알면 일에 더 흥미를 느끼게 되고, 큰 그림을 볼 수 있게 되므로 전체적인 시스템 개선에 도움이 될 만한 부분을 제안할 수도 있다. 우리 농장에서도 처음 온 일꾼이 내가 놓친 것을 발견하는 경우가 굉장히 많다. 나는 더 이상 가질 수 없는 신선한 관점으로 일을 바라보기 때문에 가능한 일이다.

외부 인력 관리와 관련하여 마지막으로 제안하고 싶은 것이 있다. 앞서 설명했듯이 한 농장에 사는 가족들이야말로 최고의 노동력인데, 그 이유는 농사일에 의욕을 갖고 있기 때문이다. 잠깐 생각해보자. 그런 의욕은 어디서 나올까? 자신이 하는 일을 사랑하고, 창의적인 일이므로 인간이 가진 창의적 욕구를 충족시키고, 농사는 꼭 필요한 일인 동시에 보람찬 일이며 농부라면 질 좋은 농산물을 생산하는 것에 자부심을 느끼기 때문이다. 구체적인 의욕의 동기가 무엇이건 농장주는 이와 같은 마음을 외부 인력에게 전달해야 한다. 의욕을 북돋아주고 열정을 갖도록 이끄는 일에 주저함이 없어야 한다. 깨알 같은 씨앗이 우리가 매일 먹는 빵으로 바뀌는 것이 신기한 마법처럼 느껴져서 농사를 짓는다면, 그 이야기를 들려줘라. 소비자들에게 믿을 수 있고 정말로 영양이 넘치는 식품을 제공하는 것이 즐거워서 농사를 짓는다면 그 이야기를 들려주자. 모두가 같은 이유로 의욕을 불태우지는 않지만, 열정은 전염성이 있다. 여러분의 열정을 널리 퍼뜨려라.

해고

데리고 일하던 사람을 해고해야 할 때도 있다. 좋게 끝내되, 필요하다는 판단이 들면 미루지 말아야 한다. 일에 흥미도 없고 의욕도 없는 사람에게 일을 시킬 때

만큼 좌절감 느껴지는 것도 없다. 고집 세고 불평불만이 많은 사람 한 명이 다른 사람 전체의 경험을 망치기도 한다. 그런 싹은 얼른 자라내야 한다. 단, 제기된 불평과 불만이 납득할 만하다면 공정하고 개방적으로 받아들여야 한다. 그렇지 않다면 확고한 자세가 필요하다. 불만을 쏟아내는 것 자체를 즐기는 사람들도 있다. 그런 사람들은 가까이 두지 않는 것이 좋다.

일꾼 없이는 농사를 지을 수가 없다. 일이 잘 굴러가도록 만드는 것도 요령이다. 외부 인력을 도저히 구할 수 없다면 농사를 인력에 의존해야만 하는 방법을 버려야 한다. 외부 인력을 반드시 구해야 한다면, 농장이 가진 특유의 이점을 활용하여 그곳에서 지내고 싶어 하는 사람들을 끌어 모으자.

7장

마케팅 전략

마케팅 전략 수립은 농사의 성공을 위한 첫 단계 중 하나다. 어떤 작물을 키울 것인가? 얼마나 키울 것인가? 언제 팔 수 있을까? 누구에게 판매해야 할까? 마케팅을 성공으로 이끄는 열쇠는 소규모 생산자가 누릴 수 있는 이점 중에서 찾을 수 있다. 바로 고품질 농작물을 생산하는 것이다.

유럽에서 얻은 교훈

마케팅을 공부하던 초창기에 나는 유럽의 여러 소규모 농장을 방문할 수 있는 기회를 얻었다. 그리고 아주 많은 것들을 배웠다. 내가 만난 농부들이 성공할 수 있

여러 가지 배추.

마늘 줄기도 그대로 남겨서 꽃다발처럼 판매한다.

농산물을 파는 장소를 소비자에게 확실하게 알려야 한다.

었던 첫 번째 이유는 성실히 일했기 때문이다. 그리고 머리를 써서 일을 한 것이 두 번째 성공 이유였다. 긴 재배 기간 동안 생산과 수입, 가족 노동력을 분산시키기 위해 농사를 다양화하여 강점을 활용하고 약점은 최소화했다. 그리고 공간적으로나 시간적으로 꼭 맞는 농업 방식을 선택했다. 즉 특정한 공간에서 키운 작물의 부산물을 뒤이어 그곳에서 키울 작물의 비료로 활용한다. 이를 통해 노동력이 한꺼번에 몰리지 않도록 조정했다. 현대적인 생산 기술을 활용하되 각자의 방식에 맞게 기술을 조정한 것도 내가 만난 소규모 농장의 성공 이유였다. 하지만 이들이 경제적으로 성공을 거둔 가장 중요한 이유는 시장에서 경쟁력을 갖출 수 있는 요소가 무엇인지 알고 있었다는 점이다. 소규모 농장에서 제공해야 하는 가장 귀중한 결과는 농작물의 품질이고, 품질이 바로 이들의 경쟁력이었다.

유럽에서는 미국만큼 식품의 표준화가 이루어지지 않았다. 지역별, 품종별 차이는 중요한 요소로 여겨진다. 그리고 식품의 품질은 다른 상품의 품질만큼 기준

가을에 갓 수확한 농산물을 파는 유리 온실 매장.

이 까다롭다. 유럽의 소규모 농장들은 보다 세심하게 영양을 관리한 고품질 제품을 생산하라는 독려를 받는다. 품질이 좋다는 건 아주 신선한, 맛이 가장 좋고 가장 섬세한 농산물일 것이다. 작물을 제대로 키우려면 가장 세심한 토양 관리와 재배 방식이 갖추어져야 한다. 아주 광범위한 선별 단계와 긴 재배 기간, 꼼꼼한 관리도 필수다. 이 모든 요소들이 모일 때 지역 시장에 내놓기 위해 소규모 농사로 생산한 농작물이 발떼기, 차떼기로 판매되는 식품보다 훨씬 유리한 위치를 차지하게 된다. 유럽 소규모 농장들이 거둔 성공은 작은 농장이 잘 할 수 있는 부분을 집중적으로 발전시킨 결과다.

1960년대에 일어난 '땅으로 돌아가기' 운동은 유기농업에 대한 관심을 높였지만 뿌리 깊은 시골 사회의 한 가지 중요한 요소를 미처 생각지 못한 것 같다. 바로 크고 보기 좋은 품질을 향한 열정이다. 과거에 소농들은 농사를 즐겼을 뿐만 아니라 질 좋은 결과물을 만들어낼 수 있다는 사실 자체를 즐겼다. 그리고 다음 농사에서 늘 더 나은 결과물을 얻으려고 노력했다. 일하는 분야가 무엇이든, 멋진 무언가를 만들어내는 것이 목표였다.

품질은 내실을 기하는 것으로부터 나온다

지난 몇 년 동안 판매자가 상품을 팔아 부정한 이익을 챙기거나 강매를 종용당하는 사례들 때문에 많은 사람들이 불안해한다는 이야기가 들려왔다. 하지만 그런 두려움은 다 접어도 된다. 꼭 필요한 상품, 정말로 일등급이라 칭할 수 있는 우수 상품이라면 굳이 소비자를 먼저 찾지 않아도 된다. 사람들이 판매자에게 갖는 부정적 이미지는 소비자가 원치도 않고 필요로 하지도 않는 데다 조잡하고 품질도 형편없는 시시한 상품을 번드르르한 말솜씨와 불쾌하기 짝이 없는 각종 기술을 동원해 팔아 치우려는 자들 때문이다. 훌륭한 농부는 그런 사람들과 자신이 결코 같은 축에 속하지 않는다는 사실을 알아야 한다. 훌륭한 농부가 생산한 상품은

소비자와 소통하기.

환경을 오염시키지 않고 그 지역에서 생산된 것, 국토를 멀리 횡단해야 하는 곳까지 운반하지 않으므로 에너지를 절약하고 일자리 시장을 자극할 뿐만 아니라 지역 경제도 강화하는 그야말로 일등급 상품이기 때문이다. 품질 좋은 상품은 판매하는 사람은 물론 구매자에게도 이득이 된다. 사람 간의 거래는 마땅히 그래야 한다. 양방향 교환이 양쪽 모두에게 유익해야 한다는 의미다.

아이디어도 필요하다면 상품이 되어야 한다. 특히 훌륭한 농사에 관한 근본적인 아이디어는 더욱 그래야 한다. 이번 장에서는 이 점을 고려하여 단순히 농산물을 판매하는 것 외에 더 많은 이야기를 하려고 한다. 즉 상품을 관리하는 일도 함께 다룰 것이다. 품질은 생산자의 관리와 기술로 얻을 수 있는 결과다. 경험이 쌓이면 기술도 생기지만, 세심한 관리는 반드시 내실을 기하는 것으로부터 시작되어야 한다. 소비자들은 상품의 진짜 품질을 잘 알지 못하는 경우가 많다. 농업 방식이나 그 방식이 식품의 품질에 끼치는 영향이 일반 사람들에게 매번 정확히 전달되는 것도 아니다. 농업 방식과 그것이 발생시키는 영향에 신경을 써야 하는 사람은 바로 농부 자신이며, 강제성이 없더라도 그렇게 해야 한다. 세심하게 관심을 기울이고 옳은 일을 하면 보상을 얻게 된다. 장기적으로 볼 때 품질이 나쁘거나 소비자를 기만하는 상품, 또는 할 수 있는 능력이 있음에도 그 실력에 미치지 못하는 저급한 상품을 만들어내는 것은 소비자보다 생산자 자신에게 더 힘든 일이 된다. 소비자는 어쩌다 한두 번 집어 들게 되지만, 생산자는 그런 상품과 늘 함께 생활해야 한다.

다 같은 당근이 아니다

소비자가 대량생산된 상품 특유의 품질에 익숙해진다 하더라도 식량 작물까지는 같은 시각으로 보지는 않는다. 비교할 기준이 없는 경우가 많기 때문이다. 가령 대부분의 사람들은 당근은 다 똑같은 당근일 뿐이라고 생각한다. 하지만 사실 그렇지 않다. 그 차이는 겉모양에서 끝나지 않는다. 농약이 뿌려진 토양에서 자란 당근은 잔류농약을 다량 흡수한다. 또한 pH가 낮은 땅에서 재배된 당근은 납과 카드뮴, 알루미늄을 더 많이 흡수한다. 수용성 비료가 불균형적으로 사용되면 식

물의 조성이 바뀐다. 열악한 토양 환경으로 인해 미량원소가 부족하면 단백질 합성이 저해된다. 토양이 비옥하지 않고 재배 환경이 적절치 못하면 식량 작물의 생물학적인 가치는 반드시 악화되거나 상실된다.

식품의 생물학적 가치에 관한 과학적인 증거를 찾아보면 대부분 모순되거나 불완전하다.[1] 경험해보면 직관적으로 차이를 느끼지만 검사로는 그 차이가 충분히 드러나지 않는 여러 분야들 중 하나에 속한다. 재배 환경에 따라 식품의 품질이 달라진다는 사실을 밝힌 자료들은 있지만 '절대적인 증거'로 보기는 어렵다. 생물학적인 개념에서 이런 절대적인 증거가 과연 존재할 수 있는지도 의문이지만 말이다. 어쩌면 우리는 무엇을 찾고 추구해야 하는지 구분할 수 있을 만큼 현명하지 못한 존재인지도 모른다. 그럼에도 분별 있는 소비자는 과학적인 근거가 나오기만을 기다리지 않는다. 아이디어는 과학을 좇기보다 과학을 이끌어야 한다. 프랑스의 한 시골 마을에서 소비자들이 채소를 꼼꼼하게 들여다보고 구입하던 모습을 지켜보았던 일이 떠오른다. 여러 세대에 걸쳐 갈고 닦은 그곳 소비자들의 구매 기준은 굉장히 높았다. '당근은 다 똑같은 당근일 뿐'이라고 생각하는 사람은 그들을 절대 설득하지 못할 것이다.

또 한 가지 널리 확산된 생각이 있다. 농업용 화학기술은 1960년대부터 큰 비난을 받고 있다. 사람들은 더 안전한 식품을 요구하고, 첨가물과 잔류물질 관리를 강화해야 한다고 이야기했다. 그 과정에서 식품은 겉모습이 아닌 조성을 보고 판단해야 한다는 의견이 탄생했다. 지금까지 믿고 의지해야 한다고 배운 시스템에 배신감을 느낀 사람들은 크게 분노했고, 기만적인 행위가 앞으로도 계속될 수 있다고 생각하기 시작했다.

환경보호, 식품과 농업, 농산물의 순도를 관리하는 기관을 비롯한 정부 규제 기관들로 구성된 그 시스템에는 실제로 국민들을 안전하게 지켜내지 못했다는 절망적이고 수치스러운 기록들이 차곡차곡 쌓이고 있다. 언론에도 매일 그 여파와 관련된 이야기가 등장할 정도다. 무조건 순하고 아무 문제가 없다고 여겨지던 농약이나 첨가물이 하루아침에 유해성 때문에 사용이 금지되는 상황이다. 그러한 결정을 내리게 된 바탕이자 우리가 믿고 의지해야 하는 지식을 보유한 과학자들은 농업 방식의 안전성과 식품을 소비하는 사람들의 건강, 우리가 사용하는 물의 오염, 토양의 장기적인 생산성을 두고 자기들끼리 격렬한 논쟁을 벌인다. 그러나 평균적인 소비자들은 절대 속지 않는다. 이제는 더 이상 무시할 수 없는 당혹스러운 증거들이 있다. 무언가가 잘못됐다는 사실이 드러나고, '절대적인' 과학적 증거가 있는지 여부와 무관하게 이미 큰 파장이 일어나기 시작했다. 황제의 본 모습을 이제야 발견한 것처럼, 대중은 규제 기관의 기능을 의심하고 독자적으로 더 안전한 식품을 찾아다닌다.

이야기가 이번 장의 주제인 마케팅 전략과는 영 다른 쪽으로 흘러간다고 느낄 수도 있지만 그렇지 않다. 품질은 소규모 농업의 핵심이다. 생산자가 제품에 세심한 관심을 기울이고 정직하다는 사실, 그리고 그가 하는 말과 그 농부가 만들어낸 농산물은 믿을 수 있다는 사실을 인지한 소비자는 든든한 지원군이 된다. 내가 1968년부터 1978년까지 처음으로 운영했던 판매점은 메인 주에서 굉장히 열악한 곳에 있었다. 공식적인 번호가 붙은 고속도로에서 9.6킬로미터 이상 떨어진 곳이었다(게다가 그중 4.8킬로미터 정도는 비포장도로였다). 그럼에도 판매는 전혀 문제가 되지 않았다. 우리는 품질 기준을 세워 그 기준대로 농산물을 생산했고는 공급량보다 수요가 더 많았다. '제대로 된' 식품이라는 명성이 일단 확고해지는 것만큼 훌륭한 광고나 마케팅 전략도 없다. 그렇게 되면 흔히 하는 이야기처럼 시장이 알아서 굴러간다.

지역 단위로 실시되는 유기농업은 반드시 활용해야 하는 추가적인 마케팅 수단이 있다. 유기식품 산업이 날로 확장되면서 이윤밖에 관심 없는 대형 판매업체들이 이 분야에도 발을 들이기 시작했다. 유기식품을 가려내는 국가 인증 프로그램이 존재하지만, 이를 속이는 사례가 늘어나자 진짜 유기농 제품이 맞는지 다들 의구심을 갖게 되었다. 머지않아 식품의 품질을 확인하는 가장 좋은 방법은 오랜 세월 전해 내려온 말 속에 있다는 것, 즉 '생산자의 이름을 보고 가려내면 된다'는 사실을 대중들도 깨닫게 될 것이다(그렇게 되어야 한다고 이야기하고 다니는 사람들 중 하나가 바로 나다).

8장

계획과 관찰

메인 주에 땅을 마련하고 본격적으로 농사일을 시작한 시기에 니어링Scott and Helen Nearing 부부와 이웃이 된 건 정말 엄청난 행운이었다. 스콧과 헬렌은 내게 경제적으로 성공할 수 있는 기술을 두루 가르쳐주었다. 그중에서 가장 중요한 가르침은 계획과 관찰이었다. 그 귀중한 기술을 누구보다 명확히 증명해 보인 사람들이기도 했다.

두 사람은 해야 할 일과 재배할 작물에 관하여 꼼꼼하게 계획을 세우고 체계적으로 정리했다. 그리고 처리해야 하는 일들을 가장 효율적으로 완료할 수 있는 방법이 무엇인지 모색했다. 단언컨대 두 사람은 내가 만난 그 어떤 사람들보다도

1974년, 내 이웃이던 스콧 니어링과 함께.

현실적이고 체계적인 시골 사람들이었다. 90대 노인인 스콧이 10년 뒤를 내다보고 향후 추진할 농사 계획을 수립하는 것을 보고 경이를 금치 못했던 기억이 있다. 두 사람이 소규모 농사와 관련하여 떠올린 아이디어와 경험은 부부가 쓴 책 『조화로운 삶』(보리, 2000)을 참고하기 바란다.

계획은 종이에 직접 써라

니어링 부부와 만나고 얼마 지나지 않아 나는 기존의 방식을 넘어서는 효율적인 사전 계획이 필요하다는 사실을 배웠다. 그래서 겨울 내내 다음 한 해 동안 해야 할 일들을 종이에 써두면서 어떤 자원이 필요한지, 그 자원은 어디에서 얻을 수 있고 어떻게 확보할 수 있는지, 각각의 과제에 시간을 얼마만큼 들여야 하는지 보다 확실하게 생각했다. 노트 한 권을 준비해서 매년 내가 시도한 윤작 계획에 포함된 채소 작물을 소분류의 기준으로 삼고 각 채소밭에 공급할 비료 등을 기록했다. 이렇게 미리 정리하고 계획을 세우는 것만큼 큰 도움이 되는 건 없었다.

니어링 부부는 관찰의 대가이기도 했다. 양상추 중에서도 어떤 품종이 겨울을 가장 잘 이겨내는지부터 완두에 가장 큰 효과를 발휘하는 퇴비는 어떤 재료를 섞어서 만들어야 하는지에 이르기까지, 두 사람은 매일 밭에 나가 일하면서 관찰한 것들을 세세한 부분까지 전부 기록했다. 계획적인 비교 시험을 실시하고 관찰한 결과도 있었지만 이들이 기록한 내용은 대부분 우연히 발견한 것, 즉 눈을 계속해서 크게 뜨고 관찰한 결과였다. 통찰력이 부족한 사람은 놓치기 쉬운 미묘한 변화까지 감지할 줄 아는 능력을 스스로 키운 덕분에 가능한 일이었다. 한 마디로 니어링 부부는 항상 배우려는 자세로 농사에 임했고 자신들이 발견한 것들을 기록해서 나중에 활용할 줄 아는 현명한 사람들이었다.

이들에게서 본받아야 할 부분은 우선 농사 계획을 세부적으로 수립하는 것이다. 어떤 작물을 키울 것인지, 얼마나 재배하고 농사 준비는 어떻게 마쳐야 하는지 단계별로 알아보면서 계획 수립이 어떻게 이루어지는지 살펴보자.

무엇을 재배할까

농사짓는 지역에 형성된 시장과 기후에 따라 작물을 적게는 한 가지, 많게는 70종 가운데 선택해서 재배할 수 있다. 생각의 폭이 넓은 농부들은 전통적인 작물을 매일 재발견하기도 한다. 존 에블린John Evelyn은 1699년에 쓴 에세이 「샐러드: 샐러드에 관한 이야기」에서 77종의 채소 작물을 나열했다. 그러나 이 목록은 샐러드 재료라는 한계가 있다. 아래 표 8.1에 내가 가장 전망이 밝다고 생각하는 48종의 채소를 주요 작물과 보조 작물로 나누어서 제시했다.

재배할 채소를 정하는 방법 중 하나는 계획 수립에 도움이 되는 모든 정보를 도표 형식으로 써 보는 것이다. 예를 들어 농사짓는 지역에서 월별로 어떤 채소를 판매할 수 있는지 정리해볼 수 있다. 이 도표에는 작물을 보호할 수 있는 비닐하우스나 난방 시설이 갖추어진 온실, 제철이 아닌 농산품을 판매할 수 있는 창고용 건물 등이 마련된다면 재배 기간이 늘어날 경우 각 작물을 얼마나 더 오래 생산할 수 있는지 조사한 내용도 포함되어야 한다. 표 8.2와 8.3, 8.4에 내가 거주하는 뉴잉글랜드 지역을 기준으로 작물별 재배 기간을 표시했으니 참고하기 바란다.

작물을 일정 기간에만 재배하여 소비할 것인지, 아니면 시장을 넓힐 것인지에 따라서도 어떤 작물을 언제 재배할 수 있는지 아이디어를 얻을 수 있다. 이런 정보를 정리하다보면 창의적인 아이디어를 생각해낼 수 있다는 장점이 있다. 농사를 어느 정도로 특수화해야 하는가와 같은 구체적인 시행 방향이 떠오를 수도 있다. 연중 내내 판매되는 작물은 여러 가지가 있다. 실제로 일 년 내내 농작물을 생산하면 소비자를 유지하거나 납품할 음식점을 확보하는 데 도움이 되는 시장이 많다. 위와 같이 정리된 도표를 살펴보면, 샐러드용 작물 중 상당수가 일 년 내내 생산할 수 있다는 사실을 알 수 있다(24장 참고).

표 8.1 가장 전망이 밝은 채소

주요 작물	보조 작물
아스파라거스, 콩, 비트, 브로콜리, 방울양배추, 양배추, 당근, 콜리플라워, 셀러리, 근대, 옥수수, 오이, 마늘, 케일, 상추, 멜론, 양파 구근, 봄양파, 파슬리, 파스닙, 완두, 고추, 감자, 호박, 무, 루타바가(순무), 시금치, 여름호박, 겨울호박, 토마토	아루굴라(루꼴라), 셀러리악, 배추, 콜라드, 민들레, 가지, 꽃상추, 에스카롤(꽃상추의 일종), 회향, 콜라비, 리크, 콘샐러드(마셰), 오크라, 적색 치커리, 서양 우엉(살시피), 쇠채, 샬롯, 순무

표 8.2 신선 농산물로 판매할 수 있는 주요 작물별 재배 가능한 시기와 장소

표 8.3 신선 농산물로 판매할 수 있는 보조 작물별 재배 가능한 시기와 장소

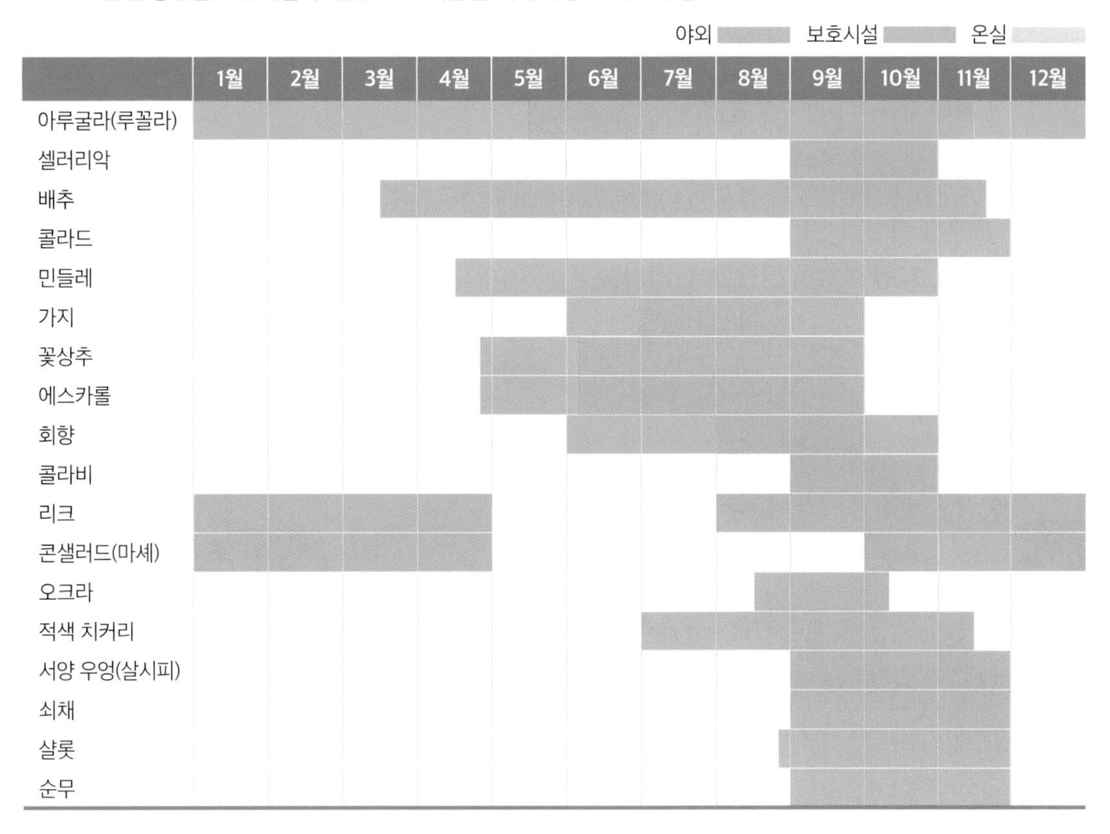

표 8.4 신선 샐러드 작물의 특수화

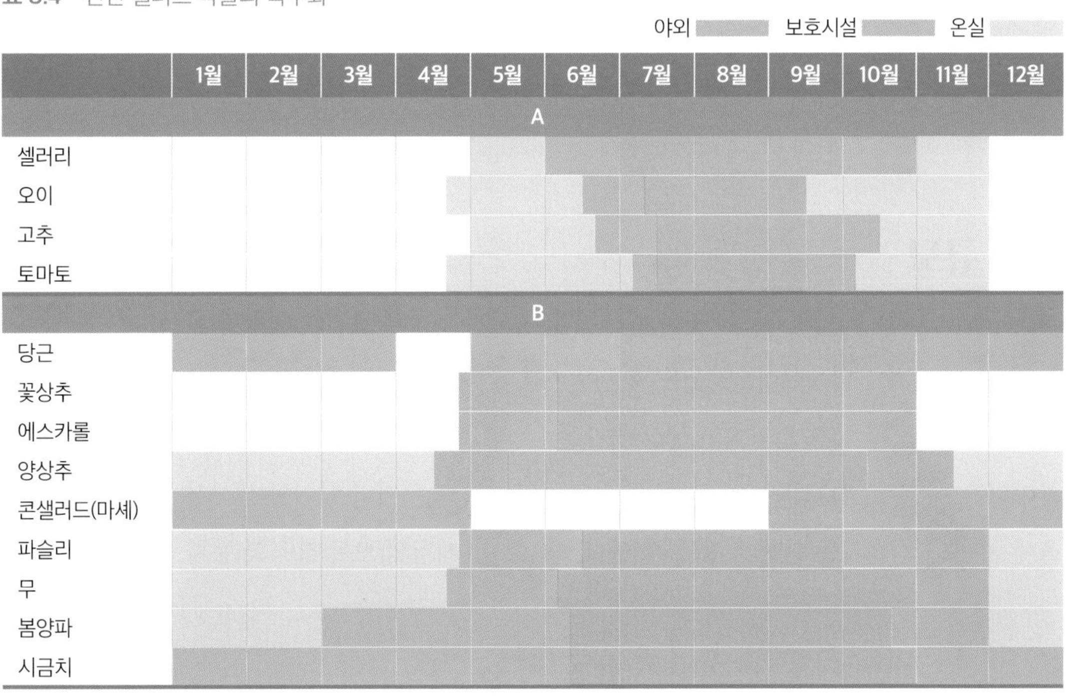

표 8.4에서 A로 분류된 작물은 농부 입장에서 잠재적으로 수익성이 가장 좋지만 재배 비용이 가장 많이 드는 작물이기도 하다. 높은 온도에서 키워야 하므로 난방비가 많이 들고 트렐리스•를 세울 수 있을 정도로 높이도 높고 탄탄한, 보다 전문적인 온실을 갖추어야 한다.[1] 재배 기간이 길지만 사실상 연중 내내 재배할 수 있는 작물은 아니다. 이 작물을 전문적으로 재배할 수 있는 농부에 한하여 수확은 4월 이전, 11월 이후에 실시할 수 있다.

B로 분류된 작물의 경우 그보다 낮은 온도에서 더 간소한 터널 형태의 온실에 재배할 수 있다. 콘샐러드(마셰), 파슬리, 봄양파, 시금치, 당근을 비롯한 일부 작물은 가을에 히터를 돌리지 않고도 키울 수 있다. 날씨가 크게 추워지기 전에 전부 수확해도 되지만 겨울이 시작된 후에도 얼지 않을 정도의 열을 충분히 공급하면 시간을 넉넉히 두고 수확할 수 있다. (겨울철에 이러한 작물과 기타 샐러드 작물에 열을 적게 공급하거나 공급하지 않고 재배하는 방법에 관한 상세한 정보는 24장에 나와 있다.) 농사짓는 지역에 형성된 시장 상황에 따라 선택하면 된다.

일 년 내내 온실에서 재배할 수 있는 가장 기본적인 작물은 양상추다. 수요가 항상 끊이지 않는 작물이기도 하다. 특수 품종 씨앗들이 나와 있는 카탈로그를 찾아보면 겨울철에 생산할 수 있는 매우 다양한 품종을 확인할 수 있다. 적응 품종을 재배할 경우 저온에서도 키울 수 있으며 겨울철에도 일정한 간격으로 수확할 수 있다.

생산 규모

생산 규모는 다른 요소의 규모에 따라 좌우된다. 농사지을 땅의 크기는 얼마나 되는가? 땅은 얼마나 비옥한가? 일꾼은 몇 명인가? 어떤 농기구가 이용되는가? 앞에서도 언급했지만 나는 집약적인 생산에 가장 이상적인 땅의 면적은 6천~8천 제곱미터(약 1,800~2,400평)라고 생각한다. 농경지의 크기가 얼마나 되어야 생산성을 유지할 수 있는지는 단번에 정할 수 없다. 생산과 마케팅의 모든 요소와 농사

• 덩굴 식물을 지탱하기 위해 설치하는 격자 모양의 구조물을 말한다.

규모의 관계를 반드시 고려해야 한다.

시장과 농경지의 배치는 지형에 따라 정해지지만 거의 모든 경우에 적용할 수 있는 일반적인 제안 사항이 몇 가지 있다.

세분화

땅은 크기와 상관없이 반드시 세분화해야 한다. 농기구의 크기를 감안할 때 가로 세로 30미터를 한 단위로 잡는 것이 효율적이다. 2만 제곱미터(6,000평) 규모의 밭이 있다면 아래와 같이 나눌 수 있다.

농경지는 남쪽으로 경사진 형태가 가장 이상적이다. 밭은 농경지 전체를 가로지르도록 구성한다. 밭의 폭은 30미터로 하고, 이랑 사이사이에 사람이 접근하고 보행 트랙터 또는 보행 경운기의 방향을 돌릴 수 있는 여유 공간을 고려하여 3미터 너비로 간격을 확보한다.

농경지를 세분화해야 하는 명확한 이유는 몇 가지가 있다. 접근성을 향상시키고 투입물과 생산량에 관한 정보를 손쉽게 얻는 것, 전체적인 질서를 유지하는 것은 일부에 불과하다. 가장 중요한 이유는 관리 때문이다. 땅을 세분화하면 모든 것을 꼼꼼하게 지켜볼 수 있다. 농사는 세심한 관리가 핵심이고, 어떤 것도 소홀히 해서는 안 된다. 땅이 세분화되면 농사의 모든 부분을 살피고 주의를 기울이는 데 도움이 된다. 넓은 땅 한가운데 있어서 자칫 놓치기 쉬운 작물도 보다 작은 공간에 있으면 관리를 받게 될 확률이 높아진다. 경작지의 형태와 상관없이 어떤 형태로든 일하기 편한 단위로 세분화해야 한다.

배치와 작물 간 간격

위와 같이 세분화된 농경지는 점진적으로 다시 더 세부적으로 나누어야 한다. 국가를 각 주와 카운티*, 마을로 나누면 보다 쉽게 파악할 수 있는 것처럼 농경지도

* 미국의 주 밑의 행정구역 단위를 말한다.

구획과 고랑, 이랑으로 나누면 더 수월하게 파악할 수 있다. 각 구획은 가로세로 30미터에 10미터, 또는 285제곱미터(약 86평) 면적으로 잡는다. 각 구획 내에 포함되는 이랑은 길이 30미터, 너비 75센티미터로 마련한다. 이렇게 하면 한 구획당 폭이 75센티미터인 이랑 8개를 만들 수 있다.

작물이 자라는 곳에 흙이 단단해지지 않도록 하려면 작업자들이 밭 사이사이에 마련한 통행로로만 다니도록 제한해야 한다. 이때 생산 시스템이 보다 유연하게 운영될 수 있는 방향으로 밭을 구성한다. 수확이 끝난 밭에는 뒤이어 키울 작물을 심거나 남는 공간에 녹비를 심어도 된다.[2]

한 가지 유용한 팁을 알려주자면, 경사진 농지에서 보행 트랙터로 밭을 갈 경우 오르막 가장자리부터 시작하는 것이 좋다. 이렇게 하면 2차로 연이어 밭을 갈 때 트랙터의 바퀴 상부가 부드러워진 흙에 살짝 잠기면서 층이 생기고 밭이 계단식으로 형성되는 효과를 얻을 수 있다. 경사진 농지의 아래쪽에서부터 밭을 갈면 이와 반대되는 효과가 나타난다. 즉 흙에 잠기는 바퀴로 인해 밭의 경사각이 더 높아지고, 트랙터를 줄에 맞춰 작동하기가 힘들어지므로 밭 표면을 고르게 만들기가 더 어려워진다.

샐러드용 채소를 특화시켜 재배할 경우, 전체 폭이 105센티미터이고 양쪽 바퀴와 경운 장치의 너비는 75센티미터인 보행 트랙터를 추천한다. 이 기계로 한 번 지나가기만 하면 폭 75센티미터인 이랑을 만들 수 있다. 그런 다음 바퀴호미에 30센티미터 나이프를 장착하여 30센티미터 너비의 통행로를 만든다(각 나라마다 생산된 트랙터의 성능에 따라 달라질 수 있다).

나는 오래전에 비닐하우스 작물 중 특정 종류를 30센티미터 통행로로 각각 분리된 75센티미터 너비의 이랑에서 재배하는 것으로 농사를 시작했다. 그리고 얼마 지나지 않아 야외 밭에도 같은 방식을 적용했다. 여러 작물을 재배하거나 샐러드용 신선 농산물을 키울 때 지면에서 낮게 자라는 작물들을 여러 번 수확하려면 농지 곳곳을 빠르게 돌아다녀야 하므로 특히 잘 맞는 방식임을 알 수 있었다. 작물이 자라는 면적이 75센티미터 정도면 쉽게 오갈 수 있으므로 수확하거나 옮겨심기를 할 때 편안하게 작업을 할 수 있다.

우수한 종자 얻기

채소 재배에 중요한 영향을 주는 요소는 워낙 많아서 내가 그중 몇 가지에 특별한 가치를 부여한다면 동의하지 못하는 사람들도 있으리라 생각한다. 하지만 우수한 종자가 중요하다는 사실에 반대하는 사람은 없을 것이다. 농사에서 양질의 종자가 없다면 다른 활동들은 다 무의미하다.

농부는 우선 식물의 품종에 관심을 기울인다. 나는 농사를 처음 시작할 때는 그 지역의 믿을 만한 공급업체가 판매하는, 지역 환경에 맞고 잘 자란다는 사실이 검증된 종류부터 키워볼 것을 권한다. 1~2년이 지나 농부 스스로가 충분한 경험을 통해 어떤 종류가 잘 자라는지, 어떤 부분에 개선이 필요한지 파악하게 되면 종자 카탈로그를 찾아보면서 선택하면 된다. 단, 카탈로그를 참고할 때는 행간에 숨겨진 의미를 잘 읽는 법을 익혀야 한다. 새로 나온 종류는 아무리 열렬한 찬사가 쏟아지더라도 반드시 위험성이 있다. 대형 업체의 카탈로그일수록 일반적인 비료나 살충제를 쓰면 더 잘 자라는 종류를 선정해서 소개하는 경우가 많으므로 특히 이런 점에 유의해야 한다. 내가 그랬듯이, 유기농 농부라면 역사가 오래되고 안정적인 종류가 더 신뢰할 만한 결과로 이어진다는 사실을 알게 될 것이다.

사람도 마찬가지지만 종자도 종류에 따라 특정 환경이 갖추어져야 잘 자라는 경우가 있다. 그렇다고 개량된 종자는 시도도 하지 말아야 한다는 뜻은 아니다. 신뢰할 수 있는 오랜 품종이 있는데 품질 측면에서 반드시 대체해야 하는 이유도 없이 무작정 바꾸지는 말아야 한다는 것이다. 나 역시 특수 종자나 해외 종자 카탈로그에서 유익한 정보를 얻는다. 괜찮아 보이는 종류는 물론 새로 개발된 종류도 시험 삼아 키워볼 때도 있다. 이런 방법으로 그리 많지는 않지만 내가 선호하고 중요하다고 생각하는 작물 목록을 수립할 수 있었다. 실제로 내가 시험 재배를 하는 종류가 적은 이유는 종자 회사에서 이미 시험을 했기 때문이기도 하고, 내가 보유한 것보다 훨씬 더 많은 자원을 쏟아서 실시된 시험 재배의 결과를 여러 곳에서 확인할 수 있기 때문이다. 그러한 결과는 대부분 굉장히 철저하고 믿을 만하다. 그럼에도 내 손으로 직접 키워보고 새로운 무언가를 발견하는 기쁨은 분명 존재하므로, 여러분도 직접 시도하는 것을 망설이지 말아야 한다고 생각한다. 종자의 품종을 선택할 때 고려할 수 있는 몇 가지 기준을 제시해보면 다음과 같다.

식감 현시점에서 가장 중요하게 여겨지는 요소다. 채소를 생으로 먹을 때와 익혀서 먹을 때 느껴지는 풍미와 부드러움 정도, 향이 포함된다.

외관 색깔, 크기, 모양도 중요한 요소지만 식감에 부차적으로 따르는 특징이라 할 수 있다.

해충과 병해 저항성 실제로 이런 문제가 있다면 유용한 기준이 되지만, 그렇지 않은 경우 맛과 부드러움을 고려해서 선택하는 것이 좋다.

완전히 자라기까지 소요 기간 조기 수확, 다모작을 계획한다면 매우 중요한 요소다.

보관성 장기간, 또는 단기간 보관할 수 있는 작물인지 여부이다.

생명력 발아가 빨리 이루어지는지, 빨리 성장하는지 등과 관련된 요소다.

효율성 다양한 환경에서도 생명력을 유지할 수 있는 품종인가?

얼마나 잘 견디는가 갈라지지 않는 토마토, 쪼개지지 않는 양배추 등을 구분하는 기준이다.

수확의 용이성 당근은 윗부분이 단단해야 뽑기가 쉽고, 콩은 잎 위쪽에 열려야 따기가 수월하다.

수확 시기 재배 기간을 연장할 수 있는 품종도 여러 가지가 있다.

서리 저항성과 내한성 봄과 가을에 고려해야 할 사항이다.

낮의 길이 낮 길이가 짧아도 잘 자라 겨울철에 비닐하우스에서 키우기에 적합한 품종 등 종류마다 특징이 다양하다.

세척의 용이성 잎채소 중에는 잎이 높이 자라서 흙이 잘 묻지 않는 종류도 있다.

편의성 색이 하얗게 되는 콜리플라워나 지주를 따로 세우지 않아도 되는 토마토 등 재배하기에 편리한 작물이 포함된다.

조리의 용이성 길쭉한 비트와 둥근 비트, 동그란 양파와 납작한 양파 등의 차이와 관련이 있는 요소다.

적응성 겨울을 나고 이른 봄에 성장하는 종류도 여러 가지가 있다.

영양 다른 종류보다 영양소 함량이 더 높은 종류가 있다.

시장성 특수성, 민족성, 미식가들이 선호하는 종류 등이 포함된다.

양

다음으로 고려할 사항은 필요한 종자의 양이다. 재배할 품종별로 종자를 얼마나 구입해야 할까? 이 결정에는 재배 기술도 영향을 준다. 작물 대부분을 이 책에서 권한 방법대로 옮겨 심을 경우, 필요한 씨앗의 양은 밭에 씨앗을 바로 심을 때보다 훨씬 적다. 대부분의 종자 카탈로그에는 직접 파종 시 종자가 얼마나 필요한지에 관한 정보도 나와 있다. 농사를 처음 지을 때는 확실한 결과를 얻기 위해 종자를 여분으로 구입하는 편이 좋을 것이다. 새로운 파종기를 이용하거나 기구의 설정을 새롭게 맞추면 정확하게 보정이 되었다는 전제에서 필요한 양의 두 배에 해당하는 씨앗을 쉽게 심을 수 있다. 파종시기에 씨앗이 부족하다면 이보다 기운 빠지는 일도 없다. 대부분의 경우 농작물의 종자 구입비용은 지출 규모가 작은 항목에 속하므로 어느 정도 여유 있게 구입해두는 것이 좋다.

특정 품종, 또는 농장의 전체적인 생산품 중에서 중요한 부분을 차지하는 작물은 만일의 사태에 대비하여 다른 공급업체가 판매하는 종자를 추가로 구비해두는 것이 좋다. 이는 다모작 시 특히 중요한 유의사항이다. 종자를 처음 파종할 때는 다른 구입처에서 여유분으로 구해둔 종자도 함께 심는다. 농사가 잘 되면 추가 파종이 필요 없겠지만 이렇게 하면 원래 재배하려던 종자가 제대로 자라지 못할 경우 발생할 수 있는 피해를 막을 수 있고, 다음에 새로 종자를 구입할 때 어떤 것을 선택해야 하는지도 알 수 있다. 선호하는 종자를 판매하는 업체와는 신용거래를 할 수 있도록 미리 준비해야 농사 도중에 종자에 문제가 생기더라도 전화로 신속하게 주문할 수 있다.

지난해에 구입한 종자를 활용할 때도 동일한 방식으로 대비책을 마련하는 것이 현명하다. 대부분의 경우 씨앗은 적절한 조건이 지켜지면(서늘하고 건조한 곳, 빛이 들지 않는 곳) 1년간 보관해도 아무 문제가 없다. 그러나 종자가 발아하지 않아 농사 혹은 다모작 계획을 망친다면 절약하려다 더 큰 돈을 쓰게 되는 일이 벌어진다. 종자는 매년 가능한 한 일찍 확보해두어야 한다. 파종 시기를 계획한다 하더라도, 그 시기가 소리 소문 없이 코앞에 닥치는 경우가 많다. 즉 미처 깨닫기도 전에 이미 봄이 왔음을 깨닫게 된다. 씨앗을 카탈로그를 보고 택배로 주문하든 지역 종묘사에서 직접 구매하든 선택은 자유다. 중요한 것은 어떤 경로로 구입하든 신뢰할 수 있어야 한다는 점이다. 일관된 품질, 최신 정보가 보장되어야 한다.

여러 해 동안 농사를 짓고 경험이 쌓인 농부들은 자연 수분이 가능한 품종에서 직접 씨앗을 모아서 재배가 가능한지 실험을 해보기 바란다. 씨앗이 제대로 자라서 해당 식물의 종류에 알맞은 특성이 나타나는지 확인해보라는 뜻이다(잡종 1세대 식물에서 얻은 씨앗은 노새처럼 생식능력이 없거나 잡종을 만든 부모세대 계통 중 어느 한 쪽의 특성만 갖는 형태로 되돌아간다). 이와 같은 생산 시스템 속에서 세심한 재배 방식을 적용하여 키운 농작물에서 얻은 종자는 생명력과 생육 능력이 돈을 주고 사온 씨앗보다 대부분 월등하다.

이러한 실험을 권하는 이유가 한 가지 더 있다. 종자의 육종과 선별, 조작 방식이 양질의 채소를 키우려는 생산자에게 적합하게 이루어지면 참 좋겠지만, 실제로는 오래된 품종이라는 이유로 외면당하거나 불필요한 조작이 이루어지는 경우가 많다. 또한 자연 수분으로 얻은 씨앗을 종류와 상관없이 비축해두었다가 키워보니, 내 생산 방식을 그대로 적용해도 식감이 좋을 뿐만 아니라 굉장히 잘 자란다는 귀중한 사실을 깨달았다. 다행히 이제는 유기농법으로 키울 수 있는 씨앗을 구하기가 훨씬 쉬워졌고, 유기농 씨앗의 육종도 흔한 일이 되었다. 농부가 직접 조절할 수 있는 부분이 많을수록 농사 시스템 전체가 더욱 안정된다.

언제 심을까

심는 시점에 따라 수확 시점이 결정된다. 심고 난 후 수확까지 소요되는 기간은 낮의 길이와 날씨, 토지의 방향, 재배하는 작물, 기타 농작물의 성장과 관련된 여러 요소에 따라 길어지기도 하고 짧아지기도 한다. 보호된 환경에서 작물을 키울 경우(온실, 비닐하우스) 이 기간을 조절할 수 있으나 보호 시설이 없는 야외에서 가장 이른 시기에, 그리고 맨 나중에 키우는 작물도 중요하다. 야외에서는 생산 비용도 적게 들고 보통 비닐하우스에서는 재배할 수 없는 여러 작물도 키울 수 있기 때문이다.

조식 재배와 만식 재배

가장 이른 시기에 키울(조식 재배) 작물이나 가장 늦게 키울 수 있는(만식 재배) 작물에 관한 가장 정확한 정보는 다른 농부들에게서 얻을 수 있다. 전문가라고 반드시 다 아는 것도 아니다. 텃밭을 잘 활용하는 사람이 심는 날짜를 비롯한 여러 가지 사항들을 깜짝 놀랄 만큼 잘 아는 경우도 있다. 실제로 노련한 농부가 조기 수확과 관련하여 전문가를 뛰어넘는 사례를 나도 여러 번 본 적이 있다. 조식 재배나 만식 재배는 영향을 끼치는 요소가 너무 많아 뛰어난 농부도 실력을 다 발휘하지 못한다. 분명한 사실은 여러 농장에서 실시하는 야외 조식 재배는 방풍 시설과 환경에 노출된 상태, 토양의 색깔, 기타 지역기후 등을 세심하게 조정하여 결과를 향상시킬 수 있다는 것이다.

추가적인 개선을 위해 재배 시 고려해야 할 특정한 요소도 존재한다. 가령 옥수수의 경우 대부분의 농산물 시장에서 중요한 작물로 여겨지고 조기 재배 시 소비자를 늘릴 수 있다. 그러나 재배 가능한 온도가 한정되어 있으므로 그 범위 내에서만 옥수수 심는 날짜를 조정할 수 있다. 토양 온도가 13℃보다 떨어지면 씨앗이 제대로 발아하지 못하거나 아예 발아가 안 될 수 있다. 이와 달리 옥수수 모종은 13℃ 이하에서도 성장한다. 그런데 바로 이 차이점이 간과되는 경우가 많다. 사전에 발아시킨 옥수수 종자 또는 옥수수 모종을 옮겨 심는 방안도 고려해볼 필요가 있다는 의미다. 단, 옥수수 전체를 그렇게 심으라는 것이 아니라 가장 이른 시기에 판매할 분량을 확보할 수 있도록 며칠 정도 앞당겨 심는 방법으로 활용하면 된다. 흙 블록에 키운 옥수수는 옮겨심기 성공률이 상당히 높다(17장 참고).

연작과 온실 재배

양상추와 같은 작물을 연중 내내 계속해서 수확하고 싶다면, 작물을 계속 공급할 수 있도록 매주 심는 것이 논리적이라고 생각할 수 있다. 그러나 이 논리는 일부만 유효하다. 가령 심는 날짜가 총 52일이더라도 한 번 심고 다시 심는 날까지의 간격을 7일로 고정하지 말아야 한다. 계절마다 광량과 온도, 낮의 길이 등이 다르고 이런 요소들은 식물 성장에 영향을 준다. 그러므로 심는 날짜는 이러한 조건에 맞게 정해야 한다. 또한 지리적 위치와 지형, 전체적으로 나타나는 특정한 패턴도 심는 날짜를 정하는 가이드로 활용된다.

9월부터 2월까지는 양상추가 다 자랄 때까지 소요되는 기간이 두 배로 늘어난다. 심는 날짜를 정할 때는 이 같은 현실이 반드시 반영되어야 한다. 네덜란드의 한 연구진은 11월 초부터 4월까지 양상추를 매주 수확하려면 어떤 간격으로 심어야 하는지 연구하고 다음과 같은 일정을 지켜야 한다고 밝혔다(남반구에서 농사를 지을 경우 아래 날짜에 6개월을 더하면 거의 동일한 결과를 얻을 수 있는 날짜가 나온다).[3]

9월 1~10일	3일 반 간격으로 심기
9월 10~18일	이틀 간격으로 심기
9월 18일~10월 10일	3일 반 간격으로 심기
10월 10일~11월 15일	7일 간격으로 심기
11월 15일~12월 15일	10일 간격으로 심기

양배추를 옮겨 심고 첫 3주 동안 인공조명 환경에서 키우면 파종부터 수확까지 소요되는 기간을 줄일 수 있다는 사실도 다른 연구들을 통해 밝혀졌다.

야외 재배에도 비슷한 방식으로 심는 기간을 달리한다. 메인 주의 농장에서 농사를 처음 시작했던 초창기 경험에 비추어 볼 때, 양배추를 난방 시설이 없는 비닐하우스에 3월 1일 파종하고 4월 21일에 야외 농지로 옮겨 심으면 5월 25일쯤 판매할 수 있는 상태가 된다. 반면 4월 1일에 같은 비닐하우스에 파종한 뒤 5월 1일에 옮겨 심으면 6월 2일에 다 자란 상태가 되었다. 세세한 날짜는 지침일 뿐임을 기억해야 한다. 내가 강조하고 싶은 것은 날짜를 정하는 기본 방식과 전체적인 패턴을 이해해야 한다는 점이다. 농부는 자신이 운영하는 농장의 기후와 환경 조건에 관한 정보를 수집해야 한다. 또한 장기적으로는 직접 해보는 것이 심는 날짜를 세부적으로 정하는 데 가장 큰 도움이 된다. 꼬박꼬박 기록을 해두면 굉장히 값진 자료가 된다.

하지만 아무리 모든 것을 철저히 계획해도 날씨는 결코 일정하게 유지되지 않는다. 더위와 추위가 이례적으로 극단적인 수준에 이르면 생물이 살아남기 어

려워질 수 있다. 예측할 수 없는 날씨의 영향을 상쇄시키는 방법으로는 재배하는 농작물마다 한 가지 이상의 품종을 키우는 것이 있다. 비슷한 재배 환경에서 자라는 특성이 약간 다른 품종을 선택하면 이상적인 재배 기간 전체를 활용할 수 있다. 변화무쌍한 기후로 인한 충격을 어느 정도 흡수하는 유연성을 확보하면 수확의 안정성도 더 확고해진다.

한 가지 교훈

내가 니어링 부부에게 배운 또 한 가지 교훈은 일주일 내내 일하려는 생각이 어리석다는 점이다. 농사에 처음 뛰어든 경우, 게다가 부모님이나 조부모님이 오래전에 터를 닦아 놓으신 덕분에 다 해 놓은 것들을 그냥 활용하기만 하면 되는 경우가 아니라면 농사 체계를 얼른 제대로 굴러가게 만들고 싶은 욕구가 강하게 들 수 있다. 그러나 매일 하루도 쉬지 않고 일하는 방식이 목표 달성에 가장 좋은 방법이라고는 할 수 없다. 금세 기운이 빠지고, 애초에 간절히 농사를 짓고 싶었던 이유였던 즐거움이나 기쁨도 사라진다. 스콧과 헬렌은 내게 일주일 중 최소한 하루는 뭔가 다른 일을 하는 것이 중요하고, 농장에 할 일이 아무리 많더라도 이것을 지켜야 한다고 가르쳐주었다. 한창 정신없이 바쁜 봄철에도 일주일에 하루는 다른 일을 하면서 보내고 나면 나머지 6일 동안 훨씬 더 많은 성과를 올릴 수 있다. 휴식하고 지난 일을 되짚어보는 시간을 가지면 체력이 회복될 뿐만 아니라 앞으로 어떻게 하면 덜 고생하고 더 많은 것을 달성할 수 있는지, 현재 나타난 곤경이 다음 해에는 나타나지 않도록 할 수 있는 방법은 무엇인지 더 깊은 통찰력을 키우는 데 도움이 된다.

9장

윤작

가장 믿을 수 있는 농사 방식은 오래전부터 이어져 온 방식이다. 윤작도 그 대표적인 예에 속한다. 초기 로마 시대에 작성된 글에서도 윤작의 장점을 기술한 내용을 찾을 수 있다. 그리스에서도, 그보다 일찍 중국에서도 윤작의 원리가 잘 알려져 있었다. 퍼민 베어Firmin Bear는 러트거스 대학교에서 연구 활동을 벌이면서 쌓은 경험을 토대로, 윤작이 성공적으로 이루어질 경우 땅을 비옥하게 만드는 것, 농지를 일구는 것, 해충 방제 등 성공적인 농사를 위해 할 수 있는 모든 방법의 75퍼센트에 해당하는 효과를 얻을 수 있다고 밝혔다. 사실 나는 이것도 보수적으로 추산된 결과라고 생각한다. 윤작의 장점을 모두 얻기 위해 지켜야 할 원칙을 실제로

윤작은 키우는 작물의 종류가 다양할수록 좋다.

하나부터 열까지 철저히 따르는 경우는 드물다. 그럼에도 나는 다모작 방식의 농업에서 윤작은 가장 중요한 단일 기술이라고 생각한다.[1]

한마디로 정리하면, 윤작은 다양성을 높이고 다양성이 높아지면 생물계의 안정성이 향상된다. 윤작이란 동일한 토지에 재배하는 농작물을 매년 바꾸는 방식으로 정의된다. 바꿔 키우는 작물은 앞서 재배한 작물과 식물학적으로 서로 연관성이 없는 종류로 선택하는 것이 가장 이상적이다.

또한 앞뒤로 연이어 키우는 작물들이 필요로 하는 토양 영양소가 동일하지 않고 같은 병해나 해충에 시달리지 않을수록 좋다. 콩과 식물을 키웠다면 다음에는 다른 작물로 바꿔서 재배한다. 한번 재배한 작물을 다시 심기 전에 다른 작물을 키운다면 오래 키우는 것이 짧게 재배하는 것보다 낫다. 이와 함께 재배 순서를 정할 때는 가능한 한 많은 요소를 고려하는 것이 좋다.

공간과 시간

윤작을 시각화하려면 무엇보다 두 가지가 한 번에 적용된다는 사실부터 이해해야 한다. 윤작은 공간적인 순환(작물의 위치가 바뀜)이자 시간적인 순환(시간이 바뀜)이다. 재배할 작물의 순서와 시간을 모두 고려해서 복잡한 방식으로 돌려 심으려고 하다 보면 초반부터 혼란스러울 수 있다. 거기서 잠시 멈추고 생각해보기 바란다.

그림 9.1에 8종의 농작물을 재배하는 연간 윤작 계획을 나타낸 그림이 나와 있다. 그림을 보면 총 여덟 개의 작은 부분으로 나누어져 있고, 각 부분마다 다른 작물을 재배한다. 이 여덟 가지 작물은 B 다음에 A를 심고 C 다음에 B를 심는 식으로 윤작이 실시된다. 그림에서 화살표는 돌려 심는 순서를 나타낸다. 또한 각 알파벳이 적힌 곳이 해당 작물이 그 해에 재배될 위치를 의미한다. 즉 한 해가 지나고 나면 그림에서 A라는 작물은 전년도에 B 작물을 키운 곳에 심고 H 작물은 앞서 A가 재배된 곳에 심는다. 다시 한 해가 지나면 A 작물은 현재 C가 자라고 있는 곳에 심는다.

나는 가로 7.5센티미터, 세로 12.5센티미터 크기의 인덱스카드 중앙에 작물명

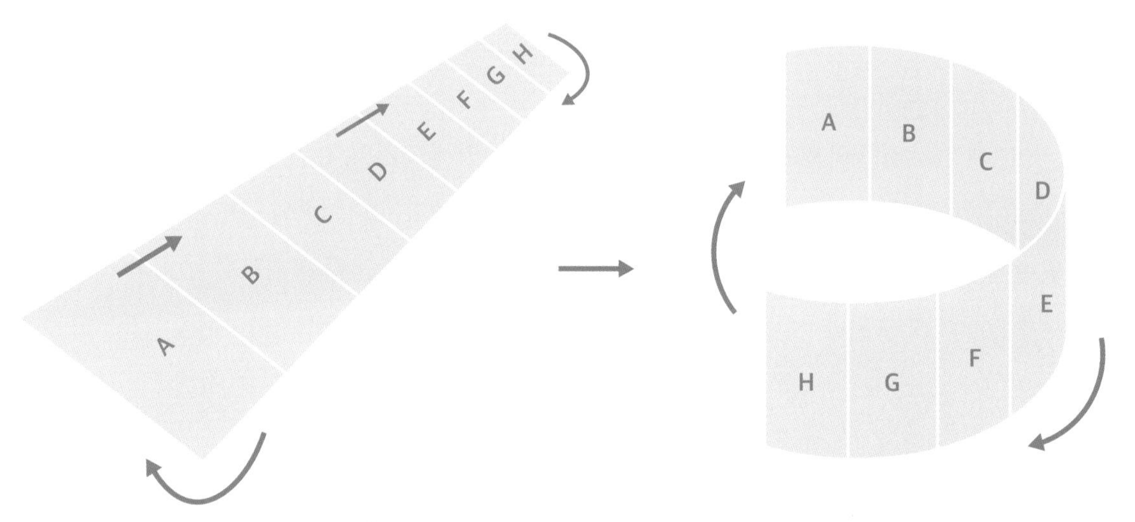

그림 9.1 8종의 농산물을 키울 때 연간 윤작 계획.

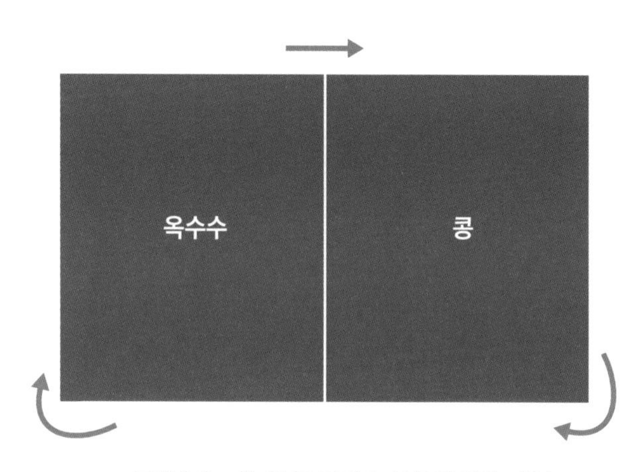

그림 9.2 한 해 두 가지 농산물의 윤작 계획.

을 써넣고 이를 이용하여 윤작 계획을 세운다. 컴퓨터로 어떤 방식이 가능한지 눈으로 보면서 계획을 세우는 방법도 있다. 여러 종류의 작물이 윤작 계획에 포함된 경우, 나는 가장 이상적인 순서를 찾기 위해 카드를 이리저리 옮겨 본다. 어떤 식으로 진행되는지 함께 살펴보자. 농작물 두 종류만 바꿔 재배한다면 문제 될 것이 하나도 없다. 옥수수와 콩을 기른다고 가정해보자. 올해 옥수수를 재배한 자리에 내년에는 콩을 키우고, 올해 콩을 재배한 자리에는 내년에 옥수수를 키우면 된다.

윤작 계획에 포함된 농작물이 3종으로 늘어나면 이 개념도 확장된다. 재배할 작물의 종류가 두 가지를 넘어가면 '순서'라는 새로운 요소를 생각해야 한다. 가능한 순서는 두 가지다. 나처럼 인덱스카드를 활용할 경우 옥수수-콩-호박으로 놓거나 옥수수-호박-콩으로 놓을 수 있다.

이때 세 가지 작물의 순서를 바꾸는 모든 방법이 아닌(세 가지인 경우 총 6가지 방법이 있다) 가능한 순서를 생각해야 한다는 점에 주목해야 한다. 4종의 농산물을 윤작할 경우 순서를 고려한 가짓수는 총 6개다. 또 8종을 윤작하면 가능한 순서가 5,040가지가 된다.

왜 그렇게까지 해야 할까

한 가지를 정하면 또 다른 것을 정해야 하는 윤작을 왜 귀찮음을 무릅쓰고 해야 할까? 돌려 심을 농작물의 순서를 정하고 각 작물의 장점을 고민해보는 단계부터 농부가 얻는 것이 너무나도 많기 때문이다. 옥수수, 콩, 호박, 그 밖에 여러 작물들은 토양에서 제각기 다른 영양소를 얻어서 활용한다.

토양이 비옥한 정도에 따라 작물이 반응하는 패턴도 전부 다르다. 특정한 경작 방식을 쉽게 적용할 수 있다는 공통점이 있고, 모두 앞서 재배되었거나 뒤이어 재배될 작물에 영향을 주거나 받을 가능성이 있다. 향후에 심을 작물까지 고려해서 작물과 경작 방식을 정할 때마다 또 다른 고려사항이 생긴다. 결단력 있는 농부라면 충분히 시간을 들여 숙고한 후 생산 과정의 모든 측면을 최적화한다.

윤작 계획을 수립하는 데 들인 시간은 결코 헛되이 돌아오지 않는다. 농장 전체에 중요한 생물학적인 균형에 관하여 많은 부분을 알게 되고, 문제가 생기기 전에 예방하는 효과도 매우 크다. 그러한 문제들 중에는 농사 과정에서 정말 많은 일이 벌어질 수 있다는 사실을 스스로 상기해야만 알 수 있는 것들도 많다. 농부들이 윤작 계획을 잘 세워놓고도 그 이점을 오롯이 누리지 못하는 경우가 많다. 윤작 비용을 수치화할 수 없고, 문제를 예방하는 기능이 워낙 뛰어나서 농부가 미처 효과를 깨닫지 못할 수도 있기 때문이다. 윤작으로 얻는 이점은 어떤 면에서 눈에 띄지 않는다고 할 수 있다.

해충, 병해, 잡초 관리

윤작을 하면 전체적인 생산 시스템을 작물에 이로운 방향으로 관리할 수 있으므로 해충과 병해 관리 효과도 향상된다. 단일 재배를 택할 경우, 같은 장소에 해마다 동일한 작물이 자라므로 그 작물을 노리는 해충도 크게 증식할 수 있다. 수년에 걸쳐 토양에 다른 작물을 재배하는 것이 해충 문제를 적정 수준으로 가장 손쉽게 유지할 수 있는 방법이다. 취약한 작물을 사이사이에 배치해서 돌려심는 작물의 간격을 적절히 확보하는 것만으로 특정 작물을 노리는 해충의 증식을 충분히 막을 수 있다.

윤작이 잡초 제거에 주는 영향도 이와 유사하다. 한 가지 작물을 재배하면 그 작물과 재배 방식의 특징으로 인해 의도치 않게 특정 잡초가 자라기 좋은 환경이 형성될 수 있다. 뒤이어 심을 작물로 이러한 잡초를 없앨 수 있도록 윤작 계획을 수립하는 것이 현명하다.

나아가 작물 중에는 특징적인 재배 방식으로 인해 청소 작물의 기능을 하는 종류가 몇 가지 있다. 감자와 겨울호박이 그 대표적인 예다. 감자는 배토(북주기)가 필요하고, 겨울호박은 긴 재배기간을 거친 다음에야 덩굴이 뻗어 나가기 때문이다.

식물의 영양

윤작을 하면 생물학적인 농업 시스템에서 활용할 수 있는 영양소가 많이 확보된다. 수용성이 낮은 식물 영양소를 다른 식물보다 더 효과적으로 활용하는 식물들이 있다. 다음에 심는 식물이 동일한 영양소의 활용 능력이 떨어지더라도, 앞서 재배된 식물이 영양소를 흡수한 후 활용하기 쉬운 형태의 무기질로 바꾸어 놓는다면 남은 물질을 이용할 수 있다.

전반적으로 진화가 덜 된 식물일수록 고도로 발달한 식물에 비해 수용성이 낮은 영양소를 공급하는 기능이 더 뛰어난 것으로 밝혀졌다. 자주개자리, 클로버, 양배추와 같이 진화적 측면에서 덜 발달된 식물들은 양상추, 오이 등 더 많이 진화된 식물들에 비해 영양소를 더 공격적으로 추출한다.

내 경험으로도 양상추와 오이는 수용성이 낮은 무기질 영양소를 잘 얻지 못한다. 그래서 나는 윤작을 할 때 가장 좋은 자리에 양상추와 오이를 심고 퇴비도 가장 좋은 것을 남겨두었다가 이 두 작물에 공급한다. 그렇게 신경을 쓰면 늘 우수한 품질의 작물로 돌려받는다.

거름

윤작은 유기적인 토양 개선 효과를 최대한 끌어올린다. 일부 작물은(호박, 옥수수, 완두, 콩 등) 거름이나 비료를 해마다 공급해야 가장 잘 자란다. 또 어떤 작물은(양배추, 토마토, 뿌리채소, 감자) 지난해에 거름을 준 땅에서 더 잘 자란다. 잎채소는 전자에 속하지만, 퇴비가 충분히 분해되어야 그러한 결과를 얻을 수 있다는 점에 주의해야 한다. 거름을 주고 키우는 작물과 거름 없이 키우는 작물을 돌려 심어 본 농부는 윤작 계획을 세울 때 이런 부분도 고려하게 된다.

토양의 구조

윤작은 토양 구조를 보존하고 향상시킨다. 작물마다 뿌리가 뻗어 나가는 깊이가 다르고, 각기 다른 기법으로 재배된다. 또 토양이 다른 작물보다 깊어야 잘 자라는 종류도 있고 더 얕아야 하는 종류도 있다. 매년 심는 작물이 바뀌면 농부가 토양의 깊이를 전부 활용할 수 있고 그 과정에서 표토(겉흙)도 서서히 두터워진다.

현금 작물이든 녹비든 뿌리가 깊이 뻗어 나가는 식물은 뿌리가 얕은 식물이 활용하지 못하는 토양층의 영양소를 빨아들인다. 이를 통해 토양이 더 깊은 곳까지 열리므로 다른 식물들, 특히 생명력이 더 약한 작물의 뿌리가 깊게 뻗을 수 있는 길이 생긴다. 동시에 얕은 지층에 존재하는 무기질 영양소도 빨아들여서 식물을 구성하는 요소로 활용하므로 그 식물이 수명을 다하고 잔재가 흙에서 분해되면 뿌리가 얕게 뻗어 나가는 식물이 뒤이어 자라면서 그 영양소를 활용할 수 있다.

생산량

윤작은 위에서 언급한 여러 가지 방식과 함께 더 미묘한 방식으로 생산량을 늘린다. 작물에 따라 앞서 재배된 작물이 이로운 영향을 줄 수도 있고 오히려 성장에 방해가 될 수도 있다. 로드아일랜드 대학교에서는 50여 년에 걸쳐 먼저 심은 작물이 뒤따라 심은 작물의 생산성에 어떤 영향을 주는지 연구했다.[2] 생산성에 끼치는 영향은 여러 가지로 설명할 수 있고, 이 연구가 막대한 비용을 들여서 진행되고 완료된 후에도 정확히 어떤 과정을 거쳐 그와 같은 차이가 발생하는지 전체적인 의견 일치는 이루어지지 않았다. 먼저 재배한 작물이 뒤에 기르는 작물에게 주는 유익한 영향 몇 가지를 정리하면 아래와 같다.

- 토양의 질소 농도 증가
- 토양의 물리적 환경 개선
- 미생물 활성 증가
- 이산화탄소 배출량 증가
- 유익한 물질의 방출
- 잡초, 해충, 병해 관리

먼저 기른 작물로 인해 발생할 수 있는 악영향은 다음과 같은 원인으로 생긴다.

- 토양 영양소 결핍
- 유독한 물질 방출
- 토양의 산성도 증가
- 식물 잔해가 분해되면서 해로운 물질 발생
- 뿌리가 얕게 자라는 작물로 인해 토양의 물리적 환경이 부적절한 형태로 바뀜
- 토양에 공기가 적절히 순환되지 않음
- 수분 제거
- 병해가 뒤에 심은 작물에 옮겨가는 문제
- 토양의 동식물에 작물이 영향을 끼치는 문제

패턴

학자들마다 의견은 다르지만, 윤작의 영향에 관한 연구들과 내가 직접 관찰한 결과를 종합해보면 다음과 같은 특정한 패턴이 존재한다는 사실을 알 수 있다.

- 콩과 식물은 보통 뒤이어 심는 작물에 좋은 영향을 준다.
- 양파, 양상추, 호박은 일반적으로 뒤에 심는 작물에 좋은 영향을 준다.
- 감자는 옥수수에 이어서 심으면 생산량을 최대로 늘릴 수 있다.
- 감자를 심기 전에 특정 작물을 심으면(완두, 귀리, 보리) 감자의 붉은곰팡이병 발생률이 증가한다. 반면 먼저 심으면 감자에서 해당 병해가 크게 감소하는 작물도 있다(대두).
- 옥수수와 콩은 먼저 심은 작물로 인한 해로운 영향을 대체로 크게 받지 않는다.
- 석회와 거름을 공급하면 먼저 심은 작물로 인한 악영향을 약화시킬 수 있으나 완전히 피할 수는 없다.
- 치커리과 식물(꽃상추, 적색 치커리 등)은 뒤이어 심는 작물에 좋은 영향을 준다.
- 녹비 작물로 콩과 식물을 재배한 다음 양파를 심었을 때 양파가 얻는 이로운 영향은 없다.
- 당근, 비트, 양배추는 일반적으로 뒤이어 심는 작물에 해로운 영향을 준다.

위의 내용은 패턴일 뿐 절대적인 사실은 아니다. 하지만 최소한 기준으로 삼을 만한 출발점은 필요한 법이다. 위와 같은 패턴은 먼저 심은 작물이 뒤따라 심는 작물에 끼치는 영향을 밝히기 위한 연구 결과와 나의 경험, 그리고 다른 농부들의 경험을 통해 확인되었다. 토양이나 기후에 따라 패턴도 달라지겠지만 농부가 신경 써야 할 요소가 무엇인지 알려주는 일종의 신호로 활용할 수 있다. 패턴을 파악하고자 하는 농부에게는 귀중한 정보가 되리라 생각한다.

1퍼센트 요소

이번 장 앞부분에서 제시한 윤작 관련 지침이 작물의 윤작에 관한 표준 규칙에 해당된다면 위에서 제시한 패턴은 제안, 힌트, 개선 방법에 더 가깝다. 이를 활용해서 생산량이나 식물의 성장, 생명력이 개선되는 효과가 1퍼센트라면 굳이 신경 쓸 가치가 없다고 생각하는 사람들도 있을 것이다. 그러나 생물학적 시스템은 여러 가지 작은 발전들이 하나로 모이고 그 변화에 끊임없이 적응한다는 사실을 알아야 한다. 나는 그 작은 변화들을 1퍼센트 요소라고 부른다. 이 1퍼센트 요소들이 중요한 이유는 효과가 누적되기 때문이다. 농부가 이 요소들에 충분한 관심을 기울이면 전체적으로 크게 개선되는 결과를 얻을 수 있다. 게다가 가장 매력적인 부분은 이 1퍼센트 요소들에 돈이 들지 않는다는 점이다. 세심하고 직관적인 관리가 이루어진다면 비용을 들이지 않아도 성과를 얻을 수 있다.

1퍼센트 요소가 항상 측정 가능한 수준의 결과를 가져오지는 못할 수도 있지만 그 영향만은 분명하다. 나도 이 요소들에 주의를 기울이고 활용하는 법을 배웠다. 영국의 초지 전문가인 조지 스테이플던George Stapledon은 자신이 알지 못하는 부분이 얼마나 되는지, 과학이 놓치거나 무시한 부분은 또 얼마나 되는지에 항상 관심을 기울였다. 그리고 그러한 부분이 행동할 수 있는 능력에 제한 요소가 되지 않기를 바란다고 이야기했다. 내가 현명하다고 느낀 부분이다. 확신할 수 없다고 해서 아예 행동하지 않기보다는 알아내고 싶은 부분은 시도해보기를 권한다. 우리는 지력을 최대한 행동으로 옮겨서 우리가 재배하는 작물을 점진적으로 개선하고, 그런 다음 무슨 일이 벌어지는지 지켜보아야 한다. 생물계는 상호 연관된 원인과 결과들이 존재하고 그에 관한 우리의 지식에는 한계가 있다는 사실을 감안하고 나서 그렇게 행동하는 것이 가장 생산적이라고 생각한다.

나는 작물의 윤작 순서를 보다 효과적으로 수립하기 위해 식물의 연속 재배 시 나타나는 생태학적인 패턴을 계속해서 연구 중이다. 생태계에 혼란이 발생했을 때 자연적으로 나타나는 연쇄적 반응이 어떤 기전으로 이루어지는지도 궁금하다. 화재나 산사태, 숲이 제거되는 등의 변화가 일어나면 그 뒤에 어떤 일이 벌어지는지 관찰을 토대로 한 결과를 알고 싶다. 농사란 햇볕과 그늘을 식물이 얼마나 활용할 수 있느냐로 좌우될까? 연작을 실시하면 토양에서 점진적인 변화가 일어날까? 만약 그렇다면 어떤 변화가 이어질까? 가장 먼저 심은 작물의 영향은 단순히 기회주의적인 방식으로 흙에 유기물을 보태는 것에 그칠까, 아니면 그곳에 심는 다른 작물이 필요로 하는 환경 요건에 더 적합한 토양으로 만드는 생물학적, 화학적, 구조적인 변화를 일으킬까? 정말로 패턴이 존재할까? 그 패턴이 반복해서 나타날까? 식별 가능한 패턴이 존재한다면, 채소나 녹비 작물이 토양에서 비슷한 효과를 얻을 수 있도록 그 패턴을 활용하여 윤작이 자연의 법칙과 비슷하게 진행되도록 할 수 있을 것이다. 나는 지난 수 세기 동안 농부들이 관찰하고 깨달은 사실들 가운데 많은 부분이 바로 그러한 내용이며, 동시에 추가적인 연구를 통해 지식을 향상시켜야 할 부분도 끝없이 많다고 생각한다.

윤작 예시

앞서 윤작을 설명한 그림에서 A와 B, C 작물을 각각 무엇으로 할지 정하기 전에 먼저 정보를 충분히 수집해야 한다. 이를 위해 8천 제곱미터(약 2,400평) 면적의 채소 농장에 아래와 같은 요소를 고려해 윤작을 실시한다고 가정해보자.

구획의 수

윤작을 실시할 구획의 면적이 모두 동일할 때 윤작의 효과도 가장 크게 얻을 수 있다. 큰 농장에서는 밭 전체를 고려해야 하므로 이를 실천하기가 그리 쉽지 않다. 그러나 8천 제곱미터 크기의 채소밭 정도는 충분히 관리할 수 있어야 한다. 본 예시에서는 해당 면적의 땅을 각각 810제곱미터(약 250평) 면적의 구획 10곳으로 나눈다고 가정한다.

연수

24종의 작물을 키운다고 해서 반드시 24년 동안 윤작이 실시되는 것은 아니며, 구획이 10곳으로 마련되었다고 해서 윤작 기간이 10년인 것도 아니다. 각 구획은 다시 두 곳이나 세 곳, 또는 그 이상의 개별적인 세부구획으로 나누어서 기간이 더 짧은 윤작 계획을 적용할 수 있다. 콩과 식물과 목초지는 윤작에 수년 동안 포함시킬 수 있다. 기간은 농부가 각자의 상황에 맞게 결정해야 하는 부분이다. 본 예시에서는 10곳의 구획에 10년간 윤작을 실시한다고 가정한다.

재배할 작물의 수

현재 우리가 예시로 들고 있는 토지에 24종의 주요 작물을 재배할 수 있다. 어떤 작물을 어느 구획에 어떤 순서로 재배하면 되는지 계획을 수립하려면 이 작물들을 분류해야 한다. 먼저 식물학적인 분류에 따라 나눈 결과가 표 9.1에 나와 있다. 표 9.1에는 윤작의 첫 번째 원칙을 토대로 채소가 분류되어 있다. 바로 '같은 장소에 같은 작물 또는 서로 밀접한 관련이 있는 작물을 연이어 재배하지 말라'는 원칙이다.

표 9.1 식물학적 분류로 나눈 윤작 작물

미나리과	당근, 셀러리, 파슬리, 파스닙
국화과	양상추
십자화과	브로콜리, 방울양배추, 양배추, 콜리플라워, 케일, 무, 루타바가(순무)
명아주과	비트, 근대, 시금치
박과	오이, 여름호박, 겨울호박
콩과	콩, 완두
백합과	양파
벼과	옥수수
가지과	고추, 감자, 토마토

표 9.2 식물 유형에 따라 나눈 윤작 작물

배추과 채소	브로콜리, 방울양배추, 양배추, 콜리플라워
열매 채소	고추, 토마토
곡류	옥수수
잎채소	셀러리, 근대, 케일, 양상추, 파슬리, 시금치
콩과 식물	콩, 완두
뿌리 채소	비트, 당근, 양파, 파스닙, 감자, 무, 루타바가(순무)
덩굴 채소	오이, 호박

표 9.3 필요한 재배 면적별로 나눈 윤작 작물 목록

큰 면적 ←→ 작은 면적					
6	5	4	3	2	1
옥수수		완두	브로콜리	콩	비트
		감자	콜리플라워	양배추	방울양배추
		겨울호박	토마토	당근	셀러리
				케일	근대
				양상추	오이
				고추	양파
				시금치	파슬리
				여름호박	파스닙
					무
					루타바가(순무)

이 목록도 좋은 출발점이 될 수 있지만 추가로 정보를 수집하면 보다 세부적인 윤작 계획을 수립할 수 있다. 그러려면 작물을 원예 분야에서 일반적으로 적용되는 분류에 따라 나누는 것이 유용할 것이다. 표 9.2에 작물을 유형에 따라 분류한 결과가 나와 있다.

표 9.2에는 식물학적인 분류도 섞여 있지만 유용한 새 정보도 함께 반영되어 있다. 구획에 따라 한 가지 이상의 작물을 키울 수 있으므로, 식물을 유형별로 나누면 재배 조건이 비슷한 작물과 특정 시장에 판매하기 위해 한꺼번에 수확해야 하는 작물(잎채소 등)을 정하는 데 도움이 된다.

작물별 재배면적

구획 10곳에 24종의 작물을 재배한다는 것은 작물에 따라 상품으로서의 요건을 충족시키는 데 필요한 재배 면적이 다른 작물보다 작은 종류도 있음을 의미한다. 바로 이 점이 윤작 계획이라는 퍼즐을 가장 흥미롭게 만드는 요소다. 즉 제각기 다른 시장의 요구를 충족시키면서 동시에 특성이 다른 작물들을 체계적으로 윤작하는 법을 찾아야 한다. 농부가 가능한 범위에서 최대한 다양한 작물을 키우려고 하는지, 아니면 잘 팔리는 작물만 특화해서 재배하려고 하는지 여부도 계획에 영향을 준다. 가장 좋은 출발점은, 판매할 만한 양을 생산하려면 전체 경작지 중

몇 퍼센트를 각 작물의 재배 면적으로 할당해야 하는지 정하는 것이다. 가장 넓은 재배 면적이 필요한 작물부터 필요한 면적이 가장 작은 작물까지 6가지로 분류하여 공간 요건을 판단하는 것도 한 가지 방법이다. 표 9.3에는 내 경험을 토대로 24종의 작물을 그렇게 나눈 결과가 나와 있다.

이제 인덱스카드를 활용할 차례가 왔다. 윤작을 실시할 구획을 각각의 카드로 구분한다. 그리고 카드마다 위 표에서 왼쪽에 치우치는 작물(넓은 면적을 필요로 하는 종류) 이름을 써넣는다(옥수수처럼 필요한 면적이 매우 큰 경우 카드 두 개를 사용한다). 나머지 카드는 가위로 잘라 상대적으로 알맞은 크기로 만들어서 위 표에서 오른쪽에 해당하는 작물, 즉 더 작은 면적을 필요로 하는 작물의 이름을 각각 기입한다. 그리고 한 구획에 재배 면적이 작은 여러 작물을 한 가지 이상 포함시키고, 같은 공간에서 재배될 작물끼리 테이프로 붙여 하나로 연결한다. 가능하면 식물 분류상 과가 동일한 작물끼리, 또는 재배 조건이 비슷한 작물끼리 나란히 결합한다.

윤작 게임

이렇게 카드를 배치하고 재배치하는 과정은 보드게임과 비슷하다. 앞서 설명한 윤작의 원칙과 패턴은 '게임 규칙'으로 볼 수 있다. 경험이 쌓이고 새롭게 깨달은 사실이 생기면 규칙도 새로 추가된다. 우선 평평한 표면에 준비한 카드를 놓는 것으로 게임이 시작된다. 각 카드는 윤작을 1회 이상 실시할 때 어떤 위치에서 해당 작물을 재배할 것인지 고려하여 결정한다.

이 게임의 목표는 농사지을 수 있는 땅에 원하는 작물을 필요한 양만큼 키울 수 있는지, 동시에 모든 규칙을 충족시킬 수 있는지 확인하는 것이다. 가장 이상적인 패턴과 가까운 윤작 계획이 나오면 우승을 차지한다. 특정 작물들로 윤작의 유익한 특성을 최대한 잘 활용할 수 있는 계획이 승리한다.

자, 그럼 한번 해보자. 옥수수는 같은 땅에 두 번 연이어 재배할 수 없다. 그러므로 총 10개의 구획에 실시할 윤작에서 최대한 간격을 멀리 두기 위해 옥수수 카드 한 장은 윤작 순서 중간에 놓고 다른 하나는 맨 끝에 놓는다(그림 9.3). 감자는

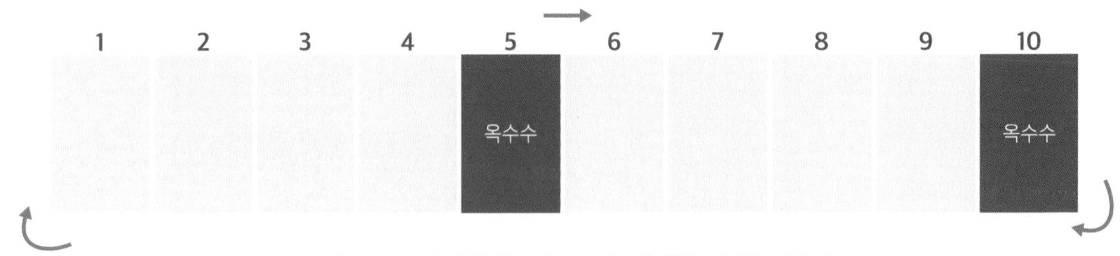

그림 9.3 윤작 계획에서 옥수수를 재배할 구획을 정했다.

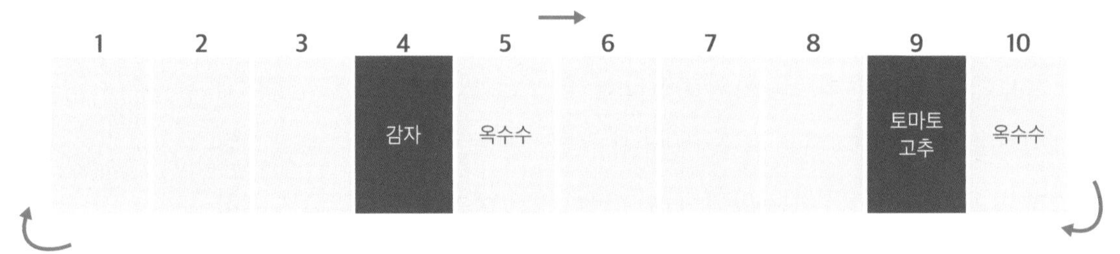

그림 9.4 감자, 토마토, 고추의 위치도 정해졌다.

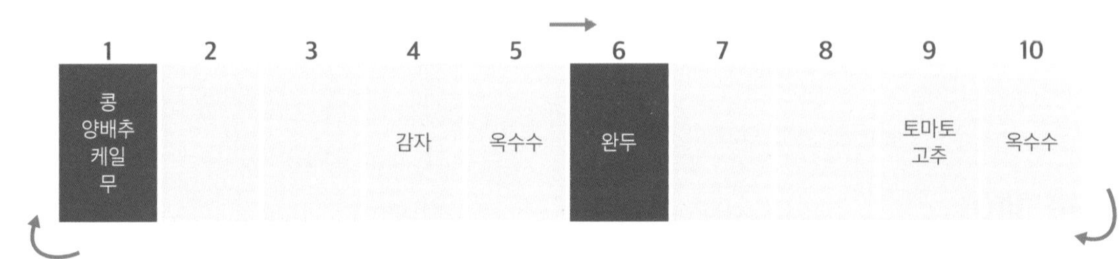

그림 9.5 콩과 식물 2종을 추가했다.

옥수수를 키운 다음에 그 땅에서 재배하면 생산량이 가장 크다. 따라서 4번 구획에 감자를 배치한다. 이렇게 하면 자연스레 토마토와 고추는 이 두 작물, 그리고 감자와 거리를 둘 수 있는 구획에 배치할 수 있다(그림 9.4).

전통적으로 곡류는 콩과 식물을 키운 땅에서 잘 자라므로 두 가지 콩과 식물을 옥수수보다 먼저 재배하도록 배치하면 어떨까(그림 9.5)? 콩과 같은 구획에서 양배추과에 속하는 작물을 함께 길러야 하고(또한 앞서 제시한 패턴에 따르면 양배추는 뒤이어 같은 땅에 재배하는 작물에 악영향을 줄 수 있다), 옥수수는 그러한 영향을 주는 작물에 영향을 가장 적게 받는 것으로 보인다는 점을 고려하면 올바른 배치라 할 수 있다. 게다가 옥수수 밭에 거름을 공급하면 악영향을 상쇄하는 데 도움이 될 것이다.

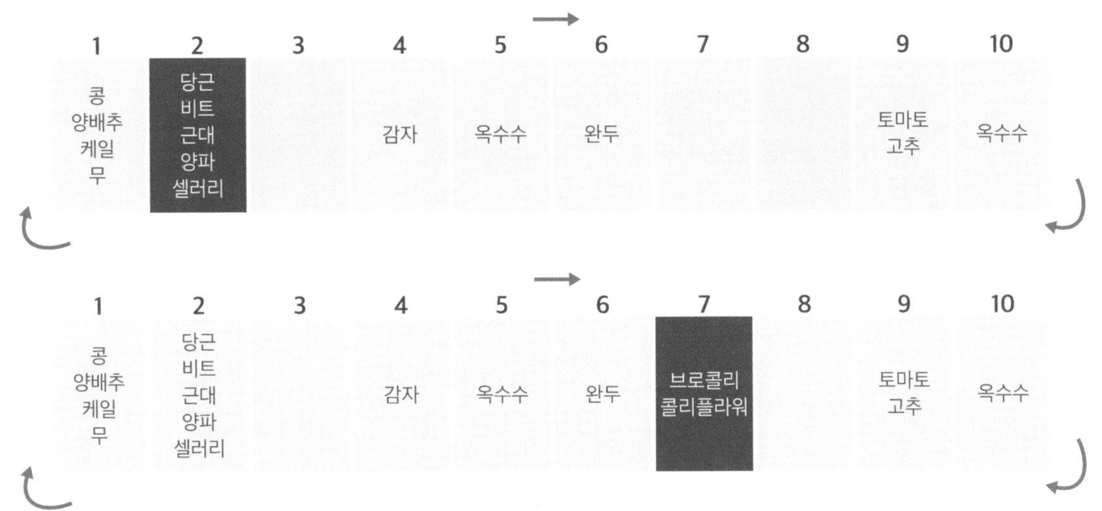

그림 9.6 뿌리채소와 양파(그림 위), 십자화과(그림 아래) 채소를 추가했다.

콩은 앞서 재배된 작물에 큰 영향을 받지 않으므로 뒤이어 자라는 작물에 악영향을 줄 수 있는 당근과 비트 같은 뿌리채소를 앞에 배치한다. 미세한 요소도 고려할 수 있다. 양파는 양배추과에 속한 작물보다 먼저 재배하면 굉장히 이로운 영향을 주는 것으로 밝혀졌다. 우리가 수립 중인 계획에서는 구역 전체에 그러한 영향을 미칠 만큼 양파를 대량으로 재배하지 않지만 그래도 어떤 구획에 배치하느냐에 따라 그 효과를 누릴 수 있다. 우리의 윤작 계획에서는 당근과 비트를 재배한 구획에 이어서 콩을 재배하고, 양파는 최대한 양배추과 채소보다 먼저 재배될 수 있도록 배치해야 한다는 의미가 된다.

어느 구획에는 배치를 해야 하고, 되도록 잘 자랄 수 있는 방법도 고민해야 한다. 양배추과 작물은 콩과 동일한 구획에 배치했으므로 나머지 십자화과 채소는 이들과 간격을 두어야 한다는 점을 감안할 때 7번 구획이 가장 적절해 보인다(그림 9.6).

이제 남은 구획은 두 곳이다. 호박은 대체로 뒤이어 재배할 작물에 유익한 영향을 주며, 작물 사이에 녹비로 콩과 식물을 함께 심어도 잘 자란다(10장 참고). 또한 녹비는 브로콜리와 콜리플라워보다 앞서 재배하면 좋으므로 호박은 8번 구획에 배치할 수 있다. 자연스레 잎채소는 남은 3번 구획으로 간다(그림 9.7).

이제 이 같은 배치가 아직 고려하지 않은 규칙과도 잘 맞는지 살펴보자. 거름

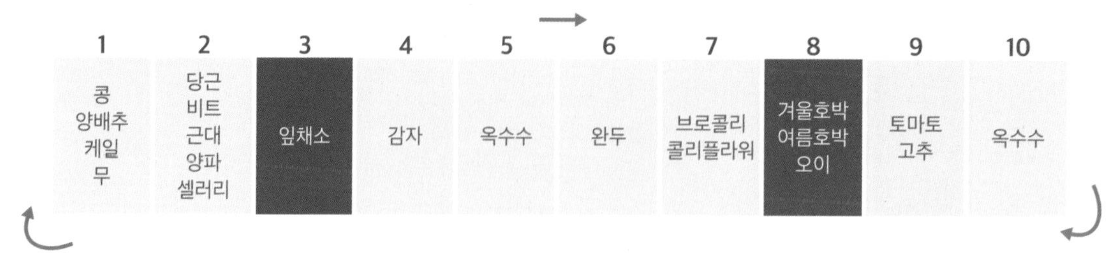

그림 9.7 호박과 잎채소를 재배할 구획도 정해졌다.

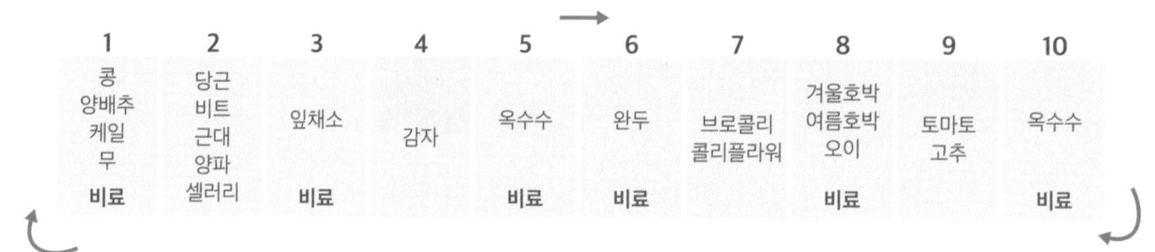

그림 9.8 윤작 계획에 비료와 거름 요건을 추가했다.

이나 비료를 공급한 그 해에 가장 큰 효과를 얻는 작물은 어떻게 반영해야 할까? 구획별로 한 곳을 건너뛰는 방식으로 번갈아 비료를 공급하면 이상적인 환경을 조성할 수 있다. 이 정도면 전혀 나쁘지 않다(그림 9.8).

개인적으로는 5번 구획에 옥수수를 재배할 때 거름은 생략하는 것이 좋다고 생각한다. 경험상 완두는 재배 기간이 짧을 때도(서리 없는 날이 120일인 해) 농사가 꽤 일찍 끝나서 그 자리에 녹비용 콩과 식물을 파종할 수 있으므로 전체 재배 기간이 끝날 무렵이면 상당량의 녹비를 얻을 수 있다. 이듬해 봄에 땅을 갈면 뒤이어 해당 구획에서 재배할 옥수수에 더 적절한 영양이 공급될 것이다.

거름과 비료가 부족할 때는 필요한 곳을 선별하는 결정을 내려야 한다. 거름은 1년에 최소 3회 공급을 목표로 삼는 것이 좋지만 그마저도 불가능할 때가 있다. 이런 경우 다른 방법을 찾아야 한다. 바로 앞서 언급한 작물 사이에 녹비작물을 키우는 것이 그 방법이다. 다음 장에서 이 기술을 더 상세히 살펴보기로 하자.

여러해살이 작물

한 곳에서 1년 이상 키워야 하는 여러해살이 작물도 윤작을 비롯한 농사에서 문제가 될 부분은 전혀 없다. 이러한 작물은 재배에 필요한 기간에 따라 여러 구획을 할당하면 된다. 그림 9.9에 6개 구획에 4종 작물을 키울 경우를 가정한 1년차 재배 계획이 나와 있다.

그림에서 A 작물이 딸기라고 해보자. 윤작 1년차에는 3번 구획에서만 딸기를 재배하고 나머지 구획은 녹비작물이나 B, C, D 작물과 무관한 다른 작물을 키운다. 2년차가 되면 4번 구획에 딸기를 재배한다. 이 때 3번 구획은 딸기가 2년째 재배된 후 수확된다. 2번 구획은 윤작 1년차와 동일한 방법으로 사용한다. 그리고 3년차부터 본격적인 윤작을 실시한다.

3년차에 3번 구획은 딸기를 두 번째로 수확한 후 땅을 갈아서 정리한다. 4번 구획은 딸기의 첫 번째 수확이 이루어지고 5번 구획에는 이 해에 처음 딸기를 심는다.

이와 같은 방식으로 계속 윤작을 이어간다. A가 목초나 건초작물인 경우에도 동일한 방식을 활용할 수 있다. 즉 매년 새로운 구획에 해당 작물을 파종하고 원

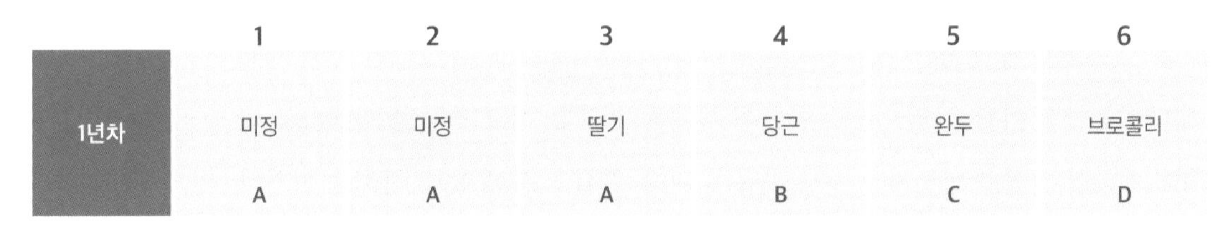

그림 9.9 6개 구획 윤작 시 1년차에 4종의 작물을 키우는 경우.

	1	2	3	4	5	6
2년차	브로콜리	미정	딸기	딸기	당근	완두

그림 9.10 2년차에 접어들면 4번 구획에 딸기를 심는다.

	1	2	3	4	5	6
3년차	완두	브로콜리	딸기	딸기	딸기	당근

그림 9.11 3년차에 4종의 작물을 키우는 경우.

래 해당 작물을 키우던 구획은 땅을 갈아서 정리하여 다른 작물을 재배할 수 있도록 준비한다. 자주개자리 등 뿌리가 깊게 뻗어 나가는 여러해살이 콩과 식물이나 벼과 식물과 콩과 식물을 혼합해서(붉은 토끼풀/앨사이크 클로버/큰조아재비 등) 재배하면 윤작 과정에서 토양의 비옥도가 개선되므로 굉장히 유익한 기술이라 할 수 있다. 토양 개선에 도움이 되는 여러해살이 작물은 3년간 재배할 때 토양 구조와 농작물에 유익한 영향을 가장 크게 발휘하는 것으로 밝혀졌다. 자주개자리와 기타 여러 가지 녹비 작물의 장점은 다음 장에서 논의하기로 하자.

단기 윤작

장기 윤작이 불가능하다면 다른 최선의 방안을 찾아야 한다. 생산 계획의 상당 부분을 단일 작물이 차지한다면 매해 윤작을 실시해야 하고, 온실에서 양상추를 재배하는 일부 경우처럼 한 해에 두 번 돌려심기를 해야 할 수도 있다. 이처럼 단기간에 돌려심기를 해야 하는 상황에서는 매번 변화가 필요하다. 작물의 품종을 바꾸는 것도 변화에 포함된다. 유전적인 변화를 약간이라도 줄 수 있다면 농사 계획에 다양성이 부여될 수 있으므로 반드시 실행해야 한다. 주요 작물을 재배하고 뒤이어 재배할 작물을 파종하는 것도 도움이 된다. 작물 다음에 녹비 식물을 심거나 작물 사이사이에 녹비를 파종하는 방법도 있다(10장 참고). 토양의 미생물 활성을 촉진하여 상태가 좋지 않은 토양을 정화시키는 용도로 오래전부터 활용된 겨자와 유채도 같은 종류인 배추속 식물 뒤에 바로 이어서 심는 경우만 아니라면 이 같은 목적을 매우 효과적으로 달성할 수 있다.

핵심은 서로 관련된 작물을 재배할 때 그 사이에 가능한 한 그 작물과 무관한 작물을 다양하게 심어야 한다는 것이다. 농부들 중에는 양상추 등의 작물을 두 번 연달아 재배한 다음 다른 작물을 재배하는 대신 오랜 기간 땅을 쉬게 하는 방법을 선호하는 사람들도 있다. 그게 더 나은 방법인지는 잘 모르겠으나, 내킨다면 시도해보는 것도 괜찮다고 생각한다. 또 어떤 농부들은 농사가 집약적일수록 모든 재배 환경을 최적화할 수 있는 세심한 관리가 필요하다고 이야기한다. 그리고 이를 위해 퇴비 등 토양 개선에 도움이 되는 유기물을 더 많이 공급할 것을 강조한다.

윤작을 아예 하지 않는 편이 나은 경우도 있다. 토마토를 매해 같은 곳에 키워야 최상의 결과를 얻을 수 있다고 주장하는 농부들도 많다. 심지어 퇴비도 앞서 재배한 토마토의 잔해를 썩혀서 만든 것으로 활용하라고 권한다. 나는 8년 동안 온실에서 그 방법대로 토마토를 기른 적이 있다. 솔직히 이야기하면, 결과는 대만족이었고 해를 거듭하며 더 나아졌다. 지금은 밭에서 토마토를 재배하므로 그러한 재배 방식을 따르지 않는다. 밭에서 키우는 것이 윤작 측면에서 더 편리하다는 점 외에는 내 선택이 더 옳다고 주장할 근거는 없다. 다른 작물에는 너무나 잘 맞아떨어지는 규칙을 깨야 한다는 사실이 영 불편해서 방법을 바꾼 것인지도 모르겠다. 그래서 여러분도 윤작 없이 토마토를(또는 어떤 작물이든) 키워보길 권한다. 독립적이고, 믿을 수 있고, 지속 가능한 방식의 농업 시스템을 추구하라. 목표에 도움이 된다면 어떤 농업 방식이나 태도도 규칙이 될 수 있다.

검증된 윤작법

앞서 우리가 함께 개발한 10개 구획 기준 윤작법은 연습용이었고, 여러분 각자의 농사 방식에 맞는 조정이 필요하다. 이번에는 8개 구획 기준 윤작법을 소개하려고 한다. 1980년대에 버몬트의 한 농장에서 내가 10년간 직접 실행에 옮겼던 계획이니 도움이 되리라고 생각한다. 충분한 시험을 거쳐 검증된 방법이기도 하다. 변형을 해보려고 수도 없이 고민을 했지만 결국 그러지 못했다. 단점도 있지만 장점이 늘 그런 부분을 뛰어넘었기 때문이다. 그렇다고 개선할 수 있는 여지가 전혀 없다는 의미는 아니다. 분명 더 나아질 수 있다고 생각한다. 믿고 활용할 수 있는 방법이므로, 성공적인 윤작법으로 입증된 한 가지 사례로 소개하고자 한다.

이 윤작법의 목표는 어느 학교의 식당에서 매일 60여 명의 사람들이 1년간 먹을 수 있는 채소작물 32종을 재배하는 것이다. 두 차례의 세계대전 시기에는 1년간 40명이 먹을 채소를 4천 제곱미터(약 1,200평) 면적에 재배하는 '빅토리가든Victory Garden' 사업이 실시되었다. 내가 소개하는 윤작법은 6천 제곱미터(약 1,800평) 면적을 기준으로 한다. 샐러드용 작물은 본 윤작 계획에 포함시키지 않고 해당 학교의 주방과 인접한 작은 밭에서 따로 재배했다.

감자 옥수수 다음에 재배한다. 연구를 통해 옥수수를 감자보다 먼저 재배하면 감자의 수확량에 가장 유익한 영향을 줄 수 있다고 밝혀졌기 때문이다.

스위트콘 양배추과 작물 다음에 재배한다. 다른 여러 작물과 달리 옥수수는 배추속 작물에 이어서 재배해도 수확량이 감소하지 않는 것으로 밝혀졌다. 두 번째 이유는 양배추과 작물의 경우 녹비용 콩과 식물을 사이사이에 함께 심을 수 있기 때문이다. 이렇게 심은 녹비는 이듬해 봄에 스위트콘을 재배할 때 가장 이상적인 환경을 제공할 수 있다.

양배추, 브로콜리, 콜라비 등 완두 다음에 재배한다. 완두는 8월 1일 전에 농사와 토지 정리가 모두 완료되므로 생명력 강한 겨울철 녹비 작물을 이어서 키울 수 있다.

완두 토마토 다음에 재배한다. 완두는 모종이 자랄 곳을 일찍 마련해야 하는 작물이고, 토마토는 내한성이 없는 녹비를 사이사이에 함께 키울 수 있다. 이와 같은 녹비 작물은 겨울 동안 토양을 보호하면서도 부패하지 않고 봄에 다시 자란다.

토마토 콩 다음에 재배한다. 이 순서대로 하면 식물학적으로 가까운 관계인 토마토와 4년의 간격을 확보할 수 있다.

콩 뿌리채소 다음에 재배한다. 당근, 비트 등 특정한 뿌리채소는 같은 자리에 이어서 재배하는 작물에 악영향을 줄 수 있으나 콩은 그 영향을 받지 않는 것으로 알려졌다.

뿌리채소 호박과 감자 다음에 재배한다. 호박과 감자는 모두 정화 기능이 우수하여 잡초 걱정 없이 비교적 수월하게 재배할 수 있다. 뿌리채소는 잡초 없이 재배하기가 가장 어려운 작물에 해당되므로 이렇게 하면 뿌리채소와 경쟁할 잡초를 크게 줄일 수 있다. 또한 호박을 먼저 심으면 뒤이어 재배하는 뿌리채소에 유익한 영향을 주는 것으로 알려졌다.

호박 감자 다음에 재배한다. 이렇게 두 가지 정화 작물을 앞뒤로 재배한 후 뿌리채소를 심으면 잡초 문제를 줄일 수 있다.

10장

녹비

모든 작물을 팔기 위해서 재배하는 것은 아니다. 녹비는 돈을 벌기 위해서가 아니라 토양에 영양을 공급하고 관리하기 위해 키운다. 녹비 작물이 있는 땅은 더 비옥해질 뿐만 아니라 결과적으로 그보다 훨씬 유익한 영향을 얻게 된다.

적은 비용으로 얻을 수 있는 효과

녹비작물은 토양의 침식을 막고 영양분이 토양에서 빠져나가지 않도록 붙들어놓는 기능을 한다. 또한 잡초의 발아와 성장을 억제하고, 낮은 지층에 있는 영양분

이동식 온실의 노지에 녹비로 심은 호밀과 살갈퀴가 풍성하게 자란 모습.

을 위층으로 끌어올려 순환시킨다. 콩과 식물의 경우 뒤이어 재배하는 작물에 상당한 양의 질소를 공급한다. 녹비작물의 장점은 그 밖에도 토양 구조 개선, 유기물 증가, 내건성 향상, 식물이 이용할 수 있는 영양소 증가 등을 들 수 있다.[1]

녹비의 가치는 농업이 맨 처음 시작되었을 때부터 알려졌다. 그 모든 장점을 여기서 전부 밝히고 칭송할 필요는 없겠지만 윤작과 비슷한 상황이라는 점은 이야기하고 싶다. 즉 녹비의 잠재적 효용성은 아직도 제대로 검증되거나 연구가 이루어지지 않았다. 농사 관리의 측면에서 도움이 된다는 점도 녹비와 윤작의 공통점이다. 실제로 녹비는 노력과 비용을 조금만 들이면 엄청난 효과를 얻을 수 있고 농장에서 직접 마련할 수 있는 생산 보조 기술이라 할 수 있다.

물론 녹비 작물도 씨앗을 구매해야 한다. 그러나 윤작 계획에 포함시킬 경우 그 비용에 비해 수확량에서 얻는 이득이 훨씬 크다. 전체적인 토양 관리 계획에 녹비를 포함시키고 윤작 계획에도 녹비를 추가하면 그야말로 막강한 채소 생산 시스템을 갖출 수 있다.

전통적으로 녹비는 양자택일해야 하는 작물로 여겨졌다. 돈이 되는 작물을 키우거나 녹비를 키우거나 둘 중 하나를 선택해야 한다고 본 것이다. 녹비가 현금작물을 대신해야 한다면 사람들이 관심을 갖지 않는 것도 이해할 만하다. 그러나 다른 방법도 있다. 이를 소개하기 전에 먼저 녹비의 일반적인 장점부터 정리해보자.

저렴한 질소원

녹비용 콩과 식물은 질소를 얻을 수 있는 가장 경제적이고 저렴한 원천이다. 실제로 녹비용 콩과 식물이 효과적으로 활용되고 토양의 유기물 함량이 잘 유지되면 질소를 추가로 공급하지 않아도 되는 경우가 많다. 콩과 식물이 공기 중의 질소를 고정시키는 공생 과정이 성공적으로 이루어지기까지 여러 가지 요소가 영향을 준다. 우선 토양이 pH6.5~6.8 사이를 유지하는 것이 가장 이상적이고, 두 번째로 토양에 특정 콩과 식물에 작용하는 근균류가 존재해야 한다. 이 부분이 보장되지 못한다면 해당 미생물을 토양에 직접 공급해야 한다. 특정 콩과 식물에 필요한 근균류는 분말이나 과립 형태로 판매되고 있으며 농업용품 판매점에서 구입하거나 카탈로그를 보고 종자를 주문할 때 함께 주문할 수도 있다. 마지막으로 토질 시험을 실시하여 미량원소 중 몰리브데넘(Mo)과 코발트(Co)가 존재하는지 확인해야 한다. 두 원소 모두 공생 질소 고정에 중요한 영향을 주는 촉매제로 알려져 있으므로 대부분 충분히 투자할 만한 가치가 있다.

부엽토

토양에 첨가되는 유기물은 아주 작은 양이라도 부엽토 형성에 매우 중요한 기능을 한다. 흙에서 유기물이 썩고 난 후 최종산물로 만들어지는 부엽토는 토양의 구조와 가용 영양소, 수분 공급, 그리고 토양의 생명력을 우수하게 유지하는 열쇠다. 너무 어리고 수액이 많은 식물은 토양의 여러 가지 활성을 촉진할 수 있지만 부엽토 형성의 측면에서는 유익한 부분이 전혀 없거나 있더라도 아주 작은 수준이다. 반면 오래되고 건조한 잔해는 흙에서 분해되기까지 오랜 시간이 소요되지만 부엽토가 형성되는 과정에 중요한 역할을 한다. 최근에 파종한 귀리나 클로버가 5~7.5센티미터 정도 자란 것을 전자의 예로 들 수 있고, 후자의 예로는 서리를 맞고 바싹 말라서 갈색이 된 옥수숫대를 들 수 있다.

무성하게 자란 녹비는 베어낸 후 하루 정도 시들게 두었다가 흙과 섞으면 썩는 과정이 지나치게 빨리 진행되지 않도록 조절하는 데 도움이 된다. 다 자란 작물은 잘게 자르거나 가늘게 손질하면 더 빨리 분해된다. 시든 상태로 사용하는 녹비 작물은 대부분이 양극단의 중간쯤에 해당된다.[2]

안정적인 영양 공급

보호막이 없는 토양에서는 식물의 영양소가 소실될 수 있다. 상업 작물이 재배되지 않는 가을과 겨울, 초봄에 녹비 작물을 재배하면 토양의 부식을 막을 수 있을 뿐만 아니라 녹비 작물의 뿌리가 자칫 흘러나갔을 수 있는 토양의 식물 영양소를 포집하고 활용한다. 내가 찾아갔던 유럽의 소규모 농장들은 대부분 수확도 따로 분리할 수 없는 두 부분으로 구성된다고 여겼다. 첫 번째는 작물을 수확하는 것,

두 번째는 겨울에 자랄 녹비 작물을 파종하는 것이다. 녹비 작물의 파종은 수확 후 최대한 빨리 실시한다.

콩과 식물에 형성되는 질소 고정 뿌리혹과 더불어, 녹비 작물은 뒤이어 심는 작물에 무기질을 공급한다. 토양 미생물에 분해된 녹비 식물 자체가 가장 직접적인 영양 공급원이 되며, 부패 과정에서 가용 영양소가 추가로 늘어나도록 돕는 역할을 함으로써 간접적으로도 영양 공급에 기여한다. 유기물이 부패하면서 토양에 존재하는 불용성 식물 영양소가 이산화탄소나 아세트산, 부티르산, 젖산, 기타 유기산 등 부패 산물의 작용으로 활용 가능한 영양소로 바뀐다. 이산화탄소는 토양 미생물이 에너지를 사용할 때 최종 산물로 발생한다. 식물의 잔해가 부패하여 토양 공기 중 이산화탄소 농도가 증가하면 탄산 활성이 증가하고 그 결과 토양의 무기질이 용해되는 과정도 가속화된다.

살아 있는 식물에 함유된 탄소는 토양 미생물이 곧바로 이용할 수 있고, 실제로 이 탄소에 의해 미생물의 활성도 촉진된다. 그리고 이 촉진 과정을 통해 암모늄과 질산염 생성 과정도 가속화된다. 토양에 토탄이나 가축 분뇨와 같은 유기물이 자연적으로 다량 함유된 경우라도 녹비 작물을 심으면 그러한 유기물의 생물학적 활성을 한층 더 끌어올리는 효과가 있다.

생물학적인 심토 쟁기

녹비로 활용되는 여러 콩과 식물은 심근이 형성되는 특징이 있고, 이는 본 토양을 갈아엎는 기능을 한다. 토양이 다져진 경우, 심근성 녹비 작물의 뿌리가 심토까지 뚫고 들어가 단단한 토양을 깨뜨리는 것만으로 뒤이어 재배하는 작물에 엄청난 도움이 될 수 있다. 이 과정에서 토양이 개방되고 녹비 작물의 뿌리가 깊은 곳의 흙까지 쉽게 도달하여 더 많은 물과 영양소를 얻는다. 루핀류와 전동싸리, 자주개자리, 기타 직근성 녹비 식물에 이어서 심는 작물은 내건성과 작물의 수확량이 크게 개선된다는 사실이 여러 연구를 통해 밝혀졌다.

월동 작물로서의 녹비 식물

녹비 작물은 월동 작물이나 주요 작물, 작물 사이에 심는 작물 등 세 가지 방식으로 관리할 수 있다. 월동 작물로 재배할 경우 판매용 작물을 수확한 후 파종한다. 9장 끝부분에 소개한 윤작 계획을 예로 들면 녹비용 콩과 식물은 완두를 수확한 후에 파종할 수 있다. 녹비 작물은 이듬해 봄 양배추를 심기 전에 밭을 갈아엎어서 처리한다. 완두 수확 후 상품 작물로 녹비 작물을 심는 방법도 있다. 이러한 방식도 좋지만, 겨울 동안 콩과 식물을 재배하면 다음 해에 키울 작물에 이상적인 재배 환경이 조성된다는 사실이 되도록 녹비 식물을 겨울에 심어야 하는 강력한 동기가 될 수 있다.

주요 작물로서의 녹비 식물

녹비 식물을 주요 작물로 재배하는 경우, 식물의 성장기에 상품 작물을 키우는 곳을 녹비 식물이 차지한다. 최대 3년까지 이렇게 키우면 더 좋은 결과를 얻을 수 있다. 경작할 땅이 여유 있는 경우 강력히 권장할 만한 방식이다. 가축이 이렇게 키운 녹비 작물을 먹이로 삼는다면 두 가지 목적을 한꺼번에 달성할 수 있다. 그러나 경작지 전체를 상품 작물을 키우는 용도로 활용하는 쪽을 선호한다면 녹비 작물로 얻을 수 있는 효과와 상품 작물로 얻게 될 잠재적 수입 중 하나를 선택해야 한다. 대부분 이 경우 녹비 작물이 탈락하고 이로 인해 토양의 질이 감소하는 경우도 많다. 따라서 나는 녹비용 콩과 작물과 수익을 모두 얻을 수 있는 관리 방식을 추천한다. 바로 작물 사이사이에 녹비 식물을 심는 방식이다.

작물 사이에 녹비 작물 심기

덧파종, 지표산파로도 알려진 이 방식은 상품 작물과 함께 녹비 식물을 키우는 것을 의미한다. 제대로만 된다면 덧파종은 세상에서 가장 좋은 기술이다. 소규모로 곡류를 재배하는 경우에도 활용 가능하다는 사실이 입증되었다. 예를 들어 밀이나 귀리를 파종할 때, 또는 파종이 완료된 직후 클로버나 기타 콩과 식물을 함께 파종하면 곡류를 수확할 때까지 식물 군락의 하층을 형성하면서 천천히 자란다. 채소 농사에서 일반적으로 활용되지 않는 방식이나, 1980년대부터는 활용 가능성이 진지하게 고려되기 시작했다.

덧파종의 장점은 수확기가 되면 녹비 작물도 이미 다 자란 상태가 된다는 것이다. 내가 농사를 짓는 뉴잉글랜드 북부 지역은 기후 특성상 가을 수확이 완료된 후 파종할 수 있는 녹비 작물은 호밀뿐이다. 콩과 식물은 시기가 너무 늦어서 키울 수가 없다. 그러나 경험상 녹비로는 콩과 식물이 가장 좋다는 사실을 잘 알고 있기에, 나는 최대한 이 식물을 활용하려고 노력한다. 상품 작물을 키울 땅을 희생하지 않고 이 목표를 달성할 수 있는 덧파종을 하는 것이다.

작물과 녹비 식물의 파종 시점

덧파종은 줄지어 자라는 농작물 사이사이에 꼭 필요한 잡초가 자라도록 하는 것이라고 생각하면 된다. 덧파종한 식물, 즉 고의로 심은 잡초가 주요 작물에 끼치는 영향은 주요 작물의 성장 시기에 따라 달라진다. 잡초와 어린 작물이 함께 자라기 시작하면 잡초가 작물의 성장을 압도할 수 있다. 그러나 관련 연구 결과로는 작물이 충분히 유리한 위치에서 성장을 시작하면 문제되지 않을 것으로 밝혀졌다. 대부분의 작물은 먼저 자리를 잡고 4~5주간 자라고 나면 나중에 낮은 높이로 자라는 잡초의 영향을 거의 받지 않는다. 이 같은 사실을 올바르게 반영하면, 덧파종에 적합한 작물은 낮게 자라는 식물이며 녹비 식물의 가장 적절한 파종 시점은 직접 파종, 옮겨심기 중 어떤 방식을 택하든 작물이 자리를 잡고 난 4~5주 뒤라는 점을 알 수 있다.

작물을 파종하고 6주 이상 기다렸다가 녹비 식물을 덧파종하면 효과가 더 확실하지 않을까? 그러나 균형이 한쪽으로 쏠리면 문제가 발생한다. 덧파종한 잡초는 일부러 심는 것이므로 반드시 잘 자랄 수 있게 해야 한다. 너무 오랜 시간을 신중하게 기다렸다가 덧파종을 하면 주요 작물이 녹비 식물의 성장을 압도할 만큼 과도하게 자라고 만다. 작물이 충분히 잘 자랄 수 있는 상태이면서 너무 많이 자라서 덧파종한 녹비 식물의 성장을 방해하지 않는 상태가 되었을 때 덧파종을 하는 것이 핵심이다.

필자가 직접 만든 다중 파종기.

스위트콘 사이에 사료용 대두가 자라는 모습.

이 같은 타이밍을 실제 농사에서는 어떻게 적용할 수 있을까? 내가 사는 서늘한 기후에서는 옥수수와 콩, 호박, 늦게 수확하는 배추속 식물을 6월 1일 전에는 심지 않는 경우가 많다. 해마다 농사를 지어본 결과, 나는 7월 4일이 이와 같은 작물의 덧파종을 실시하기에 딱 알맞다는 사실을 알게 되었다. 물론 늦게 심은 작물이나 다른 작물에 뒤이어 심은 작물은 덧파종 시점도 따로 잡는다. 즉 작물을 심고 무조건 4~5주 기다렸다가 덧파종을 실시하는 것이 아니라 토양 온도가 올라가서 작물의 성장 속도가 빨라진 것이 확인되면 덧파종 날짜도 그보다 앞당긴다. 경험이 쌓이면 작물의 크기로도 덧파종 시점을 판단할 수 있다. 구체적인 크기를 기준으로 믿을 만한 정보를 줄 수 있는 곡물은 옥수수다. 옥수수가 25~30센티미터 높이로 자랐을 때 덧파종을 실시하면 가장 성공적인 결과를 얻을 수 있다.

겨울호박 사이에 스위트클로버가 자라는 모습.

덧파종 전 단계

덧파종이 성공하려면 깨끗하고 잡초가 없는 파종상이 마련되어야 한다. 녹비 식물의 파종법은 일반 작물의 파종과 다르지 않다. 잡초가 뭉텅이로 자라는 곳에 심으면 파종은 실패로 끝난다. 농사를 시작할 때부터 농부가 집중할 수밖에 없도록 만드는 것도 덧파종으로 얻는 또 다른 장점이 아닐까라는 생각이 들 때가 많다. 그러한 집중력이 필요한 이유가 더 있다. 처음부터 '싹을 잘라야 하는' 문제들이 다 그렇듯이 잡초도 농사 초반에 가장 쉽게 통제할 수 있다. 그러므로 덧파종을 위해 깨끗한 파종상을 마련하는 것은 잡초를 초기에 통제할 수 있는 방법이다. 덧파종을 실시하기 전에 최소 세 차례에 걸쳐 김을 매고, 그중 가장 마지막 김매기는 덧파종 하루 또는 이틀 전에 실시한다.

농부는 덧파종한 식물이 잡초와 경쟁하지 않고 자리를 잘 잡을 수 있도록 모든 노력을 기울여야 한다. 경작지의 잡초 문제가 매우 심각한 수준이 아니라면,

덧파종한 식물에 씌운 덮개를 주요 작물에 씌운 덮개와 하나로 연결해서 뒤늦게 자라는 잡초의 발아를 막을 수 있다. 그래도 뚫고 올라오는 일부 잡초는 씨앗이 생기기 전에 뽑아야 한다. 한 번씩 밭고랑 사이를 돌아다니면서 이 경쟁 식물이 문제로 발전하지 않도록 정리할 필요가 있다.

덧파종 식물의 파종

나는 덧파종 식물을 흩뿌리기 방식과 다중 파종기를 이용하는 방식으로 파종해 본 경험이 있다. 상설 판매용 작물과 함께 키울 덧파종 식물의 씨앗을 흩뿌릴 경우 갈퀴로 흙에 얕은 깊이로 잘 섞어준다. 줄지어 심은 작물 사이사이에 덧파종 식물의 씨를 깊이 심는 경우에는 발아가 확실하게 일어날 수 있도록 수분을 머금은 흙이 있는 적당한 깊이에 파종한다.

꼼꼼히 생각해보자

나는 버몬트에서 덧파종에 관한 꽤 많은 실험을 실시했다. 덧파종은 방법을 터득하고 잡초를 통제할 수 있게 되면, 상업적인 목적의 농사를 지속가능성이라는 한 단계 더 높은 경지로 끌어 올릴 수 있는 매력적인 기술이다. 수년 전에 나는 어스웨이(Earthway)의 파종기 다섯 대를 볼트로 연결하여 여러 줄에 한꺼번에 덧파종을 실시할 수 있는 파종기를 직접 만들었다(111쪽 사진 참고). 지금은 이랑 간격을 좁혀서 더욱 집약적으로 농사를 짓고 있어서 덧파종에도 4줄 또는 6줄 파종기를 활용한다. 나는 단호박이나 늙은 호박, 멜론, 오이처럼 넓은 간격을 두고 재배하는 밭작물과 줄지어 심는 양배추와 콜리플라워, 브로콜리, 케일, 방울양배추 등 가을에 수확하는 작물 사이사이에 한하여 덧파종을 실시한다. 이러한 경우 야생 흰토끼풀을 덧파종해서 지표를 덮고 자라게 하면 가을 날씨에 진흙탕이 된 밭에서 작물을 수확하지 않아도 된다.

녹비 식물의 덧파종 시점과 사용할 장비도 현금작물을 심을 때와 마찬가지로 충분히 고민해서 결정해야 한다. 덧파종할 날짜는 반드시 달력에 표시해두자. 씨앗도 미리 주문하고, 농기구는 빠르고 간편하게 사용할 수 있는 종류로 준비한다.

119쪽 그림 10.1에 9장에서 설명한 작물 윤작 계획에 녹비 식물의 덧파종 계획을 포함시킬 경우 어떤 순서로 농사가 진행되는지 나와 있다. 당연한 이야기지만, 녹비 식물은 윤작 계획의 중요한 요소로 포함시킬 때 농사에 가장 효과적으로 활용할 수 있다.

녹비 식물과 윤작에서 주목해야 할 공통점이 한 가지 더 있다. 녹비 식물의 종류를 선택하는 것도 상품 작물의 종류를 선택하는 것만큼 중요하다는 사실이다. 녹비로 재배하는 식물마다 토양과 뒤이어 재배할 작물에 끼치는 좋은 영향과 나쁜 영향이 제각기 다르고 작용 방식도 다르므로 최대한 다양한 종류의 녹비 식물을 돌려 심어야 한다. 상당수의 연구를 통해 다양성을 최대한 끌어올리기 위해서는 피복 작물 목록을 대체적으로 풀과 콩과 식물, 배추속 식물 중 8~15종이 포함된 다종 혼합 구성으로 마련해야 한다는 사실이 밝혀졌다. 내가 가장 최근에 텃밭처럼 땅을 비옥하게 만들기 위해 개발한 방식은 채소 경작지 가운데 상태가 가장 좋은 곳의 절반 면적에 매년 여러 종류의 풀을 혼합해서 파종하고 여름이 오면 산란계를 풀어서 풀을 뜯도록 하는 것이다. 이듬해 그 땅에 채소 작물을 심고, 남은 절반에는 다시 여러 종류의 풀을 파종한다(14장 참고).

녹비 식물의 덧파종에 관한 표(그림 10.1)를 잘 살펴보면 여덟 곳의 윤작 구획 중 여섯 곳에 덧파종을 실시하고 다른 한 구획에는 조기 수확을 마친 후 콩과 식물을 심는다는 사실을 알 수 있다. 감자를 심는 구획 한 곳만 가을에 수확 후 호밀을 파종한다. 땅이 비어 있는 기간은 거의 없으며, 상품 작물이나 다음 해에 토양을 비옥하게 해줄 작물이 늘 자란다. 그리고 여름철에는 이 두 작물을 한꺼번에 재배한다.

어떤 녹비 작물을 선택해야 할까

다양한 목적으로 내가 활용하는 녹비 작물은 아래와 같다.

키 큰 작물과 함께 키울 수 있는 종류 전동싸리, 살갈퀴, 붉은 토끼풀, 앨사이크 클로버

잔디처럼 지표를 덮어야 하는 종류 자운영

수확기에 유동인구의 영향을 견딜 수 있는 종류 클로버류 또는 살갈퀴

감자 재배 전에 심을 수 있는 종류 대두 또는 전동싸리

옥수수 아래에 심을 수 있는 종류 대두, 전동싸리, 붉은 토끼풀

줄지어 심은 뿌리 작물 사이에 재배할 수 있는 종류 전동싸리, 클로버류

토양 보호 기능을 하며 겨울철에는 죽는 종류 봄귀리, 봄보리

(따뜻한 기후에서는 겨울에 자라는 콩과 식물을 심으면 봄에 성장이 끝난 후 땅을 갈아엎으면 된다.)

가을 막바지에 심을 수 있고 추운 기후를 견디는 종류 호밀, 겨울밀

기후가 온난한 유럽 지역에서는 수확 후에 여러 종류의 녹비 작물을 혼합 파종해서 늦가을에 목초지로 활용한다. 독일 일부 지역에서는 이처럼 여러 종류의 녹비 작물을 혼합해서 심는 방식이 '란스베르크 혼작Landsberger Gemenge'으로 알려져 있다. 란스베르크 혼작에서는 보통 콩과 식물 두 종류와 풀 한 가지, 양배추과에 해당하는 작물 한 가지를 혼합해서 파종한다. 이렇게 혼작한 토양이 가을철에 목초지로 활용할 수 있는 상태가 되면 흡사 가축들을 위해 잘 버무린 샐러드 같은 모습이 된다. 추가로 혼합해서 심을 수 있는 작물은 아래와 같다.

- 귀리, 붉은 토끼풀, 경협종 완두, 겨자
- 밀, 흰토끼풀, 보라색 살갈퀴, 유채
- 호밀, 클로버류, 겨울 살갈퀴, 기름 무*

녹비 식물이 자리를 잘 잡도록 하려면 가을에 첫 서리가 내리는 시점으로부터 최소 6주 전에 파종해야 한다.

* 십자화과의 한해살이 풀, 씨앗의 기름 함량이 높다.

녹비 식물에 관한 검토

녹비 식물의 종류, 함께 심을 수 있는 다른 작물과의 조합은 무한하며 여기서 소개한 것이 전부가 아니다. 이 책에서 언급된 녹비 식물은 내가 농사를 지은 토양과 기후 조건에서 생물학적인 농업 기술 개발이라는 목적에 잘 맞았던 종류들이다. 녹비 식물의 세부적인 특성은 지역별로 다른 경우가 너무나 많으므로 생략하고, 대신 보편적인 원칙을 강조하고 싶다. 전 세계 각 지역마다 필요한 녹비 식물이 다르기도 하고, 모든 경우에 적용할 수 있는 규칙은 없기 때문이다. 생물학적인 농업 시스템의 포괄적인 윤곽은 제시할 수 있겠지만 그 틀 안에서 세부적인 조정이 필요한 부분은 농부가 직접 해결해야 할 몫이다. 가장 뛰어난 혁신과 발전은 완전해야 한다고들 하지만 실제로는 생산 기술의 대부분이 도표나 목록이 아닌 농부에게서 나온다. 어느 전문가가 하거나 하지 않은 말이 농부의 선택에 제한요소로 작용해서는 안 된다. 농부 스스로가 더 큰 책임 의식을 갖고 이 책에서 제안한 생산 시스템을 더 완벽히 다듬기 위해 참여할수록 더욱 독자적이고, 믿을 수 있고, 지속 가능한 시스템이 된다. 녹비 작물을 선택할 때 유념해야 할 사항을 몇 가지 정리하면 아래와 같다.

파종 시점 농사 초기, 후반, 간작, 덧파종, 겨울철, 연중 내내 등.

안정화 심은 후 쉽게 안정화되고 빠른 속도로 자라는 작물이 이상적이다.

토양과 섞는 시점 녹비 식물이 어느 정도로 자랐을 때 흙과 섞어야 할까? 나는 다 자라 갈색을 띠는 녹비 식물이 토질 개선 작물이 된다고 자주 언급한다. 셀룰로오스와 리그닌이 더 많이 함유되어 있어서 너무 빠른 속도로 부패가 진행되지 않고, 토양의 유기물이 오래 유지되기 때문이다. 뒤이어 재배할 작물은 파종할 것인가, 옮겨심기를 할 것인가? 콩과 식물은 가을철에 밭을 갈면 토양에 첨가된 질소의 70퍼센트가 소실되지만, 봄에 갈아엎어 흙과 섞으면 소실되는 양이 38퍼센트로 줄어든다. 겨울에 시드는 녹비 식물은 잔해를 흙과 섞는 과정 없이 봄에 곧바로 새로운 작물을 옮겨 심을 수 있다. 겨울을 난 녹비 식물도 봄철에 충분히 자랄 때까지 기다렸다가 잘라내고 나면 같은 방식으로 새로운 작물을 심을 수 있다.

윤작 적합성 녹비 식물은 병해나 해충 피해에 취약하지 않아야 한다.

사료로서의 가치　녹비 식물을 사료로 활용하고 가축의 배설물을 거름으로 공급하면 토양이 한층 더 비옥해진다.

토양 미생물　예를 들어 유채는 토양의 생물학적인 활성을 촉진한다.[3] 그리고 대두는 감자의 푸른곰팡이병 억제 효과를 향상시킨다.[4]

유익한 곤충　녹비 식물 중에는 유용한 곤충을 보호하는 종도 있다. 현재 이와 관련된 연구가 활발히 진행되고 있으며, 앞으로 밝혀져야 할 내용이 많다.

비용　종자 가격이 비싸지 않은가? 농장에서 손쉽게 얻을 수 있는가? 수확 시 씨앗과 사료를 모두 얻을 수 있는가? 값이 더 저렴한 녹비 식물 씨앗을 잘 관리하면 더 큰 경제적 효과를 얻을 수 있지는 않은가?

콩과 식물의 덧파종

덧파종할 콩과 식물을 선택할 때 고려할 사항은 아래와 같다.

- 내음성
- 다른 작물과 함께 자랄 수 있는지 여부
- 그 해에 재배할 작물과의 경쟁 여부 등 영향력
- 이듬해에 재배할 작물에 끼칠 유익할 영향
- 토양의 침식 방지 효과
- 내한성(상황에 따라 겨울철에 시드는 녹비 식물을 선택하여 이른 봄에 파종 시 토양에 잔해가 너무 많이 발생하지 않도록 하는 편이 나은 경우가 있다)
- 잡초 방제 효과(멀칭 효과라고도 하며, 성장 속도가 빠르고 잎이 넓을수록 좋다)

윤작 계획과 녹비 식물

9장 끝부분에 소개한 8개 구획의 윤작 계획에 녹비 식물의 덧파종 방식을 포함시킬 수 있다. 아래에 실제 농사를 통해 실용성이 매우 높다는 사실이 확인된 윤작 순서가 나와 있다. 그림 10.1을 참고하면 각 항목이 어떻게 통합되는지 알 수 있을 것이다.

감자 배토 방식으로 경작할 경우 덧파종이 쉽지 않다. 나는 배토 작업 없이 감자를 15센티미터 깊이로 심은 뒤 홈을 일부만 메워놓고, 나중에 감자 잎이 지표에 닿으면 완전히 메운다. 그런 다음에 살갈퀴를 덧파종할 수 있다. 감자를 수확한 후에 녹비 식물을 심고자 하는 경우에는 겨울 호밀이 가장 적합한 선택이 될 것이다.

스위트콘 대두를 덧파종한다. 여러 연구를 통해 대두는 감자에 붉은곰팡이병을 일으키는 토양 미생물을 없애는 효과가 있다는 사실이 확인됐다. 대두는 옥수수 아래에 낮게 잘 자라며 그늘을 만들어 잡초 억제 능력이 매우 우수하다.

양배추과 식물 전동싸리와 덧파종한다. 전동싸리는 다음 해에 옥수수를 재배하기 전 땅을 갈아엎어 녹비로 사용하기에 가장 좋은 콩과 식물이다. 곧은 뿌리 식물이라 뿌리가 비교적 얕게 뻗는 배추속 식물의 성장에 방해가 되지 않으므로 양배추과 식물보다 낮은 높이로 키워도 잘 자란다.

완두 수확이 모두 끝난 직후에 클로버를 파종할 수 있으며 덧파종은 불가능하다. 이렇게 키운 콩과 식물은 이듬해 봄에 땅을 갈면 그 사이에 질소가 고정될 수 있는 시간이 충분히 확보되므로 이후 배추속 식물을 재배할 경우 큰 도움이 될 수 있다.

토마토 귀리나 기타 내한성이 없는 목초 작물과 덧파종한다. 목초 중에는 완두와 같은 콩과 식물보다 먼저 심는 것이 도움이 된다고 밝혀진 종류도 있다. 타감 작용을 발휘하여 다른 초목과 기타 잡초의 성장을 억제하면서도 콩과 식물의 성장에는 영향을 주지 않는 특징 때문이다. 중요한 것은 내한성이 없는 종류를 선택해서 이듬해 봄에 흙과 잘 뒤섞이게 하여 완두를 심는 데 방해가 되지 않도록 해야 한다는 점이다.

콩 겨울 살갈퀴와 덧파종한다. 이어서 토마토를 재배할 경우 살갈퀴는 효과적인 녹비 작물로 기능한다.

뿌리작물 흰 난쟁이 클로버와 덧파종한다(통행로와 줄지어 심은 뿌리작물 사이에 모두). 흰 난쟁이 클로버는 뿌리 작물보다 낮게 자라며, 겨울 동안 토양의 침식을 잘 막아준다.

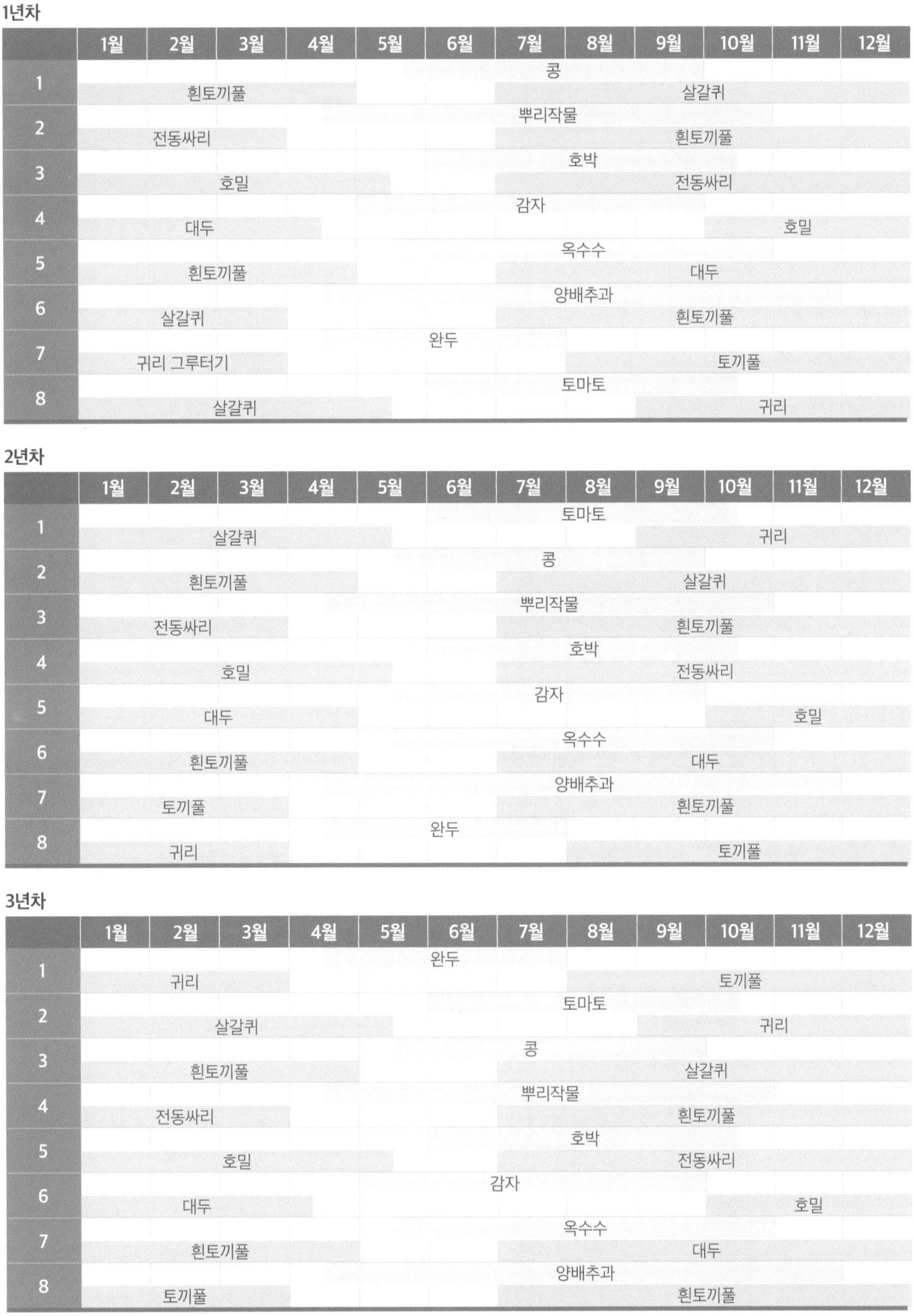

1년차

	1월	2월	3월	4월	5월	6월	7월	8월	9월	10월	11월	12월
1							콩					
		흰토끼풀								살갈퀴		
2							뿌리작물					
		전동싸리								흰토끼풀		
3								호박				
			호밀							전동싸리		
4							감자					
		대두									호밀	
5								옥수수				
		흰토끼풀								대두		
6								양배추과				
		살갈퀴								흰토끼풀		
7						완두						
		귀리 그루터기								토끼풀		
8								토마토				
			살갈퀴								귀리	

2년차

	1월	2월	3월	4월	5월	6월	7월	8월	9월	10월	11월	12월
1								토마토				
			살갈퀴								귀리	
2							콩					
		흰토끼풀								살갈퀴		
3							뿌리작물					
		전동싸리								흰토끼풀		
4								호박				
			호밀							전동싸리		
5							감자					
		대두									호밀	
6								옥수수				
		흰토끼풀								대두		
7								양배추과				
		토끼풀								흰토끼풀		
8						완두						
		귀리								토끼풀		

3년차

	1월	2월	3월	4월	5월	6월	7월	8월	9월	10월	11월	12월
1						완두						
		귀리								토끼풀		
2								토마토				
			살갈퀴								귀리	
3							콩					
		흰토끼풀								살갈퀴		
4							뿌리작물					
		전동싸리								흰토끼풀		
5								호박				
			호밀							전동싸리		
6							감자					
		대두									호밀	
7								옥수수				
		흰토끼풀								대두		
8								양배추과				
		토끼풀								흰토끼풀		

그림 10.1 녹비 재배가 포함된 윤작 계획.

호박 줄지어 심은 후 사이사이 비어 있는 고랑에 전동싸리를 덧파종한다. 전동싸리에 이어 비트나 당근 같은 뿌리작물을 재배하면 잘 자란다. 반면 양파는 앞서 녹비 작물을 키우지 않은 토양에서 가장 잘 자란다. 따라서 양파는 호박을 키웠던 이랑에 길게 심어야 한다.

그림 10.1의 도표는 3년간 8개 구획에서 윤작을 실시할 때 작물의 윤작과 녹비 식물의 덧파종을 어떻게 결합할 수 있는지 시각적으로 나타낸 것이다. 1번 구획에서 재배한 작물은 이후 2번 구획에서 재배되고, 2번 구획에서 재배한 작물은 3번 구획에서 다시 재배되며 8번 구획에서 재배한 작물은 1번 구획에서 다시 재배되는 식으로 윤작이 진행된다. 1번 구획을 나타낸 맨 위 칸을 쭉 따라가면서 살펴보면 3년에 걸쳐 콩 다음에 토마토가 재배되고 그 뒤에 완두가 재배된다는 것을 알 수 있다. 그리고 1번 구획의 아래 칸을 따라가면 덧파종한 콩과 식물이 다른 작물을 파종하거나 옮겨심기 전에 흙과 뒤섞이며 적정한 시점에 다시 콩과 식뭏이 덧파종된다는 것을 확인할 수 있다. 이렇게 덧파종한 식물은 겨울 동안 유지되다가 이듬해가 다음 작물을 심기 전에 밭을 갈아서 처리한다.

계속해서 1번 구획을 예로 들어 살펴보면, 내가 농사를 짓고 있는 서늘한 기후에서 세 가지 작물이 재배되며(총 36개월간 매년 작물을 한 종류씩 재배) 이 전체 기간 중 36개월 반은 덧파종한 녹비 작물이 토양을 덮고 자란다는 것을 알 수 있다. 기후가 더 온난한 지역에서는 이 두 가지 요소도 다른 양상을 띤다. 즉 한 구획에서 이모작을 한다면 그 구획에서 재배할 수 있는 녹비 작물의 종류도 늘어날 가능성이 있다. 겨울철에도 녹비 작물이 계속 성장할 수 있을 만큼 날씨가 온난하기 때문이다.

퇴비 등 농장에서 나온 투입물과 윤작, 방목용 목초지를 활용하여 토양을 비옥하게 만드는 프로그램을 기후와 상관없이 운영할 수 있는 방법에 관한 기초적인 내용은 13장에 나와 있다.

11장

밭 갈기

일반적으로 흙을 농사지을 수 있는 상태로 준비하는 것을 밭을 간다고 표현한다. 흙을 부수고 석회와 비료, 거름을 공급하는 것, 녹비 식물과 작물 잔해를 갈아엎어서 섞는 것을 비롯해 작물을 키울 수 있도록 토양을 준비하는 물리적인 과정은 모두 밭을 가는 일에 해당된다. 전통적으로 이 과정에는 쟁기와 원판 쟁기, 써레가 사용되어 왔으며 경우에 따라 심토용 쟁기도 사용된다. 발토판 쟁기를 이용하는 방법도 널리 쓰인다. 쟁기를 어떻게 조정하느냐에 따라 토양층이 뒤섞이는 정도를 조절할 수 있다. 그러나 이 작업만으로는 지표면을 식물을 재배하기에 알맞은 형태로 만들 수 없고 비료나 유기물이 완전히 결합되도록 섞는 작업이 필요하다.

끌쟁기에 달린 깊이 조절 바퀴를 제거하면 더 깊은 곳까지 파낼 수 있다.

밭을 가는 작업에 이어 보통 원반써레로 갈고 바닥을 고르는 작업이 이어진다. 토양 구조를 느슨하게 만들어서 공기와 유기물, 비료가 잘 결합되도록 하고 잡초를 제거하여 깨끗한 토양을 만들기 위해서는 이러한 노력이 필요하다. 밭을 갈고 나면 토양의 공기와 수분, 온도, 화학물질, 생물학적 수준이 개선되며 결과적으로 작물의 성장과 발달에 끼치는 영향을 최적화할 수 있다.

밭 갈기 작업은 토양을 깊게 가는 방식(심경)과 얕게 가는 방식(천경)으로 나눌 수 있다. 심토용 쟁기를 이용하여 토양을 45센티미터까지 파내는 것을 심경이라고 한다. 천경은 토양을 15센티미터 이상 파지 않고 최상층을 5센티미터 정도만 갈아엎는 방식을 의미한다.

심경

쟁기바닥과 농기계 바퀴의 움직임으로 인해 지표의 흙이 압축되어 형성되는 경반층이 농작물 생산에 심각한 악영향을 준다는 연구 결과가 계속해서 발표되고 있다. 심토용 쟁기는 땅속 깊은 곳까지 땅을 갈기 위해 개발된 도구로, 토양의 하층 구조를 해체하고 흙이 다른 곳으로 옮겨지거나 겉흙과 속흙이 섞이지 않도록 하면서 경반층과 흙이 압축된 층을 부수는 용도로 활용할 수 있다. 주로 흙이 부드러운 논을 갈 때 쓰는 방식이다. 심경을 실시하면 토양 깊은 곳까지 공기 순환이 원활해지므로 배수가 개선되고 뿌리가 더 깊이 자랄 수 있다. 또한 표토가 두꺼워지면서 토양이 전체적으로 훨씬 더 비옥해진다.

끌쟁기

우리가 추구하는 생물학적 농사에서는 심토용 쟁기보다 끌쟁기(극젱이)가 더 효과적이다. 미국에서 끌쟁기가 처음 등장한 시기는 1930년대로, 토양 보존을 위해 발토판 쟁기(볏쟁기) 대신 사용할 수 있는 대안으로 개발됐다. 끌쟁기는 튼튼한 금속 프레임에 토양을 뚫고 들어갈 수 있도록 둥글게 휜 돌출부(끌)가 여러 개 결합된 형태로 되어 있다. 이 끌 부분은 너비 5센티미터, 길이는 60센티미터로 끝부분에 다양한 팁을 끼울 수 있다. 끌쟁기로 땅을 갈면 지표에서 30~40센티미터까지 침투하지만 발토판 쟁기처럼 침투한 표층을 뒤집지 않는다. 흙을 들어 올리고 느슨하게 푸는 동시에 경반층과 압축된 흙을 부수는 것에 그친다.

그러나 결코 규모가 작지 않은 작업이다. 일 년에 한 번 심경을 실시하려면 트랙터를 빌리거나 대신해줄 작업자를 고용해야 한다. 일을 맡길 수 있고 필요한 장비도 구할 수 있는 지역에 사는 경우 후자가 가장 간편하고 경제적인 방법이다. 불가능한 경우, 농부 여러 명이 소형 끌쟁기 한 대를 공동으로 구입하고 트랙터를 구해서 밭을 가는 것이 해결책이 될 수 있다. 토양에 돌이 많은 곳은 트랙터에 적하기가 장착되어 있어야 돌을 수월하게 모아서 제거할 수 있다.

많은 농부들이 끌쟁기는 돌이 없는 토양에서만 사용할 수 있다고 생각한다. 그러나 내 경험에 비추어볼 때 그렇지 않다. 나는 텍사스에서 돌이 없는 땅에 농사를 지을 때, 그리고 메인 주와 매사추세츠, 버몬트 주에서 돌이 상당히 많은 땅에 농사를 지을 때 모두 끌쟁기를 사용해본 적이 있다. 양쪽 모두 충분한 기능을 발휘했다. 뉴잉글랜드 지역에서 채소 농사를 위해 밭을 가는 도구로는 끌쟁기만큼 귀중한 장비도 없다. 끌쟁기는 땅속의 돌을 지표로 끌어올리므로 작업이 끝난 후 트랙터 버킷에 굴려 담아서 제거할 수 있다.

끌쟁기를 도저히 이용할 수 없다고 해도 절망할 필요는 없다. 다른 방법도 있다. 미국 쟁쇠broadfork 등 아래에 소개한 손 도구와 특정한 생물학적 기법을 활용하면 동일한 작업을 실시할 수 있다. 토양의 pH 개선과 배수, 유기물에 더욱 주의를 기울이고 토양의 압축을 최소화하는 데 신경 쓸수록 물리적인 심경의 필요성도 줄어든다. 단, 채소 재배를 목적으로 농사를 처음 시작하는 경우 초기 몇 년 동안은 끌쟁기가 귀중하게 쓰이므로 꼭 사용할 것을 권장한다.

농사를 시작하고 몇 년이 지나고 나면 녹비 뿌리로도 동일한 경운 효과를 얻을 수 있어야 한다. 심근성 녹비 작물(자주개자리, 전동싸리, 루핀, 대두, 붉은 토끼풀)은 심토환경 개선 효과가 매우 우수하다. 식물의 뿌리가 깊게 자라면 흙의 구조가 느슨해지므로 물리적인 상태가 개선될 뿐만 아니라 더 깊은 층에 있던 영양소를 위로 끄집어 올려 땅이 더 비옥해진다. 녹비 식물이 시들고 분해된 후에도 뿌리가 지나간 길은 오랫동안 유지된다. 이는 토양의 침투성과 수분 보유능력을 향상시키고 향후 경반층 형성을 막는 기능도 한다.

미국 쟁쇠

손잡이가 두 개 달린 심경 도구는 여러 가지 이름으로 불린다. 영어로는 'broadfork'라는 명칭에 그 기능이 잘 나타나 있다. 대부분의 농기구와 마찬가지로 미국 쟁쇠의 역사도 오래전으로 거슬러 올라간다. 미국 쟁쇠는 60~75센티미터 너비의 쇠스랑 양쪽에 달린 1.5미터 길이의 손잡이로 구성된다. 쇠스랑의 갈퀴는 10센티미터 간격으로 배치되어 있으며 길이는 30센티미터 정도다.

나는 1960년대에 이 도구를 개발한 프랑스 농부 앙드레 그렐린André Grelin의 이름을 딴 '그렐리네트Grelinette'라는 명칭으로 미국 쟁쇠를 처음 접했다. 1970년대에는 디자인이 변형된 그렐리네트 복제품들이 나타나기 시작했다. 그러나 농부가 직접 개발한 농기구를 엔지니어가 다시 디자인해서 내놓는 경우에 흔히 그렇듯이, 미국 쟁기도 그렐린이 만든 디자인이 복제품보다 월등히 우수하다. 그렐린의 디자인에 담긴 미묘하지만 중요한 특징들이 현대식 복제품에는 빠져 있다. 그러한 특징은 책상 앞에 앉아 제도판에 그림만 그려보는 것으로는 뚜렷하게 알 수 없다. 더 튼튼하게 만들기 위해 전체가 금속으로 된 그럴듯한 제품들에는 수많은 단점이 숨어 있다.

필자가 밭에서 미국 쟁쇠를 사용하는 모습.

첫 번째는 너무 무겁다는 점이다. 물론 손잡이가 나무로 되어 있으면 가끔 부러지기도 한다. 하지만 나는 사용할 때마다 거추장스러운 도구로 일을 하는 것보다는 편하게 작업할 수 있고 어쩌다 한 번씩 손잡이가 부러지는 불편을 감수하는 편을 더 선호한다.

복제품의 두 번째 단점은 가로대에 부착된 갈퀴가 직선 형태라는 점이다. 원조 그렐리네트는 이 날이 타원형이며 가로대 뒷부분에 부착된 지점으로부터 아래로 둥글게 휘어진 형태를 띤다. 이 차이가 핵심이다. 그렐린이 디자인한 이 타원형 날은 토양에 쉽게 파고들고 둥글게 구르듯 움직인다. 양쪽 손잡이를 아래로 누르면 이 휘어진 날이 땅속으로 들어가 흙을 손쉽게 들어올릴 수 있다. 반면 직선 형태의 날은 둥글게 구르듯 움직이지 않고 땅을 캐내는 기능을 하므로 사용자가 힘을 써서 흙을 위로 들어올려야 한다.

미국 쟁쇠 사용하기

양쪽 손잡이를 바닥과 직각에서 약간 앞으로 기울도록 양손으로 잡는다. 가로대를 밟고 위에 올라서면서 흙속에 최대한 깊이 누른 다음 손잡이를 몸 쪽으로 부드럽게 뽑아 올린다. 작업 후 헐거워진 흙에서 쟁쇠를 들어 올려 뒷걸음으로 15센티미터 정도 떨어진 곳에 옮긴 후 동일한 작업을 반복한다.

미국 쟁쇠로 얼마만큼의 면적을 갈 수 있을까? 상품용 채소를 생산하는 온실에서는 확실하게 사용할 수 있다. 나는 야외에서 4천 제곱미터(약 1,200평) 면적까지는 크게 지치지 않고 이 도구로 작업을 할 수 있었다. 구획을 여러 곳으로 나누고 여러 종류의 작물을 심기 전에 그때그때 쟁쇠 작업을 나눠서 실시하는 방법도 있다. 0.09제곱미터 단위로 구성된 밭 전체를 전부 갈 필요는 없다. 겨울호박처럼 넓은 간격을 두고 줄지어 재배하는 곳만 쟁쇠 작업을 해도 충분하다. 농사철에 이처럼 선택적으로 활용한다면 8천 제곱미터(약 2,400평) 규모의 밭도 미국 쟁쇠로 작업을 하지 못할 이유가 없다. 작물에 따라 얻는 효과는 다양하다. 스위트콘과 뿌리채소, 토마토처럼 뿌리가 광범위하게 형성되는 작물은 이 도구를 위한 심경 작업으로 큰 효과를 얻을 수 있다.

미국 쟁쇠를 이용한 심경 작업은 반드시 지표를 갈기 전에 실시해야 한다. 윤작의 경우 해가 바뀌고 가장 이른 시기에 작물을 심을 구획은 한해 전 가을에 미리 갈아두는 편이 좋다. 또한 모든 농기구와 마찬가지로, 미국 쟁쇠도 두 눈을 크게 뜨고 사용해야 한다. 즉 심경 작업 전후에 작물에 나타나는 변화가 없거나 특정 작물에만 차이가 나타나면 쟁쇠 작업의 시점이나 강도, 빈도를 조정해야 한다.

심경의 장점과 단점

심경의 장점은 아래와 같다.

- 압축된 토양을 부수는 효과가 있다.[1]
- 토양에 공기를 공급해준다.
- 토양 구조 개선에 도움을 준다.
- 배수를 개선한다.
- 작물이 더 깊이 뿌리내린다.
- 영양소의 범위가 늘어난다.
- 표토가 두꺼워지고 이를 통해 토양이 더욱 비옥해진다.

심경의 단점은 아래와 같다.

- 끌쟁기로 심경 작업을 맡아서 해줄 업체나 업자를 구하기가 힘들 수 있다.
- 끌쟁기를 공동 구매할 같은 지역의 농부를 모집하지 못할 수도 있다.
- 토양에 따라 미국 쟁쇠로 작업할 수 있는 면적이 8천 제곱미터에 크게 못 미쳐 실용성이 없을 수도 있다.

끌쟁기가 없는 경우 해결책으로는 아래와 같은 방법을 생각할 수 있다.

- 심토를 과도하게 지표까지 끌어 올리지만 않는다면, 경운기를 이용하여 가능한 한 깊은 곳까지 밭을 갈 수 있다.
- 회전식 경운기를 이용하여 심경을 실시할 경우 토양 구조가 개선될 수 있도록 흙에 유기물을 더 많이 공급한다.
- 미생물과 지렁이가 시간이 흐르면서 자연스레 토양의 구조와 깊이를 향상시키는 이상적인 토양 환경을 확립한다. 이를 위해서는 윤작과 녹비를 활용하고 유기물 공급, 토양을 pH6~7로 유지하는 것, 무기질 영양소를 충분히 공급하는 것이 중요하다.

토양 얕게 갈기

천경은 얕은 밭갈기를 의미하며, 토양의 최상층을 몇 센티미터 정도만 가는 것이다. 나는 수년 전부터 회전식 경운기로 천경을 실시해 왔다. 회전식 경운기는 전통적인 도구인 쟁기와 원판 쟁기, 써레보다 많은 장점이 있다. 첫 번째는 한 번에 그 세 가지 도구의 기능을 수행할 수 있다는 점이다. 그리고 전체적인 효율성이 크게 향상될 만큼 빠른 속도로 작업을 할 수 있다는 점이 두 번째 장점이며, 작업 결과가 더 우수하다는 것이 세 번째 장점이다.

회전식 경운기

회전식 경운기는 특수한 형태로 고안된 토양 작업용 날이 동력으로 돌아가는 차축에 의해 회전하면서 땅을 간다. 회전식 경운기를 이용하면 비료와 식물의 잔재, 거름과 퇴비를 경운이 실시되는 깊이의 토양 전체에 균일하게 공급하고 혼합할 수 있으며 토양 입자와 최대한 많이 접촉하도록 만들 수 있다. 이와 같은 세밀한 작업을 통해 유기물이 넓게 분포되므로 가공 비료의 사용량을 최소한으로 줄일 수 있다.

내가 추천한 수용성이 낮은 무기질 비료는 흙과 골고루 섞일 때 가장 큰 효과를 얻을 수 있다. 흙과 고루 섞이면 토양의 산성 물질, 미생물과의 접촉도 크게 늘어나 결과적으로 식물이 이용할 수 있는 토양 영양소가 형성된다.

회전식 경운기를 이용하면 밭을 갈기 전에 거름이나 퇴비, 기타 토질 개량 물질을 지표에 흩뿌리는 작업을 쉽게 완료할 수 있다. 토양 중 개량 물질의 상대적인 밀도에 따라 흙과 같은 물질이 얼마나 골고루 혼합되는지가 결정된다. 무기질 비료의 경우 토양 입자와 밀도가 비슷하므로 가장 균일하게 혼합된다. 유기물을 토양에 혼합하면 가벼운 물질일수록 토양 윗부분에 잔류하고 무거운 물질은 깊은 곳에 남는 경향이 나타난다. 그러므로 유기물과 무기질 개량 물질을 흙 전체에 고루 혼합할 수 있는 것은 회전식 경운기의 중요한 특징이라 할 수 있다. 그 결과 생물학적인 농업 시스템을 현실화하는 데 반드시 필요한 토양의 비옥함과 생물학적 활성도가 증가한다.

회전식 경운기를 비롯해 밭을 갈 때 활용되는 기구를 과도하게 사용하면 좋지 않다는 사실도 입증되었다. 회전식 경운기가 토양에 끼치는 영향은 풀무질이 불을 피울 때 끼치는 영향과 비슷하다. 즉 연소 작용을 가속화한다. 토양에 공기가 지나치게 많이 존재하면 유기물의 분해 속도가 빨라지고, 언제 이 같은 현상이 나타나느냐에 따라 좋을 수도 있지만 좋지 않은 영향이 발생할 수도 있다.

봄에 땅을 갈면 유익한 효과를 얻을 수 있다. 농사철 초기에는 흙이 서늘하므로 밭을 갈아 흙의 온도가 올라가는 것이 유용할 수 있다. 시간이 흐르고 작물 사이사이에 녹비 식물을 심는다고 할 때, 수확 시점이 이른 녹비 식물이 있거나 먼저 경작한 작물의 잔해가 남아 있어서 수확이 늦은 작물을 재배하기 전에 밭을 갈아야 하는 경우에는 흙에 공기가 다량 존재하고 혼합이 철저히 이루어지고 나서야 토양이 수월하게 잔류 식물을 분해시키고 다음 작물을 재배할 수 있는 상태가 된다.

대안

유럽인들은 오래전부터 회전식 경운기를 대체할 수 있는 기구를 사용해왔다. 유럽 전역에서 상품용 채소를 재배하는 내 동료들은 보편적으로 회전식 경운기 대신 가래를 사용한다. 회전식이나 왕복운동 방식으로 작동하는 가래 중 한 가지를 선택하는데, 이와 같은 기구를 사용하면 물질을 흙에 골고루 혼합하는 회전식 경운기의 기능을 얻으면서도 흙과의 과도한 마찰이나 지나친 작업을 피할 수 있다.

회전식 가래는 언뜻 보면 직경이 큰 회전식 경운기처럼 보이지만 곡선 형태로 휘어진 긴 가로대 끝에 삽처럼 생긴 날이 여러 개 달려 있다. 회전식 경운기의 날과 비교하면 이 삽들이 움직이는 원주가 서너 배 더 넓다. 또한 경운기 날보다 더 천천히 움직이므로, 농부가 직접 삽을 들고 흙을 섞는 동작과 매우 흡사한 작업이 이루어진다.

왕복운동 방식으로 작동하는 가래를 이용하면 수작업과 더 비슷한 결과를 얻을 수 있다. 이 장치에 달린 삽은 위아래로 움직이며 캠축이 돌아가는 힘으로 뒤로 빠지면서 엔진의 힘이 다시 삽에 전달되는 원리로 작동한다. 기계 장치를 이용하면서도 흙을 부드럽게 휘저어 혼합할 수 있는 방법이다. 회전식 가래와 왕복운동 가래 모두 앞으로 나아가는 속도가 회전식 경운기보다 느리다. 따라서 시간당 작업할 수 있는 면적이 그리 크지 않다. 그럼에도 불구하고 내가 직접 연락한 가래 사용자들은 이 기구를 사용해서 얻을 수 있는 토양의 품질은 작업 시간보다 더 중요하게 여겨질 만큼 우수하다고 입을 모았다.

회전식 가래와 왕복운동 가래의 주된 차이점은 전자가 묵직한 녹비 식물을 바로 뒤집어엎거나 흙을 좀 더 깊이 갈고 싶을 때 더 유용하다는 것이다. 대형 트랙터에 장착된 회전식 가래 중에는 흙을 40센티미터 깊이까지 팔 수 있다고 광고하는 제품들도 있다. 이 기구로 그 정도 깊이까지 작업을 할 때 토양에 발생할 수 있는 악영향이 적은지, 특정한 재배 환경에서만 그런지는 알 수 없다. 하지만 직관적인 판단으로는 주의가 필요하다는 생각이 든다. 내가 처음 농사를 시작한 곳도 그랬지만 얕은 토양은 15센티미터 깊이로만 파도 심토에 다다르기 때문이다.

왕복운동 가래는 농부가 삽으로 하는 작업을 더욱 밀접하게 모방할 수 있으므로 토양에 끼치는 영향이 더 적은 것으로 알려져 있다. 온실 농사, 그리고 무거운 녹비 식물은 흙과 섞기 전에 먼저 정리하는 방식으로 농사를 짓는 경우 이 기구를 선택할 수 있다. 단, 반쯤 분해된 작물 잔류물을 다량 사용하는 것이 토양을 비옥하게 만들기 위한 계획에서 주된 부분을 차지한다면 왕복운동 가래를 사용하는 것이 오히려 불리할 수 있다. 온실용으로 제작된 모델은 휘발유나 디젤보다 온실 내부에 오염물질을 적게 발생시키는 프로판을 연료로 사용할 수 있도록 개량된 제품이 많다.

왕복운동 가래는 작동 방식의 특성상 경운반층을 형성시키지 않으며 바퀴 아래에 흙이 압축되는 현상도 발생하지 않는다. 또한 돌이 많이 섞인 토양도 회전식 가래보다 훨씬 더 수월하게 처리할 수 있으며 심지어 제법 큰 돌이 섞여 있는 곳도 작업이 가능하다. 내가 찾아본 유럽의 문헌 자료에서는 왕복운동 가래가 더 나은 선택이라는 의견이 대부분이다. 농부들은 이 기구를 사용할 때 얻을 수 있는 유익한 효과, 즉 식물의 뿌리 성장이 증가하고 물의 침투성이 개선되는 결과를 선호한다. 더불어 왕복운동 가래를 이용하면 토양의 최상층에 유기물을 가장 효과적으로 혼합할 수 있다.

수직 방향이 아닌 수평 방향으로 작동하면서 유기물을 그보다 더 부드럽고 얕게 섞을 수 있는 또 다른 도구가 있다. 바로 회전식 쇄토기다. 이 기구로는 톱니

보행 경운기에 작업 깊이의 조절이 가능한 롤러가 부착된 모습. 사진은 '조니스 셀렉티드 시드(Johnny's Selected Seeds)'에서 제공해주었다.

가 달린 작은 써레가 수평축에 여러 개 부착되어 한꺼번에 회전하는 것과 같은 결과를 얻을 수 있다. 회전식 쇄토기의 작동 방식은 농부가 손으로 직접 흙을 부수고 섞는 것과 비슷하다. 손끝이 흙 표면 아래 얕게 들어가도록 집어넣고 팔꿈치를 움직이며 손가락을 둥글게 말아 펴내는 것처럼 작업이 이루어진다. 주요 작물을 재배하거나 콩과 식물이나 녹비 식물을 뒤집어엎어 흙과 섞어야 할 때 사용하기에는 적절치 않지만 퇴비처럼 큰 덩어리가 섞인 토질 개량 물질을 토양에 얕은 깊이로 혼합하고자 할 경우 매우 효과적이다. 일반적으로 동력 쇄토기는 작업이 이루어지는 토양의 깊이를 일정하게 유지하고 지표가 정돈될 수 있도록 크럼블러 롤러와 함께 사용한다. 현재 여러 제조업체에서 보행 트랙터와 함께 사용할 수 있는 동력 쇄토기를 판매하고 있다.

회전식 쇄토기의 유용한 특징은 크럼블러 롤러와 함께 이용하여 작업 중인 토양의 깊이를 정확히 조절할 수 있다는 점이다. BCS사에서 판매하는 보행 트랙터의 경우 깊이 조절이 가능한 롤러를 선택해서 추가할 수 있다. 이 장치를 추가하면 경운기로 토양의 깊이와 경작지의 표면을 수월하게 관리할 수 있으므로 큰 비용을 들여 동력 쇄토기를 구입하지 않아도 된다.

보행 트랙터

보행 트랙터는 이륜 동력 장치다. 회전식 경운기를 사용할 경우, 12마력 보행 트랙터에서 필요한 동력을 얻는다. 이 트랙터는 거의 모든 조건에서 밭을 가는 작업을 무난히 마칠 수 있는 충분한 동력을 제공한다. 또한 파종기, 롤러, 풀 베는 기계, 배토기, 펌프, 수확기 등 다른 기능을 가진 광범위한 장치를 장착해서 사용할 수 있으므로 유연성이 우수하다. 이와 같은 부가 장치는 보행 트랙터 제조업체를 통해 구입할 수 있으나, 다른 곳에서 구입한 장치를 적절히 변형해서 함께 사용하는 경우도 많다. 나도 소규모 농사에 필요한 동력은 보행 트랙터로 얻는다. 우선 보행 트랙터는 사륜 트랙터보다 저렴하고 크기가 작아서 개조나 정비 작업도 수월하며 작동법도 훨씬 더 쉽게 익힐 수 있다. 실제로 오래전부터 소규모 농사를 짓는 농부들이 가장 많이 선택하는 장비다.

물론 대형 장치를 결합시킬 수 있는 강력한 사륜 트랙터 꼭대기에 앉아서 일을 하면 더 편할 것 같다는 생각이 들 수도 있다. 하지만 경제적인 결과는 결코 더 낫다고 할 수 없다. 65~80센티미터 너비의 경운기가 결합되어 있는 잘 만들어진 12마력 보행 트랙터 한 대는 대형 트랙터에 부착할 경운기 값보다 조금만 더 주면 충분히 구입할 수 있다. 게다가 경운기가 결합된 보행 트랙터는 널찍한 간격으로 작물을 줄지어 재배하는 용도로도 사용할 수 있다.

농장에 이미 사륜 트랙터와 경운기가 있다면 당연히 그것을 사용하면 된다. 보행 트랙터는 작업자가 직접 올라타서 운전하는 트랙터보다 낫다고 할 수 없지만, 소규모 농사에 필요한 일들은 완벽하게 처리할 수 있다. 적당히 작은 크기와, 구매와 유지보수에 드는 비용이 적다는 것도 장점이다.

경운 장치가 장착된 보행 트랙터의 장점

경제성 사륜 트랙터보다 초기 구입비용이 적게 들고 가동비용도 적게 든다.

성능 최신 모델로 구입하면 트랙터에 장착하는 여러 경운기와 기능이 비슷하거나 더 우수하다(오래된 잔디밭의 경우는 제외).

유동성 보행 트랙터는 기본적으로 바퀴가 돌아가도록 전력을 공급하는 기구이므로 다양한 용도로 활용할 수 있다. 줄 간격이 넓은 경작, 배토 작업에도 사용할 수 있으며 물 펌프나 회전식 잔디 깎는 기계도 장착할 수 있다. 나는 토양을 가는 용도로만 사용하는 편이다.

단순성 대형 트랙터보다 작동법이 훨씬 쉽다. 따라서 경험이 부족한 일꾼도 사용법을 금방 익힐 수 있다.

유지보수 정비가 필요할 때 대형 트랙터처럼 손볼 곳이 엄청나게 많고 복잡하지 않다. 직접 해결할 수 있는 규모이므로 다른 정비 작업도 자신 있게 할 수 있게 된다.

경량 토양 압축을 최소화할 수 있으며 흙에 바퀴자국이 깊게 남지 않는다.

소형 사륜 트랙터보다 조작이 훨씬 쉽다. 또한 줄 끝에서 기구의 방향을 바꿀 때 필요한 여유 공간도 적다.

틸더로 토질 개량 물질을 혼합하는 모습.

틸더

직접 만든 틸더의 제동 장치.

보행 트랙터보다도 작고 가벼운 기구인 틸더 Tilther는 온실용으로 전기를 이용해 작동한다. 많은 농부들이 경작지의 작은 구획에 편리하게 사용하고 있다. 틸더는 너비가 38센티미터이며(따라서 밭이랑의 너비가 75센티미터라면 그 절반에 해당하는 면적을 갈 수 있다), 측면 체인을 통해 작동하므로 기구 중심에 기어박스가 없어 작업 시 기구가 흙과 닿지 않고 긴 띠처럼 남는 부위도 생기지 않는다. 동력원은 드릴척의 크기가 1.25센티미터인 무선 드릴이다. 돌출된 날이 스테인리스스틸 커버로 덮여 있고 이 커버가 뒷면까지 이어지므로 작업이 이루어지는 깊이가 5센티미터로 제한된다.

경운 작업의 미래

지금까지 경작지를 갈 때 내가 생각하는 최상의 방법은 무엇인지 설명했다. 앞으로 이 같은 경운 작업이 줄어들거나 아예 사라질 가능성도 있을까? 진지하게 생각해볼 만한 문제라고 생각한다. 다만 효율성을 높일 수 있어야 한다. 그렇지 않다면 줄거나 사라질 일은 없을 것이다. 밭을 가는 것 자체를 무조건 반대하는 건 아니다. 결과가 만족할 만하면 나도 계속 밭을 갈 것이다. 유기물을 공급하면서 지속적으로 경운 작업을 실시한 결과, 수년이 지나자 처음에는 얕았던 표토가 현재 25센티미터로 깊어졌다. 하지만 나는 작물의 수확량이나 식물의 건강에 보다 세부적으로 도움이 될 수 있는 다른 기술은 없는지 찾아보려고 늘 노력한다. 유럽에서 유기농업에 종사하는 사람들은 전통적으로 땅을 5센티미터 이상 갈지 않는다. 현재 내가 농사짓는 온실에서도 틸더를 이용하여 토질 개량물질(퇴비, 자주개자리 가루)을 지표에서 5센티미터 깊이까지만 혼합한다. 이 같은 지표 경작 방식으로 상당한 성과를 얻고 있다.

상업적인 목적으로 실시되는 밭농사에서 경운 작업 없이 생산이 이루어질 수 있는지, 그 방식이 녹비처럼 광범위하게 활용될 수 있을 것인지 여부에 나는 큰 관심을 쏟고 있으며 계속해서 실험 중이다. 나는 덮어 씌워놓은 짚을 제거할 때마다 감탄한다. 지렁이가 활발히 활동한 덕분에 개선된 토양 구조는 내가 방해만 하지 않는다면 자연이 얼마나 효과적으로 그러한 기능을 해내는지 명확히 보여준다.

1940년대와 50년대에 활동한 단체 '땅의 친구들Friends of the Land'이 발행한 잡지 『더 랜드The Land』의 1945년판에는 사우스캐롤라이나 농업실험소에서 실시한, 녹비를 이용한 무경운 방식의 농업 실험에 관한 내용이 나와 있다.[2] 해당 실험에서는 토끼풀이 덮인 좁은 이랑에 옥수수를 심었다. 옥수수가 30센티미터까지 자랐을 때 특수한 제초 날이 달린 경운기로 토끼풀을 지표 바로 아래까지 잘라냈다. 이렇게 처리한 토끼풀은 그 자리에 그대로 두고 뿌리덮개로 활용했다.

최근 들어 비슷한 연구가 다수 진행되었다. 미국 북동부 지역에서 진행된 농무부 연구에서는 겨울 동안 자란 헤어리 벳지hairy vetch(새완두, 털갈퀴덩굴)를 피복 작물 겸 뿌리덮개로 이용한다. 봄이 한참 지난 느지막한 시점에 플레일 제초기로 베치를 잘라 다시 자라지 않도록 처리하고 잔재는 그곳에 옮겨 심는 작물의 뿌리덮개가 되도록 그 자리에 둔다.[3] 녹비 식물을 지표의 뿌리덮개로 활용하는 경우에도 토양이 비옥해지는 결과를 똑같이 얻을 수 있으며, 이 경우 뿌리덮개의 기능과 더불어 토양의 수분을 유지할 수 있는 추가적인 효과도 얻게 된다.

호주에서는 두 명의 연구자가 '영리한 토끼풀Clever Clover'이라 이름 붙인 무경운 방식의 녹비 비옥성 개선 프로그램을 개발했다.[4] 두 사람은 여름과 겨울에 각각 농사를 지을 밭을 따로 마련한 뒤, 채소와 뿌리덮개 식물(땅속토끼풀과 자주개자리)을 윤작했다. 밭 한 곳에서는 겨울 동안 자란 땅속토끼풀이 봄에 처리되어 흙에 잔류하면서 그곳에 옮겨 심은 작물의 여름철 뿌리덮개로 활용됐다. 가을이 되면 식물의 종류에 따라 토끼풀을 다시 파종하거나 토끼풀이 자생하도록 두면 이듬해 또 뿌리덮개를 얻을 수 있다. 다른 밭에서는 자주개자리를 재배하고 여름철에 6주 간격으로 제초 작업을 실시한다. 겨울에 자주개자리가 동면 상태에 들어가면 자주개자리 잔류물이 남은 곳 전체에 겨울 채소작물을 옮겨 심는다. 봄이 오면 자주개자리는 다시 자라난다.

피복 작물이 왕성하게 자라 잡초 성장을 막는 것이 중요하다. 위에서 설명한

모든 실험에서 지표에 뿌리덮개를 활용하는 방식 덕분에 식물 병해와 해충이 크게 감소했다. 이번 장에서 소개한 기계 경운으로 오랫동안 땅을 비옥하게 관리할 수 있었던 것은 사실이나 나는 이대로 만족하고 싶지는 않다. 기술보다 생물학적 방식을 더 선호하는 한 사람으로서, 기계적인 해결책을 대신할 수 있는 생물학적인 해결책이 새로운 기술로 등장하여 자연 그대로의 구조가 건강하게 유지될 수 있기를 희망한다.

12장

토양의 비옥성

땅을 영구적으로 비옥하게 만드는 핵심은 간단하다. 비료에 포함되어야 하는 필수 성분을 작물이 필요로 하는 양의 최대치를 충족할 수 있을 만큼 지속적으로 공급하는 것이다. 자연이 제공하지 못하는 요소가 있다면 인간이 공급해야 한다.

— 시릴 홉킨스 Cyril Hopkins

나는 토양을 비옥하게 가꾸기 위해 알아야 할 중요한 교훈을 미국 농무부에서 처음 배웠다. 1966년에 뉴햄프셔에서 농지를 빌려 채소를 키우기 시작하던 때의 일이었다. 당시에는 농사 경험이 별로 없어서 농사와 관련된 자료라면 무엇이든 열심히 읽었다. 그리고 농무부가 농업 생산과 비료의 영양성분에 관해 쓴 글에서 질소는 질소이고 인은 인이라고 명확히 밝힌 내용을 보았다. 식물은 영양성분이 어디에서 나온 것인지 차이를 알지 못하며 성분은 그저 성분일 뿐이라는 의미였다. 거름으로 공급된 질소와 시중에서 구입한 비료로 공급된 질소가 식물에게는 동일하다는 것이다. 나에게는 정말 반가운 내용이었다.

공짜 거름

나는 그 당시에 농무부의 이 같은 선언이 자연적인 거름이나 퇴비를 사용해야 더 우수한 식물을 재배할 수 있다는 유기농업 종사자들의 주장에 신빙성이 없다는 것을 보여주려는 목적에서 나온 것임을 알지 못했다. 그저 돈을 아낄 수 있다는 순진한 생각만 들었다. 이제 비료를 사지 않아도 된다는 말 아닌가! 농장 근처에 마침 말 목장이 하나 있었는데, 그곳 주인은 삭힌 거름을 산더미처럼 쌓아두고 필요하면 가져가라고 했다. 심지어 무료로 직접 배달도 해주었다. 내가 읽은 농무부 자료에는 닭 배설물로 만든 거름에 인 함량이 높다고 나와 있었는데, 근처에 닭 농장도 있었다. 그래서 8천 제곱미터(약 2,400평) 규모의 밭에 거름을 뿌리고 채소를 재배하기 시작했다. 농무부에서 일하는 전문가들이 거름과 상점에서 파는 비료는 차이가 없다고 확인해 주었으니 다 잘 될 거라는 확신이 들었다.

결과는 정말로 성공이었다. 그곳에서 농사를 짓는 3년간 나는 어디에서도 볼 수 없는 최고의 채소를 키워냈다. 심지어 매해 더 좋아졌다. 나이 지긋한 분들이 신출내기인 나를 찾아와서 대체 어떻게 했느냐고 물을 정도였다. 땅이 비옥해지는 것은 무수한 요소가 작용한 결과이며, 화학적으로 가공하거나 큰돈을 들인다고 해서 해결되지 않는다는 것을 명확히 깨달은 경험이었다.

영양성분을 구입해야 하는 경우에도 나는 인광석처럼 가공이 안 된 무기질을 구입했다. 장기적으로 볼 때 비용이 덜 들기 때문이다. 이러한 무기질은 물에 녹거나 침출되지 않으므로 한번에 충분히 공급하고 수년 동안 그대로 두면 된다. 식물이 필요로 하는 영양은 공장에서 굳이 사전 처리를 할 필요가 없다는 교훈을 얻을 수 있는 부분이다. 식물이 이용할 수 있는 영양소는 윤작, 녹비, 동물의 배설물로 만든 거름처럼 토양의 생물학적, 화학적 기능이 활성화되는 과정을 거쳐서 생

생 해조류도 토질 개선에 활용할 수 있다.

퇴비는 최고의 비료다.

메인 주에서는 게딱지도 비료로 사용된다.

겨난다. 이와 같은 생물학적인 농업 시스템에서는 한 가지 방식이 다른 단계를 돕는 시너지 효과가 발생한다.

토양의 구축

나는 처음 농사를 시작할 때부터 토양을 비옥하게 만들기 위해 다섯 가지 토질 개선물질을 공급했다. 모두 원재료 그대로 사용했다.

유기물 일반적으로 해마다 4천 제곱미터(약 1,200평)당 18,145킬로그램의 비율로 퇴비나 거름을 공급했다.

인광석 4년에 한 번씩 잘게 분쇄된 천연 인광석 가루를 공급했다.[1] 인광석 가루는 오산화인(P_2O_5)가 33퍼센트 함유된 강인산암 가루와 22퍼센트 함유된 교질상 인산암 가루 두 종류가 있다. 나는 교질상 가루를 선호하는 편이나, 강인산암 가루를 선호하는 농부들도 있다.

녹사(해록석) 고대부터 형성된 해저 퇴적물로, 칼륨도 일부 포함되어 있으나 주로 광범위한 미량영양소로 구성된다. 4년에 한 번씩 공급한다. 말린 해조류도 칼륨과 미량영양소를 공급하기 위해 많이 활용된다(다만 비용은 더 많이 든다). 해조류는 분해되는 속도가 빠르고 다양한 토양에서 생물학적 기능을 활성화하는 추가적인 기능을 발휘한다.

석회석 땅에서 찾을 수 있는 돌로 칼슘과 마그네슘이 함유되어 있어 토양의 pH를 높일 때 활용된다. 토양의 수소이온농도가 pH6.2~6.8를 유지할 수 있도록 석회를 충분히 공급해야 한다.

특정 미량영양소 아연, 구리, 코발트, 붕소, 몰리브데넘과 같은 성분은 필요한 양이 극소량이지만 토양을 비옥하게 하려면 반드시 공급해야 한다. 대부분은 농부가 토양의 pH와 유기물 관리에 신경 쓰면 충분하다. 부가적인 공급은 세밀한 토질 시험과 농부의 면밀한 관찰을 거쳐서 실시하는 것이 가장 좋다. 보통 붕소를 따로 보충해주어야 하는 경우가 많다. 토질 시험 결과 부족한 미량영앙소가 없다는 사실이 확인되었다면 굳이 추가로 공급하지 않아도 된다.

토양을 비옥하게 만드는 법

이번 장의 주제인 토양을 비옥하게 만드는 방법에는 기본적으로 두 가지 철학적인 접근 방식을 적용할 수 있다. 다소 낯설게 느껴질 수도 있지만 위에서 추천한 보충 성분에 관한 내용을 이해하려면 반드시 짚고 넘어가야 하는 내용이다.

식물에 직접 영양을 공급하는 방식 물에 잘 녹는 비료를 활용하면 영양소가 '미리 소화된' 형태로 식물에 공급된다. 따라서 토양에서 자연적으로 이루어지는 처리 과정이 필요치 않다.

토양에 영양을 공급하고 흙을 거쳐 영양이 식물에 전달되도록 하는 방식 토양과 식물 사이에 건강한 경제적 관계가 형성될 수 있으므로 흙을 비옥하게 만드는 최적의 환경이 구축되고 유지된다.

위의 두 가지 중 첫 번째 방식은 흙에서 이루어지는 과정만으로는 불충분하다고 보고 식물의 영양소를 '미리 소화된' 형태로 공급하는 것을 의미한다. 식물이 잘 자라지 않는 등 어떤 증상이 나타난다면 일시적인 해결책으로 가용성 영양 성분을 활용할 수 있다. 두 번째 방식은 식물에 영양을 공급할 수 있는 원재료가 충분한 수준을 넘어 다량 공급함으로써 토양에서 이루어지는 과정이 잘 진행되도록 하는 것이다. 식물 영양소를 생성할 수 있는 원재료를 흙에 공급하면 영양소가 부족할 때 발생하는 빈약한 성장의 원인을 바로잡을 수 있다.

자연적인 과정

이 책에서 우리는 여러 가지 농업 기술을 다루고 있지만, 어떤 사고 패턴을 거쳐 특정한 기술을 선택하게 되는지도 간과할 수 없다. 이러한 패턴은 식물의 성장을 관장하는 '자연 시스템'을 어떤 관점으로 보느냐에 따라 형성된다. 다음과 같은 몇 가지 의문을 생각해보자.

- 자연적으로 이루어지는 과정은 인간이 그 역할을 대신해야 더 나은 결과를 가져올 수 있을 만큼 비효율적인가? 그로 인한 에너지 비용이 높다 하더라도 그렇다고 할 수 있을까? 아니면 자연적인 과정이 잘 진행되도록 보강한다면 원하는 결과를 충분히 얻을 수 있을까?
- 막대한 비용과 네트워크를 이룬 공급망, 농부가 안전 문제를 감당해야 하는 시판 물질에 온전히 의존하는 작물 생산 시스템이 과연 현명한 선택일까? 농장 외에서 생산된 상품에는 최소한으로 의존하고 토양의 태생적인 비옥함을 최대한으로 강화함으로써 농장이 직접 농업 시스템을 구축하는 것이 더 나은 방법일까?
- 영양소는 작물이 필요로 하는 만큼만 공급하는 것이 좋을까? 아니면 알려진 영양소부터 알려지지 않은 영양소까지 전부 공급하고 재배 조건 속에서 최적의 성장이 이루어질 수 있게끔 하는 것이 좋을까?

나는 위와 같은 의문을 접했을 때 사람들이 나타내는 다양한 반응을 볼 수 있었다. "자연 방식이니 최적 재배환경이니 하는 소리, 내가 알게 뭡니까. 그냥 최대한 덜 고생하고 문제가 생기면 나중에 해결하는 방식으로 농사를 짓고 싶을 뿐이오."라고 이야기하는 농부들도 늘 있다. 그러나 안타깝게도 나중에 발견되는 문제는 수확량이 적은 것에 그치지 않고 해충, 병해, 작물 품질 저하와도 관련이 있다. 이럴 때 살충제며 살진균제 같은 또 다른 시판 제품을 구입해서 해결하려고 하면 새로운 문제가 생긴다. 농업 생산 시스템은 전 과정이 연결되어 있으므로 한 가지 작용은 또 다른 작용을 낳고, 하나의 문제는 다른 문제를 야기한다.

이 문제에서 나의 입장은, 내가 알고 있는 것들은 자연 시스템을 간섭할 만큼 충분치 않다는 점이다. 그리고 간섭하고 싶은 마음도 없다. 오히려 나는 자연계의 정교한 순환 시스템에 감탄하는 사람이며, 그 시스템을 더 공부해서 내가 직접 관여하는 부분을 줄이는 법을 찾고 싶다. 설사 내가 농사를 속속들이 다 안다고 하더라도 진짜 전문가인 자연이 알아서 하게끔 내버려 두는 편을 택할 것이다. 여기서 진짜 전문가란 비옥한 토양에서 이루어지는 모든 과정을 의미한다. 세균과 균류, 토양의 산도 희석, 화학반응, 근권 효과*, 그리고 우리가 미처 인지하지 못한 무수한 다른 요소들이 상호 연계되어 이루어지는 활동이다.

이러한 태도를 갖게 된 이유 중 하나는 자연계의 놀라운 효율성을 존중하기 때문이다. 농부인 내가 해야 할 일은 땅을 비옥하게 만들기 위해 꼭 필요한 성분을 더해주면 되는 것이다. 유기물과 암석을 분말 형태로 만든 무기질이 기본적인 재료가 된다. 농장에서 직접 생산할 수 없는 것만 구입하고 토양이 제 할일을 하도록 놔두면 된다. 이것이 농업경제학적 측면에서도 이치에 맞는 방식일 뿐만 아니라 가장 성공적이고, 가장 실용적이며, 경제적이고 자연친화적인 방식이다.

어떻게 그 모든 일이 이루어질까

농장 밖에서 필요한 재료를 구해다 쓰는 방식을 택할 경우 가용성 비료를 사용

* 식물의 뿌리가 뿌리 주변 토양 생태계에 끼치는 영향.

하면 대부분 작물이 잘 자란다. 토양은 식물의 뿌리가 고정되는 장소로만 작용할 뿐, 성장에 필요한 영양소는 거의 비료가 공급한다. 그러나 토양은 메마른 상태로 계속 남아 있고, 해마다 비료를 공급해야 한다. 공부하는 아이에게 시험 문제의 답을 알려주는 상황과 비슷하다. 이 경우, 성적은 잘 나올지 몰라도 앞으로 시험을 칠 때마다 계속 도와주어야 한다.

반대로 땅을 비옥하게 하는 두 가지 방식 중 두 번째 방법을 택한 경우, 비옥한 땅과 메마른 땅을 나누는 중요한 성분들을 첨가함으로써 흙을 기름지게 만들려고 할 것이다. 흙이 비옥해지면 작물이 스스로 잘 자라게 된다.

토양에 영양 공급하기

메마른 흙을 기름진 흙으로 바꾸는 것은 무기질과 유기물이다. 이 두 가지가 제공되면 토양은 알아서 진가를 발휘할 수 있다. 이 방식을 택하면 자생력이 생긴다. 비옥한 토양은 세심히 관리하면 계속해서 발전할 수 있다.

토양에 영양을 공급하는 재료는 두 가지다. 첫 번째는 유기물 또는 부엽토로 흙에 살았던 생물의 잔해로 구성되며, 흙에 무기질 성분을 공급하는 잘게 분쇄된 암석 입자가 두 번째 재료다. 그리고 이 두 가지 원료에서 나온 영양소는 토양에서 일어나는 생물학적, 화학적 작용을 통해 식물에게 매우 유익한 에너지가 된다.

유기물

채소의 품질과 성장을 최고 수준으로 끌어올리기 위해서는 가장 비옥한 토질이 마련되어야 한다. 동시에 흙이 건강해야 한다. 즉 활성을 자극하는 비료를 사용하지 않더라도 영국 농부들의 말처럼 '원기 왕성한 토양'이 되게끔 만들어야 한다. 유기물은 '원기'의 핵심이다. 내가 처음 농사를 시작하면서 읽은 책들 가운데 최고로 꼽는 책은 농사 기술을 다루지 않았다. 셀먼 왁스먼Selman Waksman이 쓴 고전서 『토양 미생물학Soil Microbiology』에는 흙에 사는 생물에 관한 내용이 담겨 있다. 나는 기름진 흙을 만드는 방법에서 그 어떤 자료보다 이 책에서 가장 큰 영향을 받았다. 왁스먼은 흙 속에서 일어나는 제각기 다른 생명 현상을 연구한 학자의 관점에서 이 현상이 영양성분의 가용성과 식물 성장에 어떤 영향을 주는지 설명했다. 그가 제시한 정보 덕분에 나는 우리의 발밑에 존재하는 놀라운 생물들의 세상에 눈을 뜨게 되었고 그 세상이 건강하게 유지되려면 유기물이 중요한 역할을 한다는 것도 알게 되었다. 유기물의 양과 품질은 토양 미생물의 삶에 기본 토대가 된다. 이 미생물들이 자라고 죽어서 썩는 과정에서 이산화탄소가 방출되며 무기질은 용해 가능한 물질이 된다.

또한 유기물은 점토질 토양을 개방하여 다루기 쉬운 형태로 만들고 수분을 더 원활히 보유할 수 있는 모래흙과 결합시킨다. 한마디로, 토양의 유기물은 식물에 영양을 공급하고 물리적인 안적을 제공하는 것 이상으로 흙에서 일어나는 모든 생물학적 과정과 일부 화학 반응에 엔진과 같은 기능을 한다.

원형 그대로의 유기물 중에는 작물 잔해처럼 곧바로 흙에 섞어 사용할 수 있는 종류도 있지만, 대부분 한 덩어리로 모아서 퇴비를 만든 다음에 사용하는 것이 좋다. 토양에 시트 형태로 퇴비를 만들기 위해서는 생물학적인 과정을 거쳐야 하고 이 시기에는 작물이 성장할 수 없다. 퇴비 재료가 얼마나 잘 부패하느냐에 따라 평균 2주에서 4주 정도가 소요된다. 채소를 집약적으로 재배하는 농업 시스템에서는 이 같은 '토양 준비 기간'도 다음 작물을 재배하는 시간으로 활용하는 것이 좋다. 예를 들어 일찍 수확하는 완두를 재배하고 뒤이어 다른 식물을 심을 계획을 세운 경우 나는 완두 덩굴을 갈아서 흙과 섞는 대신 한쪽에 쌓아서 퇴비로 만든다. 이렇게 하면 다음 작물을 곧바로 심거나 옮겨 심을 수 있다.

퇴비

나는 유기물로 만든 퇴비가 장시간에 걸쳐 토양을 강화한다는 사실을 매우 굳게 믿고 있다. 여러 가지 식물 잔해에 짚을 섞어 수북이 쌓아두면 색이 진해지고 달콤한 냄새를 풍기면서 보슬보슬한 형태가 되는데, 이것만큼 좋은 퇴비는 없다. 잘 만들어진 퇴비는 간단한 영양소 분석에서도 식물 성장에 끼치는 효과가 훨씬 우수하다는 사실이 밝혀졌으며 식물의 병해를 억제하고 해충 저항성을 높이는 활성인자라는 사실도 확인됐다. 유기농업에서는 양질의 퇴비를 만드는 일이 가장 중요한 부분을 차지한다. 내가 직접 방문해본 농장들만 하더라도 퇴비만 더 잘 만

우리 농장에서는 건초 꾸러미를 벽처럼 쌓아서 퇴비를 만든다.

완성된 퇴비는 보호 덮개를 씌워둔다.

소형 PTO 퇴비 살포기로 퇴비를 뒤섞는 모습.

들어도 해결될 수 있는 문제들이 많았다.

퇴비를 소규모로 만들 경우, 건초나 짚을 꾸러미처럼 묶은 다음 퇴비 재료를 그 안에 쌓는 방식을 추천한다. 각 꾸러미를 벽돌처럼 길게 놓고 이를 2층 또는 3층으로 벽처럼 쌓고 그 안에 퇴비 재료를 쌓으면 된다. 나는 안쪽의 폭을 3.7미터 정도로 잡고 길이는 필요한 만큼 늘린다. 이렇게 건초나 짚으로 둘러싸면 퇴비가 되는 데 필요한 수분과 따뜻한 온도가 가장자리까지 유지되는 동시에 공기도 충분히 통한다. 공기가 더 많이 들어가게 하려면 가장자리와 퇴비 사이에 간격을 띄운다. 건초나 짚 꾸러미는 철사나 비닐 노끈으로 묶은 경우 보통 2년 정도 그대로 둘 수 있으며 그 후에는 풀어서 퇴비 재료로 사용할 수 있다. 나는 말린 갈색 재료를 7.5센티미터 높이로 쌓고 그 위에 녹색 재료를 2.5~15센티미터 높이로 쌓는 방식으로 번갈아가며 퇴비 더미를 만든다. 이때 녹색 재료는 촘촘히 깔리는 수분 많은 종류(어린 풀, 베어낸 토끼풀, 농작물 포장 시설에서 나온 폐기물 등)의 경우 얇게 깔고, 개방된 형태의 느슨한 재료(완두 덩굴, 토마토 줄기와 잎 부위 등)는 좀 더 두껍게 쌓는다. 나는 녹색 재료를 쌓은 후에 표토를 얇게 뿌려서 덮는다.

몬모릴로나이트 점토를 재료로 활용할 때는 짚을 먼저 깔고 그 위에 뿌린다. 건초나 짚 꾸러미로 만든 테두리 안에 퇴비를 만들면 재료가 둘러싸여 있으므로 테두리 가장자리와 맞닿은 부위까지 분해된다. 우리 농장에서는 이렇게 쌓은 채로 1년 정도 그대로 두었다가 퇴비 살포기를 이용하여 재료를 전부 골고루 섞는다. 혼합이 완료되면 햇볕에 마르거나 비에 쓸려 나가지 않도록 퇴비 덮개를 씌워둔다. 덮개는 빛이 투과할 수 있고 동시에 공기와 수분도 통하는 재질로 선택한다. 이와 같은 시스템을 활용하면 양질의 퇴비를 일관되게 만들 수 있다.

동물의 분비물로 만든 거름 채소를 재배하는 토양을 개선하는 풍부한 원료로 오랫동안 활용되었다. 거름은 농장에서 직접 만들거나 근처 다른 농장, 마구간에서 트럭 단위로 구입할 수 있다. 그냥 얻을 수도 있고 돈을 주고 사야 하는 경우도 있다. 어느 쪽이든 대부분 트럭 한 대 분량을 기준으로 비용을 지불한다. 유기농법이 곧 거름을 비료로 사용하는 농사라는 의미라고들 생각하지만, 이는 사실이 아니다. 토양 개선에 반드시 필요한 재료는 유기물이다. 이 유기물이 꼭 거름이어야만 할 필요는 없다. 토양이나 퇴비 더미 속에서 분해되는 유기물은 어떤 종류든 효과는 비슷하다. 가을철에 떨어진 잎, 짚, 식물 폐기물, 부패한 건초, 그 밖에 지역에서 확보할 수 있는 재료들이 이에 포함된다. 또한 10장에서 설명한 녹비와 피복 작물의 윤작도 농장 외에서 퇴비를 구하는 대신 토양에 유기물을 공급할 수 있는 좋은 방법이다. 썩힌 거름은 토양 개선 효과가 매우 뛰어나다. 그러므로 반드시 활용해야 한다. 거름을 사용할 수 없더라도 다른 여러 가지 유기물로 토양의 상태를 개선할 수 있는 계획을 수립하면 된다. 이에 관해서는 13장에서 다시 언급하겠다.

무기질

토양에서 이루어지는 생물학적 활성을 고려하여 pH를 가장 적정 범위로 유지하기 위해 공급하는 석회부터 인을 공급하기 위해 첨가하는 콜로이드성 인산염(또는 인광석), 광범위한 미량 영양소와 일정량의 칼륨을 공급하는 녹사까지, 우리가 첨가하는 무기질 영양소는 토양에 필요한 원료에 해당된다. 콜로이드성 인산염과 녹사는 용해성이 크지 않아서 식물에 영양을 공급하는 재료로 쓰기에는 부적절하다고 여겨진다. 그러나 실제로는 토양의 생물학적 활성으로 생겨나는 부산물의 하나로 식물이 이용하도록 할 수 있다. 이 같은 과정은 생물학적 농업 시스템에서 항상 언급되듯 충분한 유기물 공급과 적절한 수분, 토양의 통기, 녹비, 윤작과 같은 요소로 좌우되는 재배 방식에 의해 촉진된다.

작물이 최대한 잘 자라도록 하려면 가장 먼저 토양에 구축된 생물학적 공장이 잘 돌아가도록 해야 한다. 위에서 이야기한 재배 방식이 바로 이 기능을 수행한다. 무엇보다 중요한 핵심은 재배 방식을 좌우하는 각 단계에 상호작용이 반드시 일어나야 한다는 점이다. 재배 방식에서 얻는 효과는 어느 한 단계가 다른 단계의 영향을 더 향상시킬 수 있다. 이 같은 순환 구조는 확고히 입증된 사실이다. 어떤 주제에 관해 이야기해도 결국은 주기에 관한 논의로 돌아오는 이유는 건실한 생물학적 농업 시스템은 순환 구조이기 때문이다.

왜 이렇게 해야 할까

왜 그냥 물에 녹는 화학비료를 사용하면 안 될까? 식물이 영양을 얼마나 균형 있게 활용할 수 있느냐에 따라 질이 좌우되기 때문이다. 그리고 암석 광물을 자연 그대로의 형태로 활용하는 것이 유리한 이유는 토양의 생물학적인 비료 공장에서 이를 식물이 필요로 하는 만큼 알맞은 속도로 공급한다는 점에서 찾을 수 있다. 이 두 가지 시스템은 조화를 이루면서 함께 발전한다. 또한 영양소마다 상호작용을 통해 가용성이 달라지는 것, 성장 중인 식물의 영양소 이용 여부는 토양의 온도, 공기의 온도, 수분의 양, 낮 시간의 변화에 영향을 받는다. 온난하고 수분이 많은 시기에 식물이 더 잘 자라고, 이용할 수 있는 영양소도 더 빠른 속도로 만들어진다.

그러므로 천연 암석 무기물을 이용하면 가용성 영양소가 과도하게 공급되어 식물의 무기질 균형이 깨지는 일이 생기지 않는다. 마찬가지로 과하게 공급될 일이 없으니 질소와 칼륨 같은 가용성 영양소가 소실될 일도 없다. 즉 흙에서 씻겨 나가는 바람에 지하수에도, 농부의 경제적인 형편에도 악영향을 주는 일은 벌어지지 않는다. 인은 질소와 칼륨만큼 쉽게 침출되지 않지만 방출이 불가능한 상태로 토양에 묶일 수 있다. 따라서 '식물에 영양을 공급하기 위해' 수용성 영양소를 이용한다면 토양을 지속적으로 비옥하게 만드는 효과는 얻을 수 없다.

기타 암석 광물 분말

토양을 구성하는 주된 성분은 미생물의 작용으로 형성되는 미세한 암석 입자이고 식물은 뿌리를 통해 무기질 영양소를 뽑아서 사용하므로 일부 농업 전문가들은 석회나 인광암, 녹사 대신 암석 분말로 토양의 상태를 개선할 수 있다고 제안해 왔다. 이는 적절한 제안이라 할 수 있다.

가늘게 분쇄된 암석 분말(보통 채석 작업에서 나온 폐기물로 만든다)[2]은 매우 비옥한 흙, 농사에 시달리지 않은 신선한 흙과 비슷한 성분을 토양에 더하는 용도로 활용된다. 토양 과학자들은 흙을 초기, 성숙기 전기, 성숙기 후기, 말기로 분류한다. 초기 토양은 갓 형성된 지표에서 풍성한 무기질을 쉽게 얻을 수 있으므로 식물에 필수 영양소를 다량 공급할 수 있다. 시간이 흐를수록 기후 노출로 인해 부분적으로나 전체적으로 닳은 흙이 그 자리를 대신하고, 식물이 필요로 하는 영양소를 초기만큼 풍성하게 공급하지 못하거나 아예 아무것도 공급하지 못하는 상태가 된다. 이와 같은 주제로 실시된 여러 실험을 통해 암석 분말로 토양을 개선할 때 결과에 영향을 주는 요소가 다수 존재하는 것으로 밝혀졌다.[3] 암석의 종류, 분말 입자의 크기, 토양의 종류, 식물의 종류 등이 그러한 요소에 포함된다.

암석의 종류

가장 중요한 첫 번째 요소는 암석의 종류다. 화산진과 부석, 화강암, 장석, 현무암 등에 관한 연구가 수년 전부터 진행되었으며, 화산진 가운데 특정 종류에서 희망적인 결과가 나왔다. 화강암의 경우 일부 종류가 식물이 이용할 수 있는 칼륨을 다량 공급할 수 있는 것으로 확인됐다. 장석류 중에서는 흑운모가 가장 큰 효과를 발휘하는 것으로 나타났다. 그러나 가장 많이 추천하는 암석은 현무암이다.

토양에 영양소를 공급하는 암석의 기준에서 현무암은 균형이 잘 잡힌 종류에 해당한다. 화강암과 비교하면 이산화규소 함량이 적고 칼슘과 마그네슘 함량이 높아서 풍화가 더 쉽게 일어나는 특징이 있다. 현무암으로 형성된 토양에는 점토와 산화철이 풍부하게 함유되어 있고 대부분 굉장히 비옥하다. 현무암 가루는 화성암 층을 부수는 과정에서 대량으로 생성되며 최근에는 이 부산물을 활용할 수 있는 용도가 연구되고 있다. 유럽의 특정한 생물학적 농업 시스템에서는 토양 개선 물질로 활용된다. 미래에는 다른 암석도 토양에 특정 영양소를 서서히 공급하는 원료로 각광을 받게 되리라 생각한다. 다양한 암석 분말을 필요에 맞게 혼합하여 사용할 수 있다면 가장 이상적일 것이다.

입자 크기의 적합성

식물에 영양소를 공급하는 암석 분말의 기능과 관련된 두 번째 중요한 요소는 입자의 크기다. 분쇄된 입자의 크기가 작을수록 영양소가 추출될 수 있는 표면적은 넓어진다. 다른 조건이 모두 일치할 경우 표면적이 클수록 무기질의 가용성은 커진다. 입자의 크기가 무기질의 가용성에 얼마나 중요한 영향을 주는지는 다음 수치를 보면 어느 정도 감을 잡을 수 있을 것이다. 고체 정육면체 상자에 일반적인 암석을 455그램 채워 넣는다고 할 때 표면적은 약 195제곱센티미터다. 이 암석을 300메시* 정도의 매우 미세한 입자로 분쇄하면 표면적은 약 1억 제곱센티미터로 늘어난다.

영양소 공급 능력

식물의 뿌리 구조가 토양 중 무기질 입자와 접촉할 때 이루어지는 작용은 영양소 공급 능력에 따라 차이가 나타난다. 이것이 용해성이 낮은 원료를 이용할 때 영양 성분의 가용성에 영향을 주는 또 한 가지 요소이다. 여러 연구를 통해 식물학적인 기준에서 진화가 덜 진행된 식물일수록 고도로 발달한 식물에 비해 암석에 포함된 수용성 낮은 무기질을 추출하는 능력이 더욱 뛰어난 것으로 밝혀졌다.[4] 추출 능력이 우수한 식물은 목화, 오크라, 사과, 복숭아, 베리류, 장미, 자주개자리, 토끼풀, 케일, 양배추, 콜리플라워, 무 등을 들 수 있다. 오이, 양상추, 해바라기, 잔디,

* 평방인치(가로세로 2.54cm인 정사각형의 넓이)의 체 안에 구멍이 뚫려 있는 망눈의 단위. 300메시면 구멍이 300개 뚫려 있음을 뜻한다.

민트류는 추출 능력이 약한 식물에 속한다.

그러므로 암석 분말을 가장 효과적으로 활용한다는 사실이 밝혀진 작물과 녹비 식물에는 암석 분말을 공급하고, 재배가 끝난 후 남은 식물 잔해와 녹비는 흙과 섞어서 뒤이어 재배할 작물이 그 속에 함유된 영양소를 활용하도록 하는 것이 논리적이라는 사실을 알 수 있다. 경작지에서 암석을 제거하면서 부산물로 암석 분말을 얻는 것도 또 한 가지 흥미로운 대안이 될 수 있다. 트랙터에 장착해서 암석을 토양에서 곧바로 파쇄할 수 있는 강력한 장비를 활용하면 된다. 여러 번에 걸쳐 이 같은 작업을 실시할 경우, 수년에 한 번씩 암석을 점점 더 미세한 입자로 파쇄하는 방식을 택할 수 있다. 돌이 너무 많아 농사에 불리한 땅도 긴 시간에 걸쳐 서서히 식물에게 필요한 무기질을 공급하는 땅으로 만들 수 있으므로 상당히 매력적인 방안이 될 수 있다.

서늘한 날씨로 인한 문제 해결

농부가 식물의 성장을 일시적으로 촉진하고자 할 때, 재배 조건상 적합하지 않은 시기가 있다. 가장 흔한 예를 하나 들어보자. 서늘한 봄에 수용성 질소나 인을 활용하여 식물 성장을 촉진하면 보통 수확량을 늘릴 수 있다. 그러나 연구를 통해 아연 등의 다른 영양소도 날씨가 서늘하면 한자리에 고정되어 식물이 이용하지 못하는 것으로 확인됐다. 따라서 그러한 방식으로 수확량을 늘리면 식물의 조성은 균형을 이루지 못하므로 질적인 개선 없이 양만 늘어난다. 농산품의 마케팅 요소로 높은 품질을 강조하는 농부에게 영양소 불균형은 불만족스러운 문제가 된다.

재배 조건이 부적절할 때는 상황을 개선하기 위한 노력이 필요하다. 서늘한 기후로 인한 문제를 해결하는 방법은 출입식 온실 등을 활용하여 기후로부터 식물을 보호하고 조기 수확 작물은 낮은 위치에 재배하는 것이다. 이와 같은 조치로 보다 온난한 환경에서 식물이 재배되면 인공적인 성장 촉진 조치가 없어도 토양 내 영양소가 자연적으로 이동한다.

옥수수처럼 기후로부터 식물을 보호하는 조치를 마련하는 것이 불가능한 밭작물의 경우에는 인간이 가진 두 가지 귀중한 속성을 활용해볼 것을 권한다. 바로 인내심과 자신감이다. 결과적으로는 모든 것이 잘 되리라 생각할 줄 아는 인내심을 키우고, 아무리 봐도 상태가 영 나빠 보여서 인내하기가 힘든 경우에도 자신감을 잃지 않아야 한다. 화학 비료로 키운 옥수수는 재배 기간 초반에는 더 크고 잎도 새파랗게 잘 크는 것처럼 보일 수 있으나 수확기가 되면 생물학적인 방식으로 영양을 공급한 땅에서 자란 옥수수도 그와 같은 형태가 되거나 오히려 더 뛰어날 것임을 내가 보증한다.

아침에 일찍 일어나는 것과도 비슷한 일이다. 우리는 하루를 '잘 버티기 위해' 자극제나 약물을 먹는 것으로 하루를 시작하는 경우가 있다. 그 대가는 나중에 피로감으로 전부 치러야 하며 자극제에 계속해서 의존해야 한다. 이와 달리 인체가 가진 에너지를 일반적인 속도로 자연스레 동원해서 활용하면 궁극적으로 더욱 생산적인 하루를 보낼 수 있다. 식물의 영양 불균형을 초래하지 않고 성장을 촉진해준다는 '천연' 제품이 시중에 많이 나와 있다. 인간은 한방에 문제를 해결해줄 신비한 특효약 같은 것을 자꾸만 찾아내려는 특성이 있고 그와 같은 제품들은 그런 마음을 부추긴다. 그러나 대부분 심리적으로만 안심이 될 뿐이라는 것이 나의 견해다. 농사에 꼭 필요한 일인지 아닌지와 상관없이 농부가 뭐든 노력을 했다고 생각하며 안심하게 만드는 것이다. 최선을 다해서 노력을 했는데도 농사가 잘 풀리지 않을 때는 그러한 제품도 가끔은 도움이 될 수 있다. 그러므로 계속 의지하지 말고 어쩌다 한 번씩 활용할 것을 권한다. 대부분은 그러한 제품을 구입할 돈을 토양을 더 장기적으로 비옥하게 할 수 있는 일에 쓰는 것이 더 낫다.

천연자원

무기질로 토양을 개선할 필요가 없는 경우도 많다. 흙에 미량 영양소가 이미 충분히 존재하거나 미량 영양소를 먹고 자란 동물에서 거름을 얻어 농사에 사용하는 경우 걱정하지 않아도 된다. 그러나 우선 몇 가지 토질 시험과 식물의 조직 분석을 실시하여 확인해볼 것을 권장한다. 수년 전에 과인산 비료를 대량으로 뿌린 땅은 일반적으로 몇 년이 지나도 인이 충분히 남아 있다. 녹사로 칼륨을 편리하게 공급할 수 있는 것은 사실이지만 거름을 뿌릴 경우 굳이 녹사를 공급하지 않아도 된다. 농경지에 자연적으로 존재하는 칼륨의 평균적인 양은 4천 제곱미터(약 1,200평) 기준, 지표로부터 15센티미터 깊이까지 측정할 때 9,070~18,145킬로그램이다. 나는 뿌리가 추출할 수 있는 영양소를 공급하려면 토양의 깊이가 60센티미터는 되어야 한다고 생각한다. 또한 심토에도 표토 못지않게 칼륨이 풍부하게 함유되어 있으므로 그 정도 깊이까지 고려하면 자연적인 양이 상당하다는 것을 알 수 있다.

모래흙에는 칼륨이 자연적으로 그렇게 많이 남지 않으므로 다른 방식으로 다루어야 한다. 단, 모래흙도 60센티미터까지 활용할 경우 칼륨 함량이 충분한 경우가 많다. 모래흙으로 된 경작지에 농사 초기는 물론 유지 보수 측면에서 지속적으로 유기물 개량 성분을 공급하면 토양 중 칼륨 농도가 높아질 뿐만 아니라 토양의 구성과 수분 보유 능력도 개선된다. 가축의 배설물을 거름으로 활용함으로써 비용을 전혀 들이지 않거나 적게 들여서 심지어 수익까지 창출할 수 있는 방법은 13장에 나와 있다. 낙엽, 마구간이나 경마장에서 생산된 거름 등 외부에서 유기물을 얻어 활용하는 방법에 대해서도 연구가 진행되어야 할 것이다.

부엽토로 토양 상태를 개선하려고 해도 짚 외에 다른 재료가 없다면 소형 곡류와 그 사이사이에 클로버를 심는 윤작을 추가로 1년에서 2년 정도 실시하는 것도 좋은 해결책이 될 수 있다. 또는 3년간 자주개자리를 윤작에 포함시키고 1년에 네 번 수확해서 가축에게 먹이로 공급한 뒤 퇴비를 만들고 이를 뿌리덮개로 활용하거나 토양에 바로 투입하면서 밭을 가는 방법도 있다. 농사 초반에 땅이 전혀 비옥하지 않을 때나 모래흙이 지나치게 많이 섞여 있을 때는 이와 같은 추가적인 과정을 한두 가지 실행할 필요가 있다. 식물의 성장을 단기간 자극하는 것이 아니라 땅의 비옥한 상태가 탄탄하게 유지되도록 만드는 것이 목표라면 다양한 기법을 활용할 수 있다.

비옥한 땅을 유지하려면

토양에 영양을 공급한다는 철학을 지킬 때 알아야 할 가장 중요한 점은, 해마다 비료를 작물이 필요로 하는 양만큼 공급할 필요는 없다는 것이다. 장기적인 계획일 경우 일단 토양이 비옥해지면 식물이 잘 자랄 수 있도록 유지하기만 하면 된다. 물론 토양을 비옥하게 유지하고 상태를 개선하려면 충분한 영양소를 공급하여 침식되거나 소실된 양, 작물을 재배하면서 빠져나간 양이 최소한 대체되도록 해야 한다. 그럼에도 이 책에서 내가 권장한 수준으로 녹비를 활용하면 침식이나 침출을 통한 영양소의 소실을 최소화할 수 있다. 녹비 식물의 뿌리는 토양을 붙드는 동시에 활용 가능한 영양소가 생기면 이용하기 때문이다.

비옥하고 생산성 높은 토양이 구축되고 그 기능을 발휘하기 시작하면, 판매된 농산물만큼을 채울 수 있는 정도만 보충하면 된다. 예를 들어 옥수수 농사를 하려고 할 때, 해마다 옥수수에 필요한 양만큼의 질소와 인, 칼륨을 공급하지 않아도 된다. 재배 과정에서 토양에 영양소가 적정 수준으로 생기기 때문이다.

어떻게 그런 일이 가능할까? 실행 가능한 윤작 계획이 구축되면 토양이 옥수수를 충분히 재배할 수 있을 만큼 매우 비옥해질 뿐만 아니라 앞서 배추속 식물 사이사이에 심은 콩과 식물, 즉 흰토끼풀을 옥수수 농사 전에 밭을 갈아 잘 섞게 된다. 이때 수확 후 남은 배추속 식물의 잔재도 흙과 함께 섞인다. 이 양은 재배된 전체 작물의 75퍼센트 이상에 달한다. 여기에 거름이나 퇴비가 더해지면 더욱 완벽하게 준비를 마칠 수 있지만, 반드시 필요한 건 아니다.

다른 관점에서 보면 옥수수 작물에서 수확 후 상품으로 판매하는 부분은 옥수수 열매가 전부다. 이 부분에 함유된 영양소의 양은 옥수수 식물 전체에 담긴 영양소의 10퍼센트에도 미치지 못한다. 남은 식물은 다 흙으로 돌아가므로, 물리적으로 줄어드는 인과 칼륨의 양을 계산해보면 4천 제곱미터(약 1,200평)의 땅에서 평균 3,630킬로그램의 옥수수가 생산된다고 할 때 인은 7.7킬로그램, 칼륨은 8킬로그램이다. 옥수수를 재배하기 전에 양배추 농사를 짓는다면, 4천 제곱미터 규모의 밭에서 평균 수확량이

비옥한 토양에서 건강하게 자라는 모종.

토양의 생물학적 활성과 무기질 활성

- 식물 영양소는 대부분 pH가 6.2에서 6.8일 때 가장 많이 얻을 수 있다.
- 토양 미생물도 동일한 범위에서 가장 활발히 활동한다.
- 콩과 식물과 미생물에 의한 질소 고정도 동일한 범위에서 가장 효과적으로 이루어진다.
- 대부분의 토양에는 칼륨이 방대하게 존재하며, 토양이 생물학적으로 활성화될 때 식물이 이를 이용할 수 있다.
- 유기물은 토양에서 일어나는 모든 과정에 연료와 같은 기능을 한다.
- 재배하는 작물의 품질은 물론 공생 질소 고정과 비공생 질소 고정 과정이 최적 수준으로 이루어지도록 하려면 여러 가지 미량 원소가 필요하다. 그러나 토양 환경이 생물학적으로 생기 넘치는 상태로 구축되면 균이 따로 첨가하지 않아도 된다.
- 미세하게 갈린 암석 분말은 생물학적으로 활성화된 토양에 귀중한 토양 개선 재료로 활용할 수 있다. 유럽에서 이 같은 영향을 탐구해온 농민들은 현무암이 가장 효과적이라고 이야기한다.
- 토양에 보충 공급할 암석 광물은 입자가 미세할수록 표면적이 넓어지고 토양 미생물이 더 효율적으로 활용할 수 있다.
- 여러 가지 재료를 다양하게 섞어서 만든 퇴비가 가장 우수하다. 여러 식물과 잡초, 밭에서 나온 폐기물, 거름을 섞어서 만든 퇴비는 보리 짚이나 소나무 톱밥 한 가지로만 만든 거름보다 낫다.

9,070킬로그램이므로 인은 약 2.7킬로그램, 칼륨은 23킬로그램 정도 없어진다고 볼 수 있다.

영양소 공급량이 굉장히 높은 편에 속하는 이 두 작물을 대표 작물로 본다면, 매년 경작지 4천 제곱미터를 기준으로 인은 평균 5.4킬로그램씩, 칼륨은 평균 16킬로그램씩 사라진다는 것을 알 수 있다. 4년 단위로 계산하면 인은 22킬로그램, 칼륨은 63.5킬로그램씩 줄어든다. 무기질 비료를 4년마다 공급하는 계획을 세우고 인이 36킬로그램 함유된 콜로이드성 인산염 455킬로그램과 칼륨이 63.5킬로그램 함유된 녹사 0.5톤을 공급한다면(여기에 미세 영양소를 추가해서) 그와 같은 손실을 메꿀 수 있다. 그리고 똑같이 4년마다 거름이나 퇴비를 36,290킬로그램씩 추가로 공급할 경우, 거름으로는 인을 약 91킬로그램, 칼륨은 181킬로그램 정도 공급할 수 있으므로 토양의 생물학적 활성과 무기질 공급으로 토양이 비옥해지는 결과를 모두 확실하게 얻을 수 있다.

지금까지 언급하지 않은 또 한 가지 주요 영양소인 질소는 부족할 일이 없다고 생각한다. 녹비로 재배한 콩과 식물, 작물의 잔해, 비공생 질소 고정, 그리고 거름이나 퇴비 정도만으로도 작물이 필요로 하는 질소를 충분히 확보할 수 있다.

자생적으로 비옥한 토양을 유지하려면

위와 같은 방식은 오랜 세월에 걸쳐 어떻게 해야 식물을 가장 잘 키울 수 있는지 관찰하고 농업이라는 사업을 운영해본 후에 도달한 결론이다. 하지만 새로운 내용은 아니며 나 혼자 주창하는 것도 아니다. 토양을 지속적으로 비옥하게 유지할 수 있는 이상적인 방법은 오래전부터 여러 사람이 글로 남겼다. 그 중에서도 가장 강력한 영향력을 발휘한 사람은 1911년부터 1919년까지 일리노이 농업실험국의 수석 농학자를 거쳐 해당 기관의 대표를 지낸 시릴 홉킨스일 것이다. 홉킨스는 토양에 영양을 공급하는 나름의 방식을 구축했고, 이를 '일리노이 영구적 토양 비옥성 유지 시스템'이라고 불렀다. 그는 저서 『토양의 비옥성과 영구적인 농업Soil Fertility and Permanent Agriculture』, 그리고 일리노이 농업실험국이 발표한 여러 문헌을 통해 자신의 아이디어를 계속해서 발전시켰다. 그는 다음과 같이 설명했다.

> 핵심은 과연 농부가 토양을 기름지게 만들기 위해 식품 생산에 드는 돈의 10배에 달하는 돈을 들일 필요가 있는가이다. 토지 4천 제곱미터(약 1,200평)를 기준으로 공기 중에 3,175만 킬로그램의 공짜 질소가 존재하는데, 0.45킬로그램 당 450~500원을 주고 질소를 사야만 할까? 밭을 갈면 4천 제곱미터당 13,600킬로그램의 칼륨이 이미 토양에 포함되어 있고 심토에도 더 많은 양이 존재하는데, 0.45킬로그램당 50~200원씩 주고 칼륨을 사서 4천 제곱미터마다 1.8킬로그램씩 공급해야 할까? 밭에 인이 부족하다고 해서 비료 공장을 찾아 인을 물에 녹는 형태로 만들어서 0.45킬로그램에 120~300원씩 하는 산성 인산염으로, 또는 완제품 비료의 형태로 구입해야 할까? 천연 인광석을 미세하게 간 분말을 0.45킬로그램당 30원이면 구입할 수 있고, 토끼풀을 재배해서 흙과 섞으면 공기 중에 있는 질소를 이용할 수도 있다. 칼륨도 얼마든지 토양에 공급할 수 있는 데다 천연 인광석에 함유된 인을 가용성 상태로 만들어서 적은 비용으로 다량 공급할 수 있다.[5]

토양을 비옥하게 만들 수 있는 토양 개선 방안

초기 개선 방안 (1년차 농사 시작 전에 적용)

초창기에 땅이 비옥하지 않은 경우

- 거름 또는 퇴비 18,145 kg/4,000 m^2
- 콜로이드성 인산염 910 kg/4,000 m^2
- 녹사 1톤/4,000 m^2

초창기에 땅이 중간 정도 비옥한 경우

- 거름 또는 퇴비 13,610 kg/4,000 m^2
- 콜로이드성 인산염 680 kg/4,000 m^2
- 녹사 ¾톤/4,000 m^2

초창기에 땅이 비옥한 경우(만약을 대비하는 수준)

- 거름 또는 퇴비 9,070 kg/4,000 m^2
- 콜로이드성 인산염 455 kg/4,000 m^2
- 녹사 ½톤/4,000 m^2

위 모든 경우에 토양의 pH가 6.5를 유지할 수 있도록 석회를 충분히 공급한다.

비옥성 유지 (5년차에 적용)

콜로이드성 인산염 ½톤/4,000 m^2

녹사 ½톤/4,000 m^2

석회, 필요한 만큼

(단, 토질 시험 결과 인가 칼륨, 미량 영양소 함량이 충분한 것으로 확인된 경우 적용하지 않는다.)

비옥성 유지 (2년에 한 번씩 적용)

거름 또는 퇴비 9,070~18,145 kg/4,000 m^2

참고 사항: 이번 개정판에서도 본 권장 사항을 그대로 두기로 결정한 이유는(약간 변경했다) 내가 1965년에 농사를 처음 시작할 때부터 활용한 방법이고 실제로 효과가 있었기 때문이다. 지금도 나는 새로 농사짓는 땅에는 인광석과 녹사를 첨가하지만, 수년 동안 농사를 지은 땅에는 이 같은 원료를 따로 구입해서 공급하지 않는다. 토양의 생물학적 기능이 활성화되면 13장에서 설명한 공급 시스템을 최소한으로 유지하는 것으로도 토양의 비옥성을 유지할 수 있다. 그러나 전문적인 토질 시험을 받고도 구체적으로 어떻게 해야 하는지 조언을 얻지 못하거나 토양 개선에 도움을 받지 못한 경우, 위의 내용을 전반적인 가이드라인으로 삼을 수 있다. 녹비 식물이나 동물이 뜯어 먹을 수 있는 목초 식물이 윤작 계획에 큰 부분을 차지할 경우 재배 여건에 따라 위에 표시된 거름이나 퇴비의 양을 줄이면 된다.

가격은 바뀔 수 있지만 장기적인 토양의 비옥성과 농부의 경제적인 성공을 달성하는 기본적인 핵심은 과거나 지금이나 명확하다. 시릴 홉킨스의 노력은 존재하지도 않는 진실인 양 퍼붓는 광고와 영업에 맞서 독자적으로 진실을 추구하는 사람들이 어떤 생각을 하고 있는지 보여준다. 비료 업계가 100년 이상 영업에 쏟아부은 노력은 이제 누구도 시릴 홉킨스를 기억하지 못하는 결과를 만들었다. 그의 비법은 수 세대에 걸쳐 전해졌지만 너무나 오랫동안 지워져 이제는 혁신적

4천 제곱미터 면적에 옥수수 재배하기

지속가능한 방식: 토양에 영양 공급하기

비옥한 토양은 생물학적인 과정을 거쳐 생겨난다. 한 번 비옥해진 땅은 콩과 식물이 포함된 윤작과 무기질 원료 공급으로 상태를 유지하고 개선시킬 수 있다.

농장에서 생산되어 저장되거나 판매된 농산물의 양에 해당하는 영양소만 구입해서 공급하면 토지를 비옥하게 유지할 수 있다. 단, 질소는 공생적 절차와 비공생적 절차를 통해 토양에 공급할 수 있으므로 구입하지 않아도 된다.

공급할 물질은 최소한으로 가공된 가장 저렴한 형태로 구입한다. 영양소의 수용성과 가용성은 토양을 적절히 관리할 때 일어나는 생물학적 과정으로 자연히 이루어지는 기능으로 봐야 한다.

농장에 들여온 공급 물질은 농사에 투입한 물질 장부에서 모두 이익 쪽에 기입해야 한다. 동물이 소비하는 먹이는 영양가의 75퍼센트가 거름이 되고 이것이 농사에 공급되는 영양소가 된다.

지속가능성이 없는 방식: 식물에 영양 공급하기

비옥한 토양은 수입된 상품과 같다고 본다. 즉 농장 외에서 만들어진 비료를 투입하여 농사에 공급하며, 작물을 수확하기 위해 필요한 비료의 양은 수십 킬로그램이라는 식으로 계산한다.

4천 제곱미터(약 1,200평)의 땅에 옥수수를 수확하기 위해 필요하다고 알려진 영양소(질소, 인, 칼륨, 칼슘, 마그네슘) 모두 해마다 구입해서 농사에 사용한다. 특히 질소는 꼭 구입해야 하는 매우 중요한 상품이다. 투입물은 최대한 가공된 가장 값비싼 형태로 구입한다. 영양소의 수용성과 가용성은 비료 공장에서 이루어지는 화학 공정에 따라 결정되는 산업적인 기능이라고 여긴다.

농장에 들여온 공급 물질은 모두 식물 영양 공급을 위한 지출액으로 계산하고 거름 사용에 따른 이익은 생각하지 않는다. 동물의 배설물로 만든 거름은 대체로 자산이 아닌 문제 요소로 취급된다.

이지만 이례적인 생각 정도로 여겨진다.

홉킨스는 이렇게 될 가능성도 잘 인지하고 있었다. 그는 실험국에서 발행한 여러 자료를 통해, 영업자들은 진실을 이야기하면 물건을 판매할 수가 없으므로 자신이 밝힌 내용은 언급하지 않을 것이라고 전했다. 또한 대형 비료 제조업체들은 비료를 판매하는 것을 우선시할 뿐만 아니라 가장 중요하게 생각하며 농사는 그 다음으로 여긴다고 경고했다. 홉킨스는 시중에 파는 상품을 최소 수준으로만 활용해도 농사가 잘 될 수 있다는 사실을 농부들이 다 잊을 때까지 비료 제조업체들이 끊임없이 자사 제품을 쓰도록 몰아부칠 것이라 예견했다. 홉킨스는 그 싸움에서 졌고, 사람들의 머릿속에서 금방 잊혀졌다. 하지만 토양의 영구적인 비옥성에 관한 진실은 여전히 그 자리에 남아 사람들이 발견해주기를 기다리고 있다.

13장

직접 기르는 사료 작물

성장 속도가 빠른 한해살이 채소를 재배하는 농부들은 토양을 집중적으로 관리한다. 여러해살이 식물이 자라는 목초지나 건초지, 과수원(이러한 곳들은 토양이 식물에 영구적으로 덮여 있으므로 유기물 함량이 유지된다), 또는 옥수수나 대두를 재배하는 경작지(소형 곡류와 콩과 식물을 윤작하면 생산성을 유지할 수 있다)와 달리 채소를 집약적으로 재배하려면 유기물도 추가로 투입해야 한다. 전통적인 해결 방법은 다른 농장에서 동물의 배설물로 만든 거름을 가져다가 뿌리는 것이다. 그러나 다른 농가들도 가축의 배설물이 귀중한 자원이라는 사실을 인식하고, 다른 농장에 제공하기보다 자체적으로 활용하게 되었다. 그러자 거름은 구할 수 있더라도 가격이 크게 상승하는 직접적인 결과가 발생했다. 많은 농장들이 문을 닫은 것도 농사에 필요한 거름 공급에 차질이 생긴 또 한 가지 변화다. 이웃에 다른 농장이 없는 경우가 많아진 것이다.

미국의 여러 지역에서 12년간 농사를 짓고 연구 프로젝트를 진행한 후 1990년에 메인 주에 있던 내 농장으로 돌아왔을 때 나도 후자에 해당하는 변화를 체감했다. 내가 사는 지역은 농업이 성장 산업에 해당되지 않는다. 내가 돌아왔을 때 카운티 전체를 통틀어 남은 곳은 낙농장 하나가 전부였다. 4년이 지난 후에는 그마저도 사라졌다. 다행히 나는 그보다 몇 년 일찍부터 거름을 다른 곳에서 가져다 쓰지 않고 농장에서 직접 만들어내는 방법을 연구했다. 매번 다른 농장에서 거름을 얻어 써야만 하는 상황이 불편하다고 느꼈기 때문이다. 내가 구축하려는 유기농 채소 재배 시스템에 흠이 된다는 생각이 들기도 했다. 농사를 짓기 시작한 초기 몇 년 동안, 다른 농장에서 얻어온 거름을 사용하면 토양이 즉각적으로 개선된다는 사실을 확인할 수 있었다. 채소를 생산하는 경작지 전체 중 일부에만 거름을 공급한 경우에도 결과는 마찬가지였다. 하지만 유기농 채소 농사가 인근 다른 농장에서 땅을 비옥하게 만들 수 있는 재료를 가져다 쓸 때만 성공할 수 있다면 보편적이고 지속가능성 있는 식품 생산 방식이라 할 수 없는 것도 분명한 사실이었다.

녹비 작물과 독창적인 윤작 계획을 전부 동원해도 집약적인 농사를 이어가려면 유기물이 더 많이 필요하다. 지역 당국에서 잎을 모아 퇴비를 만들어 나눠주었거나 우리 농장 근처에 경마장이나 그와 비슷한 곳이 있었다면 그 기회를 활용할 방안을 알아보았을 것이다. 그러나 내가 농사짓는 곳 근처에 그런 기회를 얻을 만한 곳은 한 군데도 없었다. 있었다고 해도 나는 오염 가능성을 우려했을 것이다. 그러한 출처에서 나온 유기물은 독성 물질에 오염된 경우가 너무 많기 때문이다. 최근까지 밝혀진 자료를 보면 지역과 시 당국에서 폐기물로 생산한 퇴비에 중금속이 부적합한 수준으로 과량 오염된 것을 알 수 있다. 연구자 한 명이 직설적으로 밝힌 것처럼 일단 중금속이 토양에 유입되면 제거는 거의 불가능하다.[1] 그러므로 직접 거름을 만들 수 있는 원재료를 재배해서 썩힌 후에 사용하는 것이 가장 확실한 해결책이 될 것이다.

이 아이디어는 그로부터 수년 전, 폐쇄된 이웃 농장 근처를 차로 지나다가 처음 떠올랐다. 타 지역 사람이 휴가철에 쓰려고 사들인 곳이었는데, 그 새로운 소유주는 지역 업체 한 곳에 의뢰하여 '농장처럼 보이게끔' 밭과 목초지를 정리하도록 했다. 그 광경을 보고, 농장 주인에게 이야기해서 내가 직접 그 일을 하고 비용을 추가로 주면 제초 작업 후 어차피 버리는 풀을 전부 수거해서 치워줄 수도 있다고 이야기해봐야겠다는 생각이 들었다. 그렇게만 하면 풀을 공짜로 얻을 수 있는 데다 돈도 벌 수 있는데 굳이 썩은 건초를 사서 뿌리덮개로 쓸 이유가 있을까?

뿌리덮개로 쓸 수 있는 원료를 한 트럭 가득, 심지어 돈을 받고 얻는 기분 좋은 시나리오를 계속 떠올리는 동안 만화의 한 장면처럼 머리 위로 전구 하나가 반짝 떠오르는 기분이 들었다. 잘린 풀로 퇴비를 만들면 어떨까? 가축이 건초나 다른 먹이를 씹어 삼키고 그것이 소화되면 거름 재료가 나오는 것 아닌가? 그렇다면 회전식 예초기로 풀을 자르는 것이나 소가 이빨로 풀을 씹는 것이나 같다고 볼 수 있지 않은가? 소의 위에서 풀을 소화시키는 미생물처럼 흙과 비료 더미에 존재하는 미생물도 원재료를 충분히 효과적으로 분해할 수 있지 않을까? 소가 되새

김질하는 것처럼 퇴비를 만들 원재료를 기계로 처리해서 사용하면 생산되는 퇴비의 양을 늘릴 수 있지 않을까? 확인해보니 전부 가능한 일이었다.

내가 처음 떠올린 생각은 아니었다. 시작은 19세기 중반까지 거슬러 올라가고 20세기 초, 말의 힘 대신 내연기관이 농사에 활용되기 시작하면서 더욱 확산되었다. 말의 배설물로 만든 거름에 의존하던 많은 농부들이 유기물을 공급할 수 있는 새로운 재료를 찾기 시작했고 실험삼아 '식물 거름' 또는 '인공 거름'으로 불린 폐기된 유기물을 썩혀보았다. 식물을 동물에게 먼저 먹이지 않고 곧바로 썩혀서 퇴비로 만든다는 의미로 붙여진 명칭들이다. 이와 관련된 책과 팸플릿도 나왔지만 이내 관심은 시들해졌다.[2] 얼마 지나지 않아 인공 거름과 혼동하기 쉬운 인공 비료가 등장해 화학비료야말로 농민들이 그토록 찾아 헤매던 정답으로 여겨졌다.

대부분의 농장에 채소를 기르기에는 경사가 너무 급하거나 돌이 너무 많거나 습기가 많은 땅이 있게 마련이다. 이런 땅에는 전부 몇 가지 사료 작물을 선택해서 재배한 뒤 수확해서 퇴비로 만든다. 이 방법을 활용한 후, 나는 자연의 방식처럼 순환적인 흐름을 비슷하게 유지할 수는 없지만 유기농 채소 농사를 더욱 지속 가능한 시스템으로 만들 수 있게 됐음을 알 수 있었다. 언뜻 보면 굉장히 간단한 방법 같지만 아이디어가 실제로 괜찮은 결과로 이어지려면 몇 가지 구체적인 부분을 정해야 하며 해결해야 하는 문제도 있다.

어떤 사료 작물이 시스템에 적당할까

나는 경험과 비용, 수월성, 생산량이라는 기준을 토대로 선택의 범위를 좁혀 나갔다. 컴프리, 뚱딴지처럼 수확량이 높은 외래 작물도 시도해보았지만 충분히 자리 잡게 하려면 추가적인 노력이 필요했고 관리할 때도 마찬가지라 제외하기로 했다. 오래전부터 건초밭으로 활용된 곳을 이용하는 것이 가장 손쉬운 방법이다. 배수가 잘 되는 땅에는 자주개자리 모종을 새로 심고 수분이 많은 땅에는 흰줄갈풀이나 기타 수확량이 큰 사료 작물을 키우는 것이 좋다. 자주개자리는 고민할 것도 없이 선택해야 할 식물이다. 뿌리를 깊게 내리는 여러해살이 식물에 가뭄도 잘 견뎌내는 이 콩과 사료 작물은 미국에서는 거의 대부분의 지역에서 성공적으로 재배할 수 있다. 내가 농사짓는 지역은 여름이 짧은 편인데도 3번은 수확할 수 있다.

곡식을 윤작한 땅은 몇 년 후에 채소밭으로 활용할 수 있다. 내가 선호하는 방식은 가을에 채소를 수확한 후 겨울 호밀의 씨앗을 뿌리는 것이다. 이듬해 초봄이 되면 2년생 전동싸리를 사이사이에 심는다. 그리고 한여름에는 호밀밭에 예초 작업을 실시하여 퇴비 원료를 얻고 전동싸리는 그 해 두 번째 겨울을 맞이하도록 그대로 키운다. 다음 해 여름에는 전동싸리를 잘라내고 이어 메밀을 재배한다. 가을이 되면 메밀을 잘라낸 후 호밀과 헤어리 벳지를 파종한다. 이렇게 하면 경작지가 세 번째 겨울을 맞이했을 때 지표 전체를 덮게 되는데, 다음해 봄에는 이를 갈아엎은 후 채소 농사를 시작한다. 농사철을 두 차례 거치는 동안 채소는 생산하지 않지만 퇴비로 만들 수 있는 세 종류의 사료 작물을 빼곡하게 재배할 수 있는 방법이다. 마지막 순서로는 녹비 식물을 재배한다.

사료 작물은 얼마나 자랐을 때 수확해야 할까

내 경험과 여러 책들에 나온 정보를 종합할 때, 퇴비 원료로 사용할 사료 작물은 가축이 먹을 수 있는 단계가 되었을 때 수확하는 것이 가장 좋다. 그 시기가 탄소와 질소 함량비가 퇴비를 성공적으로 만들 수 있는 기준과 맞아떨어지기 때문이다. 사료 작물의 이상적인 수확기가 농사에서 가장 바쁜 때와 겹칠 수 있으므로, 나는 사료 작물의 경우 여력이 생기는 대로 수확하는 편이다. 줄기만 남은 늦가을에 수확할 때도 있다. 이렇게 얻은 원료는 2년이 지나야 완전히 퇴비가 될 때도 있으나 어쨌든 퇴비로 만들 수 있다는 사실은 분명했다. 나에게는 아주 만족스러운 결과였다.[3]

사료 작물을 수확해서 퇴비로 만드는 가장 효율적인 방법은 무엇일까

사료 작물용 예초기와 운반용 수레, 퇴비를 섞을 수 있는 교반기가 있으면 분명 수월할 것이다. 하지만 나는 그런 이상적인 장비를 구할 수가 없을 때 오히려 더 창의적인 아이디어를 떠올릴 수 있었다. 사료 작물을 직접 키워서 퇴비로 만드는 실험을 막 시작했을 때는 회전식 예초기와 건초 갈퀴를 소형 트랙터와 함께 사용했다. 그 정도로도 결과는 훌륭했다. 기본적으로는 일단 예초 작업을 실시한 후 잘라낸 식물이 시들 때까지 두었다가 갈퀴로 모으는 방식이었다. 쌓인 풀 더미를 수거할 때는 트랙터의 적재기를 갈퀴처럼 활용했다. 먼저 경작지 가장자리에 트랙터를 위치시킨 후 적재기를 지면과 수직 방향이 되도록 세워서 지나갈 때 날이 흙을 2.5센티미터 정도 깊이로 파고들도록 최대한 빠른 속도로 훑고 지나간다. 앞으로 나아가면 눈앞에 점점 더 많은 식물이 쌓인다. 이렇게 모든 식물은 밭 한쪽 구석에 전부 쌓아두었다가 한꺼번에 다시 적재기에 싣고 퇴비를 만들 장소로 옮긴 후 썩히는 작업을 시작한다.

말린 사료 작물과 예초 작업 후 남은 그루터기 사이에는 마찰이 거의 일어나지 않는다. 여러 개의 나무 막대가 30센티미터 간격으로 여러 개 줄지어 장착된 총 1.8~2.4미터 길이의 벅 레이크buck rake(스윕 레이크sweep rake로도 불린다)를 활용하는 방법도 있다. 이 기구를 이용하면 갈퀴 부분 뒤의 백보드가 식물을 앞으로 밀어내면서 지표를 훑고 지나간다. 지표가 미끄러운 곳에서도 다량의 식물을 옮길 수 있다는 점이 이 기구의 장점이다. 나는 현시점에서는 트랙터 적재기로도 충분해서 나무로 된 갈퀴를 추가로 사용하지 않는다. 하지만 나중에는 그러한 기구를 사용할 수도 있고, 어린 나뭇가지로 직접 간단한 형태의 벅 레이크를 만든 후 다른 차량에 부착해서 수확할 때 활용할 수도 있을 것이다.

보행 트랙터와 회전식 예초기를 함께 사용하면 축소된 규모로 같은 작업을 실시할 수 있다. 이웃집에서 예전에 말이 끌었던 덤프 레이크dump rake를 빌려서 보행 트랙터에 장착해서 사용해본 적이 있다. 지금은 보행 트랙터에 달 수 있는 소형 벅 레이크를 만드는 중인데, 낡은 트럭 앞쪽에 대강 만든 결과물을 붙여서 써본 결과 큰 문제가 없었다. 손으로 직접 하는 작업을 선호하는 사람은 큰 낫을 사용하면 풀을 굉장히 효율적으로 잘라낼 수 있다. 과거에는 낫질을 잘 하는 일꾼이라면 하루에 4천 제곱미터(약 1,200평) 정도는 예초 작업을 마치곤 했다. 내가 즐겨 쓰는 낫은 손잡이가 직선형이고 날이 가벼운 유럽형 낫이다. 절단 도구를 사용한다면 무엇보다 유념해야 할 사항은 칼날이 예리해야 한다는 점이다. 두 번째로 신경 쓸 부분은 부드럽게 원을 그리면서 낫질을 하되 칼날이 지면과 평행이 되도록 해야 한다는 것이다. 아직 풀이 베어지지 않은 쪽을 향해 날이 비스듬하게 닿도록 하여 한 번에 조금씩 잘라내야 한다.[4]

사료 작물을 직접 잘라서 수확할 때 가장 좋은 점은 날씨 걱정을 하지 않아도 된다는 점이다. 건초를 만들어야 하는데 날씨가 협조해주지 않아 애를 먹어본 경험이 있다면 이 새로운 방식이 얼마나 편한지 잘 알 것이다. 이제는 건초 작물이 비에 젖을까봐 염려하는 것이 아니라 오히려 비가 오기를 기다릴 정도다. 갈퀴가 지표를 살짝 스칠 정도로만 지나가도록 조심스럽게 작업하지도 않는다. 일부러 갈퀴를 깊숙이 긁어서 지표 아래에 오랫동안 남아 있던 짚이 갓 잘라낸 풀과 섞이도록 한다. 네 발 달린 가축에게 먹일 풀을 마련해야 한다면 해서는 안 되는 일들도 잘라낸 풀로 비료를 만들 때는 전부 다 상관없는 일이 되었다. 퇴비 더미에 서식하는 미생물들은 나의 새로운 '가축'이 되었다. 그리고 이 가축들은 축축하고 지저분한 풀을 좋아한다. 생각만 해도 절로 미소 짓게 되는 일이다.

퇴비는 둑 형태로 풀을 쌓아서 만든다. 화재를 예방하려면 재료가 모두 충분히 젖은 상태로 유지되도록 주의를 기울인다. 이를 위해 구멍 뚫린 스프링클러 호스를 이용하여 쌓인 풀 더미 위로 충분히 물을 뿌린다. 그리고 틈날 때마다 트랙터 적재기로 최소 두 번씩 풀 더미를 섞어준다. 맨 윗부분에는 공기와 습기는 투과할 수 있지만 햇볕을 차단하고 비를 막아주는 재질의 천을 덮어둔다. 이 상태로 1년 반에서 2년간 두었다가 퇴비로 사용한다.

부패 과정을 촉진하고 양질의 퇴비를 얻기 위해, 나는 사료 작물에 중량 대비 1~2퍼센트로 몬모릴로나이트 계열의 점토를 섞어서 둑을 쌓아 퇴비를 만든다. 팽창 격자 점토에 속하는 몬모릴로나이트는 유기물을 안정적인 부엽토로 전환하는 과정에서 생물학적, 무생물학적 영향을 모두 발휘하는 것으로 밝혀졌다.[5] 이를 첨가하여 형성된 부식점토 복합체는 비옥한 토양과 식물 성장에 매우 유익하다. 몬모릴로나이트는 여러 산업과 농업에 사용될 목적으로 채굴되고 있다. 가축 사료 업계에서는 펠릿 형태의 사료 생산 시 결합제로 사용되므로 나는 해당 분야 업체를 통해 구입하거나 도매점에서 직접 구입한다.

사료 작물이 잘 자랄 수 있도록 토양을 비옥하게 유지하려면 어떻게 해야 할까

우리가 사료 작물을 재배하는 이유는 해당 작물에 함유된 유기물과 영양소가 다른 작물로 옮겨가도록 만들기 위해서다. 따라서 이 같은 생산 시스템이 유시되려면 사료 작물이 자라는 땅에 영양을 공급하기 위한 계획을 세워야 한다. 나는 4년 이상의 간격으로 땅을 갈아엎고 석회와 기타 수용성이 낮은 무기질 영양소를 뿌려준 다음 다시 파종한다. 농사짓는 지역의 특성을 최대한 활용하고자 할 경우 인근 지역의 암석 파쇄 시설에서 나온 암석 가루 폐기물을 미세하게 갈아 토양에 영양을 공급하는 용도로 사용할 수 있다.

흔히 알려진 채소는 암석 가루에 포함된 수용성 낮은 무기질을 많이 흡수하지 못한다. 그러나 왕성하게 자라나는 사료 작물은 대부분 그러한 무기질도 다량 흡수한다. 그러므로 생산량이 높고 수용성이 낮은 영양소도 대폭 흡수할 수 있는 사료 작물을 선택하고, 지역 내에서 구한 암석 폐기물의 무기질을 영양소로 공급한 땅에서 재배한다. 바로 앞 장에서도 언급했듯 이렇게 키운 사료 작물을 수확해서 퇴비로 만든 다음 채소 경작지에 뿌리면 가장 단순한 형태의 생산 시스템을 구축할 수 있다. 예를 들어 자주개자리는 토양의 불용성 무기질을 잘 흡수하고 뿌리가 굉장히 깊게 형성되는 특징이 있다.

퇴비용 작물의 경작지와 식품용 작물의 경작지는 어떤 비율로 나누어야 할까

토질, 채소를 얼마나 집약적으로 재배할 것인가에 관한 계획, 그리고 재배할 작물이 무엇인가에 따라 정할 수 있다. 대부분의 경우 1대 1 비율을 유지하면 충분하다고 생각하지만, 토양이 메마른 경우 좀 더 빨리 땅을 비옥하게 만들 수 있도록 3대 1이나 4대 1까지 퇴비용 작물의 경작 비율을 넓힐 수 있다. 할란C. Harlan 박사의 저서 『녹비 식물을 이용한 농사Farming with Green Manures』에는 3대 1의 비율을 굉장히 효율적으로 활용하는 방법이 나와 있다. 저자는 토끼풀이 자라는 8만 제곱미터(약 2만 4천 평) 면적의 땅에서 여름에 세 차례에 걸쳐 제초 작업을 실시했다고 밝혔다. 제초 작업을 할 때마다 잘려진 풀을 긁어모아서 6만 제곱미터(약 1만 8천 평) 면적에서 나온 분량을 나머지 2만 제곱미터(약 6천 평)의 땅에 뿌렸다. 여름이 끝나갈 무렵에는 어마어마한 양의 풀이 쌓였다. 저자는 이 경작지를 갈고 써레질을 한 후, 이듬해 여름에 채소를 심었다. 이때 그 경작지에 다시 제초 작업을 실시하고 잘린 풀을 모아서 새로운 2만 제곱미터 크기의 땅으로 옮겼다. 그다음 해에는 이 새로운 면적에 채소를 키우고, 전년도에 채소를 키운 곳에는 다시 토끼풀을 심었다. 저자는 이렇게 2만 제곱미터 단위로 계속해서 윤작을 실시했다. 이렇게 하면 8만 제곱미터의 땅에 채소를 기를 수 있는 경작지는 2만 제곱미터에 불과하더라도 농사를 짓기 힘든 6만 제곱미터의 땅까지 충분히 활용할 수 있다. 그저 생산성 없이 방치되었을 수 있는 땅의 농사에 큰 도움을 주게 된 것이다.

거름을 사용하는 경우와 비교해보면 경작지의 비율을 정할 때 유익한 정보를 얻을 수 있다. 퇴비용 작물 경작지와 식품용 작물 경작지의 비율을 사료 작물을 동물에게 먹일 때 생산되는 거름의 양을 토대로 계산해보면, 판매용 작물 재배 시 4천 제곱미터(약 1,200평)당 45,360킬로그램의 거름을 공급했던 기준을 그대로 적용할 때 4천 제곱미터당 32,375~40,470제곱미터의 퇴비용 작물 경작지가 필요하다는 것을 알 수 있다. 유기물을 대량 생산하면 처음부터 단시간에 토양을 기름지게 만들 수 있지만, 집약적으로 농사를 짓는 토양은 어느 곳이든 1대 1의 비율을 지키고 시기에 맞게 녹비 작물을 활용하는 것으로 토양을 충분히 비옥하게 유지할 수 있다.

농장에서 직접 생산한 것으로 땅을 비옥하게 만드는 또 한 가지 방법은 다른 농장과 돈독한 협력 관계를 형성하는 것이다. 나는 프랑스에서 토지를 12구획으로 나눠 윤작을 실시하는 대형 유기농 채소 농장을 방문한 적이 있다. 해당 농장에서는 3년 동안 12개 구획 전체에 자주개자리를 재배했고 다음 1년간은 밀을 재배하면서 사이사이에 토끼풀을 함께 키웠다. 자주개자리는 근처에 있던 낙농장이 수확해갔고 대신 소의 배설물로 만든 거름을 제공했다. 인근의 또 다른 농장이 돈을 받고 밀 수확을 맡았는데, 이때 잘려진 짚은 그대로 두었다가 나중에 땅을 갈 때 토끼풀과 함께 흙과 섞었다. 생산성이 아주 높은 훌륭한 농장이었다.

토양을 영구적으로 비옥하게 만드는 법

나는 토양에 최소한의 물질을 투입해서 영구적으로 비옥한 땅을 유지하기 위해 점토(구체적으로는 몬모릴로나이트나 벤토나이트 종류)를 직접 공급한다. 유기물이 오랫동안 유지될 수 있도록 초탄 층 위에 점토를 뿌린 다음 흙을 갈 때 함께 섞는다. 미시간 주에서 실시한 연구에서[6] 모래흙에 몬모릴로나이트 점토를 섞을 경우 작물 수확량과 수분 보유량, 식물이 이용할 수 있는 영양소가 크게 개선된 것으로 밝혀졌다. 몬모릴로나이트는 토양에 함유된 모든 무기질과 교환하는 양이온의 용량이 가장 크다. 식물의 토양 유래 질병에 억제 효과가 나타나는 토양을 조사한 결과를 보면, 공통적으로 몬모릴로나이트 점토가 포함된 것을 알 수 있다. 하지만 내가 이 방식을 선호하는 가장 큰 이유는 토양을 단기적으로 활성화하는 데 그치지 않고 장기적으로 토질을 개선하는 효과를 얻을 수 있기 때문이다.

유럽에서는 모래흙에 점토를 추가하는 방식이 일반적으로 시행되어 왔고 미국은 그보다 범위는 좁지만 수백 년 전부터 활용되었다. 헨리 콜먼Henry Colman은 1846년에 발표한 저서 『유럽의 농업과 시골 경제European Agriculture and Rural Economy』에서 이 방식을 면밀히 검토하고 점토로 실질적이고 영구적인 토질 개선이 가능하다고 밝혔다. 더불어 직접 방문한 여러 농장에서 농부들이 점토를 4천 제곱미터당 22,680~90,720킬로그램의 비율로 뿌리는 것을 보았다고 전했다. 그가 만난 농부들은 모두 이렇게 하면 작물의 생산량이 높아지고 농작물의 품질도 좋아진다고 이야기했다. 영국 베드포드의 한 공작이 소유한 농장에서는 1.7제곱킬로미터에 달하는 면적에 점토가 뿌려졌다. 당시에는 점토를 가을철에 초지에 뿌리거나 밭을 갈 때 투입한 후, 겨울을 지나는 동안 충분히 가루 형태로 부서지도록 두고 봄이 되면 써레질로 토양과 섞는 방식이 일반적이었다. 20년 이상 이 같은 절차가 반복된 후에는 점토 비율을 줄여도 토질 개선 효과를 얻을 수 있는 것으로 확인됐다.

나는 문제가 있으면 증상을 해결하기보다 원인을 바로잡는 쪽을 선호하는 편이라, 내가 농사를 지어야 하는 모래흙에 점토를 공급해서 메마른 땅을 영구적으로 변화시키는 방법에 아주 관심이 많다. 온실의 경우 농사 기간이 길고 집약적인 생산이 이루어지므로 구입한 몬모릴로나이트를 4천 제곱미터당 9,070킬로그램의 비율로 공급한다. 야외 경작지에도 같은 방식을 활용하고 싶었지만 비용 때문에 엄두도 낼 수 없었다. 그러다 관개 연못을 판 후에 밭에도 점토를 뿌릴 수 있는 기회가 생겼다. 처음 연못을 만들기로 계획할 때부터 나는 상층에서 얻게 될 토탄과 유사한 흑니토를 활용할 수 있으리라 생각했다. 나아가 그 아래에 자갈이 많은 층을 파내면 농장 도로 공사에 쓸 수 있을 것이라 예상했다. 하지만 심토에서 진한 푸른색 해양 점토가 다량으로 발견되자 얼마나 기쁘고 놀랐는지 모른다. 덕분에 나는 베드포드의 공작처럼, 물론 규모는 훨씬 작지만 내가 농사짓는 밭에 점토를 전체적으로 뿌린 다음 겨울 내내 그대로 두었다가 흙과 섞을 수 있었다. 작물의 생산량과 품질에 나타난 변화는 농사를 짓기 시작하자마자 뚜렷하게 알 수 있었다. 특히 모래 함량이 높은 땅에서 한 번도 제대로 자란 적이 없는 양파과 식물들까지 잘 자랐다. 정말로 토질이 영구적으로 개선된 것 같았다.

연못 부지의 상층에서 얻은 토탄과 유사한 물질은 새로 만든 온실 토양을 개선하는 데 활용했다. 유기농법으로 농사를 짓는 사람이라면 누구나 유기물이 얼마나 중요한지 잘 안다. 하지만 나는 오래전부터 온실 농사에 퇴비나 거름이 지나치게 많이 사용될 수도 있다는 생각이 들었다. 유익한 것을 너무 과도하게 투입될 가능성이 다분하다는 의미다.

온실 농사에서 토질을 단시간에 개선하는 가장 좋은 방법은 토양의 구조와 식물의 영양을 두 가지 서로 다른 재료로 향상시키는 것이다. 나는 토양의 구조는 토탄으로 개선하는 방식을 선호한다. 토탄은 식품용 식물을 재배하는 토양을 향상시키는 옥탄가가 낮은 물질에 해당된다. 앞서 이야기한 연료의 비유를 확대해 보면, 토탄은 연료통을 가득 채우면서도 화력이 너무 강해 밸브까지 다 타버릴 걱정이 없는 연료라 할 수 있다. 토양의 구조적인 부분을 개선하기 위해 토탄을 유기물로 활용할 때는 퇴비 사용량을 크게 줄여서 영양소가 꼭 알맞은 양만큼만 공급되도록 한다.

내가 온실에 사용한 토탄은 밭에서 퍼낸 것이지만 동시에 토질 개선 목적으로 판매되는 토탄과 혼합 상토도 함께 구입했다. 가끔 농사에 토탄과 이끼를 쓰면 안 된다는 의견이 들리지만, 나는 동의하지 않는다. 토탄에 반대하는 움직임은 유럽에서 처음 시작됐다. 인구 밀도는 높아지는데 퇴적된 토탄은 한정되어 있고 수 세기 동안 활용해온 바람에 대체물을 찾아야 할 때가 왔기 때문이다. 북미 지역은 상황이 다르다. 북미 지역의 전체 이탄 지대 중 토탄 채취에 활용되는 곳은 0.02퍼센트에 불과하다. 또한 현재 소비되는 속도보다 5~10배 더 빠른 속도로 새로운 토탄이 형성되고 있다. 습지는 북미 대륙에서도 북쪽으로 멀리 떨어진 곳에 위치하여 경제성 면에서 결코 활용될 가능성이 없지만, 토탄은 사용 속도보다 더 빠르게 형성되고 있다는 점에서 충분히 자원이 될 수 있다. 나는 이것이야말로 진정한 재생 가능한 자원이라고 생각한다.

물론 천연자원은 모두 지속 가능한 방식으로 관리되어야 하고, 자연은 보호받아야 한다. 나는 토탄 이끼 산업을 조사해보고 걱정하지 않아도 된다는 판단을 내렸다. 그럼에도 단순히 호기심으로, 가까운 지역에 토탄을 대체할 만한 원료가 있는지도 찾아보았다. 그 결과 숲의 유기물 퇴적층에서 찾을 수 있는 단풍나무와 자작나무 몸통 중에서도 충분히 썩어서 잘 바스러지는 안쪽은 혼합 상토로 믿고 활용할 수 있다는 사실을 확인할 수 있었다.

14장

곡초식 윤작

존 웨버John Weaver가 쓴 고전서 『밭작물의 뿌리 발달Root Development of Field Crops』에는 다음과 같은 설명이 나온다. "땅을 풀로 덮는 것은 낡고 해진 토양의 생산성을 회복하고 농사를 한 번도 짓지 않은 땅처럼 우수한 경작지로 만들 수 있는 자연의 방식이다. 풀은 토양을 튼튼하게 하고 새롭게 만들며 토양을 보호한다." 먼 미래에도 그가 살던 시기와 비슷한 종류의 식물들이 토양을 비옥하게 유지함으로써 인류를 먹여 살릴 것이라는 사실을 웨버는 잘 알고 있었다. 그런 식물은 인간이 먹을 수 있는 식품 작물은 아니다. 여러해살이풀과 콩과 식물, 뿌리가 깊이 자라는 여러 가지 식용 광엽초본 등 가축이 뜯어 먹는 풀들이 그러한 식물에 해당한

우리 농장에서 풀어놓고 키우는 암탉들.

다. 이러한 식물들은 토양을 먼저 가축의 먹이로 사용될 작물을 재배한 후 사람이 먹을 식품 작물을 재배하기에 적합한 구조로 만들고, 이를 통해 흙을 비옥하게 유지하고 침식을 방지하는 중요한 기능을 한다.

웬델 베리Wendell Berry도 이와 관련하여 날카로운 의견을 내놓았다. "식물과 동물을 한 농장에서 함께 키우면 거름이 감당 못 할 만큼 과도하게 생길 일도 없고, 따라서 버려지는 거름이 수질 오염의 원인이 되는 일도 생기지 않는다. 시중에 판매되는 비료에 의존할 필요도 없다. 미국의 농업 전문가들이 얼마나 탁월한지 바로 이 부분에서 잘 드러난다. 문제를 해결할 수 있는 방법이 있는데 새로운 문제 두 개를 만들어 놓았으니 말이다." 여기서 '해결할 수 있는 방법'이란 혼합농법을 의미한다. 풀을 뜯어 먹고 자라는 동물을 기르는 축산과 한해살이 작물을 윤작하는 농업을 한 농장에서 실시하는 것이 혼합농법이다. '두 가지 문제'는 좁은 공간에 가축을 밀집시켜 가축에서 나오는 배설물도 그만큼 밀집되는 사육장과 단일 작물을 재배하여 토양이 침식하고 과도한 농약 유출수가 발생하는 농장이 생겨난 것을 의미한다.

영국에서는 전통적인 혼합 농법이 곡초식 윤작법으로 불렸다. 이 농법에 관한 내용은 무려 1600년대 문헌에서도 찾을 수 있을 정도다. 1898년에 출간된 로버트 엘리엇의 저서 『농업의 변화Agricultural Changes』에도 곡초식 윤작법과 관련된 설명이 잘 나와 있고 1941년에 조지 스테이플던George Stapledon이 쓴 『곡초식 윤작법Ley Farming』에도 더 상세한 내용이 담겨 있다. 'Ley'는 임시로 만든 목초지를 의미하는 옛 영어 단어다. 땅을 일궈 곡물이나 채소를 몇 년간 재배한 후 2년에서 4년간 가축이 먹을 풀을 기르는 곳이 그러한 목초지에 해당된다. 스테이플던의 설명을 그대로 옮기면 아래와 같다.

> 곡초식 윤작법의 경우, 가축의 먹이로서는 다른 먹이와 비교할 때 어린 풀이 더욱 가치 있고 저렴하다는 장점과 작물 윤작의 실용성을 높여줄 잠재적 에너지가 있다는 점에 의의가 있다. … 곡초식 윤작법의 핵심은 작물과 풀을 키우는 것이다. 또한 풀이 가축의 먹이로 최대한 활용되도록 애쓰는 만큼 거름과 땅을 비옥하게 만드는 기반으로도 최대한 활용될 수 있도록 심혈을 기울여야 한다. … 건강하게

잘 자란 풀은 충분히 썩혀서 잘 만들어진 퇴비의 여러 특성이 나타난다. 농부는 이러한 특성이 강화될 수 있도록 관리해야 한다. … 목초지는 먹이용 풀을 생산하는 기능과 더불어 작물(밀과 기타 곡류, 사탕수수, 뿌리채소, 케일, 감자 등)의 생산량을 최대한 늘릴 수 있는 중요한 수단이다.

곡초식 윤작법의 또 다른 옛 명칭은 '교체 농업'이다. 먹이용 풀을 재배함으로써 토양을 비옥하게 만드는 기간 사이사이에 한해살이 작물을 번갈아 재배한다는 의미로 붙여진 이름이다. 오늘날 학계에서는 먹이용 풀 재배를 기반으로 한 윤작으로도 불린다. 연구를 통해 4년간 여러 종의 먹이용 풀을 윤작하면 토양이 사실상 미개간지 수준으로 회복되는 것으로 밝혀졌다. 여러해살이 목초 식물에서 뻗어 나온 방대한 뿌리에서 식물 섬유를 다량으로 얻을 수 있고 동시에 심층 토양에 존재하는 무기질을 얻을 수 있는 데다 풀을 뜯어 먹은 동물에서 나온 거름은 먹이용 풀에 이어 재배하는 한해살이 작물에 이상적인 성장 환경을 제공한다. 더불어 토양의 구조가 개선되어 침식을 막는 효과도 얻을 수 있다. 4년간 먹이용 풀을 재배하면서 점점 비옥해진 토양은 다시 최대 4년까지 곡류와 콩, 사료 작물을 재배하기에 충분한 상태가 된다. 그 이후에 다시 풀을 재배하면 된다.

내가 운영하는 농장에서는 2012년까지만 해도 채소밭에 녹비 식물을 키우고 직접 만든 퇴비와 따로 구입한 거름을 추가로 공급해서 땅을 비옥하게 유지했다. 그러다 거름을 구입하는 비용과 이러한 재료를 옮기는 과정에서 소비되는 화석 연료를 따져본 후, 다른 방안을 모색하게 되었다. 그때 책에서 처음 접하고 오래전부터 생각해온 곡초식 윤작법이 떠올랐고 이 방법이야말로 토양을 영구히 비옥하게 유지할 수 있는 핵심이라는 결론에 도달했다. 3~4년 정도 목초지로 활용할 만큼 괜찮은 채소밭을 넉넉하게 갖고 있지는 않았지만 1930년대에 발표된 연구 자료를 찾아본 결과 먹이용 풀을 1~2년만 재배해도 우리가 농사를 지었던 포드졸성 토양•을 개선하는 데 충분하다는 사실을 알 수 있었다.[1]

• 토양 표층의 철과 알루미늄 등이 용탈되어 생긴 회백색의 표백층과 그 밑에 철과 알루미늄이 집적되어 생긴 흑갈색 또는 적갈색의 집적층을 갖는 산성토양이다.

이에 따라 우리는 채소밭으로 활용할 수 있는 땅의 면적이 한정된 상황에서 변형된 형태의 곡초식 윤작법을 실행해보았다. 이제는 매년 이른 봄에 채소밭의 절반에는 풀과 콩과 식물을 혼합해서 파종한다. 목초지로 쓰는 부분에는 일단 자리를 잡고 나면 여름과 가을에 암탉을 방목해서 순회 방식으로 풀을 뜯도록 한다. 곡초식 윤작법을 초기에 시작한 열정적인 농부들처럼 소나 양을 가축으로 키워도 좋겠지만, 암탉을 키우기로 한 이유는 우리 농장의 채소농사를 보완할 수 있는 가장 이상적인 축산물이 달걀이라는 판단 때문이다. 채소밭의 나머지 절반은 한 해 전에 동일한 방식으로 목초를 키우고 닭이 풀을 뜯도록 해서 토양이 비옥해진 상태이므로, 구획 단위로 밭을 갈아서 그 해에 재배하기로 계획한 채소를 키운다. (우리는 채소작물을 파종하거나 옮겨 심어야 하는 시점으로부터 3~4주 전에 먹이용 풀을 완전히 갈아엎는다. 이때 회전식 경운기와 끌쟁기를 모두 활용해서 토양의 기저가 계속해서 깊어지도록 한다.) 이렇게 하면 전체 채소밭의 절반은 비옥해지고 나머지 절반은 한 해 전에 비옥해진 토양을 활용할 수 있다. 원하는 대로 할 수만 있다면 네 발 달린 가축을 먹이용 풀이 자라는 쪽에 풀어놓고 2년 동안 키우면서 초목 식물을 재배하고 땅도 충분히 비옥해지도록 두었을 것이다. 그러나 우리가 기르는 암탉처럼 곡류를 먹고 자란 가축은 섭취한 유기농 먹이의 4분의 3에 해당하는 무기질을 배설물을 통해 토양에 직접 여기저기 흩뿌리므로 단기간 재배하는 풀이 잘 자라는 데 도움이 되는 추가적인 효과를 얻을 수 있다. 이동식 닭장에 관한 정보는 이 책의 27장 '칙쇼Chickshaw' 부분을 참고하기 바란다.

교체 농업의 목표는 농장 내에서 해결할 수 있는 방법으로 토양을 거의 영구적으로 비옥하게 유지하는 시스템을 구축하는 것이다. 우리 농장은 실제로 그러한 효과를 얻고 있다. 이 시스템에서 광합성에 필요한 햇빛과 이산화탄소 외에 유일한 외부 투입물은 4년 단위로 공급하는 석회 정도가 전부다. 작물을 재배하는 해가 되면 우리는 자주개자리 가루나 인근 지역에서 구한 게 분말을 활용해서 뒤이어 작물을 재배할 토양을 일시적으로 더욱 비옥하게 만든다. 우리는 알팔파 가루를 특히 즐겨 쓰는데, 우리가 직접 재배해서 건조시켜 사용할 수 있으므로 독립적인 방식으로 땅을 기름지게 만든다는 목표에 더 알맞기 때문이다. 이동식 온실을 활용하기 시작한 후에는 온실에 쓰는 흙도 곡초식 윤작의 혜택을 얻고 있다.

바퀴 달린 작은 산란계 축사를 필요한 위치에 가져다 놓고 아직 지표가 풀로 덮이지 않은 곳에 닭들을 풀어 놓으면 된다. 경험상 흙 아래에 남아 있는 풀과 콩과 식물의 뿌리로 이루어진 섬유질 잔해가 밭을 갈면서 흙과 섞이면 퇴비로 같은 양의 유기물을 토양에 공급할 때보다 작물이 더 잘 자란다.

녹비 식물을 활용할 때 얻을 수 있는 부가적인 이점이 있듯이 먹이용 풀과 콩과 식물을 토질 개선에 활용하면 축산물 판매로 농가 소득이 늘어나는 직접적인 이점도 누릴 수 있다.

15장

직접 파종

파종은 채소가 자라날 땅에 채소 씨앗을 바로 심는 것이다. 이 작업에 꼭 필요한 도구가 정밀 파종기다. 우수한 정밀 파종기를 활용하면 크기와 상관없이 어떤 씨앗이든 원하는 간격으로, 적절한 깊이에 정확하게 심을 수 있다.

씨앗은 크기와 모양이 굉장히 다양하므로 이는 결코 쉬운 일이 아니다. 파종기 중에는 둥근 모양의 씨앗이나 점토와 유사한 물질을 씨앗에 씌워서 둥글게 만든 과립 씨앗만 제대로 심을 수 있는 종류도 많다. 과립 씨앗은 다양한 파종기로 더 수월하게 작업할 수 있지만 값이 비싸고 씨앗의 종류도 한정적이다. 작은 면적에서 재배할 때 가장 큰 가치가 있는(맛과 연한 정도, 식감, 보관 방식, 특산품 시장의 유무 등의 관점에서) 품종은 벌크 포장으로 판매되지 않는 경우가 많으므로 과립 종자로도 구할 수 없는 종류가 많다. 파종은 크기별로 분류된 종자를 구입해서 실시할 때 성공할 확률이 높다. 부피가 동일하고 크기가 조금씩 다른 씨앗끼리 분류해서 동일한 부피로 묶어 놓은 제품으로 구입하면 된다. 이렇게 분류된 씨앗은 균일하게 발아하고 자라는 속도도 동일하다. 대부분의 작물은 종자의 크기가 이러한 특성과 상호 연관되어 있다. 따라서 크기별로 분류된 묶음 단위로 파종하면 작물의 균일성과 수확 예측성이 훨씬 높아진다.

많은 채소 생산자들이 작물의 대부분을 직접 파종 방식으로 재배하지만 나는 옮겨심기가 현실적으로 불가능하거나 경제적 측면에서 실효성이 없는 채소만 이 방식을 활용하라고 권장한다. 곧은 뿌리 작물(당근, 파스닙), 단위 면적당 회수율이 낮은 작물(옥수수, 호박), 쉽게 줄뿌림할 수 있는 작물(완두, 콩), 성장 속도가 빠른 작물(무, 시금치)이 그러한 종류에 해당된다. 옮겨심기에 더 큰 비중을 두어야 하는 이유는 다음 장에서 설명할 예정이다. 옮겨심기의 비중을 높일 때 얻을 수 있는 결과 중 하나는 직접 파종할 작물의 수가 줄고 그만큼 작업이 간소화된다는 것이다. 정밀 파종기를 제대로 선택해서 소수의 작물을 최대한 효과적으로 심으면 된다.

어떤 파종기가 적절할까

손으로 밀거나 또는 당기면서 한 줄로 파종할 수 있는 우수한 정밀 파종기는 다음과 같은 특징이 있다.

일직선으로 쉽게 파종할 수 있다 농사의 다음 단계를 고려할 때 중요한 부분이다. 일직선으로 심은 작물은 모종 단계를 벗어나면 기계를 이용한 재배가 가능하므로 손으로 일일이 잡초를 뽑아야 하는 엄청난 노동을 줄일 수 있다.

씨앗을 정확한 위치에 심을 수 있다 우수한 종자를 구입하려면 돈이 든다. 따라서 종자가 쓸모없게 되면 그만큼 큰 손해를 본다. 솎아낼 필요 없이 그대로 재배할 수 있다면 가장 이상적이다. 씨앗이 자라날 위치에 정확히 놓이고 다른 씨앗들과 적당한 간격이 확보되면 양질의 농산물을 생산할 수 있다. 작물을 지나치게 좁은 간격으로 재배하면 제대로 자라지 못하고 성숙기까지 더 오랜 시간이 소요된다.

심는 깊이를 정확하게 조절할 수 있다 씨앗을 심는 깊이는 발아와 출아, 초기 성장에 영향을 준다. 그러므로 심는 깊이를 적정 수준으로 조정하고 유지할 수 있어야 한다. 최상의 결과를 얻고자 한다면, 농부는 종자가 자랄 곳을 흙이 쌓이거나 푹 파인 곳 없이 평평하게 만들어야 한다.

채우고 비우기가 쉽다 다종 작물을 재배할 경우 여러 종류의 씨앗을 심어야 한다. 파종기는 종자를 담는 통을 손쉽게 채우고 파종 후 여분의 씨앗을 쉽게 비울 수 있도록 설계되어야 한다. 컵이나 접시, 벨트에 담긴 씨앗을 다른 종류로 바꿔 채울 때 공구를 써야 하거나 복잡한 절차를 거쳐야 하는 일이 없어야 한다.

유동적이고 조정이 가능하다 씨앗의 종류가 다양한 만큼 씨앗의 크기, 심는 간격, 심는 깊이도 광범위하며 각각의 조건에 맞게 조정해야 한다. 따라서 파종기는 농부가 필요로 하는 조건에 맞게 특수 제작된 컵과 접시, 벨트 등을 수월하게 만들거나 구할 수 있어야 한다.

파종 상황과 씨앗이 떨어지는 과정을 눈으로 확인할 수 있다 파종을 다 했는데 파종기가 제대로 작동하지 않았거나 파종 도중에 이미 씨앗이 다 바닥났다는 사실을 알게 되는 것만큼 좌절감이 드는 일도 없을 것이다. 성능이 아주 우수한 정밀 파종기는 씨앗의 유무와 씨앗이 얼마나 남았는지 작업자가 정확하게 확인할 수 있다.

정확한 줄 표지기가 포함되어 있다 이랑 한 줄에 파종을 실시하는 동안, 조절 가능한 표지기로 뒤이어 파종할 줄을 표시할 수 있어야 한다. 이때 줄 간격이 균일하게 유지되어야 한다. 일직선으로 정확히, 줄과 줄 사이와 한 줄에서도 각 씨앗 사이의 간격이 균일하게 유지되면 농사가 훨씬 더 빠르게 진행된다.

파종기 이용하기

내가 맨 처음 사용한 파종기는 판형 모델인 어스웨이(Earthway) 브랜드 제품이었다. 나를 비롯한 다른 농부들이 발견한 이 제품의 단점은 판이 충분히 단단하지 않다는 점이다. 이로 인해 크기가 작고 딱딱한 일부 씨앗이 판 뒤쪽에 껴서 판을 휘게 만드는 바람에 기계가 씨앗을 집어 옮기는 과정에 문제가 생길 수 있다.

나의 해결책을 소개하자면, 구멍이 없는 배종판을 구입해서 씨앗이 판 뒤로 넘어가지 않을 만큼, 덜 직각이 되도록 직접 구멍을 뚫는 것이다. 판이 휘어지지 않도록 단단히 잡아줄 대를 초강력 접착제로 여러 개 살처럼 붙이는 방법도 있다.

또 한 가지 문제가 될 수 있는 부분은 일부 씨앗이나 특정한 기후 조건에 따라 정전하가 쌓여 씨앗이 판에 붙어 있을 수도 있다는 점이다. 나는 작은 나무막대를 가로대로 삼고 그 아래에 칫솔을 붙여서 만든 부품으로 이 문제를 해결했다. 이 부품을 종자 통 바닥에 길게

장 브랜드의 한 줄 정밀 파종기 제품, JP-1.

정확하고 가벼운 네 줄 정밀 파종기.

걸쳐놓고 씨앗이 칫솔에 닿아 문질러진 다음에 관을 타고 판 쪽으로 내려가는 구조다.

파종기 제조업체들은 배종판을 비눗물로 세척하고 판에 비눗기를 조금 남겨두라고 권장한다. 비눗기가 남아 있으면 정전기로 인해 씨앗이 붙는 현상을 방지할 수 있다. 배종판과 종자 통을 주기적으로 꼼꼼하게 세척해서 기계가 전체적으로 매끄럽고 효율적으로 기능하도록 하라는 것도 제조업체들이 제시하는 방법이다.

파종기로 여러 종류의 씨앗을 파종할 때, 또는 기능을 조정한 후에는 사용 전에 보정을 하는 습관을 들이는 것이 좋다. 구동륜의 직경을 측정해보는 것으로 가장 손쉽게 기계를 보정할 수 있다(원래 지름이 92센티미터라고 가정해보자). 즉 종자 통이 채워진 상태에서 손으로 바퀴를 세 번 정도 돌린다. 이때 튜브를 통해 빠져나오는 씨앗의 수는(54개가 나왔다고 하자) 92센티미터 직경의 바퀴가 세 번 돌아가면서 나온 것이므로 총 275센티미터 거리에 씨앗이 뿌려진다고 볼 수 있다. 따라서 275센티미터를 54로 나누면 5센티미터마다 씨앗 한 개가 뿌려지는 속도로 파종이 이루어진다는 것을 알 수 있다. 이 정도 속도가 충분하다고 판단되면 향후 참고할 수 있도록 이 조건에서 컵과 판, 벨트의 숫자를 기록해둔다. 파종 속도가 원하는 수준과 맞지 않는 경우에는 조정을 하고 처음부터 다시 계산해본다.

장(Jang) 브랜드의 JP-1도 우수한 제품이나 가격이 더 비싸다. 이 제품은 판 대신 롤러가 씨앗을 집는다.

오차 범위

씨앗 하나하나를 원하는 간격으로 정확하게 놓는 작업이 가능하다고 해서 매번 그렇게 해야만 한다는 의미는 아니다. 씨앗의 발아율도 고려해야 한다. 종자를 구입할 때 포장에 인쇄된 발아율은 통제된 실험 조건에서 확인된 수치다. 실제로 밭에서 발아하는 비율은 포장에 적힌 수준보다 대부분 낮다. 그러므로 파종 시 오차 범위를 50~100퍼센트로 잡는 것이 현명하다. 예를 들어 식물이 10센티미터 간격으로 자라도록 하고 싶다면 파종기는 5센티미터 간격으로 씨앗을 떨어뜨리도록 설정한다. 완벽하게 발아되지 않은 식물은 직접 솎아낸다. 씨앗이 균일한 간격으로 뿌려지면 호미를 이용해 신속히 솎아낼 수 있다.

표지

파종을 실시할 때는 줄을 이용해서 맨 첫 번째 줄의 위치를 확인해야 한다. 두 번째 줄부터는 파종기의 표지기가 알아서 위치를 표시한다. 네 줄 파종기나 여섯 줄 파종기의 경우 첫 번째 표지 가장자리에 다음 표지가 지나가도록 표시한다. 한 줄 지날 때마다 파종기가 일직선으로 정확히 움직이도록 해야 한다. 손으로 직접 씨를 뿌릴 경우, 줄이 바뀔 때마다 기준선으로 삼은 끈이나 줄자의 위치를 바로잡아야 한다. 넓은 경작지에서는 조절 가능한 롤링 마커나 표지용 써레를 동일한 용도로 사용할 수 있다.

조니스(Johnny's) 브랜드 메시 롤러에 동 업체의 줄 표지가 부착된 모습.

손으로 씨 뿌리기

오이, 호박 등 조롱박과 작물은 손으로 직접 씨를 뿌릴 수 있다. 이러한 채소는 씨앗이 비교적 큰 편이라 손가락으로 쉽게 집을 수 있다. 손으로 씨를 뿌리면 과도하게 많은 씨앗을 뿌리거나 너무 넓은 면적에 파종하는 일이 발생하지 않는다. 토양의 상태가 열악한 곳에서 이 같은 채소를 재배할 경우 씨앗을 심고 주변에 퇴비나 거름을 살짝 쌓으면 흙을 더 비옥하게 만드는 데 도움이 된다.

16장

옮겨심기

옮겨심기는 한 곳에 모종을 심고 이를 다른 곳에 다시 심는 것을 의미한다. 이를 통해 통제된 재배 조건에서 작은 공간에 어린 모종을 대량으로 키운 다음 경작지로 옮길 수 있다. 씨앗을 처음 심는 시설이 조명이 갖추어진 실내 공간이건 냉상, 비닐 터널, 온실과 같은 야외 공간이건 청결하고 잘 관리된 곳이어야 한다. 덮개가 있는 공간은 자연과 완전히 동일한 환경 조건이 될 수 없으므로 나는 가을에 식물 잔해를 제거하고 초겨울까지 내부에서 자라는 식물이 하나도 남지 않도록 관리해서 기온이 떨어지면 해충이 박멸될 수 있도록 한다. 이와 함께 온도 조절이 가능하고 열원이 바닥에 있는 육묘용 매트를 추천한다. 이 매트를 이용하면 온난한 기후에서 자라는 작물을 재배할 때 최적의 발아 온도를 유지할 수 있다.[1]

옮겨심기는 전통적으로 뿌리가 쉽게 재성장하는 작물(셀러리, 양상추, 양파, 토마토)에 활용되었다. 뿌리를 건드리지 않을수록 더 잘 자라는 것은 분명한 사실이나 이러한 작물들은 옮겨 심어도 크게 영향을 받지 않는다. 뿌리가 성장할 때 간섭을 그보다 잘 견디지 못하는 여러 작물(오이, 멜론, 파슬리)도 옮겨심기를 할 수 있으나, 이 경우 아주 조심스럽게 옮겨야 한다. 뿌리를 건드리지 않고도 크게 복잡하지 않게 기계를 이용하여 저렴한 비용으로 최상의 효과를 볼 수 있을 때 가장 우수한 옮겨심기를 했다고 할 수 있다.

온실에서 밭으로

옮겨심기는 시작하기, 화분 옮기기, 옮겨심기의 세 단계로 구성된다. 시작 단계는 모종이 담긴 용기의 종류와 배합토, 통제된 기후 환경 등 세 가지 요소와 관련이 있다. 씨앗은 미리 준비해둔 상토나 용기에 심는다. 이때 씨앗을 심는 용기에는 특수 배합토나 화분용 흙을 채운다. 이러한 흙은 한정된 환경에서도 모종이 잘 자라도록 유기물과 배수를 돕는 재료가 다량 함유되어 있다는 점에서 일반적인 흙과는 차이가 있다. 온실이나 온상, 냉상, 외부 환경으로부터 분리된 공간에서 식물을 키우면 어린 모종이 보다 잘 자라는 재배 환경을 갖출 수 있다.

화분 옮기기는 모종을 처음 자라난 용기에서 더 큰 용기로 옮겨서 보다 넓은 간격으로 심는 것을 의미한다. 흙 블록이나 플러그 트레이에서 모종을 키우는 경우에는 밭으로 옮기기 전에 좀 더 오래 재배해야 하거나 더 크게 키워야 하는 작물이 아니라면 이 단계를 반드시 거칠 필요가 없다. 화분 옮기기를 하면 가장 왕성하게 자라는 어린 모종을 선별할 수 있으므로, 작물의 품질을 최상으로 끌어올리고 싶을 때 가장 의미가 있는 단계라 할 수 있다.

옮겨심기는 계속해서 키울 밭이나 생산 시설로 마련된 온실로 모종을 옮기는 단계이다. 모종을 옮기는 과정이 효율적으로 진행될수록 전체적인 채소작물 생산 시스템에서 옮겨심기의 비용 효율성도 높아진다.

수확의 확실성

옮겨심기를 하면 농부가 키우는 작물과 필요한 양을 확실하게 파악할 수 있다. 밭에 씨를 뿌리고 자라기를 기다리는 건 도박과 같지만 3~4주 정도 자란 건강한 모종을 밭에 옮겨 심으면 수확을 거의 확신할 수 있다. 옮겨심기는 예측 가능한 수확 일정에 따라 균일한 식물을 얻을 수 있는 가장 믿음직한 방법이다.

옮겨심기가 믿음직한 이유는 농부가 생산 환경을 많은 부분 조절할 수 있기 때문이다. 밭에서 씨앗의 발아와 출아를 좌우하는 변수들은 예측이 매우 불가능하다는 특징이 있지만 온실에서는 그러한 요소를 더 확실하게 예측할 수 있다. 균일한 작물로 키울 수 있는 이유는 줄지어 키울 때 사이에 틈이 없기 때문이다. 즉 발아가 제대로 되지 않아서 줄 사이에 빈 땅이 생길 일이 없다.

수확량을 최대한 끌어올릴 수 있는 이상적인 밀도로 왕성하게 자라는 모종을 옮겨 심으면 생존율도 매우 높게 유지된다. 수확 예측성이 높아지는 이유는 식물 성장을 좌우하는 가장 큰 변수가 모종까지 크는 단계에서 결정되기 때문이다. 그 단계를 넘어가면 성숙기까지 균일하게 자라고 그 상태가 수확까지 이어질 것이라 예상할 수 있다.

넓은 밭에서 식물을 관리하는 것보다 온실의 작은 공간에서 자그마한 모종 수천 개를 키우는 것이 꼼꼼히 관리하기도 쉽다. 식물 성장에 중요한 초기 단계에 이상적인 환경이 갖추어지면 전반적인 상태가 크게 달라질 수 있으므로, 옮겨심기를 하면 집약적인 면적에서 힘과 돈을 덜 들이고도 그러한 환경을 제공할 수 있다.

잡초와 날씨를 속이는 법

밭에 씨를 뿌리면 잡초가 작물과 함께 발아하거나 심지어 작물보다 먼저 싹이 틀 가능성이 있다. 또한 직접 파종한 작물은 잡초를 솎아내야 하고 잡초와 나란히 경쟁해야 한다. 작물을 옮겨 심으면 이제 막 발아한 잡초보다 3~4주 정도 더 일찍 터를 잡게 된다. 모종을 옮겨심기 직전에 밭을 갈 수 있기 때문이다. 또한 옮겨 심을 때 최종적으로 작물이 자랄 간격을 정할 수 있으므로 나중에 솎아내기를 할 필요가 없고 이후 잡초가 나타나도 관리하기가 훨씬 쉽다.

소규모 농장을 집약적으로 관리하면 옮겨심기의 생산 규모도 어느 정도 늘릴 수 있다. 옮겨심기를 하면 뒤이어 재배할 작물이 성숙기에 이르기까지 시간을 좀 더 여유 있게 확보할 수 있기 때문이다. 앞서 기른 작물을 수확한 직후 경작지를 정리하고 옮겨 심으면 3~4주 전에 그곳에 씨앗을 바로 심은 것처럼 자란다(물론 미리 다른 곳에 심었을 뿐 바로 심은 것이나 다름없지만). 이러한 방식으로 마치 농사 기간이 늘어난 것과 같은 결과를 얻을 수 있다. 그러므로 옮겨심기는 보다

NABECHAN
SCALLION 3/22

좁은 면적에서 더 많은 생산량을 효율적으로 얻을 수 있는 방법이라 할 수 있다.

식물이 더 일찍 성숙하는 것도 옮겨심기의 또 한 가지 명확한 이점이다. 실내 환경에서 먼저 자라기 시작한 식물을 날씨가 적당할 때 밖으로 옮기면 땅에 바로 파종한 식물보다 유리한 상태에서 성장하며 더 일찍 성숙한다. 기후가 서늘한 지역들 중에는 옮겨심기로 잘 키울 수 있는 작물이 토마토와 멜론, 고추 정도로 한정되는 곳들도 많다.

옮겨 심는 방법

초기에는 채소 농부들이 대부분 식물만 옮겨 심는 방식에 의존했다. 즉 특수한 묘판이나 야외 밭에서 키운 모종을 파낸 다음 뿌리 주변에 있던 흙을 어느 정도 함께 옮기려는 노력 없이 식물만 다른 곳으로 옮겼다. 이러한 방식으로는 일정한 결과물을 얻기도 힘들고 식물의 생존율도 높게 유지하기 힘들다. 식물을 뿌리째 뽑으면 물을 공급하는 가느다란 뿌리털이 대부분 소실된다. 이로 인해 물을 흡수하는 뿌리 표면적이 감소하고, 식물이 다시 자리를 잡고 계속 성장하는 데 소요되는 시간이 크게 늘어난다. 손상되기 쉬운 뿌리구조를 건드리지 않는 방식으로 식물을 옮기면 그러한 '옮겨심기 쇼크'를 피할 수 있다.

공처럼 둥글게 형성된 뿌리 구조를 그대로 옮기기 위해 점토 화분, 플라스틱 화분, 토탄 화분, 나무나 종이 재질의 밴드, 낮은 나무 상자, 플러그 트레이 등 다양한 용기가 활용되어 왔다. 이러한 용기에 담겨 있던 식물과 흙은 모두 밭으로 옮기거나 토탄 화분, 종이 밴드처럼 분해되는 재질의 화분이면 통째로 옮겨 심는다. 그러나 안타깝게도 대부분의 용기는 단점이 있다. 토탄 화분이나 종이 밴드는 처음 만들어진 목적대로 분해가 되지 않아 뿌리 성장에 방해가 될 수 있다. 또한 값도 비싸다.

전통적으로 사용된 낮은 나무 상자는 모종을 키우기에 안성맞춤이지만, 식물 종류에 따라 옮길 때 뿌리를 잘라야 하는 경우가 있다.

개별 화분은 종류가 무엇이든 모종을 키우려면 시간도 많이 들고 대량으로 관리하기도 힘들다. 칸이 하나하나 나뉜 플러그 트레이를 이용하면 개별 화분을

표 16.1 옮겨심기 시점

작물	옮겨심기 시점
시금치, 완두, 콩	파종 후 2주째
겨울 호박, 멜론, 바질, 브로콜리, 비트, 애호박, 양배추, 양상추, 오이, 적색 치커리, 케일, 콜리플라워, 회향	파종 후 3주째
파	파종 후 3~4주째
토마토	파종 후 5~6주째
셀러리, 셀러리악, 양파	파종 후 6주째
파슬리	파종 후 7~8주째
가지, 아티초크	파종 후 10주째
고추	파종 후 10주째 또는 꽃이 처음 피기 전에
옥수수	초록색 순이 돋아나는 즉시
리크	모종이 25센티미터까지 자랐을 때
감자	움트기 3주 전

하나로 합친 것과 같으므로 취급이 어려운 문제를 해결할 수 있다. 그러나 어떤 용기를 사용하든 공통적인 문제가 있다. 바로 뿌리가 나선형으로 형성된다는 것이다. 모종은 뿌리가 용기 벽과 부딪히므로 계속해서 둥글게 뭉쳐진다.

뿌리가 나선형으로 자란 식물은 밭에 옮긴 후 성장을 금방 시작하지 않는다. 이러한 문제를 해결하기 위해 플러그 트레이를 바닥과 벽에 공기가 통하도록 구멍이 뚫린 형태로 만드는 시도도 이어지고 있다.

다행히 지금까지 언급한 종류보다 더 나은 용기가 있다. 바로 흙 블록이다. 다음 장에서는 흙 블록에 대해 이야기하기로 하자.

17장

흙 블록

기존에 있던 방식보다 간단하고, 더 효과적이고, 비용도 덜 드는 기술을 찾는 것만큼 만족스러운 일도 없을 것이다. 옮겨심기에서는 흙 블록이 바로 그와 같은 기술에 해당된다. 흙 블록은 100년도 더 전에 네덜란드에서 개발된 기술이나, 인류가 처음 정사각형 모양의 '흙'에 식물을 키운 시기는 2천 년 이상 거슬러 올라간다. 멕시코 소치밀코 지역에서 치남파Chinampa라는 방식으로 농사를 지었던 아즈텍 원예가들이 진흙이 듬뿍 들어간 정육면체 모양의 흙에 모종을 키운 이야기를 읽어보면 정말 흥미롭다.[1] 오래전 상업용 작물을 기르던 사람들이 밭을 갈아서 부분적으로 썩힌 풀로 한 변이 10~13센티미터인 정육면체 모양의 흙을 빚어서 멜론이나 오이를 옮겨 심을 때 활용한 것도 비슷한 기술이라 할 수 있다.

흙 블록에 바질 모종이 자라는 모습.

흙 블록의 기능 방식

흙 블록의 기능은 이름에 거의 다 담겨 있다. 즉 화분용 흙을 살짝 압축해서 만든 블록은 옮겨 심을 모종이 담기는 용기 겸 식물이 자라는 매개체 기능을 모두 수행한다. 흙 블록은 오로지 화분용 흙으로만 만들어지며 벽이라 할 만한 부분은 전혀 없다. 특정한 형태로 흙을 채워 넣어서 만드는 것이 아니라 흙을 뭉쳐서 어떤 형태를 만드는 것이므로 블록과 블록 사이에 공기가 드나들 공간이 생긴다. 식물을 용기에 키우면 뿌리가 벽면에 닿아 나선형이 되지만 흙 블록을 이용하면 가장자리까지 뿌리가 뻗어나간 후 멈춘다. 블록 사이에 공기가 채워지는 공간과 얇은 칸막이로 인해 뿌리가 다른 블록까지 뻗어 나가지는 않지만, 블록 가장자리까지 온 뿌리는 그대로 빠르게 바깥쪽으로 자라날 수 있다. 그러므로 밭에 옮겨 심으면 모종은 단시간에 자리를 잡을 수 있다. 하지만 식물을 블록에 너무 오랫동안 키우면 뿌리가 인접한 다른 블록까지 뻗어갈 수 있으므로 그러한 일이 벌어지기 전에 옮겨 심어야 한다.

흙 블록은 식물의 성장 매개체일 뿐이지만 결코 약하지 않다. 처음 블록이 형성되면 수분이 있는 물질끼리 섬유성 조직이 형성되는 특성이 있으므로 한 덩어리로 뭉쳐진다. 여기에 파종을 하면 어린 식물의 뿌리가 금방 블록을 채우고, 크게 조심조심 다루지 않아도 될 만큼 안정성을 갖게 된다. 비용을 추가로 들이지 않고 농장에서 직접 모종을 키울 수 있는 시스템을 마련하고자 한다면 흙을 뭉치기만 하면 되는 흙 블록이 답이다.

장점

흙 블록의 가장 큰 장점은 소형 화분이나 팩pak, 플러그와 같은 용기로 할 수 있는 모든 일들은 흙 블록으로, 그것도 용기 구입비용이나 번거로운 관리 과정 없이 다 할 수 있다. 흙 블록은 필요에 따라 얼마든지 조정이 가능하다. 블록 맨 윗면에 조금 움푹 들어간 곳을 만들어서 씨앗을 심어도 되고, 나중에 뿌리를 다듬을 수 있도록 중앙에 구멍을 깊이 뚫기도 한다. 구멍을 큼직하게 내서 모종을 옮겨 심어도 되고, 작은 블록에서 발아한 모종을 그보다 큰 블록에 작은 블록과 정확히 동일한

가로세로 5센티미터 크기의 흙 블록에 상추 모종이 자라는 모습.

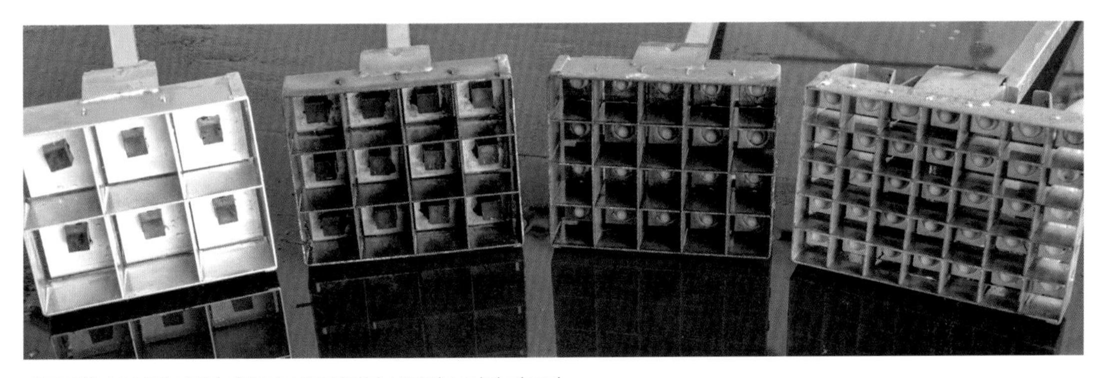

전문가용 수동식 흙 블록 제조기. 제조기마다 블록의 크기가 다르다.

크기로 구멍을 낸 후 재빨리 옮겨 심을 수도 있다.

흙 블록을 이용하면 플러그 트레이의 문제점이나 구입비 없이 트레이의 장점을 누릴 수 있다. 원예 농사에서는 재배 기간이 끝날 무렵에 플라스틱 용기가 산더미처럼 쌓이는데, 흙 블록은 이런 문제로부터도 자유롭다. 유럽의 농민들은 화초를 블록에 담긴 채로 판매하며 구입한 소비자가 각자 가지고 있는 용기에 옮겨 심는다. 이렇게 하면 농부나 소비자는 물론, 환경도 플라스틱 화분 비용을 감당하지 않아도 된다. 한마디로 정리하면 흙 블록은 내가 생각하는 모종을 키울 수 있는 방법들 중 최고의 시스템이다.

흙 블록 제조기

이 시스템의 핵심은 흙 블록을 만드는 도구, 즉 블록 제조기다. 기본적으로 이 도구는 재배용 흙을 정육면체 형태로 만드는 방출형 틀에 해당된다. 시중에는 수동 제품과 기계화된 제품이 모두 판매되고 있다. 소규모로 농사를 짓는 경우에는 수동 제품이 가장 알맞다. 자동화된 흙 블록 장치는 한 시간에 1만 개가 넘는 블록을 만들 수 있다. 작은 규모로 채소를 키우는 농장에는 너무 과한 양이다.

다용도로 활용할 수 있는 흙 블록의 특성을 제대로 파악하기 위해서는 두 가지에 중점을 두어야 한다. 하나는 블록 틀의 크기이고 다른 하나는 중심 핀의 크기와 형태이다.

틀

블록 틀은 면의 길이로 나뉘는데, 이 종류는 2센티미터, 4센티미터, 5센티미터, 7.5센티미터, 10센티미터가 있다. 틀은 모든 면의 길이가 동일한 정육면체 모양으로 되어 있다. 원예 분야 연구를 통해 모종의 뿌리 성장을 위해서는 아래로 갈수록 점점 가늘어지는 플러그 형태보다는 정육면체가 우수하다는 사실이 확인됐다.

블록의 크기는 두 가지를 고려하여 선택한다. 첫 번째는 식물의 종류, 두 번째는 옮겨심기 전에 모종을 기를 기간이다. 예를 들어 파종을 일찍 실시하거나 야외 경작지에 옮겨심기 전까지 오래 기다려야 하는 경우에는 큰 블록을 사용한다. 여름과 가을에 식물을 단기간 키울 때는 작은 블록으로 충분하다. 미니 블록은 모종으로 키울 식물을 발아시키는 용도로만 활용한다.

물론 블록이 작을수록 화분용 배합토도 적게 들고 온실에서 차지하는 공간도 줄어든다(4센티미터 블록에 들어가는 흙의 양은 5센티미터 블록에 필요한 흙의 절반에도 미치지 않는다). 그럼에도 블록 크기를 정할 때는 보통 가장 큰 두 가지 중에 하나를 선택하는 것이 안전하다. 그보다 작은 블록을 사용할 경우 당연히 식물이 그곳에 머무는 기간도 줄여야 한다. 상업적인 용도로 식물을 블록에 재배하는 유럽 업체들은 블록에서 자라는 식물이 필요로 하는 영양성분이 매우 적다는 점을 고려하여 수용성 영양소를 공급한다. 플러그 타입 용기에서 모종을 기를 때는 각 칸에 들어가는 흙의 양이 블록보다 훨씬 적으므로 이 같은 영양 보충 공급

흙 블록 대 플러그 트레이

옮겨 심어서 재배할 모종의 질적 수준은 성공적인 수확으로 가는 첫걸음이다. 플러그 트레이를 사용할 경우 흙의 부피가 최소 수준이다. 뿌리가 차지하는 공간도 막혀 있어서 모종이 제대로 자라지 못하는 악영향이 발생하고 나중에 해충 문제가 발생하는 원인이 된다고 생각한다. 실제로 모종을 옮겨 심으면 잘 자라지 않아 고생하는 농장들이 플러그 트레이에 모종을 기른 경우가 많다. 흙 블록에 화분용 흙이 더 많이 들어가는 건 사실이나, 그로 인해 비용이 들더라도 건강한 모종을 확실하게 얻을 수 있으므로 투자할 만한 가치가 있다.

98개의 칸으로 구성된 플러그 트레이를 쭉 사용해 온 경우라면 '조니스 셀렉티드 시즈 사에서 만든 '스탠드업 35(Stand-up 35)' 블록 제조기를 추천한다. 이 제품을 이용하면 가로세로 25 × 50센티미터 크기의 트레이에 흙을 채워서 2.75센티미터 크기의 블록 105개를 만들 수 있다. 블록 제조기와 트레이를 함께 사용하는 이 같은 방식으로 플러그 트레이를 계속 사용하면서도 일종의 모듈 시스템이 구축되므로 양질의 건강한 모종을 생산할 수 있다.

흙 블록의 재배 환경이 더 우수하므로, 트레이보다 블록에 키운 모종이 더 빨리 옮겨 심을 수 있는 크기로 자란다. 흙 블록을 이용할 때 파종 후 모종을 옮겨 심는 시점까지 소요되는 평균적인 기간은 표 16.1 '옮겨심기 시점'을 참고하기 바란다.

역주: 우리나라에서는 흙 블록은 사용되지 않고 대부분 플러그 트레이를 이용하고 있다.

이 반드시 필요하다. 위아래가 뒤집힌 피라미드 형태의 플러그도 널리 활용되고 있는데, 이 경우 들어가는 흙의 양은 가장 윗면의 면적이 동일한 정육면체 모양의 블록과 비교하면 3분의 1밖에 되지 않는다.

나는 무조건 크기가 더 큰 흙 블록을 선택한다. 그 이유는 우선 어린 식물에 드는 돈을 아끼는 것이 오히려 경제적으로 손해라고 믿기 때문이다. 식물이 초기에 왕성하게 자라면 이후 생산성과 해충 저항성이 확보되는 토대가 된다. 해충 문제로 괴로워하는 농장들의 문제를 되짚어보면 여러 칸으로 나뉜 플러그 트레이에 갇혀 자라는 동안 이미 스트레스에 시달린 식물을 옮겨 심은 것이 원인인 경우가 많다는 것을 깨달았다. 큰 블록을 선호하는 두 번째 이유는 처음부터 식물이 필요로 하는 영양소를 블록에 포함시킬 수 있어서 수용성 성분으로 영양 공급을 의존하지 않아도 되기 때문이다. 블록의 크기와 배합토의 양이 적당하면 물을 주는 것만으로 모종이 필요로 하는 모든 영양을 제공할 수 있다.

모종이 자랄 공간을 넉넉하게 확보해야 한다고 생각하는 또 한 가지 이유는

85° F

흙에 추가하는 유기물의 양 때문이다. 상추 모종을 5센티미터 블록에 재배한 뒤 앞과 뒤, 양 옆에 30센티미터 간격을 두고 옮겨 심는다고 할 때 흙 블록에 들어가는 유기물의 양은 4천 제곱미터(약 1,200평)당 4,535킬로그램의 퇴비를 뿌리는 것과 동일한 양이 된다! 토양에 유기물을 장기적으로 늘리는 재료로서의 가치는 토탄이 거름의 두 배 이상인데, 흙 블록으로도 중량 기준 거름을 두 배 더 많이 뿌리는 효과를 얻게 된다. 옮겨심기 후 연작을 실시할 경우 옮겨 심는 과정에서 투입된 토양 개선 물질의 효과를 크게 누릴 수 있다.

핀

위에서 누르는 방식으로 흙 블록을 만드는 제조기에는 블록 틀 중앙에 핀이 달려 있다. 일반적인 핀은 작은 버튼 모양으로, 흙 블록 상단에 씨앗을 놓을 자리를 만드는 데 사용된다. 이러한 핀은 상추나 양배추, 양파, 토마토 씨앗과 같은 크기의 씨앗을 심을 때 적합하다. 그 밖에도 맞춤형 못이나 정육면체 모양으로 생긴 핀도 있다. 나는 멜론이나 호박, 옥수수, 완두, 콩과 같은 식물의 씨앗을 심을 때 정육면체 모양 핀을 사용한다. 길쭉한 못 형태의 핀을 사용하면 꺾꽂이용으로 잘라낸 식물을 심을 수 있는 깊은 구멍이 생긴다. 정육면체 핀은 작은 블록을 더 큰 블록으로 옮길 때도 사용할 수 있다. 즉 큰 블록에 정육면체 핀으로 구멍을 내고 그 자리에 작은 블록을 넣는 것이다. 여러 가지 유형의 핀은 손쉽게 갈아 끼울 수 있다.

흙 블록 시스템

2센티미터 크기의 블록은 싹을 틔울 씨앗을 심는 데 활용되며 미니 블록 제조기로 만든다. 이 소형 블록을 이용하면 온도 조절 인큐베이터에서 엄청난 양의 모종을 모듈 방식으로 생산할 수 있다. 씨앗이 발아하기까지 시간이 오래 걸리는 식물은 그 단계에서 필요한 공간이 크지 않으므로 이 방식이 유용하다.

미니 블록은 모종을 다른 곳으로 손쉽게 옮길 수 있다는 점에서 유용하다. 첫 번째 잎이 돋아날 때까지 기다렸다가 옮겨 심어야 한다는 조언을 여러분도 자주 접했을 것이다. 하지만 이는 틀린 정보다. 화분용 흙을 연구한 초기 연구자 중 한 사람인 로렌스W. J. C. Lawrence는 모종을 일찍 옮겨 심을수록 더 잘 자란다는 조사 결과를 발표했다.[2]

4센티미터 크기의 블록은 상추, 배추속 식물, 비트, 회향 등 옮겨 심을 모종의 재배기간이 짧은 작물을 키울 때 주로 사용한다. 길쭉한 맞춤 못과 함께 사용하면 꺾꽂이 식물이 뿌리를 내리기에 안성맞춤인 블록을 만들 수 있다.

5센티미터 블록은 옮겨 심을 모종의 재배 기간이 긴 식물에 일반적으로 사용된다. 1.9센티미터 크기의 정육면체 핀으로 구멍을 내면 콩, 완두, 옥수수, 호박 씨앗을 발아시키는 용도로 활용할 수 있으며 미니 블록에서 키운 작물을 옮겨 키우는 블록으로도 활용할 수 있다.

7.5센티미터 블록에 2센티미터 정육면체 핀으로 구멍을 내면, 온실 공간이 부족할 때 다양한 밭작물을 발아시킬 수 있다(호박, 오이, 멜론). 미니 블록에 키운 아스파라거스 모종을 옮겨 심을 블록으로도 알맞은 크기다.

10센티미터 블록에 4센티미터 또는 5센티미터 정육면체 핀으로 구멍을 내면 아티초크나 가지, 고추, 토마토 모종이 자라는 마지막 터전으로 활용할 수 있다. 형태가 정육면체라 들어가는 흙의 양은 15센티미터 크기의 화분과 동일하다. 나는 동일한 작물을 키울 때 15센티미터 블록을 애용하며 10센티미터 블록은 더 이상 사용하지 않는다.

핀의 종류

블록 제조기에 딸려 있는 핀 외에도 직접 원하는 크기나 형태로 핀을 만들어서 사용할 수 있다. 나무나 금속, 플라스틱처럼 단단한 재질이고 표면이 매끈하기만 하면 대부분 만들수 있다. 플러그 트레이를 틀로 활용해서 핀을 만드는 방법도 있다. 단시간에 굳는 퍼티 접착제와 함께 다양한 크기의 핀을 만들면 플러그 트레이와 흙 블록이 결합된 시스템을 갖출 수 있다.

블록용 배합토

옮겨 심을 모종은 블록에 키우든 화분에 키우든 뿌리가 뻗을 수 있는 공간이 제한된다. 그러므로 이 한정된 성장 환경을 보완할 수 있도록 특별히 배합된 흙이 필요하다. 흙 블록을 만들 때 사용되는 특수한 흙은 블록용 배합토로 불린다. 블록용 배합토는 흙 블록이 갖추어야 하는 특수한 요건이 있으므로 일반적인 화분용 흙과는 다르다. 물을 뿌리면 균일한 페이스트가 형성되고 이를 블록으로 만들었을 때 형태가 유지될 수 있도록 섬유성 재료가 더 많이 추가된다. 성분 조정 없이 정원의 흙으로 블록을 만들면 딱딱하고 투과성이 없는 블록이 되고 만다.

또한 흙 블록은 화분처럼 막혀있지 않으므로 흙이 물을 잘 머금고 있어야 한다. 블록용 배합토의 주재료는 토탄, 모래, 흙, 퇴비다. 시중에 판매되는 배합토를 이용해도 되지만 대부분 유기농산물 인증 프로그램에서 허용하지 않는 화학 첨가물이 포함되어 있다. 첨가물 없이 토탄과 펄라이트로 구성된 배합토를 구입할 수 있다면 여기에 흙과 퇴비, 그리고 아래에 소개한 재료를 더해서 사용하면 된다.

몇 년 전부터는 식물이 충분히 잘 자랄 수 있는 유기재배용 배합토 제품이 시장에 등장하기 시작했다. 다만 공급업체와 멀리 떨어진 곳에서 주문하면 배송비가 많이 들 수 있다. 그리고 솔직히 말하면, 내가 직접 만든 배합토보다 모종이 더 잘 자라는 제품은 거의 없는 것 같다.

토탄

수분을 흡수할 수 있는 부분적으로 부패한 식물 잔해로 이루어진 토탄은 늪과 습지에서 발견된다. 배합토에 토탄을 사용하면 섬유질과 유기물이 공급된다. 그러나 토탄이라고 해서 모두 동일하지는 않으며 품질에 큰 차이가 있다. 나는 프리미엄 등급을 추천한다. 품질이 떨어지는 토탄에는 나무토막이 많고 색이 굉장히 칙칙하다. 품질이 우수한 토탄일수록 섬유질 함량이 높고 조직이 촘촘하다. 원예용품을 판매하는 가까운 판매점에 양질의 토탄을 구할 수 있는지 계속 문의하고 원하는 상품을 꾸준히 찾아보기 바란다. 대형 온실에서 자체적으로 배합토를 만드는 경우도 많은데, 대부분 품질이 우수하다. 토탄은 흙 블록의 전체적인 형태를 구성한다.

모래

모래나 모래와 비슷한 과립 성분은 배합토에 개방성을 부여하고 공기가 더 원활히 드나들 수 있도록 한다. 입자 지름이 1.6~3.2밀리미터인 거친 모래가 가장 효과적이다. 시중에 판매되는 배합토에는 질석이 함유된 경우가 많지만 너무 가볍고 흙 블록을 만드는 과정에서 부스러지기 쉬워서 나는 사용하지 않는다. 배합토를 좀 더 가볍게 만들어야 할 때는 모래 대신 거친 펄라이트를 넣는다. 입자가 거친 재료로 무엇을 사용하든 중요한 것은 식물이 잘 자랄 수 있도록 공기가 충분히 통해야 한다는 점이다.

퇴비와 흙

현대의 생육배지에는 대부분 진짜 흙이 포함되지 않지만, 나는 배합토에 흙과 퇴비를 모두 넣는 것이 식물 성장에 중요하다는 사실을 알게 되었다. 두 재료를 함께 사용하면 과거 화분에 사용하던 효과적인 양토의 기능을 대체할 수 있다.[3] 더불어 다른 재료들과 함께 결합하여 안정적이고 식물에 영양소를 지속적으로 공급할 수 있는 토양이 된다. 내가 생각하는 흙의 가장 중요한 역할은, 퇴비에 과도하게 함유된 영양소가 있을 때 이를 적당한 수준으로 중화시켜 농사에서 보다 일정한 결과를 얻도록 한다는 것이다. 정확한 이유는 알 수 없지만 흙과 퇴비가 모두 포함된 배합토에는 영양소를 추가로 공급할 필요가 없다.

퇴비는 블록용 배합토에서 가장 중요한 재료다. 2년간 썩혀서 질감이 미세하고 부패가 완전히 진행된 퇴비가 가장 좋다. 화분용 흙에 사용할 퇴비 더미는 세심하게 관리해야 한다. 나는 화분용 혼합토에 들어갈 퇴비에는 동물 배설물로 만든 거름이 포함되지 않은 대패톱밥이나 톱밥을 사용한다. 말 배설물로 만든 거름을 구할 수 있을 때는 재료로 사용한다. 퇴비 더미는 먼저 밭에서 나온 여러 가지 폐기물(채소의 겉잎, 완두 덩굴, 잡초 등)을 5~15센티미터 두께로 쌓은 뒤 표토로 덮고 짚이 섞인 거름을 5~7.5센티미터 두께로 얹은 다음 그 위에 몬모릴로나이트 점토를 올린다. 적당한 높이가 될 때까지 동일한 순서로 재료를 계속 쌓아서 퇴비 더미를 완성한다. 기온이 오를 때, 그리고 기온이 내려갈 때 한번씩 뒤집어서 섞어야 부패 과정이 촉진된다.

퇴비를 만들 때 지렁이는 자연히 생기는 것 외에 따로 투입하지 않는다. 매년 같은 밭에서 퇴비를 만들어보니 대부분 상당한 양의 지렁이가 생긴다. 재료가 부패하는 동안, 그리고 퇴비가 완성된 후에는 퇴비용 덮개를 씌워두어야 한다. 퇴비는 추가로 1년 더 그대로 두고 썩힐 것을 강력히 권장한다(즉 1년 반에서 2년간 두었다가 사용하는 것이 좋다). 그 기간 동안 번거로운 일이 생기더라도 완성된 결과물은 그 이상의 가치를 발휘한다.

좋은 재료로 퇴비를 만들면 식물도 더욱 잘 자란다. 그러한 퇴비가 포함된 배합토에서 질적으로 두드러지게 우수한 모종이 자란다는 점만으로도 퇴비를 만들 때 더 세심한 관심을 기울여야 할 이유는 충분하다. 블록용 배합토에 넣을 퇴비는 가을이 오기 전에 비축해두고 얼지 않는 곳에 보관해야 한다. 겨울철에 저장된 공간에서 충분히 썩는 동안 배합토로서의 기능도 더욱 강화되는 것으로 보인다.

여기서 이야기하는 '흙'은 비옥한 밭에 있는 흙을 가리킨다. 흙도 마찬가지로 사용 전에 미리 비축해두어야 한다. 나는 가을철에 양파 수확이 막 끝난 밭에서 흙을 모아온다. 경험상 양파를 키웠던 흙이 블록용 배합토에 포함되면 모종이 가장 잘 자라는 것 같다. 작물 윤작에 관한 여러 연구에서 양파(그리고 리크)는 채소 윤작 시 먼저 재배하면 뒤에 재배할 작물에 매우 이로운 영향을 준다는 사실이 밝혀진 것을 보면,[4] 어떤 생물학적인 영향이 발휘되는 것으로 추측된다. 흙과 비료를 첨가할 때는 구멍 크기가 1.25센티미터인 체에 쳐서 나뭇가지와 돌, 큰 덩어리를 제거해야 한다. 미니 블록이나 아주 작은 꽃씨를 싹 틔우는데 사용되는 미세한 배합토용 퇴비와 토탄은 구멍이 6밀리미터인 체에 걸러서 사용한다.

추가 재료

석회, 혈분, 콜로이드성 인산염, 녹사도 소량 첨가한다.

석회 석회 가루는 블록용 배합토의 pH를 조절하기 위해 첨가한다. 석회의 양은 토탄의 양과 산성도가 가장 강한 재료의 양에 맞춰서 정한다. 퇴비나 밭에서 가져온 흙은 산성도를 따로 바꾸려고 하지 말아야 한다. 나는 경험상, 그리고 최근 발표된 연구 결과를 참고하여 옮겨 심는 주요 작물은 모두 pH6~6.5 사이의 중성 배지에서 키운다. 여러 종류의 토탄을 섞어서 배합토를 만들 경우 pH를 몇 차례 측정하여 정확히 확인하기도 한다. 하지만 여러 토탄이 포함된 배합토에서는 석회의 양이 큰 영향을 주지 않는 것 같다.

혈분 나는 혈분이 생육배지에 질소를 천천히 방출하는 가장 일관성 있고 믿음직한 원료라는 사실을 확인했다. 영국의 농사 관련 서적을 보면 제각분•이 자주 등장하는데 혈분과 기능이 비슷하다. 게 껍질 가루도 사용해본 결과 굉장히 성공적이었다. 독자적으로 실시된 최근 연구들을 통해서도 내가 경험한 결과가 입증되었고, 더불어 목화씨 가루와 건조시킨 유장 침전물도 마찬가지로 효과가 우수한 것으로 밝혀졌다.[5]

콜로이드성 인산염 퇴적된 인광석과 점토가 결합된 물질로, 오산화인이 22퍼센트 함유되어 있다. 입자가 미세할수록 좋다.

녹사(해록석) 녹사에는 칼륨이 어느 정도 함유되어 있으나 배합토에 넣는 주된 이유는 광범위한 미세영양소를 공급할 수 있기 때문이다. 해조 분말 등 말린 해조류 제품도 동일한 목적으로 활용할 수 있지만 나는 녹사를 사용했을 때 더 일정한 결과를 얻을 수 있었다.

혈분, 콜로이드성 인산염, 녹사를 동일한 비율로 섞은 것은 비료 베이스로도 불린다.

블록용 배합토 레시피

배합토를 대용량으로 만들 때는 일반적인 9.5리터 크기의 양동이로 재료의 양을 정한다. 부가적으로 넣는 재료는 표준 계량컵을 이용하면 된다. 아래 레시피는 35리터 분량의 배합토를 만들 수 있는 양이다. 설명대로 각 재료를 혼합하면 된다.

갈색 토탄, 양동이 3개 분량	석회, 반 컵(120밀리리터)
거친 모래나 펄라이트, 양동이 2개 분량	비료 베이스, 3컵(720밀리리터)

• 가축의 발굽과 뿔을 건조시켜 분쇄한 것.

흙, 양동이 1개 분량　　　　퇴비, 양동이 2개 분량

산성이 가장 강한 재료가 토탄이므로 먼저 토탄을 석회와 섞는다. 그다음 모래나 펄라이트를 추가하고 이어 비료 베이스를 넣는다. 건조된 부가 재료를 이와 같이 토탄과 함께 섞으면 모든 재료가 생육 배지에 고루 분포한다. 이어 흙과 퇴비를 넣고 충분히 혼합한다.

배합토를 더 많이 만들 때는 본 레시피의 재료량을 단위로 생각하면 된다. 대용량으로 넣는 재료와 부가 재료의 비율만 유지하면 단위는 얼마든지 늘릴 수 있다. 즉 각 재료의 양을 단위로 생각하면 다음과 같이 배합할 수 있다.

갈색 토탄, 30단위　　　　석회, ⅛단위
거친 모래나 펄라이트, 20단위　　　　비료 베이스, ¾단위
흙, 양동이 10단위　　　　퇴비, 양동이 20단위

미니 블록용 배합토 레시피

씨앗을 발아시킬 때 사용되는 미니 블록은 다른 배합으로 만든다. 씨앗은 옥탄가가 낮고 혈분을 넣지 않아야 발아가 더 잘 된다. 또한 토탄과 퇴비는 구멍이 0.6센티미터인 체로 걸러 미세한 입자로 만든 다음에 첨가한다.

갈색 토탄, 16단위 또는 15리터　　　　녹사, ⅛단위 또는 120밀리리터
콜로이드성 인산염, ⅛단위 또는 120밀리리터
충분히 썩힌 퇴비, 4단위 또는 3.8리터

참고 사항: 녹사를 구할 수 없으면 제외하면 된다. 이 레시피에서는 녹사 대신 말린 해조류 제품을 넣지 말아야 한다.

배합토 멸균

20년 넘게 배합토를 직접 만들어서 쓰는 동안 나는 한 번도 멸균을 해본 적이 없

다. 그래도 전혀 문제가 없었다. 식물이 말라죽거나 모종에 그와 비슷한 문제가 생기면 대부분 흙을 멸균하지 않아서 생긴 일이라고 생각하지만, 실제로는 물을 너무 많이 주거나 공기가 충분히 순환하지 못해서, 또는 햇볕이 부족하고 비료를 과하게 첨가하는 등 재배 환경이 제대로 기능하지 못한 것이 원인이다. 기름진 양질의 흙과 잘 만든 퇴비에는 모종 성장에 도움이 되는 수많은 생물이 포함되어 있다. 그러므로 멸균은 모종을 제대로 관리한다면 얻을 수 있는 생물의 이점을 잃게 만든다. 최근 여러 대학에서 발표한 연구 결과를 보면 완성된 퇴비가 식물 재배에 사용되는 배합토에서 병해를 억제한다는 사실이 확인되었다.[6]

질소 반응

배합토를 만들 때 좀 더 신중을 기해야 하는 작물도 있다. 대부분 다른 작물보다 약한 화단용 화초 종류이다. 배합토에 혈분이나 과거에 사용되던 제각분 등 질소를 공급할 수 있는 유기원료를 첨가하면 생물학적인 질소 광물화 과정과 뒤이어 일어나는 암모니아 생산 과정으로 인해 식물 성장이 저해될 수 있다. 이러한 현상은 배합토를 만든 후 일정 기간이 지나면 나타나고, 습도와 기온이 높을 때 특히 많이 발생한다.[7] 녹사 대신 말린 해조류 제품을 첨가한 경우에도 마찬가지로 이러한 문제를 고려해야 한다. 이 같은 반응을 피하려면 배합토는 필요할 때 바로바로 만들어서 사용하고 3주 이상 보관하지 말아야 한다. 나는 이 문제로 골치 아팠던 적이 한 번도 없지만, 일단 밝혀둘 필요가 있다고 생각한다. 사실 내 경험상 배합토를 3개월 이상 보관하면 모든 재료가 고루 섞여서 오히려 더 나은 결과를 얻을 수 있었다.

내가 방문했던 유럽의 한 유기농 농장에서는 배합토 재료를 층층이 쌓아서 꼬박 1년을 그대로 두었다가 사용했다. 냉상에 말 배설물로 만든 거름을 깔고 그 위에 부엽토와 퇴비를 차례로 쌓은 뒤 먼저 양배추를 심고 뒤이어 멜론, 콘샐러드를 키웠다. 이러한 작물들의 뿌리와 1년간 접촉하도록 하는 처리 과정을 거친 후 배합토의 기본 재료로 활용했다. 즉 처리 과정을 거친 배합토를 토탄, 암석 가루와 7대 3의 비율로 섞어서 최종 완성한다. 농사를 짓는 내 지인은 얕은 용기와 플러그 트레이에 모종을 기를 때는 순수 비료만 사용한다. 나는 이러한 사례들이 농부들마다 어떤 화분용 토양을 사용해야 하는지 고민하고 제각기 다른 여러 가지 답을 찾아내는 것과 관련이 있다고 생각한다. 앞서 소개한 블록용 배합토에 관한 정보는 내가 효과적으로 사용해온 방법이지만 이것이 유일한 답은 아니다. 배합토를 직접 만드는 방법보다 유기농 배합토 제품을 구입하는 쪽을 선호하는 경우 선배 농부의 조언을 참고하는 것이 바람직하다.

배합토에 수분 공급하기

블록용 배합토의 구성을 일정하게 유지하려면 재료가 충분히 젖은 상태여야 한다. 첨가하는 물의 양은 재료의 수분 함량에 따라 다양하게 결정된다. 평균적으로 블록용 배합토를 적당히 축축한 상태로 만들기 위해서는 물과 배합토를 부피 기준 1대 3의 비율로 섞는다. 즉 배합토 0.09제곱미터당 물은 9.5리터보다 조금 더 많은 양을 섞으면 된다.

흙 블록을 성공적으로 만들기 위해서는 충분히 젖은 배합토를 사용해야 한다. 흙이나 얕은 판에 넣는 화분용 배합토보다 훨씬 더 축축하므로 익숙해지려면 어느 정도 시간이 걸릴 것이다. 실제로 블록 제조 시 가장 많이 하는 실수는 너무 메마른 배합토로 흙 블록을 만들려고 시도하는 것이다. 배합토에 수분이 충분히 공급되어야 하는 이유는 토탄의 비율이 높아야 필요한 만큼의 단단함을 유지할 수 있기 때문이다.

흙 블록 취급 방법

흙 블록을 대규모로 생산하는 많은 업체들은 갓 만들어서 파종한 블록 수천 개를 온실의 콘크리트 바닥에 둔다. 밭에 옮겨 심을 때가 되면 촘촘하게 갈라진 갈퀴가 넓게 달린 포크차를 이용하여 들어 올린 다음 운반용 상자에 담는다. 이때 사용되는 상자는 벽이 높아서 모종을 망가뜨리지 않고 옮길 수 있다. 소규모 농장에서는 특수 제작된 이런 상자 대신 세 가지 다른 방법을 활용할 수 있다.

우리 농장에서는 수년 전에 벽이 삼면으로 된 단순한 형태의 얕은 나무 상자를 만들었다. 상자의 내부 크기는 가로 48센티미터, 세로 20센티미터에 높이는

5센티미터다. 받침나무는 측면에 2센티미터, 바닥에는 1.25센티미터 두께의 판을 사용한다. 이렇게 만든 상자 하나당 4센티미터 블록의 경우 60개, 5센티미터 블록은 36개, 7.5센티미터 블록은 18개가 들어간다. 두께 5센티미터, 너비 10센티미터 나무판을 가로대로 놓은 벤치만 마련되면 상자를 나란히 두 줄로 올릴 수 있으므로 온실에서 사용하기에 적합한 크기다. 이렇게 높이가 낮은 상자는 식물을 담은 후에는 위로 쌓을 수 없다. 또한 상자를 옮길 때는 위아래가 일정 간격으로 나뉜 선반이 필요하다.

이 상자는 옆면이 세 곳만 막혀 있으므로 나중에 밭으로 가져가 옮겨 심을 때 뚫린 쪽으로 블록을 쉽게 꺼낼 수 있다. 상자의 긴 면을 한 손으로 들고 다른 한 손으로 밭에 미리 내둔 구멍에 재빨리 흙 블록을 놓으면 된다. 미니 블록도 비슷한 형태의 삼면 상자를 이용할 수 있다(너비는 절반으로 줄이고 높이는 2센티미터로 만든다). 길이는 일반 상자와 동일하므로 온실 벤치에 둘 때는 동일한 단위로 효율적인 관리가 가능하다. 이와 같은 크기로 만든 상자에는 미니 블록 120개가 들어간다.

폴리카보네이트 상자

우리 농장에 새로 세운 온실 두 채의 앞쪽과 뒤쪽 벽을 폴리카보네이트 시트로 씌운 뒤부터는 아주 단순한 모양의 또 다른 흙 블록용 상자를 만들어서 현재까지 사용하고 있다. 우리는 온실 벽을 씌우고 남은 폴리카보네이트를 잘라 나무 상자와 마찬가지로 가로 20센티미터, 세로 45센티미터 크기의 상자를 만들었다. 마찬가지로 흙 블록의 크기에 따라 각각 60개, 36개, 18개의 블록이 들어가는 크기다. 폴리카보네이트는 나무처럼 썩지 않으므로 오랫동안 사용할 수 있다.

최근에는 흙 블록 생산업체들이 가로세로 25~50센티미터 크기의 트레이를 표준 규격으로 삼기 시작하면서 미국 전역의 온실에서 그와 같은 트레이를 볼 수 있게 되었다. 해당 규격의 트레이를 많이 다뤄본 농부들 가운데 플러그 트레이 말고 다른 방법으로 모종을 기르고자 하는 사람들이 해당 제품을 사용하고 있다.

빵 운송 상자

흙 블록을 대량으로 취급하는 경우에는 빵집에서 흔히 볼 수 있는 플라스틱 메쉬 형태의 대형 빵 운송 상자를 사용하는 방법도 있다. 보통 가까운 베이커리에 가면 적당한 가격에 구입할 수 있다. 이러한 상자는 키가 아주 높게 자라는 모종만 아니라면 측면 높이가 모종보다 높으므로 위로 여러 겹 쌓아서 운반할 수 있다. 빵 운송 상자는 크기가 다양하지만 평균적으로 상자 하나에 4센티미터 흙 블록 200개가 들어간다. 그보다 크기가 작거나 큰 블록은 크기만큼 블록도 더 적게 또는 더 많이 담을 수 있다.

빵 운송 상자를 활용하면 굉장히 효과적으로 일할 수 있다. 측면과 바닥이 메시 재질이므로 블록 사이사이에 공기가 잘 통하고 모종의 뿌리도 흙 블록과 맞닿을 수 있는 다섯 개 면 중 어느 쪽으로도 뻗어 나갈 수 있다. 밭에 식물을 옮겨 심을 때는 벽이 삼면으로 된 더 작은 상자만큼 다루기가 쉽지 않지만 익숙해지면 얼마든지 조절해가면서 활용할 수 있다.

흙 블록 만들기

먼저 단단한 바닥에 잘 섞인 축축한 배합토를 만들고자 하는 블록의 두께만큼 쌓는다. 블록 제조기를 놓고 신속하게 아래로 누른 다음 살짝 비틀어 형태를 잡는다. 그런 다음 블록 제조기를 들어올리고 틀 바깥쪽에 붙은 배합토를 판 가장자리에 긁어서 떼어낸다. 그대로 제조기를 삼면 상자나 빵 운송 상자, 플라스틱 시트, 콘크리트 바닥, 기타 적당한 바닥에 올리고 스프링이 달린 손잡이를 눌러 틀과 내용물을 분리시킨다. 이때 손잡이는 물기가 살짝 배어 나오는 것이 보일 때까지 세게 눌러야 하며, 그 상태에서 블록 제조기 틀 측면이 한쪽으로 치우치지 않도록 부드럽게 들어 올린다.[8] 블록 제조기는 한 번 사용할 때마다 물에 담가 헹구고 다시 사용한다. 충분히 연습하면 깜짝 놀랄만한 속도로 흙 블록을 생산할 수 있다(한 농부는 4센티미터 블록을 만들 수 있는 제조기로 시간당 최대 5천 개까지 만들 수 있다고 주장한다).

흙 블록에 파종하기

블록마다 윗면에 씨를 놓을 수 있도록 움푹 들어간 자리가 생긴다. 보통 수작업으로 만든 흙 블록에는 손으로 씨를 놓고, 자동화된 방식으로 블록을 만들 경우 파종도 블록을 만드는 것처럼 기계적으로 이루어진다. 자동 파종기는 줄지어 놓인 흙 블록 위로 지나가면서 구멍마다 씨를 하나씩 떨어뜨린다. 소규모 농장에서는 이러한 기계 장치를 사용하려고 해도 너무 크고 가격도 부담될 수 있다. 대신 농부 여럿이 협력해서 한 명이 파종을 담당하는 방식으로 실시할 수 있다. 농사를 소규모로 짓는 농부들은 이렇게 서로 힘을 합치는 방법을 활용할수록 큰 도움을 얻을 수 있으므로 기회가 생기면 반드시 참여하는 것이 좋다.

흙 블록 한 개당 식물 한 그루

블록 하나에는 씨앗을 하나만 심는다. 안전한 결과를 위해 씨앗 두 개를 심고 싶은 유혹을 느끼게 마련이지만 굳이 그럴 필요는 없다. 흙 블록은 최적 습도와 온도를 유지하기가 쉬워서 발아율이 매우 우수하다. 일부 씨앗은 발아가 되지 않겠지만 여러 개의 씨앗이 전부 발아해서 나중에 솎아내는 것에 비하면 그리 큰 문제가 되지 않는다. 물론 씨앗의 생명력이 의심스러운 경우 블록에 한 개 이상 심는 것이 좋지만, 애당초 품질이 좋은 씨앗을 구해서 심는 편이 훨씬 낫다.

오이, 멜론, 호박의 씨처럼 큼직한 씨앗은 손가락으로 심을 수 있다. 크기가 작아도 과립 형태로 만들어진 씨앗도 마찬가지로 손가락을 이용하여 심으면 된다. 다만 대부분의 식물은 과립형 씨앗을 구하기 힘들고 보통 과피나 과육이 제거된 종자가 더 많이 쓰인다. 작은 씨앗은 얇은 소형 막대나 끝을 뾰족하게 만든 맞춤 못, 이쑤시개 등 끝이 날카로운 비슷한 도구를 이용하면 보다 정확하게 다룰 수 있다. 파종할 때는 먼저 접시에 씨앗을 흐트러뜨린 후 씨앗을 옮길 막대기 끝에 물을 적셔서 씨앗 하나에 갖다 댄다. 막대기 끝에 붙은 씨앗을 그대로 흙 블록 윗면의 움푹 파인 곳으로 가져가서 놓으면 된다. 단단하고 습기가 있는 흙 블록이 막대기 끝보다 마찰력이 강하므로 씨앗은 블록 위에 머무르게 된다.

씨앗이 담긴 포장지 한 쪽을 찢거나 끄트머리가 V자로 돌출된 다른 용기에 씨앗을 담아 손가락이나 작은 막대로 툭툭 치면서 씨앗이 나오게 하는 것도 파종

시 활용할 수 있는 또 한 가지 좋은 방법이다. '파크 시드 컴퍼니Park Seed Company'에서는 작은 씨앗을 중금속 재질의 호일로 소포장해서 판매한다. 가위로 포장지 끝을 자른 후 접으면 '톡톡 두드려가며 파종할 수 있는' 아주 효과적인 도구가 된다. 굉장히 작은 씨앗에도 활용할 수 있고 한꺼번에 쏟아지지 않도록 씨앗을 필요한 만큼만 담아서 한 줄씩 파종할 수 있다.

흔들기, 누르기, 진동 일으키기 등의 방식으로 씨앗이 하나씩 나오도록 하는 파종 보조 도구들도 시중에 판매되고 있다. 소규모 농사에서 흙 블록 파종 시 활용할 수 있는 전자 진공 파종기도 있다. 나는 전기를 이용하지 않고 직접 만든 진공 파종기를 미니 블록 파종에 활용해보려고 계속 실험 중이다. 고무보트에 발로 밟아서 바람을 넣을 수 있는 펌프로 흡입에 필요한 힘을 얻는 도구인데, 아직까지 딱 맞는 흡입용 팁을 구하지 못했다. 하지만 조만간 구할 수 있을 것이라 생각한다. 「호트사이언스HortScience」 과월호 중 한 권에 다중 포인트 진공 파종기를 직접 만드는 법이 나와 있다.[9] 농사짓는 사람이라면 이러한 보조 도구를 활용해보고 정말 도움이 되는지 스스로 확인해볼 필요가 있다. 어떤 방법을 활용하든 씨앗이 각 블록에 정확히 자리하도록 신중을 기해야 한다.

이 같은 재배 기술은 더 효율적이고 정확한 방향으로 빠르게 발전하고 있다. 흙 블록을 활용하여 재배하는 작물은 중간에 옮겨 심는 과정을 전부 생략하는 경우가 많다는 점을 기억하기 바란다. 즉 블록에서 자란 식물을 곧장 밭으로 옮긴다. 이를 통해 절약되는 시간만 감안하더라도 씨앗을 하나씩 효율적으로 놓을 수 있는 방법을 최대한 강구해볼 가치가 있다.

발아

나는 미니 블록에 심은 씨앗은 흙을 덮어서 키운 적이 한 번도 없다. 씨앗의 발아율을 높이기 위해서는 산소가 중요하다. 그러므로 씨앗 위에 흙이나 화분용 배합토를 얇게 덮는 것만으로도 발아율이 낮아질 수 있다. 작은 꽃씨도 이러한 요건이 중요한 영향을 준다는 사실을 확인했다. 파종 시 주의사항에 어두운 곳에 두어야 발아한다고 나와 있으면 나는 씨앗을 심은 얕은 용기 전체에 검은색 비닐 한 장을 임시로 덮어둔다. 발아 기간에는 물을 미세한 입자로 자주 뿌려서 습도를 높게 유지한다. 좀 더 큰 흙 블록에 씨앗을 심는 경우에는 대부분의 작물이 씨앗을 흙으로 덮었을 때 모종이 더 튼튼하게 자란다. 그래서 나는 블록 맨 위에 씨앗을 놓고 배합토를 뿌리듯이 얇게 덮는다.

공기와 습도 다음으로 발아율을 높이는 데 중요한 영향을 주는 요소는 온도다. 이상적인 발아 온도를 유지할 수 있는 가장 좋은 방법은 온도 조절이 가능한 발열 패드를 흙 블록 아래에 까는 것이다.[10] 무선 조절이 되는 온도 탐침기를 배합토 속, 또는 흙 블록 사이에 두고 원하는 온도로 조절하면 된다. 나는 대부분의 작물을 21~24℃에서 키우고, 아스파라거스, 오이, 토마토, 가지, 멜론, 고추, 호박의 경우 온도를 27~30℃로 맞춘다.

블록에 씨앗 여러 개 심기

흙 블록 하나당 씨앗은 하나만 심어야 한다는 점을 강조했지만, 이 규칙이 적용되지 않는 중요한 예외가 있다. 블록 하나에 씨앗을 여러 개 심는 방식으로, 나중에 솎아내지 않는다는 전제로 흙 블록마다 일부러 3~12개의 씨앗을 심는다. 이 같은 방식으로도 정상적으로 자라며, 한 그루보다 여러 그루를 한꺼번에 옮길 때 옮겨심기 효율성이 더 높아지는 작물들이 많다.

블록에 여러 개의 씨앗을 심는 방식은 밭에서 각 식물의 직선 간격보다는 공간적인 간격을 고려한 것이다. 예를 들어 양파 재배 시 가장 이상적인 평균 재배 간격이 한 줄에서는 7.5센티미터이고 옆 줄과는 30센티미터라고 가정해보자. 블록 하나에 씨앗을 여러 개 심는 방식은 0.09제곱미터당 양파 네 그루가 동일한 간격으로 자라도록 하는 것이며, 양파 네 그루가 블록 한 곳에서 함께 자라기 시작해 수확할 때까지 계속 함께 큰다는 차이가 있다. 흙 블록 하나에 식물 한 그루를 키우는 것처럼 양파 네 그루를 손쉽게 키울 수 있으므로 흙 블록을 만들 때 드는 노력도 4분의 1로 줄고 온실에서 차지하는 공간도 같은 수량의 식물을 따로 키울 때보다 줄어든다. 모종을 밭에 옮겨 심을 때도 비슷한 장점을 누릴 수 있다. 네 그루의 식물을 한 번에 옮길 수 있으니 옮겨 심어야 하는 단위 수가 줄어드는 것이다. 양

잘 정돈된 온실에서 여러 모종이 자라는 모습.

파는 한 묶음으로 심어도 옆에 있는 양파를 조금씩 밀어내면서 주변에 필요한 공간을 추가로 확보할 수 있으며, 적당한 크기로 둥근 구근 형태를 갖추고 잘 자란다.

구근 형태로 자라는 양파뿐만 아니라 파(골파) 역시 씨앗 여러 개를 한꺼번에 심어도 잘 자란다. 흙 블록 하나당 씨앗 10~12개를 심으면 나중에 한 묶음으로 수확할 수 있을 만한 크기로 다발을 이룬다. 호미를 이용하면 손쉽게 교차재배를 할 수 있고 이를 통해 작물 사이에 보다 넓은 공간을 확보할 수 있으므로 잡초를 제거하는 것도 그리 큰 문제가 되지 않는다. 여러 개의 씨앗을 심은 블록은 씨앗 하나만 심은 블록보다 밭에 조금 더 일찍 옮겨 심어야 한다. 공간이 한정된 블록 안에서 여러 그루의 모종이 경쟁을 벌이기 때문이다.

한 블록에 씨앗 여러 개를 놓을 때는 하나씩 심어도 되고 한꺼번에 놓아도 된다. 개수를 세어가면서 파종할 경우 흔들거나 눌러서, 또는 진동으로 씨앗을 배출하는 파종기를 이용하면 신속하게 작업을 마칠 수 있다. 단, 이 경우 정확도가 다소 떨어지는 것은 감안해야 한다. 씨앗을 정확하게 심어야 할 때 나는 계량스푼 중에서 4분의 1 티스푼을 준비하고 블록에 심기 전에 필요한 씨앗을 개수만큼 덜

어낸 다음 심는다. 재료를 조금씩 퍼 나를 때 쓰는 작은 도구나 스푼, 그 밖에 작은 부피를 계량할 수 있는 도구를 씨앗 5개, 12개, 또는 필요한 숫자만큼 담을 수 있는 크기로 변형해서 활용하는 방법도 있다. 이러한 도구를 활용하면 씨앗을 퍼 담아서 바로 흙 블록의 움푹 파인 곳에 뿌리면 된다. 씨앗 개수를 일일이 세는 것만큼 정확하지는 않지만 작업 속도를 크게 높일 수 있다.

한 블록에 씨앗 여러 개를 심는 방식으로 재배 효율성을 높일 수 있는 작물은 여러 가지가 있다. 내 경험으로는 양파, 파, 비트, 파슬리, 시금치, 옥수수, 덩굴 강낭콩, 완두가 이러한 방식이 굉장히 잘 맞는 것 같다. 시금치, 옥수수, 덩굴 강낭콩, 완두처럼 옮겨심기로 재배하는 경우가 드문 작물과 가장 이른 시기에 심는 작물도 옮겨 심는 작물의 규모가 75퍼센트로 줄면 옮겨심기의 활용도가 상당히 높아진다. 유럽의 농부들은 양배추, 브로콜리, 순무도 한 블록에 씨앗 3~4개를 심으면 더 좋은 결과를 얻을 수 있다고 주장한다.

물 공급

흙 블록은 수분이 많은 상태로 제작되며 그러한 상태가 유지되어야 한다. 흙 블록이 씨앗을 발아시키기에 가장 적합한 환경이 될 수 있는 이유는 습도가 높은 특성 때문이다. 블록이 마르면 식물 성장이 억제될 뿐만 아니라 다시 젖은 상태로 만들기도 어렵다. 온실 벤치나 바닥에 흙 블록을 둘 경우 가장자리에 놓인 블록이 가장 마르기 쉽다. 블록과 높이가 같은 판을 벽처럼 세워서 가장자리가 노출되지 않도록 하면 이러한 문제를 막는 데 도움이 된다. 흙 블록은 막힌 곳이 없으므로 식물이 물에 잠길 일이 없다. 흙 블록 자체도 물을 일정한 양 이상 머금지 못한다. 흙 블록이 깎여나가지 않도록 하려면 물을 굉장히 미세한 살수구를 활용하여 살살 뿌려야 한다. 미니 블록의 경우 적당히 미세한 살수구가 없을 때는 물을 분무해서 뿌려야 한다. 블록에 식물이 자라난 후에는 물줄기가 미세한 스프링클러도 사용할 수 있다. 흙 블록에 성공적으로 식물을 재배하기 위해서는 물주는 방법에 각별히 주의해야 한다. 시간이 한참 흐른 뒤 모종이 잘 자라는 것을 보면 그 노력을 충분히 보상받을 것이다.

표 17.1 옮겨심기 방법

작물	파종 블록(센티미터)	씨앗 개수	온도	옮겨 심을 크기
아티초크	4	1★	21℃	15센티미터 화분
바질	2	1	30℃	5센티미터 블록
콩	5◆	1★	21℃	
비트	5	2★	21℃	
브로콜리	5	1★	21℃	
양배추	5	1★	21℃	
콜리플라워	5	1★	21℃	
셀러리악	2	1	21℃	5센티미터 블록
셀러리	2	1	21℃	5센티미터 블록
옥수수	8◆	3★	30℃	
오이	8◆	1★	30℃	10일차에 10센티미터 화분
가지	2	1	30℃	5센티미터 블록▶15센티미터 화분
회향	4	1★	21℃	
케일	4	1★	21℃	
상추	2	1	21℃	5센티미터 블록
멜론	8◆	1★	30℃	10일차에 10센티미터 화분
양파	4	4★	21℃	
파슬리	2	1	21℃	5센티미터 블록
완두	5◆	2★	21℃	
고추	2	1	30℃	5센티미터 블록▶15센티미터 화분
적색 치커리	4	1★	21℃	
파	4	12★	21℃	
시금치	4	3★	21℃	
토마토	2	1	30℃	5센티미터 블록▶15센티미터 화분
겨울호박	8◆	2★	30℃	10일차에 10센티미터 화분
애호박	8◆	1★	30℃	10일차에 10센티미터 화분

◆ = 배합토에 정육면체 모양의 구멍을 내고 씨앗을 넣을 것. ★ = 화분용 배합토를 씨앗 위에 얕게 덮을 것.

▶ = 우측 화분으로 옮길 것.

* 우리 농장에서는 10~15센티미터 크기의 화분을 사용한다. 일부 작물은 흙 블록에 씨를 뿌린 후 5센티미터 블록으로 옮겼다가 다시 15센티미터 화분으로 옮긴다.

흙 블록에서 식물을 재배하면 뿌리가 둥글게 형성되지 않고 잘 자란다.

큰 블록으로 옮겨심기

작은 흙 블록에 씨앗을 심은 뒤 이를 좀 더 큰 블록으로 옮겨서 더 키우는 것을 의미한다. 대부분의 작물은 아래쪽에서 열이 가해지면 더 확실하게 발아되고 발아 속도도 빨라지므로 발아 챔버의 공간이 부족하거나 발열 패드를 사용할 수 있는 면적이 한정된 경우 이 방법을 활용하면 효율성을 높일 수 있다. 예를 들어 5센티미터 크기의 블록을 36개만 놓아도 꽉 차는 공간에 미니 블록은 240개가 들어간다.

흙 블록을 더 큰 블록으로 옮겨 심는 데 소요되는 시간은 일반 모종을 화분에 심을 때와 비교하면 3분의 1에 불과하다. 소형 흙 블록은 크기가 더 큰 블록에 딱 맞는 크기로 구멍을 내고 그 속에 쉽게 옮길 수 있다. 일반적으로 미니 블록은 5센티미터 블록으로 옮겼다가 다시 15센티미터 크기의 화분으로 옮긴다.

약 5센티미터 블록은 손으로도 쉽게 옮길 수 있다. 미니 블록을 들어올려서 큰 블록의 빈 공간에 넣고 꾹 누르는 작업을 실시할 때는 옮겨심기용 도구를 활용하는 것이 좋다. 잘 구부러지는 화가용 팔레트 나이프도 이 과정에 활용할 수 있는 좋은 도구 중 하나다. 이 나이프를 이용하면 미니 블록을 보다 신속하고 효율적으로 다룰 수 있다.

모종 키우기

미니 블록에 심은 씨앗이 발아하면 뿌리가 작은 정육면체 공간을 벗어나 자라기 전에 더 큰 화분으로 옮겨야 한다. 모종이 스트레스를 덜 받을수록 좋다. 토마토와 고추 같은 작물은 자라는 상태를 보면서 점진적으로 더 넓은 공간을 확보해주어야 한다. 이러한 작물은 옮겨 심었을 때 가장 촘촘하게 자라므로 다른 식물들과 충분히 간격을 두면 잎이 서로 겹칠 일이 없다.

18장

모종 옮겨심기

모종을 밭에 옮겨 심을 때 가장 먼저 유념해야 하는 사항은 습도다. 흙 블록에 키운 식물은 경작지로 옮기기 전에 흠뻑 젖을 만큼 물을 충분히 주어야 한다. 모종을 심을 주변 땅의 수분보다 흙 블록의 수분이 더 중요하다. 블록의 습도가 충분해야 식물이 토양에 새로운 뿌리를 뻗을 수 있다. 뿌리가 확실히 자라고 나면 이제 토양의 습도가 더 중요한 요소가 된다. 옮겨심기를 시작할 때 흙 블록은 물을 충분히 머금은 상태여야 하며 옮겨심기가 진행되는 동안에도 수분이 유지되어야 한다. 모종을 옮기는 상자나 운반용 선반은 햇볕과 건조한 바람에 노출되지 않도록 잘 덮어두어야 한다.

리크 모종을 옮겨 심은 직후의 모습. 다 자라고 겨울이 되면 이동식 온실로 옮겨 심어 보호한다.

두 번째로 신경 써야 하는 것은 토양과의 접촉이다. 흙 블록은 토양에 살짝 올려놓되 단단히 고정시켜야 한다. 이때 빈 공간이 생기거나 가장자리에 흙이 덮이지 않은 부분이 생기지 않도록 해야 한다. 앞서 이야기한 옮겨심기의 이점을 충분히 얻고자 한다면 제대로 심어야 한다. 심은 후에는 수분을 공급하는 수준에 그치지 말고 곧바로 경작지 전체에 물을 댈 것을 추천한다. 땅에 심을 때 부주의했던 부분이 있더라도 물을 주면 그 영향을 약화시키는 데 도움이 된다. 마른 흙에 젖은 블록을 심으면 블록이 굉장히 쉽게 고정되지만 결국에는 식물이 스트레스를 받는다. 땅에 물을 대면 그러한 스트레스를 줄일 수 있다.

식물이 경작지에 금세 자리를 잡게 하려면, 그리고 성장과 성숙기까지 균일하게 크도록 하려면 모종을 옮겨 심는 깊이도 생각해야 한다. 흙 블록은 길이 전체가 땅속에 묻혀야 한다. 흙 블록의 가장자리가 공기 중에 노출되면 블록에 포함된 토탄 성분때문에 덥고 햇볕이 쨍쨍한 날 흙이 급속히 마르고 식물이 자리를 빠르게 잡지 못하는 원인이 된다. 흙 블록을 옮겨 심을 때 사용할 수 있도록 디자인된 여러 가지 모종삽도 판매되고 있다. 흙 블록용 모종삽은 일반적인 모종삽보다

밭에 옮겨 심을 자리를 미리 표시해두면 작업 속도가 빨라진다.

작업할 때 손목이 더 편한 형태를 띠며 단검과 유사한 모양과 직각으로 구부러진 모양이 있다. 두 가지 모두 땅에 푹 찔러 넣고 작업하는 사람 쪽으로 흙을 퍼내서 식물을 놓을 수 있는 구멍을 깔끔하게 만들 수 있다.

나는 벽돌공사용으로 만들어진 너비 5센티미터, 길이 13센티미터 크기의 흙손을 단검 모양의 모종삽으로 직접 변형시켜서 사용한다. 길이를 조금 줄이기 위해 날을 6~6.5센티미터 정도 잘라낸 후 손잡이를 수평보다 낮은 각이 되도록 구부렸다. 이때 각도는 위에서 언급한 흙 블록용 모종삽과 동일한 수준으로 맞췄다. 이렇게 완성된 삽을 이용하면 흙 블록을 아주 효율적으로 옮길 수 있다. 게다가 상자에 담긴 흙 블록을 들어 올릴 때도 주걱처럼 활용할 수 있다.

식물을 경작지에 옮겨 심을 때는 정확한 간격을 두고 심어야 한다. 작물 간 간격이 정확해야 땅을 적절히 활용할 수 있을 뿐만 아니라 뒤이어 진행될 농사의 모든 단계에 효율성이 높아진다. 모종이 일직선을 이루며 균일한 간격으로 자라면 위치가 엇나간 식물을 끊임없이 조절하고 손봐야 할 일이 없으므로 농사가 신속하게 진행된다. 간격을 정확하게 확보할 수 있는 유일한 방법은 측정이다. 줄자나

네덜란드의 한 온실에서 본 전기식 흙 블록 옮겨심기 기계.

직각으로 구부러진 삽을 이용하면 손목도 편하고 모종을 보다 원활하고 효율적으로 옮겨 심을 수 있다.

기둥 구멍을 뚫는 도구로 아티초크를 옮겨 심을 자리에 구멍을 내는 모습.

가로 길이가 75센티미터이고 마커 표시용 집게가 끼워진 갈퀴로 지표를 긁어서 줄을 표시하는 모습.

갈퀴를 측면으로 옮겨 가면서 여러 번 긁어 격자 모양으로 줄을 표시하는 모습.

식물의 효율적인 배치, 갈퀴 코드

우리 농장에서는 밭을 갈 때 사용하는 75센티미터 너비의 갈퀴 날에 마커를 끼워서 식물을 심을 이랑의 간격과 한 이랑에서 자랄 식물 사이의 간격을 표시한다. 이를 위해 PEX 재질의 길이가 15센티미터인 붉은색 튜브를 마커로 갈퀴 날에 끼워서 사용한다. 함께 일하는 직원들에게 옮겨심기 방법을 알려줄 때, 우리는 일종의 '갈퀴 코드'를 활용한다. 가령 양상추나 케일, 흙블록 하나에 씨앗 여러 개를 심은 양파의 갈퀴 코드는 6-7이다. 이 숫자는 갈퀴 날을 기준으로 몇 개를 띄우고 마커를 끼우면 되는지 나타낸다(갈퀴의 각 날은 대략 5센티미터 간격으로 떨어져 있다).

갈퀴 코드 중 첫 번째 숫자는 밭에 식물을 심을 이랑의 간격을 나타낸다. 이랑의 개수가 한 개나 두 개, 혹은 서너 개든 간에 우리는 밭 중앙에 그 열이 위치하도록 한다. 갈퀴 코드가 6-7인 경우, 첫 번째 숫자 6에 맞게 마커를 끼우고 작업하면 약 25센티미터 간격으로 3개의 이랑이 밭에 표시된다. 마커를 이 코드대로 끼운 갈퀴로 밭의 길이를 따라 쭉 지표를 긁으면서 열을 표시하면 된다. 갈퀴 코드의 두 번째 숫자 7은 한 이랑에서 식물과 식물 사이의 간격을 표시하기 위해 날 몇 개를 띄우고 마커를 끼우면 되는지를 나타낸다. 앞선 방식과 마찬가지로 갈퀴 날에 그 숫자에 맞는 간격으로 마커를 끼운 뒤 열과 직각이 되도록 표시하면 지표에 격자 모양이 생긴다.

예를 더 들어보자. 갈퀴 코드가 4-4라면, 앞선 예시보다 더 촘촘한 간격으로 네 개의 열이 표시된다. 파슬리나 '살라노바' 상추, 파 한 단을 심기에 적합한 간격이다. 또 갈퀴 코드가 10-10이라면 두 개의 열이 표시되고 한 열에서 식물 사이 간격이 40센티미터이므로 브로콜리나 콜리플라워 같은 작물에 적용하기에 적합하다. 온실에서 재배하는 토마토와 오이는 갈퀴 코드 8-15를 적용하여 60센티미터 간격으로 식물을 심는다.

이처럼 밭을 가는 갈퀴에 마커를 끼워서 사용하면 효율적으로 옮겨 심을 식물의 자리를 배치할 수 있다.

매듭이 묶인 끈을 이용하면 충분히 정확한 길이를 잴 수 있다. 하지만 이런 방식은 더디고 지루하게 느껴질 수 있다. 마커가 표시되어 있고 날 간격과 길이를 모두 조절할 수 있는 갈퀴는 보다 신속하게 간격을 표시할 수 있는 도구다. 갈퀴 날에 롤러가 함께 장착되어 있으면 경작지 전체를 한번 쭉 훑는 것으로 간격을 정할 수 있으므로 더욱 효율적이다.

스터드 롤러

도구 하나로 식물을 심을 간격을 표시하면서 심을 구멍까지 낼 수 있다면 보다 효율적으로 옮겨심기를 할 수 있을 것이다. 마킹 롤러에 흙 블록과 동일한 크기의

표 18.1 15미터 경작지 기준 모종의 수와 간격

모종의 개수	갈퀴 코드*	간격(센티미터)	작물
500	3-3	15 × 15	시금치
400	4-3	19 × 15	시금치
320	4-4	19 × 19	파슬리, '살라노바' 상추, 봉양파
300	6-3	26 × 15	마늘, 리크
200	6-5	26 × 22	회향
175	6-6	26 × 26	비트 블록
150	6-7	26 × 30	양파 블록, 양상추, 셀러리, 셀러리악
72	10-10	40 × 40	콜리플라워, 고추, '해피 리치' 브로콜리, 양배추, 방울양배추
33	8-11	76 × 45	고추
25	8-15	76 × 61	토마토, 오이, 가지

* 갈퀴 코드에 관한 자세한 설명은 224쪽 '식물의 효율적인 배치, 갈퀴 코드'를 참고하기 바란다.

스터드(징)가 장착되어 있는 '스터드 롤러studded roller'를 이용하여 한번에 땅을 갈고 지표에 정육면체 모양의 구멍을 일정하게 낼 수 있다.

스터드 롤러는 설계할 때 몇 가지를 바꾸면 더욱 효과적인 작업이 가능하다. 구멍을 안정적으로 내기 위해서는 표시용 스터드의 가장자리 경사가 10도인 것으로 끝이 약간 뾰족한 형태여야 한다. 또한 롤러의 직경은 29센티미터 정도가 가장 적합하다(가까운 곳에 금속 가공을 해주는 업체가 있는지 찾아보고 의뢰하면 된다). 이 정도 크기의 롤러는 둘레가 90센티미터가 된다. 그런 다음 롤러 표면에 스터드를 장착할 수 있는 구멍을 낸다. 이때 한 이랑에 식물을 15, 30, 45, 60센티미터 간격으로 심는다는 점을 감안한다. 경작지에서 이랑의 너비가 105센티미터라면 롤러의 너비는 75센티미터가 되어야 한다. 밭을 간 다음에 75센티미터 롤러로 한 번 밀면 이랑 한 줄 전체에 옮겨심기를 할 수 있는 자리가 만들어진다. 정육면체 모양의 흙 블록을 정육면체로 난 구멍에 옮겨 넣기만 하면 된다. 흙 블록을 심을 때는 손가락 끝으로 주변의 흙을 살짝 눌러준다.

위와 같은 방법은 굉장히 효과적이며 나도 활용해 왔고 유럽의 수많은 농장에서도 활용하는 방법이다. 단, 사소한 단점이 두 가지 있다. 첫 번째는 밭을 갈고

표 18.2 너비 76센티미터인 경작지 기준 식물별 이랑 간격

작물	이랑의 개수	갈퀴 코드
감자	1	8-5
고추	1	8-11
옥수수	1(두둑마다 식물 3포기 심음)	8-11
콩	1	8-6
가지, 멜론, 아티초크, 오이, 토마토	1	8-15
완두	15센티미터 간격의 이중 이랑 1	중앙
애호박	열의 길이가 91센티미터인 이랑 1	-
겨울호박	열의 길이가 182센티미터인 이랑 1(두 포기씩 심기)	-
브로콜리, 양배추, 콜리플라워, '해피 리치' 브로콜리	2	10-10
방울양배추	2	10-11
리크, 마늘, 샬럿	3	6-3
회향	3	6-5
비트, 근대	3	6-6
양상추, 셀러리, 셀러리악, 적색 치커리, 케일	3	6-7
양파	3(블록 하나당 식물 4개)	6-7
바질, 파, 파슬리, '살라노바' 상추	4	4-4
시금치	5	3-3
순무	11센티미터터 간격으로 6	직접 심기
당근, 무, 아루굴라(루꼴라)	5센티미터 간격으로 12	직접 심기

롤러로 표시하기 전에 흙이 마르면 구멍이 제대로 형성되지 않는다는 것이다. 그리고 구멍 바닥과 측면의 흙이 압축되어 뿌리가 쉽게 침투하지 못할 수도 있다는 것을 두 번째 단점으로 들 수 있다. 심각한 일은 아니지만 결과에 차이가 생기는 것은 분명하다. 이러한 상황을 해결할 수 있는 한 가지 방법은 스터드 대신 소형(너비 5센티미터, 길이 7.5센티미터) 모종삽 날을 롤러에 장착하는 것이다. 롤러가 나아가는 방향으로 15도 기울도록 고정시키면 롤러가 돌아가면서 삽이 작은 구멍을 만든다. 이렇게 생긴 구멍은 압착되지 않고 흙을 퍼낸 형태가 되므로 흙이 눌리는 문제를 피할 수 있다.

두 번에 걸쳐 밭을 오가는 대신 밭을 가는 작업과 롤러로 미는 작업을 한 번에 끝내면 효율성을 더욱 높일 수 있다. 경운기 뒤판을 제거하고 스터드가 달린 롤러를 경운기 날 바로 뒤에 최대한 가깝게 설치하면 두 가지 작업을 한 번에 완료할 수 있다. 밭을 간 직후 촉촉한 땅에 곧바로 구멍을 만들 수 있게 되는 것이다. 또한 롤러가 경운 장치의 뒤판 역할을 하므로 구멍의 흙이 압축되지도 않는다. 롤러는 긴 연결부와 경첩을 이용하여 경운기 날 덮개 측면에 고정시킨다. 경운기 날 덮개의 아래쪽 가장자리에 금속 블록을 용접하면 줄 끝까지 경운 작업을 마친 후 경운기를 들어 올릴 때 롤러도 함께 들어올릴 수 있다.

이처럼 밭 갈기 작업과 옮겨 심을 구멍 만드는 작업을 한 번에 끝내고 흙 블록을 활용하여 식물을 모듈 단위로 편리하게 관리하는 방식은 채소 농사에서 4센티미터, 5센티미터 크기의 흙 블록에 키울 수 있는 모든 작물에 적용 가능한 매우 효율적인 옮겨심기 시스템이다. 7.5센티미터 블록과 15센티미터 블록은 직접 흙을 파내고 구멍을 만들어서 옮겨 심는다. 특히 15센티미터 블록은 기둥 구멍을 팔 때 사용하는 손잡이 두 개 달린 도구를 이용하면 바닥에 대고 빠르게 한 번 꾹 누르는 것으로 완벽한 사이즈의 구멍을 만들 수 있다.

19장

잡초

잡초를 없애는 가장 좋은 방법은
씨를 뿌릴 때부터 잡초를 예방하는 것,
조금이라도 꾸물거리느라
해로운 식물이 싹트지 못하게
막을 수 있는 일을 하나라도 놓친다면
큰 고난이 찾아온다.
이 점, 이 사실은
농부라면 반드시 따라야 하고
땅을 갈 때면 기억해야 한다.
4월부터 12월까지.

— 뉴잉글랜드의 한 농부, 1829년

나는 늘 모종에 싹이 터서 흙 위로 올라오는 날만을 오매불망 기다린다. 내게는 그 순간이 식물의 성장기가 시작됐다는 명확한 신호로 느껴진다. 하지만 잡초에서 나온 싹은 또 다른 신호탄과 같다. 바로 잡초와의 싸움이 머지않았다는 사실이다. 나는 잡초의 싹이 보이면 더 크기 전에 얼른 없앤다.

잡초 관리

일반적으로 잡초 관리 방법은 물리적인 방식과 화학적인 방식 두 가지로 나뉜다. 물리적인 관리는 잡초를 잘라 내거나 자라지 못하게 억제하는 것을 의미한다. 화학적인 관리는 제초제를 이용하는 방식이다. 나는 천연 성분으로 만들었다는 제품을 포함한 모든 제초제가 토양과 농부 모두에게 해롭다는 사실이 언젠가 입증

될 것이라 믿는다.

이 책에서는 물리적인 잡초 관리법 중에서도 밭 갈기를 이야기하고자 한다. 밭을 그냥 가는 것이 아니라 도구를 이용해야 한다는 점을 강조하고 싶은데, 먼저 분명히 해둘 점은 해묵은 방식의 힘들고 지루한 잡초 뽑기가 아니라는 사실이다. 내가 추천할 도구는 잡초 관리를 위해 특별히 고안된 것으로 빠르고 효율적인 작업이 가능하다.

또 한 가지 유념해야 할 사항은 잡초 제거는 도구의 설계와 활용만으로 해결할 수 없는 일이라는 점이다. 잡초를 없애려는 사람이 택하는 접근법도 중요한 영향을 준다. 잡초 관리는 가장 고된 일로 꼽히는 경우가 많은데, 그 이유는 명백하다. 도구뿐만 아니라 타이밍이 문제가 될 때가 많기 때문이다. 너무나 많은 농부들이 호미질로 잡초를 관리할 수 있다고 생각해 너무 늦게 잡초 관리에 뛰어든다. 하지만 호미질은 잡초를 예방할 수 있는 방법일 뿐이다. 한마디로 정리하면, 잡초를 뽑으려고 하지 말고 땅을 갈아야 한다.

잡초 제거를 위한 밭 갈기는 작은 잡초를 끊어내고 새로운 잡초가 생기지 않도록 표토를 뒤집어엎는 것을 의미한다. 잡초를 뽑아내려면 이미 자리를 잡고 자란 후에야 가능하다. 밭 갈기는 잡초가 문제가 되기 전에 해결하는 방법이다. 반면 잡초 뽑기는 이미 문제가 되었을 때 해결하는 방식에 해당된다. 잡초가 더 크고 굵게 자라도록 내버려두면 없애기도 훨씬 힘들다. 그러므로 잡초는 크게 자라도록 두면 안 되고, 발아하자마자 없애야 한다. 작은 잡초는 없애기도 쉽고 최소한의 노력으로 최대한의 결과를 얻을 수 있다. 또한 잡초가 아직 작을 때는 작물과 경쟁을 벌이지 않는다. 그러나 크게 자란 잡초는 작물, 그리고 농부와 모두 경쟁을 벌인다.

바퀴호미

바퀴호미는 쟁기 날을 지탱할 수 있는 바퀴가 달린 틀에 결합시킨 도구이다. 20세기 초반에 채소 농장에서 보편적으로 사용되었으며, 소규모로 채소 농사를 지을 때 가장 우수한 잡초 경운 도구라 할 수 있다. 바퀴호미는 크게 두 가지 종류가 있

별꽃.

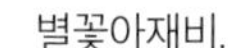

별꽃아재비.

명아주.

쇠비름.

다. 하나는 바퀴의 지름이 큰 것(약 60센티미터), 다른 하나는 작은 것(약 23센티미터)이다. 종류마다 장착되어 있는 도구와 손잡이가 다르다. 나는 바퀴가 작은 종류를 훨씬 선호한다. 작업을 해보면 더 유용하기 때문이다.

오래전에 누군가 내게 큰 바퀴호미의 장점은 장애물이 있어도 수월하게 굴러가는 것이라고 이야기해준 적이 있다. 그때 나는 밭에 그만한 장애물이 있다는 것 자체가 바퀴 크기를 잘못 택하는 것보다 더 큰 문제라고 대답했다. 지름이 큰 바퀴가 달린 호미는 힘이 많이 소모되는 도구다. 사람이 가진 힘에는 한계가 있으므로 허투루 낭비해서는 안 된다. 섬세하게 설계된 도구를 이용하면 힘이 작동해야 하는 부분에 곧바로 전달된다. 바퀴호미에서는 바퀴가 아니라 토양과 접촉하는 부분에 힘이 가해져야 한다. 따라서 바퀴가 작을수록 힘이 효율적으로 전달된다.

힘이 곧바로 전달되면 경운 장치의 날로 전달되는 비율도 훨씬 높다. 바퀴가 큰 호미의 또 다른 단점은 앞으로 미는 힘이 장치 뒷부분으로 전달되고 이로 인해 기구 전체가 비틀어지는 힘이 발생하여 작업자가 버티기 위해 더 많은 힘을 들여야 한다는 것이다. 정리하면, 바퀴가 작은 종류가 방향 잡기가 쉬우며 힘이 낭비되지 않고 사용하기도 덜 번거롭다.

믿음직한 도구라 할 수 있는 바퀴호미는 최근 수년간 더욱 개선됐다. 예전 모델은 무거운 금속 바퀴에 부싱도 투박한 형태였으나 지금은 가벼운 고무바퀴와 볼베어링으로 바뀌었다. 경운 장치에 달린 나이프도 진동 방식으로 움직이는 등자 모양의 호미로 교체되었다. 효율성이 훨씬 우수한 이 호미는 경첩으로 고정되어 앞뒤로 움직일 때 모두 잡초를 잘라낸다. 이 모든 변화를 종합해 밭에서 실시되는 광범위한 작업을 가장 효율적으로 처리할 수 있는 도구가 만들어졌다.

진동 방식으로 작동하는 등자 모양 호미는 너비가 15~36센티미터인 제품으로 구입할 수 있다. 날개가 달린 제품 중에는 경운 작업이 실시되는 총 너비를 80센티미터까지 늘릴 수 있다. 이러한 등자 모양의 호미는 날이 곡선이라 한 이랑에서 자라는 작물의 가까이에 자란 잡초를 더 밀착해서 잘라낼 수 있으므로 작물의 뿌리도 손상시키지 않는다. 또한 가운데가 뚫려 있어서 돌멩이가 그 사이로 지나갈 수 있다. 큼직한 돌은 흙 속에서 끄집어내 나중에 한꺼번에 처리하면 된다.

등자 모양의 호미는 두 갈래로 되어 있다. 즉 날 양쪽이 세로로 지탱되는 형태로 되어 있다. 작물이 작거나 잎이 수직으로만 자라는 작물일 때 가장 효과적으로 잡초를 처리할 수 있는 형태다. 잎이 사방으로 퍼지는 작물의 경우 주변이나 잎 아래의 땅을 경운하려면 기둥이 하나인 호미가 필요하다. 가운데가 V자 모양으로 접히고 오리 발처럼 생긴 이 호미는 13~25센티미터까지 다양한 너비의 제품으로 구입할 수 있다.

과거에 사용되던 바퀴호미에는 이랑 한 줄만 경운할 수 있는 작은 쟁기가 달려 있었다. 나는 그 도구를 밭을 가는 용도로는 한 번도 사용해본 적이 없지만, 비닐로 된 뿌리덮개와 밭에 씌우는 부유덮개 가장자리를 땅에 묻기 위해 고랑을 파야 할 때는 굉장히 유용한 도구가 될 수 있다. 바퀴호미도 마찬가지로 양날 쟁기를 장착해서 고랑을 만드는 데 활용할 수 있으며 경운 날로 토양에 공기가 통하도록 할 때도 활용이 가능하다. 바퀴 두 개가 달린 바퀴호미의 경우 작물을 사이에 두고 지나가면서 양쪽 바닥을 한 번에 호미로 경운할 수 있다. 몇 년 전부터 바퀴가 두 개 달린 호미가 널리 쓰이기 시작하면서 틀의 모양이 반대로 뒤집힌 U자 모양의 틀이 등장했고 최대 40센티미터까지 자란 작물 위를 지나가면서 작업을 할 수 있게 되었다. 이 도구를 활용하여 땅에 심어 놓은 식물의 주변 땅을 좌우 양쪽에서 쓸고 지나가거나 소형 원반 경운 장치로 처리하여 줄 사이사이에 자란 잡초를 없애는 것이 가능해졌다. 지금은 더 현대적으로 바뀐 모델이 나왔다. 최신형 바퀴호미는 높이가 낮은 차체에 바퀴 두 개가 달린 일반적인 형태이나, 키가 어느 정도 자란 작물은 경운 작업에 영향을 받지 않도록 한 제품이 많다.

바퀴호미 이용하기

진동식 등자 모양 호미 날이 장착된 바퀴호미를 이용하면 작업이 즐거워진다. 작

잎을 들어 올릴 수 있는 장치가 달린 조니스 브랜드의 U자형 바가 달린 바퀴호미 제품.

업자는 일정한 속도로 걸어가면서 팔을 앞뒤로 부드럽게 밀었다가 잡아당기는 동작을 반복하면 된다. 이러한 움직임을 통해 진동식 날의 기능을 한껏 끌어 올리고 절삭 날에 이물질이 끼지 않도록 방지할 수 있다. 모종이 줄지어 서 있는 곳을 따라 작업할 때는 정확성이 요구된다. 줄지어 심어진 모종에 칼날이 가까이 지나갈 때는 날 한쪽에 집중하려고 노력하자. 지표에서 2.5센티미터 이하로 작업이 이루어지는 것이 가장 이상적이다.

칼날이 단단한 흙은 좀 더 깊이 파고들고 가벼운 흙은 얕게 파낼 수 있도록 지표와 닿는 각을 조절할 수 있는 제품이 우수한 바퀴호미다. 또한 손잡이도 작업자의 키에 맞게 조절할 수 있어야 한다. 손잡이가 허리쯤 오고 잡았을 때 팔꿈치가 지표와 평행을 이루도록 조절하자.

바퀴호미를 조금 더 개선하면 밭농사에 활용할 수 있는 최적의 도구로 만들 수 있다. 제품에 따라 회전 조인트나 연장 브래킷을 조절하여 손잡이가 어느 한쪽으로 향하도록 각을 조정할 수 있다. 이 기능을 활용하면 바퀴호미와 나란히 서서 갓 일군 흙을 밟지 않고 걸어가면서 작업할 수 있다.

이처럼 예전 방식과 현대 바퀴호미의 새로운 특징을 결합하면 가장 효율적인 수동식 농사 도구가 된다. 이렇게 완성된 바퀴호미는 잡초 제거 시 정확성이 매우 뛰어날 뿐만 아니라(줄지어 심어 갓 발아한 모종의 크기가 1.25센티미터가 될 때까지 제거) 작업 속도도 아주 빠르다.

앞에서 설명한 파종기나 옮겨심기용 롤러를 활용하면 일직선으로 일정한 간격을 두고 식물을 심을 수 있다. 그리고 바퀴호미로 그렇게 줄지어 심은 모종 바로 앞까지 잡초를 제거할 수 있다. 과거에는 잡초를 솎아내고 손으로 뽑는 일이 힘든 노동이었지만 이 모든 도구를 함께 활용하면 그 중 상당 부분을 덜 수 있다. 뛰어난 효율성으로 소규모 채소 농사가 대규모 농사 못지않은 경쟁력을 갖추게 하는 시스템이기도 하다.

괭이

텃밭에서 사용하는 괭이는 전통적으로 날이 넓적하고 손잡이가 날과 직각으로 연결되어 있으며 날과 손잡이를 잇는 연결부가 크게 휘어 있는 형태로 만들어졌다. 작업이 이루어지는 날은 자루에서 갈라져 나온 모양으로 되어 있다. 이런 도구는 흙을 옮길 때, 땅을 팔 때, 흙을 잘게 부수고 두둑하게 쌓을 때, 콘크리트를 섞을 때와 같은 상황에 쓸 수 있도록 만들어져 대부분 투박하고 무겁다. 괭이질이 힘들다는 인식이 자리잡게 된 것도 이렇게 생긴 도구 때문이다. 제대로 설계된 잡초 제거용 괭이는 이와 달리 날이 좁고 얇으며 날과 자루의 각도가 70도를 이루고 날과 손잡이를 잇는 연결부도 살짝 구부러진 형태다. 또한 바닥과 닿는 날이 자루와 동일선상에 위치한다. 가볍고 정확한 작업이 가능하도록 고안된 이 도구에는 특수한 용도가 있다. 바로 땅을 얕게 가는 것이다. 즉 흙을 잘게 쪼개거나 파는 대신 흙을 깎거나 잡초를 긁어서 제거할 때 사용한다.

괭이로 잡초를 제거할 때 몇 가지 주의해야 할 사항이 있다. 흙을 과도하게 옮기면 안 된다는 점도 그중 하나다. 모종이 흙에 파묻히거나 흙이 모종 위로 떨어질 수 있기 때문이다. 이를 막기 위해서는 괭이의 날이 좁고 얇아야 하며 식물에 피해가 가지 않도록 작업이 정확하게 이루어져야 한다. 괭이 날의 날카로운 부분이 자루와 일직선으로 교차해야 원하는 곳에 정확히 놓을 수 있다. 작업은 얕은 면에서만 이루어져야 하며 작물의 뿌리를 자르지 말아야 한다. 또한 괭이의 날과 자루가 정확한 각으로 연결되어야 한다. 땅의 표면 바로 아래만 걷어내되 작물은 건드리지 않고 빠르고 효율적으로, 큰 힘을 들이지 않고 작업이 이루어질 수 있어야 한다. 그러려면 도구가 가볍고, 날이 날카롭고, 정확하고 사용하기가 쉬워야 한다.

올바른 손과 몸의 위치

괭이를 사용할 때는 우선 편안하게 몸에 힘을 빼고 똑바로 선다. 요통을 유발하는 허리를 구부린 자세가 오래전부터 괭이질 자세로 알려졌으나 이는 잡초 제거가 아닌 흙을 잘게 쪼개기 위해 괭이질을 할 때 나타나는 자세다. 몸의 자세는 자루를 손으로 어떻게 쥐느냐에 따라 결정된다. 괭이자루를 쥐는 방법은 네 가지다. 첫째는 양손 엄지손가락이 모두 위로 가도록 잡는 것, 둘째는 양손 엄지손가락이 모두 아래로 가도록 잡는 것, 셋째는 양손 엄지가 모두 안쪽을 향하도록 잡는 것, 넷째는 양손 엄지가 모두 바깥쪽을 향하도록 잡는 것이다. 마지막 방법은 다소 불편하고 세 번째 방법도 작업이 힘들 수 있다. 양손 엄지가 모두 아래로 향하도록 자루를 쥐는 두 번째 방법은 흙을 잘게 부수려고 괭이질을 할 때 일반적으로 활용되는 방식이며 결국 허리를 구부리게 된다. 그러므로 잡초 제거용 괭이는 첫 번째 방법으로 잡으면 된다.

양손 엄지가 모두 위로 향하도록 괭이자루를 쥐면 편안하게 똑바로 선 자세가 된다. 새롭게 배워야 하는 기술이 아니라 원래 있던 도구를 전과 다른 방식으로 활용하는 것이라 할 수 있다. 빗자루나 갈퀴를 쥘 때 사람들은 본능적으로 양손 엄지가 모두 위를 향하도록 잡는다. 잡초 제거용 괭이가 날을 앞뒤로 왔다갔다 움직이며 '잡초를 쓸어내는' 도구라고 생각하면 손의 자세가 자연스럽게 나온다. 양손을 모두 움직여 호미를 움직이되 바닥과 닿는 날이 정확한 각으로 땅과 접촉할 수 있도록 두 손의 위치를 조절해야 한다. 빗자루로 바닥을 쓸거나 갈퀴질을 할 때 손과 팔을 움직이는 방식과 유사하다. 조금만 연습하면 아주 간단하고 자연스럽게 잡초를 효과적으로 제거할 수 있다.

자루와 날이 일직선상에서 교차하는 괭이를 편안하게 똑바로 서서 쥐고 있는 모습이다.

날카로운 날

괭이의 날이 무디면 힘도 더 많이 들고 잡초 제거 효율도 크게 떨어진다. 그 차이는 여러 가지 측면에서 추정할 수 있지만, 무딘 정도가 중간 수준인 경우에도 작업 효율이 50퍼센트까지 떨어진다고 볼 수 있다. 절단 목적으로 날카로운 날이 달린 모든 도구와 마찬가지로 괭이의 날도 끝이 예리해야 한다. 날을 가는 도구는 여러 가지 종류가 있으나 나는 작은 줄을 즐겨 사용한다. 뒷주머니에 줄을 넣고 다니면서 날이 무뎌지기 전에 수시로 갈면 된다. 괭이 날은 끌과 같은 형태로 갈아야 절단면이 흙과 최대한 가까이에 닿는다.

도구의 무게

평균적인 농부가 잡초 제거용 괭이로 한 시간 동안 작업을 하면 괭이질을 2천 회 정도 하게 된다. 재주가 뛰어난 사람은 그 두 배까지도 가능할 것이다. 바퀴호미로 작업하면 분당 50회 정도로 밀고 당기는 작업이 이루어지며 각 줄의 끝에 다다르면 바퀴호미의 방향을 반대로 돌려야 한다. 그러므로 도구의 무게는 중요한 고려 항목이다. 적당한 무게보다 수십 그램 정도 무거운 도구라 해도 하루 종일 붙들고 일을 하면 엄청난 에너지를 불필요하게 낭비하게 된다. 잘 만들어진 잡초 제거용 괭이는 무게가 680그램을 넘지 않아야 한다. 또한 현대식 바퀴호미는 6.8킬로그램을 초과하지 않아야 한다.

나는 처음으로 온실에서 샐러드 작물을 줄 간격을 좁혀 집약적으로 재배했을 때 줄 사이사이에 잡초를 제거할 수 있는 특수한 도구가 필요하다는 사실을 깨달았다. 문제를 어떻게 해결해야 하는지 고민하고 잡초 제거에 활용할 수 있는 모든 손 도구를 다 시도해본 끝에 작업장으로 가서 9번 철사(철사의 지름이 3.5밀리미터 정도의 굵기) 한쪽 끝의 10센티미터 정도를 망치로 쳐서 납작하게 만들었다. 그리고 펴진 면의 한쪽 가장자리를 날카롭게 갈았다. 그런 다음 날만 앞에 남도록 철사를 구부린 후 반대쪽 끝을 직각으로 구부렸다. 이렇게 해서 얇은 날의 중심에 해당하는 위치에서 20센티미터 길이의 철사 연결부가 달린 호미 날이 완성됐다. 나는 이것을 나무 재질의 줄 손잡이에 끼우고 날이 땅과 35도로 접촉하도록 살짝 구부렸다. 온실로 가져가서 써 보았더니, 직접 만든 이 간단한 도구로 잡초 제거 작업을 엄청나게 발전시킬 수 있었다.

날 길이가 짧아서 줄지어 자라는 작물 사이사이에 들어갈 수 있고, 잡초를 가볍게 긁어내야 하는 작업을 할 수 있을 만큼 탄탄한 도구다. 나는 이 도구를 쥐고 살짝 진동이 일어나는 것처럼 앞뒤로 움직이면서 잡초를 제거한다. 단단한 흙에서는 사용할 수 없겠지만 온실 흙처럼 잘 부서지는 흙에서는 매우 적합하다. 이 도구로 좀 더 굵은 잡초를 없애려고 하면 형태가 구부러진다. 그러므로 갓 발아한 작은 식물 주변의 잡초를 가볍게 제거하는 용도로 적당한 힘을 가해 정확하게 작업할 때 사용해야 한다. 날이 굉장히 얇고 날카로워 지표면 바로 아래를 얇게 긁는 정도로 그치며 모종 주변의 흙을 퍼올리지 않는다. 철사형 제초기로도 알려진

자루와 날이 일직선상에 위치한 괭이.

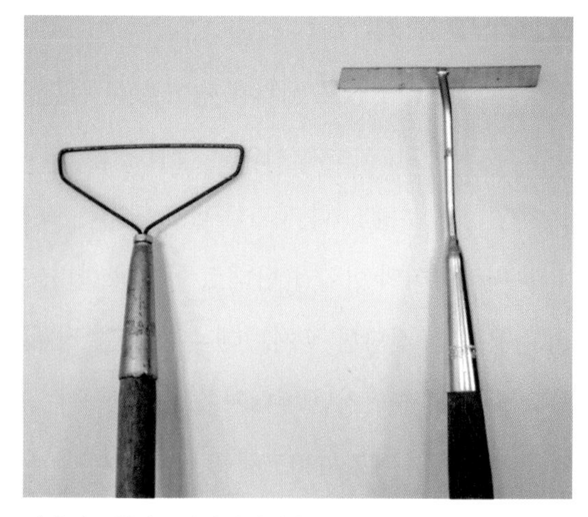

직접 만든 철사 호미와 일반적인 괭이.

이 도구는 이제 자루가 긴 것과 짧은 것 모두 좀 더 무거운 재료를 사용해 더 튼튼하게 만든 제품으로 구입할 수 있게 되었다.

하지만 나는 6밀리미터 굵기의 가벼운 철사로 도구를 L자 형태로만 구부리는 것만이 아니라 다른 형태로 만들면 힘이 더 많이 들어가야 하는 작업도 가능할 만큼 단단하게 만들 수 있지 않을까, 하는 생각을 계속 해왔다. 그래서 아주 빳빳한 6밀리미터 굵기의 긴 철사를 바이스에 끼우고 호미 형태로 구부린 후 끝이 날 중심에 오는 위치에서 90도로 꺾었다. 다음으로 9.5×19밀리미터 크기의 볼트에 드릴로 6.4밀리미터 크기의 구멍을 수직으로 뚫고 앞서 만든 철사 호미의 끝을 집어넣은 뒤 개방된 부분을 용접했다. 호미 자루와 연결되는 부분에 9.5밀리미터 크기의 너트를 용접해서 여러 가지 크기의 철사 호미를 필요에 따라 끼워서 사용했다. 밭을 간 직후에 모종을 옮겨 심을 경우, 일주일쯤 지난 후 갓 발아한 잡초를 이 철사 호미만큼 빠르고 효율적으로 제거할 수 있는 방법도 없다. 우리 농장 일꾼들이 지우개라고 부를 정도다. 무엇보다도 날이 예리하지 않아 작업하다가 모르고 모종을 건드리는 경우에도 줄기가 잘려나갈 일이 없다는 점이 가장 큰 장점이다. 그러므로 철사 호미의 날을 모종의 줄기 가까이에 놓고 몸 쪽으로 흙을 긁어내는 것으로 아주 작은 잡초까지 다 제거할 수 있다. 위에서 설명한 대로 도구를 직접 만들 수 없다면 시중에 나와 있는 제품을 구입하면 된다.

잡초 제거용 괭이에 알맞은 손잡이 만들기

괭이에 달린 기다란 나무 손잡이는 보통 어느 정도 구부러진 형태로 되어 있다. 작업자가 괭이를 사용할 때 균형이 알맞다고 느끼려면 괭이 날에 손잡이를 연결할 때 잘 조정해야 한다. 조정 방법은 아래와 같다.

1. 손잡이와 날의 접합부가 되는 쇠테에 손잡이를 끼운다.
2. 괭이를 좁은 가로대(식탁 의자 뒷부분 등)에 올려놓고 수평 균형을 맞춘다.
3. 균형이 잡혔으면 이제 날의 위치를 조정한다. 날이 아래로 향하도록 해야 한다.
4. 전체적으로 마음에 드는 균형감이 느껴질 때까지 손잡이와 날이 결합한 쇠테를 적당히 구부린다.
5. 손잡이를 쇠테에 단단히 꽂고 못으로 고정시킨다. 쇠테에 구멍을 두 개 내고 고정용 못으로 연결하면 된다. 이렇게 하면 나중에 손잡이가 말라서 쇠테 안으로 좀 더 깊이 밀어 넣어야 할 때도 여유 공간이 생긴다.

간격이 넓은 이랑에서 잡초 제거하기

간격이 널찍한 농작물을 심은 경우 경운기로 잡초를 제거하는 것이 가장 효율적이다. 이때 이랑 간격은 사용할 경운기의 크기에 맞게 조절한다. 경운기 가장자리와 이랑 사이에는 최소 5센티미터의 여유 공간이 있어야 한다. 예를 들어 너비가 65센티미터인 경운기는 이랑 간격이 최소 75센티미터는 되어야 조심스럽게 그 사이로 지나갈 수 있다. 또한 경운기 날에는 깊이 조절 장치를 끼워서 흙을 얕게 파헤치도록 해야 한다. 깊이는 2.5센티미터 이상 파지 않도록 하는 것이 가장 이상적이다. 감자에 배토 작업을 할 때는 바퀴 간격을 최대한 좁히고 밭을 가는 장치를 고랑을 내는 장치로 바꿔 끼워서 작업한다.

보행용 트랙터의 경우 최근 메시 롤러가 포함된 전동 써레를 장착해서 사용할 수 있게 되었다. 이 써레는 경운 장치의 날처럼 지표와 수평으로 닿지 않고 흙 속에 수직으로 침투한다. 써레 날이 들어가는 깊이는 롤러를 조절해서 바꿀 수 있다. 회전식 쇄토기도 활용할 수 있으나 밭을 가는 기능이 경운기만큼 뛰어나지는 않다. 그래도 농사철 초기에 밭작물을 넓은 간격으로 재배할 때, 또는 수확이 막 끝난 경작지의 지표를 다듬어서 잡초를 없앨 때 활용할 수 있는 훌륭한 도구다.

화염 제초

이랑에 심은 작물에 화염이나 열로 잡초를 없애는 방식은 최근에 등장한 아이디어처럼 보이지만 그렇지 않다. '잡초 태우는 도구'에 관한 최초 기록은 1839년 영국에서 개최된 왕립 농업 박람회까지 거슬러 올라간다. 바퀴 달린 금속재 격사에(코크스로 불을 피우는 부분) 팬이 장착되어 있고(이 팬은 핸들을 돌려서 작동시킨다) 말이 전체를 끌면서 열이 땅 쪽으로 향하도록 하여 잡초를 없애는 도구였다.

액체 연료를 사용하는 화염 제초기는 1852년 미국에서 특허를 취득했다. 그때부터 1940년까지 무수한 제품이 만들어지고 개량되었다. 대부분 목화와 사탕수수 농장에서 사용하기 위한 제품이었다. 이 같은 초기 모델은 전부 액체 연료와 압축기, 연료 펌프, 특수 제작된 버너로 구성된다. 1940년대 초부터는 깔끔하게 연소되고 잔재가 남지 않는 액화 프로판 가스가 연료로 사용되었다. 1940년대 초에 프로판 가스 화염제초기가 맨 처음 사용된 규모는 10대 정도였으나 점점 인기를 얻기 시작해 1963년에는 이랑 재배에 1만 5천 대 정도가 활용되는 것으로 추정됐다.

실험삼아 제작한 화염 제초기. 프로판가스 탱크는 롤러 위에 설치된다.

현대식 화염 제초를 실용적이고 경제적으로도 효용성 있게 실시하려면 여러 가지 요소를 고려해야 한다. 우선 잡초가 5센티미터 미만이어야 한다. 이보다 길게 자라면 불길에 노출되어야 하는 시간이 늘어날 수 있고 이로 인해 트랙터가 이동하는 속도도 느려져 연료 소비량이 늘어난다.

화염 제초기는 사실 잡초를 불에 태우지 않는다. 열의 강도(연료 사용량)와 노출 시간(이동 속도)을 조정하여 식물 세포의 수분을 팽창시켜 세포벽이 파열될 수 있는 만큼의 열만 식물에 전달된다. 이를 위해서는 71℃ 정도의 온도에 식물이 1초 동안 노출되어야 한다. 열이 충분히 가해지는지 확인할 수 있는 간단한 방법은 엄지와 검지로 잎을 살짝 눌러보는 것으로, 잎 표면에 진한 녹색으로 손가락 자국이 남으면 잘 된 것으로 볼 수 있다. 열을 가한 후에도 잡초는 몇 시간 동안 아무 이상도 없는 것처럼 보이지만 이후 서서히 시들기 시작해 쓰러진다.

화염 제초는 토양이 비교적 부드럽고 흙덩어리가 없는 곳에서 실시할 때 가장 큰 효과를 볼 수 있다. 이랑이나 덩어리가 있으면 불길의 방향이 바뀌어 작물로 향할 수 있기 때문이다. 또한 잡초의 잎이 마른 상태라면 연료 효율성이 높아지지만, 기계적으로 잡초를 제거하기 힘들 만큼 흙이 젖은 상태일 때도 화염 제초는 실시할 수 있다. 이랑 재배 시 이랑 사이사이에 처음 화염 제초를 실시할 때는 의도치 않게 열이 작물의 줄기와 닿더라도 충분히 견딜 수 있을 만큼 줄기가 자라거나 두꺼워진 후에 실시해야 한다. 가장 적절한 이동 속도는 시간당 약 9.65킬로미터이다. 시간이 흐르면서 화염 제초기에는 이랑 재배 작물 사이에서 화염 제초를 실시할 때 작물 아랫부분을 열로부터 보호할 수 있도록 물이 분무되는 보호 장치가 추가되었다. 이 장치 덕분에 잡초 제거 속도도 시간당 약 13킬로미터로 더 빨라졌다. 같은 이랑에 심은 작물 사이, 또는 이랑과 이랑 사이에 화염을 가하는 기능을 결합시킨 제초기도 있으나 이 두 가지 기능을 모두 결합할 때 가장 효과적이고 경제적인 잡초 제거가 가능한 것으로 밝혀졌다.

1963년에 미국에서는 전국 프로판 가스연합이 후원한 '열 농업'이라는 제목의 연례 심포지엄에서 새롭게 발전한 화염 방사 기술이 보고됐다. 연료 위기로 심포지엄이 해산된 1973년까지 토의는 꾸준히 이어졌고 연구 프로젝트 대부분이 화염 제초 기술을 다루었다. 다행히 유럽에서 유기농법으로 농사를 짓는 사람들이 이때 나온 아이디어를 독자적으로 조사하면서 계속 연구했다. 연료 가격이 오르자 더 효율적인 화염 제초기가 등장했고, 유럽의 농민 대다수는 당근과 같은 작물 주변에 자라는 잡초를 출아 전에 없앨 수 있는 제품을 개발하는 데 집중했다.

이 시기에 나온 기술은 다음과 같다. 농부는 식물을 심을 밭을 준비하고 10일에서 2주를 기다렸다가(이 기간 동안 잡초의 씨앗이 발아한다) 작물을 파종한다. 그리고 작물이 출아할 것으로 예상되는 시기 전에 밭에 화염 제초 작업을 실시한다. 파종 후 몇 곳을 선정하여 씨가 있는 자리에 유리로 된 작은 판을 올려두면 작업 시점을 정할 수 있다. 판을 덮어두면 다른 곳보다 온도가 약간 더 올라가므로 작물 모종은 원래보다 하루나 이틀 정도 더 일찍 출아한다. 유리 아래로 처음 모종이 고개를 내밀기 시작한 것이 포착되면 유리판을 제거하고 화염 제초로 어린 잡초를 없앤다. 아직 출아하지 않은 작물 모종은 흙이 화염 제초기의 열로부터 보호해주는 기능을 한다. 따라서 며칠이 지나면, 새로운 잡초 씨앗이 들어올 수 없도록 처리된 경작지에서 죽은 잡초들이 뿌리덮개처럼 덮인 흙 사이로 등장한다.

현대식 화염 제초기는 두 가지 종류가 있다. 하나는 버너가 덮이지 않은 종류이고 다른 하나는 버너가 금속 덮개 아래에 설치된 종류이다. 버너 덮개는 경작지에서 식물이 재배되는 길쭉한 구역 또는 땅의 너비와 일치하는 것이 가장 적절하며 그래야 열을 집중적으로 방출하는 데 도움이 된다. 버너 덮개가 있는 종류는 덮개가 없는 기구보다 연료를 평균 20~25퍼센트 덜 사용하므로 연료 효율성이 더 뛰어나다. 화염 발생 장치를 등에 맬 수 있는 제품도 판매되고 있으며 이 경우 버너가 한 개인 종류와 여러 개의 버너가 바퀴 위에 장착되어 앞으로 밀고 나가면서 작업할 수 있는 종류(덮개가 있는 것과 없는 것 모두 구입 가능하다), 그리고 트랙터에 장착할 수 있는 종류로 다시 나뉜다.

화염 제초기의 부품은 대부분 규격품으로 구입할 수 있으므로 직접 필요한 도구를 만들 수 있는 손재주 좋은 농부들은 만들어서 쓰는 경우가 많다. 단, 프로판 가스는 인화성이 매우 큰 물질이므로 이 경우 충분한 지식이 있는 상태에서 신중하게 제작해야 한다. 설계 시 가장 중요한 부분은 버너의 개수를 연료 탱크 크기에 맞게 정하는 것이다. 액상 프로판이 기체로 바뀌면 냉각 효과가 발생한다. 그러므로 가스 사용량이 과도하게 커지면 냉각을 넘은 결빙 현상이 발생하여 조절기가 얼 수 있다. 화염 제초기 제조업체들 중에는 이 문제를 해결하기 위해 프로판을 액체 상태로 노즐에 흘려보내는데 이는 또 다른 측면에서 작동이 불안정해지는 원인이 될 수 있다. 화염 제초를 실시하고자 하는 농부들에게 내가 권장하는 방법은 우선 믿을 만한 제조업체에서 제조된 장비를 살펴보라는 것이다. 기성품의 복잡한 특성을 충분히 익히고 나면 직접 화염 제초 장비를 만들 것인지 여부를 결정할 수 있을 것이다.

나는 너비가 75센티미터이고 표면이 메시 형태로 되어 있는 텃밭용 롤러 앞면에 버너를 장착한 화염 제초기를 실험 삼아 고안했다. 프로판 탱크는 롤러 위에 하중을 견딜 수 있는 거치대를 달고 그 위에 올린다. 불길은 핸들 바로 조절한다. 경작지에서 앞으로 밀고 나아가면 롤러 앞쪽에 75센티미터 너비로 장착된 다섯 개의 노즐을 통해 불길이 뿜어져 나온다.

'조니스 셀렉티드 시즈'에서 판매되는 화염 제초기는 경량 보호 후드가 롤러와 연결되어 있고, 일반적인 백팩 형태의 제품에 딸린 긴 막대기의 끝부분에 고정되어 있다. 이 후드의 기능은 열이 안쪽에서만 발생하도록 하여 화염 제초를 실시할 때 가까운 곳에 있는 작물을 보호하는 것이다. 후드 너비가 38센티미터 정도면 온실에서나 밭에서 식물이 자라는 약 75센티미터 너비의 땅을 효율적으로 처리할 수 있다. 한 번 쭉 걸어가면서 작업하고 되돌아오면서 한 번 더 실시하면 된다.

유럽을 방문했을 때 나는 농부들이 직접 고안한 다양한 화염 제초기를 볼 수 있었다. 특수 작물 재배 시 잡초 제거에는 작물이 자라는 줄 하나에 꼭 맞는 크기의 소형 기계, 특히 바퀴를 굴려서 이동할 수 있고 작물 보호용 덮개가 있는 기계가 효과적인 것으로 보인다. 분명 가까운 미래에 실제로 농업에 종사하는 사람들이 독창성을 발휘하여 누구도 상상조차 하지 못한 방식으로 화염 제초기를 변형하고 개량할 것이라 생각한다.

열을 이용하여 잡초를 없애는 또 한 가지 방법은 여름철에 투명 비닐을 흙 위에 덮어 두고 토양 속의 잡초 씨앗이 자라지 못하는 상태가 될 만큼 태양열이 충분히 모여 토양의 온도가 올라가기를 기원하는 것이다. '태양열 토양 소독'이라 불리는 기법이다. 우리 농장에서도 2014년 여름에 사용하지 않는 온실이 생겨 태양열 소독을 실시해보기로 했다.

태양열을 이용한 토양 소독은 1960년대부터 광량이 많은 온대 기후 지역에서 연구가 진행되었다. 우리는 태양광이 온실까지 총 두 겹의 비닐을 통과하도록 하면 햇볕이 잘 드는 지역이 아니라는 단점도 상쇄될 수 있을 것이라 예상했다. 더불어 우리는 태양광 토양 소독 시 지켜야 한다고 권고된 방식대로 먼저 흙에 물을 대고(수분이 있는 흙은 마른 흙보다 열을 더 잘 전달한다) 한쪽 끝에서 다른 쪽 끝까지 흙 위에 투명 비닐을 씌웠다. 우리는 모든 작업이 완료된 7월 중순부터 3주간 온실 문을 닫아두었다. 토양 온도계를 이용하여 5센티미터 깊이에 묻힌 잡초 씨앗이 발아하지 못하도록 흙의 온도가 63℃를 유지하는지 확인했다. 그 결과 나는 어느 때보다도 잡초가 없는 온실에서 농사를 지을 수 있었다. 그저 놀라울 따름이었다. 태양열 토양 소독에 관한 학술 논문을 찾아보면 흙에서 유래하는 수많은 병해를 없앨 수 있고 토양이 비옥해지는 효과도 얻을 수 있다는 사실을 확인할 수 있을 것이다. 소독이 진행되는 동안 토양 미생물과 지렁이는 땅속 더 깊은 곳으로 도망갔다가 나중에 다시 돌아온다. 나도 아직까지 태양열 소독의 단점을 언급한 문헌은 한 번도 본 적이 없다.

우리 농장에는 대형 온실이 또 있는데, 전부 이동식 온실이다. 태양열 소독을 실시했던 해에 이 다른 온실에서는 여름작물을 재배했었다. 지금은 7월 중순이 되면 바로 옆에 있는 다른 온실로 작물을 옮기고 태양열 소독을 실시한 다음 겨울 작물을 재배할 생각이다(그러려면 지주가 필요 없는 토마토를 재배해야 할지도 모르겠다).

우리 농장에서는 야외 밭에서도 7월에 태양열 소독을 실시한다. 8월에 가을 작물을 재배할 경작지는 반드시 소독한다. 우리는 온실에서 확인한 효과를 그대로 얻기 위해 비닐을 두 장 준비하고 그 사이에 살짝 간격이 생기도록 설치하는 실험을 진행 중이다. 플레일 제초기로 녹비 작물을 아주 짧게 남기고 잘라내는 것으로 땅을 갈지 않고 태양열 소독을 실시할 수도 있다. 즉 비닐을 덮기 전에 기계로 스트레스를 유발한 다음 열로 추가적인 스트레스를 가하는 것이다. 우리처럼 북부에서 농사를 짓는 경우, 꼭 태양열 소독 실험을 해볼 것을 적극적으로 권장한다.

태양열 소독처럼 흙을 건드리지 않고 잡초를 없애는 또 한 가지 방법은 불투명한 토양 엄폐다. 불투명한 방수포로 땅을 일정 기간 동안 덮어서 태양빛을 차단

온실에서 흙에 비닐을 덮어 태양열 소독을 실시하는 모습.

함으로써 잡초가 광합성을 못하도록 하는 방법이다. 진행 속도는 더 느리지만, 기후가 서늘하고 구름이 많이 끼는 편이라 태양열 소독의 효과를 크게 보지 못하는 곳에서는 토양 엄폐로 큰 효과를 볼 가능성이 있다.

장기적인 이점

녹비 식물에 관해 설명하면서는 작물 사이사이에 심을 것을 권장했으나, 이 방식을 활용하면 잡초를 제거할 수 있는 기간이 줄어든다. 작물 사이에 다른 식물의 씨앗을 심는 시기보다 일찍 잡초 제거가 완료되어야 하는 이유도 이 때문이다. 그 기간이 지나면 잎이 점점 넓어지면서 햇빛을 막는 덮개 역할을 하므로 잡초 성장이 점차 저해된다. 여기에 작물 사이에 심은 작물의 잎이 그보다 낮은 높이에서 덮개를 추가로 형성하면 잡초 성장을 막는 효과도 더욱 강화된다. 그럼에도 어찌어찌 자라난 소수의 잡초는 반드시 뽑아내야 한다. 농부는 경작지를 불시에 둘러보고 이 작업을 실시해야 한다.

이러한 권장 사항들에는 충분히 그럴 만한 이유가 있다. 나는 19세기에 나온 『10 에이커면 충분하다Ten Acres Enough』라는 농사 관련 옛 서적을 읽은 적이 있다. 저자도 나처럼 잡초는 뿌리 뽑아야 한다는 철학을 갖고 있었는데, 이웃 사람들이 시간 낭비라 생각한다는 점을 씁쓸하게 밝혔다. 그러나 그 책의 저자는 해마다 새로 돋아나는 잡초가 계속 줄었으며 부지런히 노력한 결과가 장기적으로 돌아왔다는 결론을 내렸다. 내가 경험한 결과도 마찬가지다. 피터 핸더슨Peter Henderson도 그런 것 같다. 그는 1867년에 출판된 책 『돈이 되는 농사Gardening for Profit』에서 다음과 같이 설명했다.

> 잡초가 자라기 시작할 때까지 기다렸다가 없애도 된다는 것은 경제적인 측면에서 근시안적인 생각이다. 키가 15센티미터보다 크게 자라는 잡초가 땅 위로 막 올라온 것을 발견하고 하루 내내 호미질을 해서 없앤다면, 키가 15~20센티미터까지 자라도록 뒀을 경우 더 많은 시간 동안 호미질을 해야 한다. 그동안 밭에 준 영양이 키우려는 작물보다 잡초로 향해서 얻는 피해는 말할 것도 없다. 잡초를 조기에 제거할 때 얻는 또 한 가지 장점은 씨가 열릴 틈을 얻지 못하므로 몇 년 후에는 거의 사라진다는 것이다. 따라서 해가 갈수록 잡초를 없애는 일도 점점 간단해진다.

나는 농사를 짓기 시작할 때 흙에 존재하는 잡초 씨앗은 염려하지 않는다. 원래부터 그곳에 있었기 때문이다. 대신 그 수가 더 늘어나지 않도록 노력하는 데 집중한다. 작물 사이에 심는 녹비는 전체적인 농업 생산에 도움이 되므로 '고의적으로 심은 잡초'에 해당되며 내가 원하는 잡초는 녹비밖에 없다. 완벽하게 잡초를 없애는 일이 불가능할 수도 있지만 파종 단계부터 잡초 방지를 위해 노력한다면 이상적인 결과에 더 가까이 다가갈 수 있으리라 생각한다.

잡초에 관한 연구에서도 이와 같은 관찰 결과가 사실로 밝혀졌다. 더불어 이러한 방식으로 잡초가 제거되는 비율도 구체적으로 증명되었다.[1] 영국의 국립 채소연구소에서 실시한 연구에서는 지표면 기준 최대 23센티미터까지 자란 잡초의 씨앗이 어느 정도로 감소하는지 중점적으로 조사했다. 그 결과 토양을 얼마만큼 건드리느냐에 따라 해마다 22퍼센트에서 36퍼센트가 감소하는 것으로 확인됐다. 흙을 파헤치지 않은 경우, 땅속에서부터 올라와서 생성된 잡초 씨앗이나 새로 자라나는 잡초가 사라지고 4년째 되는 해에는 잡초가 거의 자라지 않았다. 내가 경험한 결과도 이와 일치한다. 3~4년간 부지런히 관리하면 잡초 문제는 어느새 사라질 것이다.

농업 생산 시스템이 얻는 효과

이번 장 앞부분에서 우리는 효율적인 잡초 관리 방법으로 두 가지 재배 기술에 관해 알아보았다. 정밀 파종기를 이용하면 이랑에 재배하는 작물 간격을 일정하게 유지하고 이랑과 이랑 사이 간격도 마찬가지로 일정하게 유지할 수 있다. 이는 재배 효율성과 수월성을 높인다. 식물을 흙 블록에서 처음 키운 후 막 경운한 땅으로 옮겨 심으면 잡초 관리 문제 중 상당 부분이 해결된다. 잡초는 아직 싹도 트지 않았을 때 작물이 먼저 유리한 고지를 선점할 수 있다는 것이 첫 번째 효과이고 작물을 원하는 간격으로 심을 수 있으므로 같은 줄에서 자라는 식물 사이에 자라는 잡초를 제거할 때 방법을 매번 조정해야 할 필요성도 줄어든다.

마지막으로 덧붙이는 말

나는 이 책 전반에 걸쳐 농부는 예리한 눈으로 관찰할 줄 알아야 한다는 점을 강조해 왔다. 손 도구를 활용하고 세밀하게 설계된 생산 시스템을 활용하면 매일 변화하는 상황을 충분히 파악하는 데 도움이 된다. 영국의 한 동식물 연구가는 자신의 생각을 밝히기 위해 로버트 번스Robert Burns의 시를 인용한 적이 있다. "1785년 11월, 쟁기가 땅 속 보금자리와 닿는 바람에 모습이 드러난 쥐에게: 오, 작고 미끈한 너, 겁을 먹고 잔뜩 웅크린 짐승이여 / 네 얼마나 놀랐을까!"라는 번스의 시 구절을 두고, 해당 연구가는 현대에는 이런 시가 탄생하지도 않았을 것이라고 이야기했다. 트랙터를 몰면서 쥐를 발견할 일은 없기 때문이다. 그렇다고 옛날 농부들이 누린 이점이 쥐를 발견하고 시를 쓸 수 있었다는 것에 국한되지는 않는다. 두 발로 직접 땅을 디디고 일하는 농부는 흙과 작물, 그리고 농사의 전반적인 상황을 트랙터 좌석에 앉아서 관찰하는 것보다 훨씬 더 깊이 알 수 있다.

모터가 돌아가는 기계가 더 낫다는 현대인의 편견에도 불구하고 도구와 간단한 기술은 적절한 계획에 따라 활용하면 충분히 선호할 만한 기술이 되는 경우가 많다. 우수한 도구와 기술은 일을 뒷걸음질하게 만들지 않는다. 이 책에서 강조한 다른 방법들과 함께 활용하면 훌륭한 채소 농사로 한 발 더 나아갈 수 있을 것이다.

20장

해충과의 공존

오늘날 거의 모든 농업 연구소가 하는 일은 주로 식물과 동물의 병과 해충을 물리칠 방법과 수단을 강구하는 것이라는 점은 의심할 여지가 없는 사실이다. 이러한 노력에는 해가 갈수록 더 많은 비용이 투입되지만 사실상 실패한 싸움이 된 것 같다. 과학자들이 미처 밝혀내지 못한 질병에 너무 집착하고 사로잡힌 바람에 이런 사태가 벌어진 건 아닐까? "어떻게 하면 해충을 없앨까? 이러저러한 병을 치료하는 방법은 무엇일까?" 대부분의 질문 자체에 부정적인 접근 방식이 그대로 담겨 있고, 해답으로는 기껏해야 상황을 개선하는 방법밖에 나올 수 없다. 그러나 일부 연구자들은 긍정적으로 접근하기 시작했다. "건강이란 무엇이고, 어떻게 해야 건강을 증진시켜 자연적인 저항성을 키울 수 있을까?" 지금까지 이 질문의 답으로 등장한 모든 조치들을 살펴보면, 농업과학이 이러한 일군 그 어떤 성취보다 더 생산적인 결과를 얻을 가능성이 높다는 것을 알 수 있다.

— 이브 발포어 Eve Balfour, 『식물 건강 Plant Health』, 1949

이번 장에서는 생명을 찬양한다. 자라나는 식물과 살아 있는 생물, 긍정적인 생각이 공존하는 세상을 찬양할 예정이다. 유기물질로 만들어진 것이건 화학물질로 된 것이건, 농약은 절대 옳은 해답이 될 수 없다. 자연계는 정밀하고 논리적인 시스템이다. 생명을 북돋우는 식품을 만들면서 생명에 치명적인 독성 물질을 사용해도 된다는 생각은 어색하고 논리도 맞지 않다. 그로 인한 잠재적인 문제의 심각성과 최악의 결과를 중점적으로 하면 안 되는 방식을 강조하는 책들이 무수히 나와 있다. 나는 정밀한 해결 방법이 될 수 있는 현실적인 방법에 초점을 맞추고, 실행하면 좋은 일들을 강조하는 방식을 선호한다. 도저히 해결할 수 없다고 생각되는 문제도 또 다른 성취를 예고하는 서곡이 될 수도 있다.

가장자리에 화단을 조성하면 유익한 곤충이 모여든다.

식물에 유익한 방식: 정반대의 관점

해법을 도저히 알 수 없는 문제와 부딪히면 나는 완전히 뒤집어서 생각해본다. 그래야 정반대의 관점으로 생각해볼 수 있다. 실제로 반대 방향에서 살펴보다가 실효성 있는 방안이 떠오르는 경우가 아주 많다. 기록으로 전해지는 과학의 역사를 보면 한때 신성시되던 개념이 나중에 사실과 정반대되는 내용으로 밝혀진 사례가 얼마나 많은지 알 수 있다. 태양이 지구 주위를 돈다는 천동설이 가장 잘 알려진 예다. 최근에도 기존의 생각이 뒤집힌 두 가지 사례가 뉴스로 소개됐다. 자연환경을 관리하는 사람들은 이제 덩치도 크고 험악한 늑대를 두려워하기보다 자연계의 균형이라는 관점에서 늑대의 행동을 포식자의 본능으로 받아들이기 시작했다. 예방에 힘써야 한다고 알려진 산불도 삼림을 건강하게 유지하는 필수 요소라는 새로운 인식이 등장했다.

농업에서 대부분의 사람들은 농약 사용을 두고 도저히 해결이 불가능한 문제라고 동의한다. 잔류농약의 위험성이며 해충의 내성, 환경 파괴가 뒤따른다는 증거가 쏟아진다 한들, 농약은 없어서는 안 된다고 여겨지는 물질인데 어떻게 아예 없앤단 말인가? 그런 생각이 든다면 뒤집어서 다시 생각해보자. 사람들이 현실에 머무르게 하는 생각, 즉 '농약은 필수적이며 농약 없이는 농사가 안 된다'는 태도를 뒤집으면 '농약은 불필요하며 농업 시스템은 농약을 필요로 하지 않는다'가 된다. 마음이 확 끌리는 개념이지만, 과연 이것이 사실이라고 이야기할 수 있는 근거가 있을까? 너무 놀라지 않도록 마음의 준비를 단단히 하라.

그러한 개념은 학계 연구를 통해 문서화되었을 뿐만 아니라 농부들의 현장 경험으로 입증되었다. 소수의 농부들, 학자들은 100년도 더 전부터 식물은 방어 능력이 없는 희생자이며 해충은 사악한 적이라는 생각에 조용히 반대해 왔다. 튼튼하게 잘 자란 식물은 해충에 그리 쉽게 당하지 않는 선천적 특성이 나타난다는 사실을 경험으로 알고 있었기 때문이다. 이들은 식물이 부적절한 재배 환경에서 자라느라 스트레스를 받은 경우에만 해충의 공격에 취약해진다고 주장했다. 같은 맥락에서 해충은 식물을 해치는 적이 아니라 재배 방식이 개선되어야 하는지 여부를 알려주는 유용한 지표로 보았다.

간단히 정리하면, 해충과 병은 식물이 지금 스트레스를 받고 있다는 사실을 알려주는 메시지와 같다. 우리가 해충은 다 적이라고 판단하는 한, 메시지는 해독이 불가능해지며 우리는 그저 정보를 가지고 온 메신저를 없애려고 애를 쓰게 된다.

스트레스가 인간에게 끼치는 영향을 떠올리면, 식물이 스트레스를 받을 때 유해한 영향이 발생한다는 사실도 그리 놀랍지 않다. 우리도 스트레스를 받으면 쉽게 병이 든다. 농업과 마찬가지로, 우리 역시 화학물질의 도움으로 증상을 덮어버릴 수 있지만 변화를 시도해 원인을 없앨 수도 있다. 생활방식을 바꾸거나 업무 환경, 일상적인 습관을 바꾸는 것이다. 널리 알려진 스트레스 관리 프로그램들은 후자가 더 현명한 방법이라고 권장한다.

나는 이와 같은 생각을 농업에 적용해서 '식물에 유익한 방식'이라 부르기로 했다. 식물에 해가 되는 현행 방식과 대조되는 의미로 지은 명칭이다. 이 개념은 이치에 맞다. 해충과 식물이라는 두 가지 구성요소가 존재한다면 해결 방안도 두 가지여야 한다. 해충을 죽이는 방법이 있다면 식물을 더 튼튼하게 만드는 방법도 분명 존재한다. 증상만 없앨 것인지, 원인을 없앨 것인지의 문제와 같다. 전자는 흠이 있는 전략이므로 후자를 시도하는 편이 현명할 것이다.

이러한 이중성을 시각적으로 그려보는 방법은 이 책의 첫 장에서 소개한 수놓인 태피스트리를 자연계로 생각하는 것이다. 농약을 열렬히 옹호하는 사람들은 태피스트리 뒷면만 보고 있다. 그곳에서는 길게 늘어진 실밥과 엉뚱한 곳으로 이어진 실들, 뭐가 뭔지 알 수 없는 무늬만 보인다. 자연이 엮어낸 논리를 보지 못하는 것이다. 태피스트리의 앞으로 와서 보면 농업에서 해충의 역할은 건강하지 않은 식물을 알려주는 것임을 명확히 알 수 있다. 늑대 같은 포식자가 병이 들거나 다쳐서, 또는 노쇠해서 스트레스 상황에 놓인 동물을 표적으로 삼는 것과 다르지 않다.

역사와 배경

위와 같은 생각이 과학적인 표현을 통해 정식으로 등장한 최초의 자료는 식물 병리학 분야의 논문으로, 19세기에 '소인 이론'이라는 명칭으로 소개됐다.[1] 적절치 않은 환경에서 자라 '부정적인 소인이 나타난' 경우에만 해충의 공격이 성공을 거둘 수 있다는 내용이 담긴 논문이었다. 이제는 미생물들이 실제로 이미 약해진 식물만 공격할 수 있다는 사실이 드러났으며 그러한 연구 결과와 검토 논문이 20세기 전반에 걸쳐 꾸준히 발표됐다. 이러한 주제들 가운데 극히 작은 부분에 해당하는 칼륨이 식물 건강에 끼치는 영향만 하더라도 한 논문에서 참고자료로 인용한 자료가 534건에 달했다. 해당 논문은 1950년대부터 10년 단위로 참고문헌의 규모가 두 배씩 증가했다고 밝혔다.[2] 1984년에 발표된 한 연구에서는 식물 스트레스와 곤충 수의 관계를 밝힌 이론을 제안하면서 300편이 넘는 자료를 인용했다. 이 논문 자체도 뒤이어 진행된 연구들에 수백 회 인용됐다.[3]

이와 같은 연구 결과들은 전체적으로 그동안 가볍게 알려졌을 뿐 제대로 이해되지 않았던 유기농업 운동의 핵심이 옳다는 것을 보여준다. 바로 건강한 식물은 해충의 영향을 받지 않는다는 것이다. 좀 더 과학적인 표현으로 다시 정리하면, '생태계 균형이 유지된 상태에서 잘 자란 식물은 본질적으로 약하지 않으며, 부적절한 환경에서 자라 스트레스를 받은 식물만 해충의 공격을 받고 병에 시달린다.' 해충의 공격을 받지 않는 식물은 뭔가가 추가로 발달한 특별한 식물이 아니라 아무것도 빼앗기지 않은 지극히 평범한 식물이라는 의미다.

학계에 발표된 연구 결과들을 보면 다들 자신만만한 태도가 느껴진다. 농약이 개발되기 전에 농사를 지은 사람들은 분명 해충에 찌든 농산물만 생산했을 것이며, 쉴 새 없이 달려드는 해충 앞에서 속수무책으로 당하느라 그럴 수밖에 없었으리라고 확신하는 현대 학자들의 주장에서 특히 그러한 자신감이 두드러지게 눈에 띈다. 이들의 태도는 농업용 화학물질에 의존하는 현대 사회의 분위기에 영향을 받은 것이 분명해 보인다. 그러나 건강한 식물은 해충의 공격을 받지 않는다는 사실은 과거 농민들에게 하나의 이론을 넘어 농사 현장에서 직접 경험한 현실이었다.

세균 이론으로 널리 알려진 루이 파스퇴르Louis Pasteur도 병을 미연에 방지할 수 있는 이 방식의 잠재성을 열정적인 기록으로 남겼다. 그가 특히 관심을 둔 부분은 '영역'이라고 칭한, 생물이 살아가는 환경의 중요성이었다. 파스퇴르가 가장 크게 매료된 것은 미생물이 무언가의 원인이 된다는 사실이 아니라 숙주의 생명력과 저항성을 향상시킬 수 있는 환경 요건이었다.[4] 이후 수많은 연구자들이 해충에 관해 비슷한 결론을 내놓았다.

- 미래에는 농약을 살포하는 대신 재배 환경을 올바르게 형성하는 방안에 더 의존하고, 기생 곤충의 존재 여부보다 식물의 상태를 더 면밀히 관찰하게 될지도 모른다.[5]
- 규모도 더 커지고 파괴성도 더 커지는 해충의 공격을 막기 위해 계속해서 새로운 농약을 개발해야만 하는 상황은 토양의 비옥성이 해마다 나빠짐에 따라 더욱 악화될 가능성이 있다.[6]
- 현재까지 확인된 결과로 볼 때 식물의 생리학적 특성을 통해 저항성을 키우는 방식은 상당히 실용적이다.[7]

어떻게 작용할까

이러한 방법의 작용 원리를 설명하는 가장 일반적인 방식은 스트레스를 받을 때 식물의 구성에 어떤 변화가 일어나는지 주목하는 것이다. 스트레스로 인해 식물은 해충과 병에 더욱 취약한 상태가 된다. 스트레스 상황에서 식물의 단백질 합성이 중단되어 식물 조직 내에 결합되지 않은 유리 질소가 축적되는 것이 가장 주된 변화에 해당된다. 자연에서는 질소가 함유된 먹이가 있을 때 해충의 개체 수가 증가하므로 식물이 스트레스를 받아 해충이 질소 성분을 더 쉽게 구할 수 있게 되면 그 수가 폭발적으로 늘어날 수 있다.[8]

브라질에서 발생하는 벼의 병해를 조사한 연구에서는 미량원소가 부족한 것이 핵심 원인으로 밝혀졌다. 토양에 특정 미량원소가 부족하면 벼의 해당 병해도 급격히 늘어났다. 꼭 필요한 필수 미량원소를 공급한 경우 벼에 면역력이 생겨 병에 걸리기 쉬운 환경도 이겨냈다.[9]

선충 연구에서는 피해의 극복에 유기물로 이루어진 거름이 토양에 공급되었는지의 여부가 중요한 요소로 작용한다는 사실이 밝혀졌다. 토양에 유기물을 공급할 때 얻을 수 있는 이점, 즉 토양 구조 개선과 수분 보유 능력 증대, 토양의 수

명 연장, 식물 영양소 증가가 모두 선충의 식물 공격을 방지하는 데 영향을 주는 것으로 나타났다.[10]

해충에 대한 절대적 저항성과 상대적 저항성의 차이를 지적한 연구 결과도 다수 발표됐다. 전자는 대부분 식물의 유전적인 특성으로 좌우되고 후자는 식물이 자라는 환경에 따라 달라진다. 이 상대적 저항성을 최대한 끌어 올릴 수 있는 환경이 활발히 이루어지도록 촉진하는 방법이 있다면, 그것이 해충 증가의 원인으로 자주 지목되는 대규모 단일 재배 방식이라 할지라도 해충으로 인한 문제가 크게 줄어든다는 견해가 이어졌다. 재배 방식이 식물의 저항성에 큰 영향을 주기 때문이다.[11]

미 농무부는 1957년에 펴낸 연감에서 다음과 같이 밝혔다. "영양을 충분히 섭취한 식물은 영양을 제대로 얻지 못한 식물에 비해 토양 유래 생물에 덜 취약하다. 그러므로 토양이 비옥하면 숙주 식물의 저항성이 강화되어 기생충이 뿌리를 제대로 공격하지 못할 가능성이 있다."[12]

마지막으로, 유기농법을 다룬 몇 안 되는 연구 중 한 건의 내용을 언급하고 싶다. 해당 연구를 실시한 코넬 대학교의 두 연구진은 다음과 같은 결론을 내렸다. "유기적인 방식으로 해충의 수를 줄일 수 있는 이유가 무엇이건, 결과를 보면 유기비료가 해충의 공격에 대한 식물의 저항 능력을 촉진한다는 견해가 뒷받침된다."[13]

실제 경험

1990년대 중반에 나는 미국에서 상업 목적으로 유기농 채소를 재배하던 가장 실력 있는 농부 50명에게 설문지를 보냈다. 이 설문지에서 건강하고 스트레스를 받지 않는 식물과 해충 발생률 감소에 상관관계가 있다는 사실을 관찰로 확인한 적이 있는지 물어보았다. 한 명을 제외한 전원이 그렇다고 답했다. 화학물질을 이용해 농사를 짓는 이웃 농부들과 비교할 때 건강하고 스트레스 없는 작물을 키움으로써 해충 피해가 몇 퍼센트나 감소했다고 생각하는지 묻자, 평균 75퍼센트가 감소했다는 답을 얻을 수 있었다. 응답자들이 농업 관련 기관의 도움을 일체 받지 않고 그 정도의 성공을 거두었음을 감안하면 상당히 인상적인 결과다. 게다가 농업에서 일반적으로 불가능하다고 여겨지는 일을 현실로 만들었다는 사실을 생각하면 더욱 놀라운 일이다. 응답자들은 아직 해결하지 못한 해충 문제는 대부분 작물이 받는 세부적인 스트레스 상황을 해결할 수 있는 성공적인 재배 방식을 아직 찾지 못한 것이 원인이라는 데 동의했다.

이와 비슷하게 세계 곳곳의 유기농산물 농장에서 쉽게 피해를 입지 않는 작물을 키워내는 모습을 나는 여러 번 목격했다. 그중에서도 특히 기억에 남는 일이 있다. 1979년에 미국 농무부 소속 연구자 여러 명과 함께 독일의 유기농 채소 농장을 방문했을 때의 일이다. 함께 간 연구자들은 그 이듬해에 농무부가 펴낸 「유기농업에 관한 보고와 권고」에 실을 내용을 조사하는 중이었고 방문단에는 곤충학자 한 사람도 포함되어 있었다. 농장에 도착해서 다들 그곳 농부에게 이것저것 열심히 질문을 던지고 대답을 듣는 사이, 그 곤충학자는 채소밭 쪽으로 걸어갔다. 그리고는 허리를 굽혀 손으로 식물 윗부분을 손으로 훑어가면서 곤충이 얼마나 있는지, 해충이나 해충 피해는 어느 정도로 발생했는지 조사했다. 밭 가장자리 쪽에서 이루어지던 대화가 차츰 잠잠해지고 모두의 시선이 자연스럽게 밭에 나가 있는 곤충학자에게로 향했다. 그때까지도 그는 계속 조사 중이었는데, 어느 작물을 봐도 해충 피해가 거의 전혀 보이지 않는다는 사실을 깨닫고 놀라워했다. 마침내 몸을 일으킨 그는 우리 쪽을 보면서 감탄이 가득 담긴 음성으로 이야기했다.
"농약으로도 이렇게까지 훌륭한 결과는 얻을 수는 없습니다."

특정한 생각을 향한 거부감

지금까지 살펴보았듯이 해충 관리에 관한 새로운 접근 방식은 농약 사용에 관한 딜레마를 해결해줄 만한 방안이 분명해 보인다. 그런데 왜 이 아이디어는 주류 농업에서 철저히 외면당할까? 너무 혁신적이라 감히 뭐라고 말을 못하는 것일까? 아니면 우리가 시인 윌리엄 블레이크William Blake가 '마음이 벼린 사슬'이라고 표현한 것에 생각보다 훨씬 더 강하게 얽매여 있는지도 모른다. 과학의 역사를 보면 변화에 대한 거부감 때문에 틀린 방식이 수십 년, 심지어 수백 년 동안 계속 남아 있었던 사례를 무수히 찾을 수 있다. 롤라 스미스Lola Smith는 1978년 「농업 세계Ag World」 8월호에서 이 문제를 다음과 같이 언급했다.

> 농업 과학자들이 화학물질이 현재 가치있다고 여겨지는 부분보다 문제를 일으키는 부분이 더 많다는 사실이 조금이라도 포함된 의견을 어떻게 그토록 열렬히 거부할 수 있는지 나는 이해할 수가 없다. 아마도 그 사실을 인정하면 너무나 큰 희망을 품고 낙관적인 마음으로 발전시켜온 시스템이 와장창 부서질 수 있고, 그로 인해 자신들의 인생 중 많은 부분이 가치를 잃게 될 것이기 때문인지도 모른다.

나는 최근에 대안적인 해충 관리 방안을 주제로 열린 두 건의 컨퍼런스에서 주최 측에 이 이론을 개괄적으로 설명하고 소개하는 논문을 최소 한 편은 포함시켜야 한다고 제안했다. 하지만 돌아온 것은 확고한 거절 의사였다. '대안'은 현 상태를 그대로 유지하되 미세하게 몇 가지를 조정하는 것으로만 제한되는데, 내가 요구한 건 혁명이나 다름없기 때문이다. 대안적인 해충 관리법이 옳다면 이전에 나온 모든 연구 결과는 전부 논란이 될 것이다. 이런 혁명적인 현실은 현행 시스템이 곤충학적으로 수용 가능하다고 여기는 범위를 훌쩍 넘어선다.

앞서 2장에서 나는 건강이 무엇인지 설명하기에는 현재 우리가 가진 과학적인 언어가 부족하다고 이야기했다. 사람의 건강에 비추어 식물에 유익한 관리 방식을 따르고자 하는 사람들에게 독일의 두 의학 연구자가 제안한 '동물행동학ethology'이라는 표현을 소개하고 싶다. 두 연구자는 이 표현을 다음과 같이 설명했다.

> 무질서와 질병이 확산되는 상황이 아닌 질서와 편안함을 기반으로 하는 연구… 과학자의 입장에서 볼 때 건강을 잃었을 때 어떻게 보완하고 증상을 완화시킬 수 있을지에 대한 질문은 건강을 어떻게 향상시킬 것이냐는 질문과 완전히 다르다. 즉 병리학과 동물행동학으로 불리는 이 두 가지 분야는 과학적인 탐구 방향이 각각 다르다.[14]

두 연구자는 "우리가 생에 대한 사랑을 강조할 수도 있고 죽음에 대한 두려움을 부과할 수도 있다"고 설명하면서 치료를 기반으로 한 접근 방식은 후자에 중점을 둔다고 한탄했다.

'동물행동학'은 현재 자연환경에서 나타나는 동물의 행동에 관한 연구로 정의된다. 식물의 건강한 상태를 연구하는 학문은 '건강학euology'으로 표현하면 어떨까(그리스어로 'eu-'는 우수한, 건강한의 의미다)? 과학의 새로운 한 분야로서 '식물건강학'은 병든 상태보다 건강한 상태에 초점을 맞출 수 있다. 네덜란드의 한 과학자는 건강은 정적으로 유지되지 않고 생물이 적응하고 스스로 관리해야 하는 동적인 능력이라는 점을 강조하기 위해 '적극적인 건강positive health'이라는 표현을 중점적으로 사용했다. 1938년에 놀라운 선견지명을 가진 인물로 꼽히는 알도 레오폴드Aldo Leopold도 이와 관련하여 견해를 밝힌 적이 있다. 그는 건강을 "살아 있는 생물이 보유한 내적 자기 재생 능력"이라고 정의했다. 건강은 "생물과 환경의 상호작용을 통해 만들어지는 것"이라는 영국 연구진의 설명은 앞서 언급한 네덜란드 과학자의 생각과 일치한다. 이브 발포어는 농업 과학의 상당 부분이 기반으로 삼는 화학이 그와 같은 생명력의 흐름을 연구하기에는 명확히 부족하다고 주장했다. 그러나 현재 식물과 인간의 건강은 모두 해충에 해가 되는 접근법이 팽배한 세상에 묶여 있다. 과학계에서 널리 수용된 언어가 없는 개념에 대해서는 진지한 고민을 시작할 수도 없다.

두려움이 대안적 해충 관리법을 거부하도록 강력한 영향력을 발휘하는 경우도 있다. 자연에 대한 두려움과 불신에서 비롯되는 일이다. 존 스튜어트 밀John Stuart Mill은 19세기에 그와 같은 태도를 다음과 같이 표현했다.

> 종교가 있는 사람이든 없는 사람이든, 자연이 전체적으로 좋은 목적을 추구하며 무언가를 해치려는 의도를 품고 있다고는 생각지 않는다. 그저 이성을 가진 인간이 들고일어나 자연과 맞서려고 고투를 벌일 뿐이다.[15]

실제로 우리가 사용하는 표현에 자연을 통제하려는 그러한 의도가 잘 담겨 있다. 해충은 식물을 공격하고 작물을 황폐화하므로 적을 무찌르기 위해서는 전쟁을 벌여야 한다고 보는 것이다. 살충제라는 말에는 벌레를 죽인다는 의미가 담겨 있다. 『농약과 음모The Pesticide Conspiracy』를 쓴 로버트 반 덴 보쉬Robert Van den Bosch는 현대 농업에서 농약을 사용하는 사람들을 거들먹대며 길을 활보하는 마초 내지는 악당에게 총구를 겨눈, 서부 영화에 나올 법한 살인 청부업자로 표현하며 그와 같은 이미지를 생생하게 그려냈다.[16] 우리가 자연과 자연계를 바라보는 주된 시각에는 그만큼 부정적인 생각이 담겨 있다. 자연계와의 파트너십을 개선할 수 있는 방안을 고민하려면 투자와 이해가 따라야 하고 자연이 이끄는 길은 어디인지도 찾아보아야 한다.

자연에 적이 있다고 보는 시각 때문에 우리가 제시한 대안적 관리 방식이 잘못 적용되는 경우도 많다. 유익한 곤충을 추가로 공급하는 것도 그러한 예 중 하나다. 앞에서도 설명했듯이 나는 식물이 균형 잡힌 생태계에서 잘 자랄 때 선천적으로 튼튼해진다고 믿는다. 그래서 생태계 균형을 맞추기 위해 선별된 몇 가지 식물로 생울타리를 만들고 채소밭 사이사이에 목초지를 그대로 남겨 둔다. 균형을 이루는 데 도움이 되는 모든 요소가 전부 존재하는 서식지로 만들기 위한 노력이다.[17] 새로운 곤충이 우연히 유입되어 생태계 균형이 깨진 경우, 그 곤충을 없앨 수 있는 기생충을 찾아서 도입하는 것이 다시 균형을 찾을 수 있는 논리적인 방안으로 보일 수도 있다. 하지만 이는 과도한 시도다. 마찬가지로 유익한 곤충을 들여서 균형 잡힌 생태계의 한 부분이 되도록 한다면 마치 생물학적인 특수 기동대처럼 효과를 볼 수 있으리란 생각이 들 수 있다. 일부 경우 실제로 그럴 수도 있으나 특정 생물을 없앨 곤충을 풀어서 확산시킨다는 생각은 농약을 사용하는 것과 마찬가지로 적대적인 방식으로 문제를 해결하는 것이다. 얼마 전 한 곤충 연구소에서 내건 광고 문구를 본 적이 있는데 거기에 이러한 사고방식이 명확히 드러나 있었다. "이로운 곤충으로 복수하세요." 용병 역할을 할 곤충을 들여서 다른 곤충을 없애는 것은 적의 개념에 중점을 두어 증상을 해소하고 신호의 하나로 봐야 할 해충을 죽여서 병든 식물을 보호하려는 시도라는 점에서 농약과 다르지 않다.

유전공학적인 접근 방식도 이런 사실을 이해하지 못한 것 같다. 해충 저항성을 발휘할 유전자를 한 식물에서 꺼내 다른 식물로 옮기는 것은 순전히 방어적인 조치이고 그 기저에는 자연계가 형편없이 설계되었다는 전제가 깔려 있다. 그러나 자연계의 설계는 흠 잡을 곳 하나 없이 완벽하다. 인간이 제대로 이해하지 못할 뿐이다. 병든 식물은 저항성 유전자를 보유하고 있건 그렇지 않건 그냥 병든 식물이다. 식물이 가장 건강하게 잘 자랄 수 있는 환경에서 튼튼하게 자라면 식물을 구성하는 모든 시스템이 제대로 기능하고 자연적으로 저항성이 생긴다. 유전자 조작 기술은 여전히 식물에 도움이 되는 해결책이기보다는 부정적인 해결책이라고 할 수 있다.

농업은 자연계를 바탕으로 해야 하는데, 어떻게 이토록 자연을 고려하지 않는 생각으로 농사를 짓게 되었을까? 그 이유를 분석해보면, 우리가 자연을 우리가 상상한 이미지대로 만들었다는 사실과 마주하게 된다. 인간의 공격적인 행위와 복수심으로 꽉 찬 사고 방식을 자연에서 일어나는 일에 그대로 투영한 것이다. 그래서 자연 속 생물이 다른 생물과 맺는 관계나 자연과 우리의 관계에 악의가 존재한다고 여긴다. 포식자와 먹이 사이에는 서로에게 득이 되는 균형이 존재하며 이것이 자연계 전반에서 유지되고 있다는 사실은 보지 못한다. 식물이 가장 잘 자랄 수 있는 환경을 만들면 그 균형에서 생겨나는 효과를 우리에게 이로운 쪽으로 활용할 수 있다는 당연한 논리도 깨닫지 못한다. 이제는 우리의 생각을 바꿔야 한다.

제대로 돌아가게 하려면

맨 처음 식물이 잘 자랄 만한 이상적인 재배 환경을 구축하려고 시도할 때, 나는 굳이 따라할 만한 표본을 찾을 필요가 없었다. 경작되지 않은 평야와 숲 곳곳에 단서가 있었다. 식물은 토양과 기후 조건이 알맞고 그로 인해 식물이 생리학적으로 필요로 하는 요건이 최대한 충족된 자연에서 잘 자란다. 나는 다양한 채소를 키울 수 있는 농장을 만들고 싶었으므로 각각의 작물이 필요로 하는 요건을 가장 잘 충족시킬 수 있는 방법을 찾아야 했다.

나는 가장 확실한 것부터 챙기면서 시작하기로 했다. 식물 간 간격과 식물이 자라는 줄 간격은 작물이 성장하기에 충분하고 광합성이 최대한도로 일어나면서 공기가 충분히 통할 수 있도록 설정했다. 그늘을 좋아하는 식물을 햇볕에 완전히 노출되는 곳에 심거나 수분이 많아야 잘 자라는 식물을 마른 흙에 심지 않도록 주의하는 한편 산성흙을 좋아하는 식물을 알칼리흙에, 혹은 그 반대로 심지 않도록 신경을 썼다. 그런 다음 작물마다 단계적으로 관리하는 방식을 택했다. 밭을 몇 개로 나눈 뒤 각 부분에 비료를 다르게 공급하거나(한쪽에 거름을 주면 다른 쪽에는 낙엽, 해조류, 퇴비 등을 주는 식으로) 밭을 가는 방식도 다르게 적용했다(회전식 경운기, 끌쟁기, 뿌리덮개를 활용하거나 땅을 갈지 않고 녹비 작물을 재배하는 등). 그런 다음 밭 전체에 작물을 심었는데, 보통 한 부분에 한 가지 이상의 작물을 심었다.

다른 부분에서 차이가 발견되면 새로운 실험을 계획했다. 이듬해에는 소나 말, 돼지, 닭 배설물로 만든 거름을 뿌리거나 너도밤나무, 단풍나무, 오크나무, 물푸레나무의 잎 또는 토끼풀, 살갈퀴, 메밀, 호밀을 녹비로 키웠다. 땅을 깊이 파서 공기가 순환하도록 한 쪽과 땅을 전혀 파지 않은 쪽을 비교하고 뿌리덮개를 덮는 방식이나 덮개를 씌우는 깊이 또는 시점도 다양하게 바꿔보았다. 또한 흙을 채취해서 정확히 어떤 물질이 도움이 되었는지 확인하고 그 양을 더 늘릴 수 있는 다른 방안을 모색하기 위해 토질 검사를 맡겼다. 한마디로 정리하면, 내가 농사짓는 곳에서 직접 실험을 해보고 그 땅의 환경에 꼭 맞는 기술을 마련한 것이다. 작물은 매년 더 튼튼하게 자랐고 내가 해결해야 하는 문제는 점점 줄었다.

전반적인 경험에 비추어 볼 때 토양의 생물학적 기능을 촉진하는 농업 방식이 식물의 튼튼한 성장과 수확량, 농산물의 품질을 가장 효과적으로 비용을 가장 덜 들이고 유지할 수 있는 방법이다. 토양에 유기물을 공급하는 것, 균형을 맞추는 것, 주요 영양소와 미량 영양소의 양과 식물이 활용할 수 있는 속도가 모두 균형을 잃지 않도록 조정하는 것, 토양의 산성도를 알맞게 조정하는 것, 흙이 압축되지 않고 공기가 잘 통하도록 하는 것, 수분을 충분히 공급하고 배수가 잘 되게 하는 것, 밭을 얕게 가는 것, 다양한 녹비 작물을 재배하여 토양을 개선시키고 토양의 생물학적 특성을 변화시키는 것, 윤작 계획을 꼼꼼하게 설계하여 실행하는 것이 그러한 방식에 해당된다. 이 모든 요소가 똑같이 중요하지만, 그중에서도 가장 큰 차이를 만드는 한 가지를 선택하라고 한다면 나는 잘 썩힌 퇴비를 땅에 얕게 뿌리는 것을 꼽을 것이다. 첫 시도에서 성공하지 못하더라도 포기하지 마라. 농사짓는 토양과 그곳의 기후, 재배하려는 작물에 맞게 조정이 필요하다.

30여 년간 채소를 재배하면서 최고의 재배 환경을 성공적으로 조성했을 때도 농약의 도움을 받은 적은 단 한 번도 없다. 작물마다 적절한 환경 조건이 다르고, 어떤 흙에서는 쉽게 잘 자라는 작물이 다른 곳에서는 그렇지 않을 수도 있다. 윤작이 제대로 이루어지면 큰 변화가 일어나는 경우도 있다. 그러므로 알맞은 품종을 선택해서 재배해야 한다. 나는 지금도 계속 관찰하고 실험한다. 그렇다고 이상적인 재배 조건이 소규모 농장이 마련할 수 있는 최소한의 자원과 토양의 과학적인 특성, 농업경영에 관한 기본 원칙을 충분히 이해하는 정도를 넘어선 더 큰 무언가가 있어야 마련되는 것은 아니다. 정말로 필요한 것은 해충에 해를 가하는 방식이 아닌 식물에 득이 되도록 하는 방식으로 문제를 해결해야 한다는 사고 방식이다. 증상을 없애는 것뿐만이 아닌 원인을 없애려는 의지가 있어야 한다.

생물학적 외교

유기농업에서는 원인을 찾아 바로잡는 방식이 기반이 된다. 냉정하게 이야기하면, 이 방식을 이해하지 못하면 유기농업이 어떻게 가능한지도 이해할 수 없다. 당연히 유기농업의 잠재력도 깨닫지 못한다. 원인을 찾고 고쳐야 한다는 사실을 이해하지 못하면 유기농업은 화학물질 대신 유기물을 투입하는 정도로 대충 모

방하는 수준에 머무를 것이다. 실제로 유기농업에 뛰어든 농부들 중 너무나 많은 수가 질소 원료로 중탄산소다 대신 혈분을, 과인산석회 원료로 골분을, DDT 대신 로테논 등의 천연 재료를 사용하면서 아무 생각 없이 산업적인 농업의 틀을 받아들인다. 이렇게 새로 바꾼 재료들은 과거에 쓰던 재료들보다 자연계와 더 조화를 이루므로 유기농업도 어느 정도 잘 굴러간다. 하지만 이는 수박 겉핥기에 불과하다. 건강한 흙에서 식물의 뿌리와 미생물 간에 친근한 파트너 관계가 형성되면 해충과 병해에 대한 식물 저항성이 유도된다는 사실을 밝힌 새로운 연구 결과가 계속해서 발표되고 있다.[18]

나는 사고방식을 완전히 바꾸기를 제안한다. 농업을 제대로 이해하려면 생물학적인 관점으로 생각하는 법을 익혀야 한다. 즉 농업적인 노력은 자연계와 싸워서 이겨야 하는 일이 아닌 우리가 참여해야 하는 일로 보아야 한다. 천연 성분으로 만든 것이건 인공 성분으로 만든 것이건 농약 자체가 좋은지 나쁜지를 따지는 것과는 무관한 일이다. 생물학적인 관점은 그 싸움을 이길 수 없는 논쟁이라고 보고, 농약은 불필요하며 시작부터 잘못된 농산업적 기틀을 지탱하기 위해 만들어진 것임을 밝혀 갈등을 피하고자 한다. 그러한 농산업적 틀에서 벗어나면 그 속에 담긴 부정적인 사고 패턴에서도 벗어날 수 있다. 현재까지 발표된 연구 자료들과 전 세계의 유기농부들이 경험한 결과를 살펴보면, 도움이 되는 것이 무엇인지 강조하면 해로운 것을 자연히 없앨 수 있음을 알 수 있다.

다소 주저하게 되지만, 먹이사슬에서 인간을 식물을 소비하는 존재로 포함시켜 이 논의를 한 단계 더 넓히는 것이 여기서 내가 해야 할 의무라고 생각한다. 우리 인간에게도 이 개념을 적용할 수 있지 않을까? 식물과 마찬가지로 우리의 건강과 생명력, 저항 능력, 즉 우리의 '생물학적 특징'이 성장하는 환경과 투입물의 생리학적인 적합성에 따라 좌우되지 않는가? 식물에 득이 되는 방식을 따르고 그에 따라 식물의 생물학적 특징이 최대한 발휘될 수 있도록 재배 환경의 모든 요소를 최적의 수준으로 갖춘다면, 그 식물을 섭취함으로써 우리의 영양 상태가 향상되고 결과적으로 최고의 건강을 얻을 수 있지 않을까? 이러한 질문의 답을 생각해보면, 식물에 득이 되게 하는 접근 방식이 농업을 넘어 훨씬 더 확장된 범위로 영향력을 발휘한다는 사실을 알 수 있다.

500여 년 전에 지구가 태양계의 중심이라는 프톨레마이오스의 틀린 주장이 널리 받아들여질 때 이의를 제기한 갈릴레이는 사람들이 새로운 내용을 이해하려면 뇌를 새로 만드는 정도로 생각을 바꾸어야 한다는 사실을 인지했다. 병든 식물을 보호하려면 해충을 없애야 한다는 생각에만 사로잡히지 말고 식물의 구성에 초점을 맞춰 건강한 식물을 키우는 쪽으로 변화하자는 나의 제안도 그와 비슷한 과정을 거쳐야 이해될 수도 있다. 하지만 그 변화야말로 농약을 전부 없앨 수 있으며 동시에 영양이 더 우수한 작물을 키울 수 있는 방법이다.

21장

임시적 해충 퇴치

20장에서 나는 농업의 방향을 해충을 없애는 쪽이 아닌 작물의 생명력을 강화하는 쪽으로 재조정해야 한다고 강조했다. 그것이 생태학적인 농업의 과정을 이해하는 핵심 개념이라고 믿는다. 그러나 일시적으로나마 상황을 안정시킬 수 있는 마법 같은 유기적 해결책을 알려주길 바라는 많은 사람들에게는 그저 이상적인 해충 관리 방안으로만 들릴 뿐이라는 사실도 나는 잘 알고 있다. 시급한 도움이 필요한 경우 그와 같은 정보가 전문적으로 다루어진 여러 책들을 참고하기 바란다. 바바라 엘리스Barbara Ellis와 펀 마셜 브래들리Fern Marshall Bradley가 편집한 『유기농 농부를 위한 해충과 병해의 자연적인 관리 안내서The Organic Gardener's Handbook of the Natural Insect and Disease Control』도 아주 괜찮은 자료다.

나는 임시방편 해결법에는 관심이 없어서 항상 예방에 중점을 두어야 한다고 이야기한다. 그럼에도 나는 한 친구가 했던 말을 항상 기억한다. "그래 좋아, 엘리엇. 식물에 유익한 방향으로 나아가야 한다는 자네 의견에는 나도 동의해. 하지만 잠시 현실적으로 생각해보자고. 처음부터 생산 시스템이 제대로 융합되지 못하거나 일이 잘못되는 경우에는 농부가 어떻게 해야 할까?" 틀린 말이 아니다. 이미 문제가 생긴 상태에서 식물에 유익한 방향으로 해결해야 한다는 것을 의식적으로 생각해가며 방법을 찾는 사람은 극히 드물다. 특정 작물이나 특정한 상황(토양 상태나 기후, 계절이 다른 경우 등)에서 곤란한 일이 생기면 어떻게 해야 하는지에 관한 상세한 정보도 상대적으로 부족한 실정이다. 전반적인 태도가 바뀌기 전까지 농부 개개인은 식물에 득이 되는 방식을 추구하는 데 있어서 직접 경험하는 것 외에 외부적인 도움은 거의 받지 못한다는 의미다.

이런 점을 감안하여, 아래에 그와 같은 상황에서 내가 해충을 없애는 기술로 활용하는 몇 가지 방법을 소개한다. 해충을 없애려는 노력 중에서는 그나마 다른 방법보다 낫다고 생각한다. 나는 아래와 같은 조치를 활용할 때 장기적인 해결책이 아니며 임시로 택한 방책임을 늘 스스로 명심하고 상기한다. 천연 해충 관리법으로도 일컬어지는 이런 방법들에 내가 이렇게 행동하는 이유는 이 방식들이 문제의 핵심을 해결하고 원인을 바로잡기보다 증상만 없앨 뿐이기 때문이다.

영양학적인 방식

해충을 영양학적으로 관리하는 방식은 식물에 유익한 방법을 토대로 하므로 재료 마련에 비용이 든다는 점만 제외하면 거부할 이유가 없다고 생각한다. 실제로 식물이 스트레스를 받을 때 식물의 잎에 영양 성분을 살포하여 해충 저항성이 향상되는 효과를 본 적이 있다. 그러나 결과가 늘 일정하지는 않았다. 해조류 성분을 기반으로 만들어진 살포제의 경우 시토키닌 성분이 그러한 결과를 만드는 것으로 보인다. 시토키닌은 식물의 뿌리에서 생성되는 호르몬으로 단백질 합성에 중요한 기능을 담당한다. 식물이 스트레스 상황에 놓이면 시토키닌 생산이 중단되고 그로 인해 단백질 합성이 저해되어 20장에서 이야기한 것과 같이 해충과 병해 문제가 발생한다. 따라서 시토키닌을 잎 표면에 분무하면 이 같은 상황에서 벗어날 수 있을 것이라 생각할 수 있다. 나는 결과가 일정하게 나타나지 않는 이유가 살포 시점(이처럼 엽면에 공급하는 영양성분은 하루 중 특정 시간대나 식물 성장 단계 중 특정한 시기에 적용해야 더 큰 효과를 발휘할 가능성이 있다)이나 액상 해조류 제품의 종류에 영향을 받기 때문으로 추정한다. 확실한 이유는 알 수 없다. 다만, 액상 해조류 살포제를 사용하고자 한다면 시토키닌 성분을 믿을 수 있는지 꼭 확인해보기 바란다.[1]

잘 썩힌 퇴비에서 얻은 액체 형태의 발효 추출물을 살포제로 활용하면 감자와 토마토의 잎마름병부터 오이 흰가루병, 딸기에 발생하는 잿빛곰팡이병 등 다양한 식물 질병을 없애는 데 효과가 있는 것으로 입증되었다. 그러한 발효 추출물은 발효 기간에 따라 작물마다 나타나는 효과가 다른 것으로 보인다. 이 방안은 지금도 계속해서 빠르게 발전하고 있으므로 최신 연구 결과를 확인해볼 필요가 있다.[2]

물리적 방식

24장에서도 언급했지만, 이랑마다 부유 덮개를 덮어두면 해충과 작물의 접촉을 물리적으로 차단하는 효과가 매우 우수하다. 그러므로 부유 덮개는 해충이 나오기 전에 미리 씌워두어야 한다. 우리 농장에서는 '퀵 훕스Quick Hoops'를 이용하여 두 줄씩 짝을 지어 덮개를 씌운다. 해충과의 접촉을 막는 용도로 사용할 수 있도록 특별히 고안된 경량 재료가 판매되고 있으며 이러한 제품은 내부 기온을 최소 수준으로만 높이므로 온도가 따뜻한 곳에서도 믿고 사용할 수 있다. 나는 여름철에 아루굴라 잎에 구멍을 뚫어 놓는 벼룩잎벌레 문제를 식물에 유익한 방식으로 해결하는 방법을 아직 찾지 못해서 부유 덮개의 도움을 크게 받고 있다.

박과 식물은 옮겨심기 과정에서 큰 스트레스를 받는다. 식물은 스트레스를 겪으면 해충에 더욱 취약해진다. 우리 농장이 있는 지역은 기후가 서늘하므로 나는 재배 기간을 늘리기 위해 7.5센티미터 크기의 흙 블록에 옮겨 심을 겨울 호박의 씨앗을 심는다. 옮겨 심은 작물이 그 과정에서 받는 스트레스를 이겨내고 뿌리가 자리를 잡을 수 있도록 몇 주 정도 보호하면 넓적다리잎벌레의 피해가 훨씬 줄어든다는 사실을 확인할 수 있었다. 우리는 흙 블록 하나에 씨앗 두 개를 심고 한 쌍으로 자란 두 그루의 모종을 한 줄에 1.8미터 간격으로 심는다. 간격이 이 정도가 되면 덮개를 효율적으로 씌울 수가 없으므로 우리는 개별적으로 덮을 수 있는 스크린 보호막을 개발했다. 폭이 92센티미터인 방충망을 너비 38센티미터인 직사각형으로 자른 뒤 삼면 피라미드 모양으로 접고 바닥과 닿는 면은 날개처럼 밖으로 펼쳐지는 부분을 만든다. 각 모서리를 스테이플러로 집어서 고정해서 3주 정도, 모종의 잎이 방충망과 닿을 때까지 씌워둔다. 거둬낸 방충망은 보관해두었다가 이듬해 다시 사용한다.

진공으로 해충을 흡입하는 것도 가벼운 해충과(호박노린재, 넓적다리잎벌레) 좀 더 묵직한 해충(콜로라도 감자잎벌레 등)에 모두 적용할 수 있는 효과적인 방법이다. 나는 1979년부터 19리터 용량의 대형 진공청소기를 사용하고 있는데, 광범위한 해충을 부분별로 없애는 방법으로 강력히 추천한다. 특히 풍뎅이 애벌레 제거에 효과적이다.

1940년대에 텍사스에는 해충 제거용 진공청소기를 만드는 업체가 두 곳이 있

후프에 천을 걸어서 덮어두면 작물과 해충의 접촉을 물리적으로 차단할 수 있다.

모종에 각각 씌울 수 있는 스크린 보호막.

었다. 이 진공청소기는 트랙터 앞면에 부착해서 PTO와 연결된 벨트로 작동시킬 수 있는 장치로, 공기 분사와 흡입 기능이 모두 갖추어져 있었다. 밭의 각 줄에서 바깥쪽에 공기를 분사하고 줄 중앙에서 흡입하는 방식으로 작업을 할 수 있다. 따라서 줄 바깥쪽에서 중앙을 향해 공기를 분사한 뒤 중앙에 쌓인 벌레를 흡입하면 두 줄에서 해충 제거 작업을 한 번에 완료할 수 있다. 목화에 발생하는 해충은 이 방식으로 농약 못지않은 효과를 얻을 수 있다. 노련한 농부들은 벌레가 느릿느릿 움직이는 이른 아침이 진공청소기로 작업하기에 가장 좋은 시간대라고 이야기한다.

평범한 물로도 해충 문제를 어느 정도 해결할 수 있다. 물을 가는 줄기로 강하게 분사하는 것이다. 특히 잎 아래쪽을 향해 분사하면 식물에 붙은 진딧물과 잎응애를 70~90퍼센트까지 씻어낼 수 있는 것으로 확인됐다.

천연 살충제

천연 살충제로 판매되는 제품의 독성 관련 데이터를 읽어보면, 사람에게 안전한 제품이라고 받아들이기가 힘든 경우가 많다는 사실을 알게 된다. 로테논, 니코틴 기반의 제품들도 대부분의 동물에 독성이 있다. 규조토에는 폐를 손상시키고 규폐증을 유발할 수 있는 유리 규산이 다량 함유되어 있다. 이러한 성분을 사용할 때는 반드시 주의해야 한다. 천연 제품에서 안전하다는 의미는 자연에 존재하는 성분이라는 점, 환경에 계속 남아 있지 않다는 점, 그리고 환경에 인공적인 잔류 화학물질을 남기지 않는다는 점으로 해석할 수 있다. 그러나 그 안전성도 천연 성분의 증량제나 고착제, 전착제로 첨가되는 물질로 인해 약화될 수 있다. 그래서 천연 제품을 사용하고자 할 경우, 어떤 제품이든 잔류 문제가 발생할 수 있음을 감안해야 한다고 생각한다.

나는 감자잎벌레 문제를 해결하기 위해 로테논을 사용했고 효과도 괜찮았다. 현재 바실러스 튜링겐시스*Bacillus thuringiensis*, Bt에 해당하는 여러 균종도 각 균의 표적 해충을 없애는 용도로 효과를 발휘하고 있다. 신제품, 안전하다고 여겨지는 제품들이 그동안 시중에 많이 등장했다. 나는 현무암 가루 등 미세하게 분쇄한 암석 가루를 불활성 농약으로 활용하여 식물에 뿌려본 적이 있다(현무암은 화강암이나 규조토보다 안전하다. 폐를 손상시킬 수 있는 유리 규산이 거의 들어 있지 않기 때문이다).[3] 이와 같은 미세한 가루는 건조한 날씨에서 큰 효과를 나타내는데, 가루가 닿으면 곤충의 외골격에 덮인 왁스 층 자체를 제거해서 곤충이 말라 죽는다. 현무암 가루는 토양 개선물질이 천천히 방출되도록 하는 용도로도 활용되므로 잔류물질을 걱정할 필요도 없다. 하지만 안타깝게도 이러한 물질은 대부분 선택적인 작용이 불가능해서 표적 해충과 함께 비표적 곤충까지 죽인다. 일시적으로 한 번 사용할 경우에는 이것이 큰 문제가 되지는 않을 것이다. 고령토를 건조시켜 분말로 만든 제품도 이와 비슷하게 곤충에 달라붙어서 작물에 영향을 주지 못하게 하는 용도로 활용된다.

해충의 내성

해충을 없애는 제품이나 방식은 모두 단점이 따라온다. 바로 해충 중에서 내성을 갖는 개체가 자동으로 생겨나도록 한다는 점이다. 즉 유전학적으로나 행동학적으로 특정 관리법에 덜 취약한 독특한 특성을 가진 개체가 생긴다. 해충을 없애는 관리 방식을 뚫으려는 해충의 진화 능력은 대다수의 생각보다 훨씬 더 강력하다. 그리고 이런 해충에게서 태어난 자손 개체들은 그 특별한 능력을 물려받는다. 우리가 기술적으로 더 발전한 방식이라고 생각하는 것도 마찬가지다. 최근에 곤충학자인 내 친구는 불임인 수컷 개체를 이용하는 기술이 과거에는 확실한 효과가 있다고 여겨졌으나, 진화를 거쳐 불임 수컷을 배제하는 짝짓기 행동이 나타나거나 단위생식이 가능한 암컷 개체가 있는 개체군이 나타나면서 결국 다 소용없는 일이 되었다고 설명했다. 진실은 아주 명확하다! 해충에 해가 되는 방식은 단기적인 해결책일 뿐이다. 장기적으로 해충 문제를 해결하려면 식물을 제대로 키우는 법을 배워서 임시방편에 기댈 필요가 없도록 해야 한다.

22장

수확

품질이 좋은 채소를 재배하기 위해 많은 시간과 노력을 쏟았으니, 이제 마지막으로 중요한 단계가 남았다. 바로 수확이다. 훌륭한 수확 시스템은 밭에서 작물을 거둬들이는 것으로 그치지 않는다. 농산물이 소비자의 손에 닿을 때까지 높은 품질이 보존되도록 하는 데 중점을 두어야 한다. 또한 실용적인 측면에서나 경제적 측면에서 모두 효율성이 높아야 한다. 농부가 치러야 할 마지막 시험과도 같다. 수확이 부주의하고 엉성하게 이루어지면 이때까지 쏟은 모든 노력이 헛수고가 된다.

작물이 잘 자라면 수확도 즐겁다.

품질 보존

채소는 수확한 후에도 계속 숨을 쉰다. 계속 자라고 있는 것처럼 생애 주기가 계속된다는 의미다. 하지만 땅과 접촉하는 뿌리가 없어서 수명을 그대로 유지하는 데에는 한계가 있다. 개별 작물에 따라 그 시간이 얼마나 지속되는지는 디르지만 진행 과정에는 공통점이 있다. 온도가 높을수록 작물의 호흡률은 높아지고 상태가 유지되는 시간은 짧아진다. 그러므로 농부가 해야 할 일은 달콤한 맛, 풍미, 연한 특징, 식감 등 품질을 좌우하는 모든 요소가 유지될 수 있도록 호흡률을 낮추는 것이다. 작물이 성장하는 동안 재배 여건을 세심하게 관리하면 이 목적을 달성할 수 있다. 가장 효과적인 방법은 작물을 효율적으로 수확해서 신속히 온도를 낮춰 호흡률을 떨어뜨리는 것이다.

수확은 총 두 단계, 효율적인 수확과 후처리로 나뉜다.

하쿠레이 순무는 뿌리와 잎까지 모두 수확한다.

우리 농장은 온실 한쪽 끝에 채소를 세척하고 포장하는 곳이 마련되어 있다.

도구와 장비

전반적인 채소 농사 과정에서 움직임의 효율성과 경제성을 중요하게 고려해야 하지만 이 부분이 가장 중요한 것은 수확 단계에서다. 한마디로 속도가 생명이다. 그래야 품질이 그대로 유지되고, 앞서 설명한 것처럼 품질이 판매량을 좌우한다. 작물이 아무리 잘 자라도 제대로 수확하지 않거나 적절한 방법으로 취급하지 않으면 이전에 했던 모든 노력이 무용지물이 된다. 수확 속도는 미리 체계적으로 계획할 때 얻을 수 있다. 우선 농부는 칼, 바스켓, 보관용기 등 도구가 충분히 준비되어 있는지 확인해야 한다. 가장 중요한 도구는 좋은 수확용 칼이다. 날이 크고 넓적한 캘리포니아 필드 나이프를 선호하는 농부들도 있고, 장판용 칼이나 벨트에 달린 칼집에 넣고 다닐 수 있는 7.5센티미터 길이의 날이 달린 칼을 사용하는 사람들도 있다. 적절한 칼의 종류는 수확 작물에 따라 정해지는 경우가 많다. 예를 들어 나는 브로콜리와 콜리플라워를 수확할 때 필드 나이프를 사용하지만 버터헤드 상추를 수확할 때는 좀 더 가벼운 칼을 사용한다. 또한 칼에는 허리에 걸 수 있는 줄을 달아서 손가락으로 쥐고 있지 않을 때도 손목에 매달려 있도록 한다.

수확용 바스켓이나 상자는 보통 크기에 밭에 가지고 나와서 농산물을 채운 후 여러 개를 쌓아서 옮겨도 될 만큼 튼튼한 것으로 사용하는 것이 가장 효율적이다. 현재 우리 농장은 수확한 농산물을 전부 전구 상자에 담는다. 전구 상자는 구멍이 뚫린 개방형 디자인이라 세척하기도 쉽고 농산물의 온도를 신속히 떨어뜨리기 위해 상자를 통째로 얼음물에 담글 수도 있다.

트럭이나 트레일러, 수확용 수레도 작물을 따거나 옮기는 작업에 알맞은 것으로 준비해야 한다. 특히 수레는 바퀴가 달려 있고 바퀴를 지탱하는 다리 기둥이 일정한 간격으로 떨어져 있어서 줄 사이사이를 이동할 수 있는 것이 좋다. 우리가 추구하는 농업 방식에는 바퀴는 105센티미터 길이의 차축 중앙에 위치한 형태가 알맞다. 농사용 수레 제조업체나 일반적인 도구를 판매하는 카탈로그를 통해 수레용 튼튼한 바퀴를 구입할 수 있다. 바퀴의 지름은 60센티미터 이상이어야 한다. 또한 수레의 몸체는 줄을 따라 수레를 밀면서 작물을 잘라 바로 담을 수 있게끔 바닥 면적이 수확용 상자를 담기에 충분한 크기여야 한다. 그 전에 옮겨심기를 할 때도 여러 판의 흙 블록을 옮기는 용도로 수레를 활용할 수 있다. 수확한 작물

'퀵 컷' 이라는 장비로 작업하는 모습. 소규모 샐러드용 어린잎채소 농장에서 수확 시 사용할 수 있는 독창적인 기구다.

앉아서 페달을 돌려 작동시키는 독특한 유럽식 수확용 수레.

파이프와 간단한 금속 부품으로 직접 만든 수확용 수레.

경작지의 크기에 알맞은 크기로 제작된 수확용 수레. 플랫폼이 나무로 되어 있다.

을 최종 보관할 장소까지 옮기기 전에는 카트에 담겨 있을 때 볕에 노출되지 않도록 그늘을 마련하는 것이 좋다.

나는 1989년에 유럽에서 페달로 움직이는 특이한 수확 보조기구를 목격했다. 1인용과 2인 또는 3인이 함께 작업할 수 있도록 만들어진 기구였다. 그 기구에는 외바퀴 손수레에 사용되는 빵빵한 공기 타이어가 설치되어 있었다. 통행로나 경작지 사이를 이동할 수 있는 이 수확 기구에는 작업자가 왼쪽이나 오른쪽으로 손을 뻗어 효율적으로 수확할 수 있도록 바닥과 바짝 붙게끔 만들어진 의자가 고정되어 있었다. 편안하게 작업할 수 있는 의자가 설치된 기발한 디자인 덕분에 풀테내아속*Pultenaea* 콩이나 딸기, 아스파라거스, 오이처럼 지면 가까이에 열린 작물을 수확할 때 허리를 구부리거나 굽혀야 하는 동작을 생략할 수 있다. 이 기구는 출력을 높이고 속도를 늦추기 위해 페달과 체인, 기어를 이용하도록 설계되었다. 작업자는 원하는 속도로 밭을 따라 이동하면서 수확할 수 있다. 상자나 박스는 프레임 위에 쌓을 수 있다. 손으로 잡초를 뽑을 때나 옮겨심기를 할 때도 쓸 수 있는 유용한 기구다. 우리 농장에서도 한 대를 구입해서 채소 재배 시 더욱 효율적으로 활용할 수 있도록 허브 휠과 배터리를 장착하는 방법을 모색 중이다.

계획 수립

수확은 반복 작업이 큰 비중을 차지한다. 동작의 경제성을 파악하고 효율적으로 리듬에 따라 일할 수 있으면 반복 작업도 훨씬 수월하고 즐겁게 이어갈 수 있다. 그러한 요건을 충족하기 위해서는 우선 작업을 처음부터 끝까지 철저히 분석해야 한다. 어떤 일을 하려고 하는가? 어떤 방식으로 진행되는가? 손과 몸은 어떻게 움직여야 하는가? 왼쪽에서 오른쪽으로 이동하는 것이 좋은가, 아니면 그 반대인가? 어떤 작업이든 더 쉽게, 더 신속하게, 더 경제적으로 완료할 수 있는 방법은 분명히 존재한다. 밭에서 땀흘리는 일꾼들이 단조롭고 힘들다는 느낌을 덜 받도록 하려면 이러한 개선을 통해 얻는 효과에 주목할 필요가 있다. 밭일, 특히 수확 시 작업을 간소화하는 핵심은 아래와 같다.

- 불필요한 작업은 전부 없앤다.
- 손과 몸의 동작을 간소화한다.
- 편리성을 고려하여 작업 공간과 재료가 놓이는 위치를 정한다.
- 타당성과 적합성을 향상시키고 작업에 필요한 도구를 활용한다.
- 노동력과 기계를 충분히, 효과적으로 활용할 수 있도록 정해진 작업 방식을 계획한다.
- 작업자가 하는 일에 관심을 갖도록 한다. 자신이 일하는 방식에 더 의식적으로 관심을 기울일수록 흥미도 높아지고 일을 대하는 태도도 달라진다. 다른 부분들도 인지하고, 더 개선할 수 있는 귀중한 정보를 제안할 수도 있다.

사소한 세부사항

예를 들어 토마토를 수확한다고 가정해보자. 여러 연구를 통해 밭에서 일하는 사람들은 더 열심히 일하기보다 더 효율적으로 일할 필요가 있는 것으로 밝혀졌다. 비교 실험을 통해 아주 간단한 부분만 바꿔도 작업자의 생산성이 달라진다는 사실도 확인됐다. 수확용 바스켓의 손잡이를 좀 더 편안한 형태로 만들어서 두 손을 쓰지 않고 한 손으로 들어서 옮길 수 있도록 바꾼 경우, 아주 사소한 변화처럼 보이지만 이로 인해 향상되는 효율성은 상당한 수준이다. 양손으로 작물을 수확하고 고개를 돌리지 않고도 볼 수 있는 곳에 두고 눈으로 상황을 파악할 수 있도록 하면 작업 속도가 빨라진다. 토마토를 한 번에 하나가 아닌 두 개씩 쥐고 수확하면 손을 더욱 효율적으로 움직일 수 있다. 수확에 소요되는 총 시간의 40퍼센트가 바스켓으로 왔다 갔다 손을 움직이는 시간에 해당되므로 한 번에 토마토 두 개를 쥘 수 있는 손가락 활용법을 익히면 수확 속도는 두 배 가까이 증가한다. 우선 토마토 하나를 손에 쥐고 줄기에 달린 다른 토마토들을 손바닥 뒤쪽으로 보내면서 두 번째 토마토를 쥔 다음 손을 바스켓으로 옮기면 된다.

수확 시 신체 움직임을 사전에 계획하고 체계적으로 정리한 방식대로 하면 토마토 수확과 같은 특정 작업의 속도가 올라가는 동시에 수확 작업 전체의 효율성이 개선되는 결과를 얻을 수 있다. 채소를 재배한 농민과 수확을 담당하는 일꾼이 동작 하나하나부터 전체적인 순서에 이르는 모든 부분에 주목하면 수확을 더 수월하고 즐겁게 마칠 수 있다. 이 사실을 인지하면 농장에서 이루어지는 다른 작업들도 그러한 시각으로 보게 된다. 어떤 일이든 시간과 힘이 덜 들면 더 즐겁고 편해진다. 그러므로 작업 효율성을 높일 수 있는 방법을 고민하고 계획을 수정하는 데 들인 시간은 아주 보람찬 시간이라 할 수 있다.[1]

우수 사례

어린잎이나 샐러드 채소를 재배하는 소규모 농장에서는 캘리포니아 지역의 대형 농장에서 수확기를 들인 지 수년이 흐른 후에도 여전히 날카로운 칼이나 가위를 들고 손으로 직접 수확을 했다. 그러다 여러 사람이 공동으로 노력한 끝에 마침내 2012년, 무선 드릴로 작동되는 어린잎 전용 소형 수확기가 판매되기 시작했다. 이후 농부들의 삶은 훨씬 수월해지고 수확도 더 효율적으로 완료할 수 있게 되었다.

난방을 하지 않은 온실에서도 한겨울에 시금치를 수확할 수 있다.

'퀵 컷Quick Cut 잎채소 수확기'라는 이름의 이 장치는 톱니 날이 왕복 운동을 하면서 채소를 절단하면 마크라메 방식•으로 짜인 여러 개의 끈이 부드럽게 잘린 채소를 쓸어 모은다.[2] 오랜 세월 경쟁에 시달리면서 고된 노동을 이어가야 했던 농부들이 필요에 의해 기발한 소형 장비를 개발한 놀라운 사례라 할 수 있다.

생물학적인 방법과 기계적인 방법을 멋지게 조화시킨 또 한 가지 결과물로 잎이 여러 갈래로 나는 상추 품종을 꼽을 수 있다. '살라노바'와 같은 상추는 칼로 한 번 쓱 긋는 것으로 수확할 수 있고 잘라낸 상추를 다시 키울 수 있다는 장점과 함께 새로운 잎이 맛도 훨씬 좋다는 특징이 있다.

수확 후 관리

전체 작물의 수확 후 관리에 관한 가장 유익하고 가장 완성도 높은 정보는 미 농무부가 펴낸 「상업적으로 재배한 과일, 채소, 꽃, 모종의 보관」('농업 핸드북' 66번 자료)에 나와 있다. 나도 수년 전부터 이 자료에 나온 방식을 따라 큰 성공을 거두었다.

수확한 농산물은 숙성이 덜 되어서는 안 되고 과하게 숙성되지도 않도록 해야 한다. 식감과 저장 기간이 모두 나빠지기 때문이다. 당근 꼭지 부분이나 양배추의 두툼한 겉잎처럼 먹을 수 없는 부분은 판매할 때 보기 좋게 진열하기 위해 반드시 필요한 경우가 아니라면 모두 제거해야 한다. 큰 이파리가 함께 붙어 있으면 수분 증발이 일어나는 표면적이 늘어나 농산물의 수분 손실이 가속화되고 전체적인 품질도 악화된다. 특히 양상추, 시금치 등 금방 시드는 잎채소는 이른 아침에 수확해서 얼른 서늘한 저장소로 옮겨야 한다.

수확 후 가장 먼저 해야 하는 일은 작물을 미리 식히는 것이다. 밭에서 얻은 열을 빠르게 식히는 것을 예냉이라고 한다. 이른 아침에 수확한 작물은 햇볕을 받아 온도가 올라가기 전이므로 열을 많이 식히지 않아도 된다. 작물의 품질에 악영향을 줄 수 있는 모든 문제는 온도가 높을 때 가속화되므로 수확 후 단시간 내에

• 13세기 서아프리카에서 시작된 서양식 매듭 공예를 말한다.

우리 농장의 지하 채소 저장실.

건조 시설로 옮기기 전에 양파를 햇볕에 말리는 모습.

직접 제작한 냉각장치 '쿨봇'.

열을 없앨수록 농산물도 좋은 상태가 오래 유지된다. 예냉은 우물물에 농산물을 담가두거나 물을 분무하는 방식으로 실시할 수 있다. 이때 물은 차가울수록 좋다. 비용은 더 많이 들지만 가장 좋은 방법은 보관 용기 안에 부순 얼음을 넣고 그 안에 농산물을 담거나 그 위에 얼음을 뿌려서 얼음과 직접 접촉하도록 하는 것이다.

예냉이 완료된 모든 농산물은 샘이나 시내 위에 마련된 냉장 보관시설이나 지하 채소 저장실, 냉장고 등으로 옮겨 시원하게 보관해야 한다. 냉장고를 직접 임시로 만드는 방법도 있다. 저장 공간에 선풍기를 설치하고 바람이 물에 적힌 천을 거쳐서 나가도록 하면 물이 증발하면서 공기가 냉각된다. 동시에 저장하려는 농산물 주변의 습도도 높일 수 있는 방법이다. 부패하기 쉬운 원예 농산물은 수분 손실로 물러지거나 시들지 않게 하려면 상대습도를 85~95퍼센트로 높게 유지하는 것이 좋다. 대부분의 과일과 채소는 중량당 수분 함량이 80~95퍼센트이므로 시들면 품질이 크게 악화될 수 있다. 전기로 가동되는 출입형 냉장기기 가운데 가장 저렴한 종류는 '쿨봇CoolBot' 온도조절기다. 단열이 되는 모든 공간을 출입형 냉장시설로 바꿀 수 있는 기기로, 기존에 쓰던 에어컨을 변형해서 사용하므로 냉장기기를 구입하는 것보다 비용이 훨씬 적게 든다.

때때로 종류가 다른 농산물을 함께 저장해야 하는 경우가 있다. 보통은 크게 문제가 되지 않지만 특유의 냄새가 다른 농산물에 영향을 주지 않도록 해야 할 수도 있다. 사과나 배는 샐러리, 양배추, 당근, 감자, 양파와 한 공간에 보관하지 말아야 한다. 그리고 샐러리는 양파와 함께 두면 냄새가 그대로 밸 수 있다. 에틸렌으로 인한 손상은 따로 고려해야 할 사항이다. 양상추와 당근, 잎채소를 사과와 배, 복숭아, 자두, 캔탈로프 멜론, 토마토와 함께 보관하면 보관 과정에서 익는 동안 방출되는 에틸렌 가스로 인해 상한다. 에틸렌은 농도가 아주 낮아도 다른 작물에 악영향을 줄 수 있다.

23장

판매

농산물의 품질을 중요시하는 소규모 농업인이 활용할 수 있는 판매 방식은 여러 가지가 있다. 음식점, 농장의 판매대, 농산물 직판장을 기준점으로 삼을 수 있을 것이다. 이 세 곳 모두 충분히 검증된 판로이고 연구해볼 만한 실제 사례도 풍성하다. 나는 상황에 맞게 세 곳 모두를 활용해왔다.

성공을 위한 계획

잠재적인 고객이 될 만한 음식점을 찾아 농산물 구입에 확신을 주려면 과감하고 신속한 대응력이 필요하다. 일단 거래가 자리를 잡고 발전하기 시작하면 사업이 더 확장될 수 있도록 새로운 작물, 재배 기간을 늘려서 생산한 작물, 고급 특수 작물도 공급할 수 있어야 하므로 마찬가지로 그와 같은 능력을 갖추어야 한다. 신뢰도는 거래를 유지하기 위해 갖춰야 하는 요소다. 농장을 하루 개방하고 가까운 지역에서 영업 중인 음식점 요리사들을 모두 초청해서 농산물이 얼마나 우수한지 볼 수 있는 기회를 마련하자. 또는 직접 선별한 농산물로 선물바구니를 만들어서 어떤 종류를 언제 공급할 수 있는지 목록으로 명확하게 기입해서 음식점에 보내는 방법도 있다. 농산물의 품질이 우수하면 고객에게 애걸할 필요가 없다. 오히려 그런 상품도 있다는 사실을 알려주는 것이 요리사들에게는 도움이 될 것이다.

농장 판매대와 농산물 직판장에서 판매가 성공적으로 이루어지도록 하는 비결은 매력적인 주변 경관과 편리한 접근성, 청결함, 질서 정연함, 쾌활한 서비스, 조기 생산된 농산물을 꼽을 수 있다. 주차장은 개방되어 있고 흔쾌히 찾아갈 수 있는 분위기여야 한다. 소비자의 눈에 가장 먼저 들어오는 것은 전체적인 청결도와 정리정돈이 잘 되어 있는지의 여부이다. 이러한 요소가 상품의 가치를 충분히 전달하도록 해야 한다. 판매를 담당하는 직원이나 가족은 사람들을 친근하게 대하고 필요한 정보를 숙지해 소비자가 쇼핑을 즐겁다고 느끼게끔 만들어야 한다. 특별한 무언가를 요구하더라도 가능하면 긍정적으로 대답하고, 불만이 제기되면 수정해야 한다. 우리 농장에서는 품질을 무조건 보장한다는 정책을 세워, 채소의 환불이나 교환을 원하면 기꺼이 들어주었다. 판매자가 상품의 품질에 굳은 자신감을 갖고 있다는 사실을 소비자가 아는 것이 중요하다. 이런 정책을 유지하고도 비용은 1년에 10달러도 채 들지 않았고 값을 매길 수 없는 소비자의 호감을 얻었다. 소매 사업에서 소비자가 느끼는 불쾌감만큼 큰 손해가 되는 것은 없다.

우리 농장에서는 양상추처럼 쉽게 시드는 작물을 판매대와 가장 가까운 밭에 심어서 소비자가 직접 선택하면 그 자리에서 바로 잘라서 판매하는 방식도 자주 활용한다. 구매한 채소로 만들 수 있는 '오늘의 레시피'를 인쇄해서 소비자가 무료로 가져갈 수 있도록 구비해두는 것도 관심을 끌 수 있는 좋은 방법이다. 수확시 오가는 통행로로 소비자가 직접 들어가서 재배 중인 작물을 모두 볼 수도 있다. 우리 입장에서도 소비자가 출입한다는 사실에 유념해서 재배방식을 관리하고, 밭이 더욱 질서정연하고, 보기 좋은 모습으로 유지되도록 신경을 쓰게 된다. 눈에 잘 띄는 허브 밭은 고급 요리를 만드는 요리사들에게 큰 인상을 남길 수 있다.

우리는 다른 어떤 농장보다 두드러지는 곳이 되려고 노력했다. 그리고 소비자에게 모든 주문은 반드시 제때 공급하는 농장이라는 인식을 심어주었다. 연작을 실시하고 최대한 많은 종류의 작물을 재배한다는 원칙을 추구했기에 가능한 일이었다. 여기서 최대한 많은 종류라 함은 구체적으로 40여 종의 채소를 재배한다는 의미다. 연작은 각 작물이 처음 다 자란 시점부터 재배 시즌이 끝날 때까지 지속적으로 공급될 수 있도록 필요한 만큼 수시로 식물을 심는다는 것을 의미한다. 부지런히 연작을 실시하고 세심하게 뿌리덮개를 관리한 덕분에 완두가 처음 다 자란 6월부터 10월까지 딱 하루만 빼고 매일 갓 수확한 완두를 판매한 해도 있다. 완두 자체가 돈이 된 것은 아니다. 사실 완두는 일종의 미끼 상품이었다. 그러나 매일 판매대에 올라왔다는 사실로 명성을 얻고 사업도 더욱 강화되었다.

이 모든 노력은 고스란히 돌아왔다. 새로 찾아온 소비자로부터 농산물이 필요하다고 말할 때마다 찾고 있는 농산물이 무엇이건 우리 농장에 가면 있다고 알려주더라는 말도 수시로 들었다. 우리 지역에 적색 치커리, 쇠채, 회향 등 수요가 적은 작물을 재배하는 농장이 없었지만, 우리 농장에서는 그러한 작물을 재배했고 덕분에 많은 소비자를 얻었다. 게다가 작물이 자라는 밭은 깔끔하게 잘 정돈했다. 소비자들은 그런 풍경을 마음에 쏙 들어 했고 그 이유만으로도 필요한 빈도보다 두 배는 더 자주 찾아오거나 친구들을 데리고 오곤 했다. 이런 말도 자주 들었다. "친구들이 우리 집에 놀러 온다기에 가장 먼저 해야 할 일은 이 농장을 보는 거라고 이야기했죠. 어쩜 채소를 이렇게 보기 좋게 키우시나요."

또 한 가지 판매 방식은 혼합 샐러드 채소처럼 수요가 많은 작물을 특화시키거나 겨울철에 채소를 생산하는 등 특수성을 갖추는 것이다. 현재 우리도 이 두 가지를 시도 중이다. 채소와 샐러드가 건강한 식생활의 중심이 되어야 한다는 인식으로 시작된 변화에 집중하고, 지역 단위로 샐러드 채소 재배 기간을 늘려 이용성을 높이면 더욱 수익성이 좋아질 것이다. 나는 일단 소비자가 관심을 보인다면 필요한 채소를 꾸준히 공급하려고 한다. 각 지역에서 생산되는 샐러드 채소는 무엇보다 신선하고, 아삭하고 깨끗하다는 특징이 있다. 그러한 채소야말로 모든 소규모 농장이 확보할 수 있는 가장 성공적인 인기 상품이다.

어떤 방식으로 판매를 하든 상품을 어떻게 보여주는가가 핵심이다. 까다로운 생산 기준과 잘 어울리는 친근한 방식으로 농산물을 보여주면 잠재 고객이 농산물의 특별한 품질을 재빨리 알아본다. 1909년에 나온 존 웨더스John Weathers의 책 『프랑스의 상품용 채소 농원French Market Gardening』에서 발췌한 아래 내용을 보면 이것이 시대를 불문하고 얼마나 중요한 요소인지 알 수 있다.

> 상업적인 채소 농원이 겪는 가장 힘든 문제 중 하나는 농산물을 어느 정도 이윤을 남길 수 있는 가격으로 처분해야 한다는 것이다. 상품이 재배되는 방식은 물론 판매할 수 있도록 만드는 방식도 여기에 큰 영향을 준다. 세계적인 수준에 이를 만큼 굉장히 우수한 농산물도 눈길을 끄는 방식으로 깨끗하게 포장해서 내놓지 않으면 팔릴 확률이 매우 낮다는 것은 잘 알려진 사실이다. 깔끔하고 우수한 농산물에 독창성이 더해질 때 판매가 놀랍도록 신속하게 이루어지는 경우가 상당히 많다.

보기 좋게 진열하면 판매량이 늘어난다.

우리 농장에서는 방울 양배추를 이 상태로 놓고 판매한다.

트레일러를 이용한 우리 농장의 이동식 채소 판매대.

차량 양쪽에 접었다 펼칠 수 있는 선반이 설치되어 진열 공간이 넉넉하다.

채소 판매점이 없는 곳이라면 어디든 직판장을 열 수 있다.

이동하기 위해 모두 접어서 정리를 마친 모습.

소규모 채소 농장과 꽃

—바바라 댐로쉬(Barbara Damrosch)

'포시즌 팜'에 꽃이 슬금슬금 나타나기 시작한 건 10여 년쯤 전이다. 농장 이름에서도 알 수 나타나듯이 우리는 사계절 내내, 매달 농산물을 재배하고 판매한다. 동시에 메인 주의 신선한 겨울철 식품을 연중 내내 공급하는 일에 주력하고 있다. 화초는 이 계획에 딱 들어맞는다. 7월과 8월이 되면 우리 지역은 휴가를 즐기러 찾아온 사람들로 북적댄다. 겨울에도 저장해둘 만큼 작물을 재배하려면 여름철에 일손이 충분히 확보되어야 하므로, 꽃을 판매하면 추가된 인력의 급여를 충당하는 데도 도움이 된다.

소규모 농장이라면 어디든 꽃을 추가로 재배하면 좋다. 식물 다양성이 증가하고 식물의 수분을 매개할 생물을 끌어들이는 기능도 한다. 또한 농장 판매대나 직판장의 판매 부스를 더 아름답게 만든다. 엘리엇과 나는 채소도 당연히 멋진 식물이고 채소만 길러도 충분히 먹고 살 수 있다고 생각한다. 하지만 사람들이 좋아하고 상당한 수익을 얻을 수 있는 데다 즐겁게 기를 수 있기까지 하다면 재배하지 않을 이유가 없지 않은가!

채소 농장은 밭과 온실, 트랙터, 관개 시설, 운반용 밴, 육묘용 온실 등 기반시설이 다 갖추어져 있으므로 꽃도 어렵지 않게 추가할 수 있다. 지하 채소 저장실 중 일부는 달리아 보관 공간으로 활용할 수 있다. 우리 농장에서는 가을에 저장실에 보관할 양파와 호박을 쿨봇 장치로 식히는 헛간에 '양파 방'이라는 이름을 붙였는데 이 양파 방은 여름에 갓 딴 꽃의 온도를 낮추는 곳으로 쓰인다.

꽃 재배에 드는 비용도 크지 않다. 봄마다 구입하는 씨앗, 그리고 가을에 가끔 구입하는 새 튤립 구근, 호토노바 Hortonova 망과 지지대, 플라스틱 화분 등 대부분 재사용이 가능한 몇 가지 용품이 전부다. 여러해살이 화초는 해가 지나도 또 다음 해에 계속 증식하므로 들어간 비용을 다 돌려받을 수 있다. 뿌리덮개용 건초 같은 재료는 농장 전체에 사용할 수 있는 양을 벌크 가격

꽃 온실에서 지지대 사이사이로 달리아와 백일홍이 자라는 모습.

으로 구입하면 된다.

꽃 농사를 상업화하는 방법은 여러 가지가 있다. 소규모도 가능하며 크게 키울 수도 있고 도매나 소매로, 원하면 두 가지 모두를 택할 수도 있다. 공동체 지원농업의 하나로 꽃을 기르거나 음식점, 매장을 장식할 수 있는 꽃을 납품할 수도 있다. 결혼식에 필요한 꽃을 공급해도 되고 신부가 직접 꽃을 골라서 활용할 수 있도록 벌크 단위로 판매할 수도 있다. 꽃을 말려서 겨울에 장식으로 쓸 화환을 만드는 것도 한 가지 방법이다. 각자의 상황에 따른 가장 알맞은 방식은 무엇인지, 그리고 재배 지역에 어떤 상품이 공급되고 있는지를 토대로 선택할 수 있다.

우리 농장에서는 높이가 36~40센티미터에 달하는 특별한 부케가 가장 상품이라는 결론에 도달했다. 내가 즐겁게 만든 부케는 농장 판매대는 물론 농산물 직판장, 도매가로 공급하는 몇몇 매장에서 상당히 잘 팔린다. 소매점에서 판매할 때는 부케를 진열할 수 있는 상자도 함께 제공한다. 이렇게 계산대 바로 옆에 진열해서 마지막까지 구매 욕구를 자극한다.

꽃은 3월 중순부터 판매가 시작된다. 우리가 있는 메인 주 중부해안은 겨울에 춥고 여름에도 서늘해서 개화가 늦은 편이다. 다행히 옮겨 심을 모종을 키우는 육묘용 온실에 난방 설비가 갖추어져 있으므로 나는 그곳에서 달리아를 키운다. 꽃을 키울 야외 공간과 더불어 이른 봄에 구근식물을 키울 수 있는 자그마한 온실과 봄과 가을에 꽃이 몇 주간 더 필 수 있도록 둘 수 있는 15제곱미터 크기의 난방시설 없는 이동식 화초 온실도 마련했다. 흙 블록을 활용하면 옮겨심기에 스트레스를 받지 않는 아주 건강한 화초를 키울 수 있다. (11월 중순이 되면 꽃을 키우던 온실을 갈아엎고 시금치, 리크 같은 겨울 작물을 재배한다.)

이제는 꽃이 빠르게 팔려 신선하게 유지할 수 있으면서도 이윤을 남길 수 있는 가격이 자리를 잡았다. 현재 우리의 목표는 사업을 지속적으로 간소화해서 우수한 꽃을 더 효율적으로 재배하는 것이다. 우리는 해마다 일을 더 빠르게 완료할 수 있는 새로운 기술을 개발한다. 예를 들어 예전에는 다른 채소를 재배할 때와 같은 방식으로, 폭 75센티미터인 재배지 사이사이에 30센티미터 폭의 통행로를 두고 꽃을 재배했는데 꽃은 그 정도 간격이 너무 비좁고 수월한 수확이 어려울 만

야외 재배지 중 한 곳에서 백일홍이 지지대를 타고 자라는 모습.

큼 혼잡해서 나는 재배지 너비를 91센티미터로 넓혔다. 대신 통행로 너비는 모두 24센티미터로 줄였다.

나는 해마다 꽃이 얼마나 잘 재배되고 있는지 평가하고 내가 생산해야 하는 양을 확인해서 낭비되는 공간이나 쓸데없이 관리에 소요되는 시간이 생기지 않도록 노력한다. 또한 좀 더 괜찮은 품종, 즉 색이 멋있고 화병에 꽂아두었을 때 꽃이 유지되는 기간이 긴 꽃, 더 길고 튼튼한 줄기를 가진 꽃이 없나 찾아본다. 달리아와 백일홍이 내가 재배하는 꽃의 핵심이긴 하지만 부케에 사용할 수 있는 꽃은 수백 가지이므로 매년 새로운 꽃을 키워보려고 한다. 산월계수처럼 집 주변 자연환경에서 자라난 꽃도 미역취 같은 야생 식물처럼 갈지 않은 경작지에서 키울 수 있으므로 매우 유용하다. 최근에는 하드핵 hardhack 이라는 야생 관목에 푹 빠져 있다. 털이 보송보송 난 것 같은 흰색 또는 분홍빛의 길고 뾰족한 꽃은 여름 부케에 수직 방향으로 꽂아 개성 있게 연출할 수 있는 완벽한 재료다. 대부분의 농부들이 하드핵을 당장 없애야 할 골칫덩이로 여겨 잘라내는데, 이런 식물이 귀중한 작물이 될 수도 있다는 사실을 누가 알았을까?

농산물 직판장

농산물 직판장에서 처음 판매를 시작했을 때, 우리는 판매대를 신속하게 효율적으로 설치하고 정리할 수 있는 방법을 찾고 싶었다. 채소 트레일러는 바로 그런 목적을 위해 탄생해서 큰 성공을 거두었다. 차 한 대에 모든 것이 갖추어져 있으므로 어디든 즉석에서 시장을 열 수 있다. 채소 트레일러도 대부분의 아이디어처럼 종이 한 쪽에 대강 그린 스케치에서 출발했다.

먼저 우리는 가로 1.5미터, 세로 2.4미터 크기의 평상형 트레일러에서 시작했다. 그리고 5 × 10센티미터 규격의 표준 목재로 프레임을 만들었다. 각 판은 안정성을 위해 은촉을 내고 은촉홈에 끼우는 은촉붙임 방식으로 연결했다. 완성된 프레임은 트레일러에 볼트로 고정시키고 띠 철물로 모서리 네 곳을 모두 단단히 붙였다. 그리고 급정거 시 더 큰 힘으로 버틸 수 있도록 트레일러 전면의 슬롯형 철재 기둥에도 5 × 10센티미터 규격의 목재를 덧붙였다. 지붕은 가볍게 만들기 위해 널판을 대지 않고 긴 소나무 판자를 한 겹으로 겹쳐서 덮었다. 그리고 지붕과 가장자리에 페인트를 칠했다. 측면은 처음에 니스를 칠했다가 나중에 추가로 페인트칠을 했다. 채소 진열 선반은 트레일러 바닥 부분에 경첩으로 연결하고 앞으로 열면 받칠 수 있도록 쇠사슬을 길게 연결했다. 차 뒷면에는 펼쳤다가 이동 시 완전히 접어서 넣을 수 있는 테이블을 설치했다.

접었다 펼 수 있는 소형 문짝을 트레일러 뒷면에 설치하면 상품을 놓는 선반으로 활용할 수 있다. 이곳에 트레일러 전면에 확장된 공간을 만들어 남은 꽃을 추가로 진열할 수 있다. 차양 기둥과 틀은 2센티미터 크기의 전기 금속관으로 만들었다. 이 기둥을 대각선으로 고정해서 사용하다가 이동 시 분리해서 차량 안쪽에 보관한다. 그리고 차양에 연결된 천은 기둥에 돌돌 말아 틀에 고정시켜둔 끈으로 묶는다. 트레일러 뒷면에 판매대를 펼친 뒤 초록색 줄무늬가 들어간 차양을 위에 드리운다.

우리는 자동차에 장착된 라이터에 전선을 연결하여 전기를 끌어서 금전등록기에 전원을 공급한다. 지붕 꼭대기에는 멀리서도 알아볼 수 있도록 '포시즌 팜'이라고 적힌 판을 길게 설치했다. 이렇게 만든 트레일러에는 겹쳐서 쌓을 수 있는 플라스틱 벌브 상자에 담긴 약 300만원 어치의 다양한 신선 채소를 실을 수 있다. 판매할 장소에 도착하면 테이블을 아래로 내려서 펼치고 차양을 드리운 뒤 진열 선반을 펼친다. 그리고 상자에 담긴 농산물을 각 선반에 올린다. 채소가 다 팔린 상자는 안쪽에 보관해둔 채소 상자와 교체한다. 시장이 문을 닫을 때가 되면 얼른 안쪽으로 접어서 정리하고 집으로 달려간다.

정기 결제 방식

정기 결제 방식은 매우 혁신적인 판매 유형이다. 소규모 농장이 경제적으로 꽤 성공적인 결과를 얻고 소비자가 필요로 하는 상품을 더 만족스럽게 공급하는 동시에 노동력 측면에서 농장의 비용을 줄일 수 있는 방법이다. 수년 전에 나는 우리 농장의 정기 결제 프로그램에 '식품 조합Food Guild'라는 이름을 붙였다. '조합'이라는 표현을 선택한 이유는 이 단어가 '상호간의 이익을 추구하고 공통의 관심사가 증진될 수 있도록 자발적으로 형성된 연대'로 정의되기 때문이다. 정기 결제 방식의 판매를 정확히 설명하는 말이기도 하다. 즉 농부와 소비자의 공생, 양쪽 모두에게 이득이 되는 관계를 형성할 수 있다.

나는 1980년에 미 농무부 농업연구팀의 한 구성원에게 이러한 판매 방식을 처음 들었다. 그는 일본에서 유기농법을 채택한 농장들을 둘러보고 정보를 수집

6월 말에 만든 부케.

우리 농장의 농산물 매장 모습.

하여 막 돌아온 참이었다. 이 책에서 다루는 것처럼 작은 규모로 유기농 농산물을 재배하는 많은 일본인들은 충성도가 높은 소수의 소비자들이야말로 가장 전망이 밝은 시장임을 깨달았다. 그 소비자에게는 가족의 규모나 농장에서 생산되는 상품의 규모를 얼마나 감당할 수 있는가와 상관없이 그 가족이 소비하는 식품을 전부 공급하기 시작했다. 즉 몇 가지 농산물에 그치지 않고, 1년 내내 채소 일체와 농장에서 생산되는 모든 식품을 공급하는 것이다. 정기 결제에 미리 동의한 고객들은 보다 적극적인 소비를 권장 받는다. 어떤 종류의 상추를 원하는지부터 1년 동안 공급받을 구이용 닭의 마릿수에 이르기까지 모든 공급이 소비자와의 협의를 거쳐 결정된다. 소비자 입장에서는 일상적으로 이용할 식품이 어디에서 오는지 알수 있고, 시간이 날 때 자발적으로 농장을 방문해서 도움을 주기도 한다. 시간을 들여야 판매가 이루어지는 방식이 아니므로 농부에게도 이로운 일이다.

물론 소비자로부터 이 정도의 확실한 신뢰를 얻기 위해서는 농장이 그만큼 돌려주어야 한다. 일본에서는 실제로 그렇게 한다. '농부의 얼굴이 나와 있는 식품'이라는 시적인 표현처럼, 나는 일본에서 식품의 신뢰도를 확인할 수 있는 확실한 방법은 그 식품을 생산한 사람의 성을 확인하는 것이라는 이야기를 들은 적이 있다. 화학물질에 계속 찌들어가는 세상에서 각 지역의 유기농 농부들은 소비자에게 안전한 식품을 공급한다. 소비자는 세밀한 부분까지 꼼꼼히 관리를 받으며 생산된 깨끗한 식품을 신뢰할 수 있는 농장에서 구매하며, 정기 결제를 통해 잔류 화학물질 문제로부터 벗어나 안심하고 맛있게 먹기만 하면 된다.

나는 몇 년 전에 총 600가구에 정기 결제 방식으로 식품을 공급하는 독일의 한 농부와 만난 적이 있다. 그가 이 프로그램에 붙인 명칭은 '농장에서 집까지'였다. 이 농부는 생산자의 관점에서 이와 같이 농산물을 판매하는 것이 어떤 의미인지 이야기해주었다. 생산한 작물의 판매가 확실하게 보장되므로, 농부는 훌륭한 농산물을 재배하는 일에만 집중할 수 있다. 하지만 이보다 중요한 이점은 소비자가 겉으로 드러나지 않은 농부의 생산 기술을 인정한다는 것이다. 다시 말해 특정 농장과 거래를 약속할 때, 소비자는 주치의나 변호사, 그 밖의 전문적인 서비스를 이용할 때와 동일한 방식으로 농부의 직업적 역량을 평가해서 서비스를 제공받을 것인지 여부를 결정한다.

판매할 때 색이 대비되는 채소를 함께 담으면 훨씬 보기 좋다.

메인 주에서 생산된 아티초크.

생산자와 소비자의 공동 파트너십

이와 같은 판매 방식을 일본에서는 제휴, 즉 '테이케이 提携'라고 한다. 생산자와 소비자가 공동 파트너가 된다는 의미다. 영국에서는 '농산물 꾸러미 서비스 box scheme'로 불린다. 이러한 방식이 이미 오래전부터 활용된 유럽에서는 여러 나라에서 다양한 사례를 찾을 수 있다. 미국에서 최초로 이 같은 개념을 도입한 농장도 유럽의 영향을 받았다. 처음 이 방식을 도입한 사람들이 지은 공동체 지원농업 Community-Supported Agriculture, CSA 이라는 명칭은 이제 비슷한 모든 판매 방식에 두루 적용되는 경우가 많다. 그러나 기본적인 개념은 대부분 동일하다. 농장이 여러 명의 소비자와 계약을 체결하고 1년 동안 해당 농장에서 생산하는 여러 가지 식품을 광범위하게 공급한다. 보통 채소를 공급하지만 달걀, 우유, 가금육까지 포함되기도 한다. 서비스를 소개하고 광고하는 방식은 크게 다를 수 있다.

미국에 유럽을 모델로 삼은 CSA가 맨 처음 도입된 배경에는 식품과 식품 시스템, 참여, 인간의 책임에 관한 사회적, 철학적 우려가 담겨 있다. 함께 고민하던 사람들이 자연스레 그와 같은 모델에 끌린 것이다. 잠재적인 고객의 규모는 엄청나지만, 식품 구입을 넘어선 목적에 초점이 맞추어지는 바람에 참여를 꺼리게 되는 경우가 있다. 소비자가 원하는 것은 신선한 자연식품을 믿고 받을 수 있는 공급처의 확보가 전부다. 판매의 가장 첫 번째 규칙은 소비자가 원하는 것을 제공하는 것이므로, 잠재성을 확대시키기 위해서는 공동체 지원 농업이라는 개념을 알리고 판매하는 방식을 좀 더 다양화할 필요가 있다고 생각한다.

명칭이 중요할까

농부가 판매하려는 상품에 담긴 핵심을 소비자가 좀 더 확실하게 포착하도록 하려면, 세부적인 판매 방식에 따라 CSA보다 더 정확한 명칭이 필요할 수도 있다. 내가 맨 처음에 택한 '식품 조합'도 그러한 예 중 하나다. 또는 친숙한 개념을 바로 떠올릴 수 있도록 이름을 짓는 편이 더 나을지도 모른다. 보통 사람들이 단체에 참여하는 목적은 정보가 부족한 특정 분야와 관련된 그룹 활동을 즐기기 위해서이므로 '유기농 식품 클럽' 같은 이름을 붙이면 그러한 사람들의 관심을 얻을 수 있다. 여윳돈이 있어서 투자를 하고 싶지만 투자에 필요한 기술이 없는 사람들은 뮤추얼 펀드를 선택하는 경우가 많다. 같은 맥락에서, 가까운 지역에서 난 유기농 채소를 먹고 싶지만 농사 기술은 없는 사람들은 '뮤추얼 농장'이라는 명칭에 눈길을 던질지도 모른다. 큰 성을 가진 성주가 된 것처럼, 내가 먹을 채소를 길러 줄 사람이 생긴다는데 마다할 사람이 있을까? '사유지 텃밭Estate Garden'이라는 이름을 붙이고 실제로 개인 전담 농부가 생긴 것과 동일한 수준의 서비스와 양질의 농산물을 제공할 수 있다고 홍보할 수도 있을 것이다. 이렇게 공급되는 식품은 농장과 계약한 여러 회원 덕분에 식품 매장에서 구입하는 것과 비슷한 가격으로 이용할 수 있다. 마을이나 지역 명을 그대로 사용하는 편이 더 나을 수도 있다. '산밑에서 직접 키운 채소 - 지금 바로 회원가입하면 여러분도 먹을 수 있습니다.'

조합 형태의 판매 프로그램은 유형과 개선 방식, 가능성에 한계가 없다. 언뜻 보면 다른 곳보다 왠지 더 괜찮아 보이는 프로그램이 있을 수도 있지만, 가장 중요한 요소는 조합에 참여한 소비자가 무엇을 원하는가이다. 지역이나 공동체에

우리 농장의 매장 내부에 농산물이 진열된 모습.

멋지게 자라고 있는 작물을 소비자가 직접 볼 수 있다.

따라 다른 곳과는 전혀 다른 방식과 구성이 필요하다. 이 책에서 강조하고 싶은 것은 생물학적 다양성을 지키려는 농장의 원칙과 조화를 이루는 판매 시스템을 활용하자는 것이다. 토양, 기후, 지역에 따라 농사짓는 방식도 전부 다르듯이 정기 결제 방식의 판매 프로그램도 마찬가지로 제각기 다를 수 있다.

가능성

소비자가 원하는 것이 무엇인가에 따라 판매 프로그램의 소비자 참여도 또는 비참여도를 다양하게 정할 수 있다.

- 식품 조합처럼 소비자가 수확과 유통 단계에 참여할 수도 있고, 관심이 있는 소비자 또는 외부 인력을 농장이 직원으로 고용해서 수확과 포장을 맡길 수도 있다.
- 채소는 바로 수확해서 판매하거나 농장에서 세척 후 묶음 단위로 정리해서 진열한다.
- 소비자가 2주에 한 번 정도 농장에 찾아와서 자신이 필요한 농산물을 수확할 수 있도록 하거나 농장이 정해진 픽업 장소까지 배달하는 방법, 소비자 개개인이 원하는 스케줄에 맞춰서 공급하는 방법이 있다.
- 농장은 원재료만 공급하고 가공은 전적으로 소비자에게 맡기는 방법과 농장이 농산물을 얼리거나 따로 보관해두었다가 가공이 완료된 상품을 공급하는 방법이 있다.
- 제철이 지난 식품을 소비자가 직접 냉동고나 창고에 두는 방법과 농장이 대량의 농산물을 냉동 보관하는 공간을 제공하여 소비자가 필요할 때 꺼내갈 수 있도록 하는 방법이 있다.
- 1년 내내 매주 공급할 상품을 목록으로 제시하고 소비자가 특정 상품의 수량을 자유롭게 늘릴 수 있도록 하는 방법이 있다. 이 경우 소비자는 추가 금액을 부담하거나 원래 받기로 한 다른 상품 대신 받도록 하면 된다. 배추를 더 받는 대신 상추를 덜 받고, 닭고기 수량을 늘리고 돼지고기는 줄이는 식으로 운영할 수 있다.

- 신선 농산물을 공급할 수 있는 기간은 지역마다 다양하다. 여름철 휴가지로 사람들이 많이 찾는 지역은 야외 농산물이 한창 생산되는 기간과 잠재적인 고객들이 인근에 머무르는 기간이 정확히 일치할 수 있다. 소비자가 확보되면 밭에 간단한 온실 설비를 마련해 재배 기간을 두 배로 늘릴 수 있다. 농산물을 공급할 수 있는 기간이 늘어나면 당연히 잠재 고객이 느끼는 정기결제 프로그램의 매력도 상승한다.
- 다른 단체와 협력하여 함께 프로그램을 운영하는 방법도 있다. 우리 농장에서는 1970년대에 인근 식품 협동조합과 파트너십을 체결한 적이 있다. 당시 우리가 붙인 프로그램 명칭은 '유기농 식품 꾸러미'였다. 정해진 가격에 채소를 한 꾸러미 제공하고, 소비자가 내는 금액에 충분히 부합할 것이라는 사실 외에 구체적으로 어떤 농산물이 담기는지는 밝히지 않았다. 우리는 그 주에 수확한 다양한 농산물로 꾸러미를 채웠다. 고객이 직접 수확한 농산물로 꾸러미를 채우면 10퍼센트를 할인해주었다(이 경우 고객은 협동조합에 참여한 것으로 보고 조합 포인트도 부여됐다). 아주 훌륭한 계획이었다. 우리 농장에서는 그냥 두었다면 다 팔지도 못했을 잉여 농산물을 공급하고 돈을 벌었고, 구매자에게도 큰 이득이 되는 일이었다. 또한 소비자가 수확과 포장, 배달 과정에도 관심을 갖는 계기가 되었다. 직접 수확하는 소비자에게는 어디에서 가져가면 되는지 알려주고 간단한 방법을 알려주면 되는 일이었다. 어떤 단체건 이와 유사한 방식으로 얼마든지 프로그램을 운영할 수 있다.
- 지금까지 농산물을 판매하면서 내가 깨달은 사실은 정기 결제 프로그램에서 제공하는 서비스가 많을수록 슈퍼마켓이 주는 편리함을 뛰어넘는 매력적인 프로그램이 된다는 것이다. 나는 생산자고 따라서 품질을 가장 중요하게 생각하지만, 품질의 차이를 미처 알지 못하는 잠재 소비자들 중에는 서비스와 편리함이 더 중요하다고 여기는 사람들이 많다는 사실을 알게 되었다. 이런 소비자들을 잡기 위해서는 이 같은 현실을 충분히 반영할 수 있어야 한다.

가격 책정

위에서 언급한 여러 가지 판매 방법에 따라 식품의 가격과 서비스의 수준이 결정된다. 농장이 제공하는 서비스가 많을수록 당연히 식품 가격도 올라간다. 개개인에게 특화된 서비스를 제외하고, 상품 가격은 시중에 판매되는 비슷한 상품의 표준 가격과 비슷한 수준이어야 한다. 바로 이 점이 정기 결제 프로그램으로 얻을 수 있는 또 다른 이점이 된다. 유기농 식품은 대다수가 지출할 수 있는 예산 규모로는 감당하기 힘들 정도로 비싸다는 비난을 많이 받는다. 시장의 수요와 공급을 관리하는 법률상 그렇게 해야 하는 경우도 많다. 그러나 농장과 농부가 이처럼 사전에 계약 조건이 정해진 판매 시스템을 활용하면 한 그룹으로 묶인 여러 소비자들이 최고의 유기농 식품을 일반 상점에서 볼 수 있는 식품 가격으로 이용할 수 있다.

공급하는 상품이 정해 놓은 가격보다 값이 더 비싼 경우에는 늘어난 비용만큼 판매가격도 높여야 한다. 정기 결제 프로그램은 판매자와 소비자가 모두 이득을 얻어야 하므로 소비자도 지역 농민의 행복과 복지가 지켜지는 것이 매우 중요하다는 사실을 잘 알고 있다. 따라서 판매가격은 소비자의 삶에서 매우 중요한 식재료를 공급하는 농부와 농장 일꾼들이 현실적으로 필요한 수준의 수익을 올릴 수 있는 규모로 책정된다는 점에 양쪽이 모두 동의해야 한다.

내가 권장하는 생물학적인 농업 기술은 소규모 생산자들이 비용을 줄일 수 있도록 개발되었다. 이러한 생산 방식으로 작물의 품질이 더 높아지고, 소규모 생산자가 거두어들이는 수입도 더 늘어나야 한다. 식품 가격에는 품질이 반영되어야 하며 이는 모든 소비재의 가격과 마찬가지다. 품질과 기술, 세심한 관리에 대해서는 추가적인 가격이 책정되어야 한다. 최상급 농산물을 생산하는 소규모 생산자는 그에 합당한 가격을 요구할 수 있어야 한다.

작은 규모 유지하기

오늘날에는 사업이 잘 되면 사업 규모를 키워서 성공의 규모도 늘리려는 경향이 어디서고 나타난다. 이에 관해 내가 해주고 싶은 말은 딱 한 마디 뿐이다. 그러지 말라는 것이다. 내 충고가 현대 사회의 경제학적 원칙과 엇나가는 소리로 들릴 수도 있지만, 이건 경험에서 우러난 의견이다. 채소 재배로 성공해 과도하게 농사를 확장하는 실수를 저지른 사례를 그동안 너무나도 많이 보았다. 다들 예외 없이 확장 전에 얻은 명성을 바탕으로 회사를 설립했다. 수요가 공급보다 많으면 가격을 높여서 균형을 맞추면 된다. 농사를 확장하면 수익도 늘어날 것 같지만, 그러려면 품질이 그대로 유지되어야 한다.

재배 기간 늘리기

지금 우리는 소비자가 제철이 아닌 농산물도 슈퍼마켓에 가면 구할 수 있다고 생각하는 시대에 살고 있다. 슈퍼마켓에 가면 4월에도 토마토를 팔고 10월에도 완두를 판다. 지역 농민들이 이런 상황에서 경쟁하려면 농산물을 판매하는 기간을 그와 비슷하게 조정할 수 있도록 노력할 필요가 있다. 재배 기간을 늘리는 것이 경제적인 측면에서 가능한 일이라면 대부분의 채소 작물은 그렇게 하는 것이 이득이다. 농산물 판매가 최대한 빨리 시작되고 최대한 늦게까지 지속된다면 채소 재배 농민이 새로운 시장을 확보하고 더 높은 가격을 받을 수 있는 기회가 될 수 있다. 주민들의 수요에 맞추고 직판장에서 매장을 운영해보면, 언제든 모든 상품을 구할 수 있도록 하는 정책이 상당한 수익으로 돌아온다는 사실을 알게 된다.

우리 농장에서는 높이가 낮은 터널형 온실과 후프로 세운 온실을 모두 활용한다.

재배 기간을 늘려서 문제가 생기거나 실패하는 일 없이 성공적인 결과를 거두는 비결은 작물의 재배 기후를 바꾸기 위해 추가로 드는 시간과 돈, 관리 기술이 균형을 이루는 지점을 찾는 것이다. 재배 기간을 늘리기 위한 계획을 수립할 때는 농부에게 농사일을 쉬는 기간이 필요하다는 점도 기억해야 한다. 12월부터 1월까지는 낮이 짧아서 작물을 생산하기 가장 힘든 기간이라 여겨지므로 곧 다가올 새로운 농사철을 재정비하며 휴식을 취하는 한편 계획을 세우면서 보내는 것이 좋다. 또한 재배 기간을 늘릴 경우 생산 시스템을 최대한 간소하고 경제적으로 유지하되 보호 시설 내에서 작물을 성공적으로 재배하려면 꼭 갖추어져야 하는 믿음직한 관리 방안을 포기하지는 않아야 한다. 선택할 수 있는 방법은 여러 가지가 있다. 우선 전체적으로 훑어보고, 소규모 채소 농사에 가장 적합한 방안을 권고할 생각이다.

기후 조절

비용을 적게 들이고, 또는 아예 비용을 들이지 않고도 기후 조건을 농부가 원하는 대로 바꿀 수 있는 방법도 많다. 기후를 조절하려는 모든 시도는 기존의 자연적 요소를 변형시켜 원래 얻을 수 있는 것 이상을 성취하는 것을 목표로 한다. 경험상 기후를 더 많이 조절하려고 할수록 에너지도 많이 든다. 예를 들어 뉴잉글랜드 지역에서 1월에 토마토를 기르려고 한다면 여름보다 돈도 노력도 훨씬 더 많이 든다.

농사철 초기에 심은 작물의 재배 조건을 개선하는 가장 간단한 방법은 온도가 높고 가림막이 있는 환경을 만드는 것이다.[1] 자연의 흐름을 활용하고 그 영향을 증대시킬 수 있는 방법을 찾으면 최소한의 에너지로 기후를 조절할 수 있다. 일반적으로 기후 조절을 위해 바꾸려고 하는 자연적인 요소는 세 가지다. 토지의 경사도와 경사 방향, 바람에 노출되거나 바람을 피하는 정도, 토양의 열 흡수도가 바로 그 것이다. 땅이 남쪽으로 경사지지 않은 경우, 동서 방향으로 길쭉하게 땅이 솟아오른 형태가 되도록 흙을 쌓아서 지면이 남쪽으로 40도 정도 기울도록 만들면 경작지가 대강 남쪽에 노출되도록 만들 수 있다. 이렇게 하면 남쪽을 향한

한쪽에는 오이가, 반대쪽에는 토마토가 자라고 있다.

새로 심은 오이.

작은 경사면이 여러 개 있는 것과 같은 효과를 얻게 된다. 실제로 이와 같은 방법으로 토양이 총 흡수하는 열을 평균 30퍼센트 늘릴 수 있다는 사실이 밝혀졌다. 조기 경작할 작물을 이렇게 남쪽으로 기울어진 경사면 아랫부분에 심으면 평지에 심은 비슷한 작물보다 봄에 훨씬 더 유리한 상태로 자라기 시작한다.

생울타리와 나무로 이루어진 방풍림이 조성되지 않은 곳은 장기적인 계획을 거쳐서 그와 같은 구조물을 마련해야 한다. 다행히 단기적으로 바람을 막을 수 있는 효과적인 임시 설치법이 있다. 눈이나 모래를 막는 높이 1.2미터 울타리를 두 줄 준비해서 18미터 간격으로 설치하면 공기 온도를 약 1~2℃ 높일 수 있다. 이 같은 방설 울타리나 모래 울타리를 생울타리로 보강하면 보호 기능이 조금 더 개선되어 기온이 4월에는 평균 3℃, 5월에는 4℃까지 증가한다. 가문비나무로 만든 60센티미터 높이의 생울타리만 설치해도 안쪽의 경작지 기온이 주변 땅보다 1~2℃ 높아진다.

온실에서는 작물이 수직으로 자라야 공간을 최대한 활용할 수 있다.

내가 방문한 유럽의 소규모 농장들은 망사로 된 재료를 활용하여 바람을 막는 임시 구조물을 만들어서 밭 가장자리에 설치했다. 이때 망사 울타리는 탁월풍(무역풍, 계절풍)과 직각으로 만나도록 세우고, 밭 안쪽에도 사이사이에 세워서 바람을 차단했다. 이 같은 방풍용 천은 가장자리에 고정시킬 수 있는 쇠고리가 달린 상품으로 여러 업체를 통해 판매되고 있다. 보통 너비는 1.2~1.8미터, 높이는 30~90미터다. 바람이 불어오는 상태에 따라 1.8~3미터 간격으로 목재 기둥을 세운 후 이 같은 방풍용 천을 쇠고리로 기둥에 고정시키면 된다. 바람이 세차게 부는 곳은 기둥과 길이가 동일한 목재로 천을 고정시켜야 한다. 온실에서도 이러한 방풍 효과를 활용할 수 있다. 즉 벽은 그대로 두고 지붕은 제거해서 농사에 필요한 물과 환기는 비와 자연스러운 공기의 흐름으로 해결되도록 하면 된다. 식물 주변의 기온도 크게 상승한다. 수직 벽의 간격이 좁을수록 보호 효과도 강화된다. 예를 들어 토마토가 자라는 줄 사이에 투명 비닐로 높이 60~90센티미터의 벽을 세우면 낮 시간에 기온이 평균 5~6℃상승한다. 지붕이 있는 온실처럼 온도가 과하게 오를까봐 염려할 필요도 없다.

토양의 색깔도 앞서 설명한 두 가지 요소와 함께 재배 기간에 영향을 주는 요소다. 남쪽으로 경사진 땅과 바람을 막아주는 구조물을 조성한 경우, 토양의 색이 짙으면 제철이 지나서도 작물이 자랄 수 있는 효과가 더욱더 증대된다. 다른 흙보다 더 빠른 속도로 온도가 올라가는 흙이 있고, 이 자연적인 열 흡수력은 더 강화될 수 있다. 색이 어두울수록 밝은 색보다 열을 더 많이 흡수하는 현상은 흙도 예외가 없다. 이에 따라 숯과 카본 블랙, 석탄 가루가 흙의 색깔을 어둡게 하여 흡수되는 열이 늘어나게 하는 용도로 활용되어 왔다.

토양의 색깔이 열 흡수율에 어떤 영향을 주는지 알아보기 위해 실시된 한 연구에서는 사질 양토가 자연적으로 형성된 땅 세 곳을 준비했다. 한 곳에는 그을음을 덮어 검은색으로 만들고 다른 한 곳은 흙의 자연적인 색이 그대로 드러나도록 두었으며 마지막 세 번째 땅에는 석회 가루를 뿌려 색을 더 밝게 만들었다. 그리고 세 곳 모두 10센티미터 깊이에 온도계를 설치했다. 5월 초순의 어느 화창한 오후에 지표면이 검은색인 땅의 온도는 흙을 그대로 둔 곳보다 4℃가 높았고 석회 가루 뿌린 땅보다는 7℃가 높았다. 검은색 흙은 밤에도 열 보유력이 더 높은 것으로 확인됐다. 흙에서 방출되는 열은 파장이 길고 흙의 색깔과 무관하므로 색이 어두운 땅이 다른 곳보다 열을 잃는 속도도 느리다.

색이 짙은 토양의 열 흡수 효과는 작물이 자라는 속도와 작물의 종류에 따라 식물이 성장하여 잎이 커지고 흙에 그늘이 지는 4주에서 10주까지 지속될 수 있다. 토양의 온도가 상승해야 하는 봄철에만 이 같은 효과를 얻게 되므로 무해한 방법이라 할 수 있다.

비닐 뿌리덮개

숯가루를 뿌리는 것 외에 토양의 온도를 높일 수 있는 또 한 가지 논리적인 방법은 뿌리덮개로 비닐을 씌우는 것이다. 일반적으로 폴리에틸렌 비닐이 이와 같은 용도로 활용된다. 너비가 1.2~1.8미터인 비닐을 필요한 길이로 준비해서 토양에 씌우고 가장자리는 바람에 날리지 않도록 고정시킨다. 시중에 판매되는 뿌리덮개로 비닐이 인기를 얻게 된 이유는 네 가지로 정리할 수 있다. 수분을 유지할 수 있다는 점, 토양의 온도가 높아진다는 점, 잡초의 성장을 막을 수 있다는 점, 그리고 덮개를 씌우거나 제거하는 작업을 손쉽게 기계화할 수 있다는 점이다. 트랙터에 필요한 기구를 장착하거나 손으로 밀면서 이용할 수 있는 기구를 구입하면 작업을 기계로 완료할 수 있다.

농부들은 오래전부터 검은색 비닐보다 투명 비닐이 토양 온도를 높이는 데 더 효과적이라는 사실을 알고 있었다. 그러나 검은색 비닐은 잡초가 자라지 못하도록 빛을 차단하는 효과가 있으므로 더 많이 활용한다. 최근에 개발된 뿌리덮개용 적외선 투과(IRT) 비닐은 그 두 가지 기능을 모두 수행할 수 있는 최상의 재료다. 이 비닐을 덮어두면 적외선은 투명한 비닐을 그대로 통과하고 빛 파장은 차단되므로 잡초의 성장을 막을 수 있다. 온도가 높아야 잘 자라는 작물을 조기에 심을 경우 토양의 온도를 따뜻하게 만드는 것이 필수적이다. 경작지에 덮을 수 있는 비닐은 표면이 매끄러운 것과 질감이 있는 것, 생분해가 가능한 것, 구멍이 뚫린 것과 같은 종류가 판매되고 있다. 구멍이 뚫린 종류를 활용하면 토양에 수분도 공급할 수 있다.

낮은 터널형 덮개를 이용하면 온실보다 훨씬 더 저렴한 비용으로 식물을 보호할 수 있다.

낮은 덮개

뿌리덮개를 씌우는 것 다음으로는 식물 위에 덮개를 낮게 씌우거나 구조물을 설치하는 방법을 생각할 수 있다. 높이가 낮고 단순한 형태로 만들 수 있는 이러한 구조물의 장점은 필요에 따라 특정 작물이 있는 곳으로 옮기거나 다시 세울 수 있다는 것이다. 뿌리덮개를 씌우는 것만으로도 기온이 상승하는 시기에 작물이 좀 더 일찍 자라도록 하여 덮개에 소요된 비용이 충분히 상쇄되지만, 실제로는 나지막한 비닐 덮개를 설치하면 훨씬 더 좋은 결과를 얻을 수 있다.

가볍고 투명한 재질의 낮은 식물 덮개는 원예작물 재배에 꾸준히 활용되어 왔다. 식물 위에 설치하는 모든 덮개는 기온이 너무 오르면 환기를 시켜야 하고 반대로 기온이 지나치게 떨어지면 외부 환경과 작물을 차단시켜야 하는 문제가 있다. 날씨에 따라 이렇게 통기 상태를 조절하려면 노동력과 집중력이 추가로 들게 되므로 농부에게는 부담이 될 수 있다. 최근에 등장한 변형된 형태의 신제품 덮개에는 기다란 틈이나 구멍을 통해 공기가 드나들 수 있어 환기 기능이 더해졌다. 구멍이 없는 덮개보다는 서리 방지 기능이 약하지만 그 차이가 크지 않고 자체적인 환기가 가능하다는 이점이 그러한 부분을 충분히 상쇄하므로 상당히 실효성 있는 방법으로 여겨진다.

환기형 작물 덮개는 전통적으로 굵기가 8번 또는 9번에 해당하는 철사로 둥근 테두리를 만들어 그 위에 씌우고 가장자리는 검은색 비닐로 된 뿌리덮개와 함께 땅에 고정시키는 방식으로 설치한다. 전체적으로 높이가 약 40센티미터인 낮은 터널 형태로 완성된다. 부유 덮개는 식물 위에 바로 씌우고 키가 자라면 덮개도 위로 올린다. 두 종류 모두 가장자리가 바람에 날리지 않도록 땅에 묻어서 고정시켜야 한다. 덮개를 설치하고 나면 높이가 낮아서 내부의 식물을 쉽게 관리할 수 없으므로 보통 잡초를 막아주는 비닐 뿌리덮개를 함께 활용한다. 비닐 뿌리덮개를 씌울 수 없는 작물(조기에 직접 파종해서 재배하는 당근이나 무, 시금치 등)은 씨앗이 발아한 후부터는 덮개를 주기적으로 치우고 작물을 관리해야 한다.

장점 낮은 덮개를 이용하면 서리 방지를 넘어 훨씬 더 많은 효과를 얻을 수 있다. 개인적으로 서리 방지 효과는 낮은 덮개로 얻을 수 있는 효과 중 극히 일부에 불과하고 그중에서도 가장 미약한 부분에 해당된다고 생각한다. 낮은 덮개가 설치되면 작물 성장에 도움이 되는 미세 기후가 형성된다. 이러한 덮개가 없다면 재배 초기의 야외 환경에서는 만들어질 수가 없는 요소다. 또한 낮은 덮개는 수평으로 방풍림이 형성된 것처럼 식물을 바람으로부터 보호한다. 흙의 습기가 증발하는 것을 줄이고 낮에는 토양과 대기의 온도를 모두 높여서 식물이 자라기에 보다 적합한 온도로 만들 뿐만 아니라 밤에도 이 환경이 어느 정도 유지되도록 한다. 해충과 새로부터 작물을 보호하는 역할도 한다.

봄철 활용 낮은 덮개는 재배하려는 작물에 따라 아주 이른 시기부터 활용할 수 있다. 서리는 일부만 막을 수 있으므로 토마토 모종처럼 연약한 작물은 당근, 무와 같이 씨앗이 단단한 작물보다 서리 피해를 입을 위험성이 더 크다. 이에 따라 당근은 훨씬 더 일찍 파종한 후 부유 덮개를 씌우고 주기적으로 거둬서 관리하는 방식으로 성공적인 결과를 얻는 농부들이 많다.

제거 낮은 덮개는 보통 4주에서 6주 후에 들어내거나 바깥 온도가 충분히 오를 때까지 둔다. 모종을 찬 공기에 노출시켜 더 튼튼히 자라도록 하는 여러 가지 방식들과 마찬가지로 덮개를 제거하는 작업도 조심스럽게 이루어져야 한다. 내가 권장하는 방식은 덮개의 일부만 제거한 상태로 며칠간 두었다가 나머지를 전부 제거하는 것이다. 그래야 덮개를 씌웠을 때 얻은 효과가 사라지지 않는다. 남은 덮개를 전부 제거하는 작업은 가능하면 구름이 낀 날 실시해야 하며 비 오기 직전에 하는 것이 가장 좋다. 해가 쨍쨍하고 건조한 바람이 부는 날 덮개를 제거하면 식물이 옮겨심기로 받은 충격이 더 악화될 수 있으므로 주의해야 한다.

우리 농장에서는 수년 전에 작물 덮개의 종류마다 얻을 수 있는 모든 장점을 하나로 합친 '퀵 훕스'를 개발했다. 길이 3미터, 지름 1.25센티미터인 금속 파이프를 너비가 1.8미터인 반원 모양이 되도록 구부렸다. 그리고 30센티미터 너비의 통로를 사이에 두고 각각 75센티미터 너비로 길게 형성된 경작지로 가지고 와서 반원의 양쪽 끝을 밭 양쪽 가장자리에 고정시켰다. 높이 75센티미터인 낮은 터널이 만들어지도록 1.5미터 간격으로 전선관을 연이어 설치하고 폭이 3미터인 부유 덮개를 관 위에 씌웠다. 덮개 가장자리는 모래주머니를 군데군데 고정시켰다. 이 퀵 홉스 시스템은 지금까지도 봄 작물과 가을 작물을 재배할 때 큰 도움이 된다. 겨울철에도 이 시스템을 활용하여 이랑 덮개 위로 투명 비닐을 한 겹 더 씌우면 8월 말에 심은 양파와 늦가을에 심은 시금치가 무사히 겨울을 나서 이듬해 봄에 수확할 수 있다. 해가 갈수록 퀵 홉스의 진가가 입증되고 있다. 작물이 겨울을 넘기도록 씌울 때는 비닐 가장자리를 모래주머니로 고정시키지 않고 땅에 묻는다.

재배 기간을 늘려서 작물을 키울 때는 그로 인해 더해지는 비용이 각 작물을 예정보다 일찍 자라게 함으로써 얻는 이익으로 상쇄되는지 판단해야 한다. 특정 지역 한 곳에서 여러 작물이 판매되는 시장에 내놓기 위해 농사를 짓는 경우(단일 작물을 도매로 판매하는 것과 반대로) 덮개를 활용하여 수확 시기를 앞당겨서 특별한 보호 장치 없이 재배되는 작물이 가장 먼저 수확될 때까지 각 작물의 수요가 채워지도록 하는 것이 적합하다. 야외에서 재배한 작물을 수확해서 판매할 수 있게 되면 보호된 환경에서 작물을 재배하는 방식의 경제적 이점도 사라진다. 이러한 틀 안에서 접근하면, 다양한 작물을 재배하는 경우라도 과도하게 넓은 면적에 덮개를 씌우면 안 된다는 사실을 알 수 있다.

재배 기간을 더 연장하고 싶은 경우에는 후프와 그 위에 씌우는 비닐을 더 큰 것으로 선택해서 출입형 터널을 만들면 작물을 보호할 수 있는 폐쇄된 형태의 더 큰 환경을 더 효과적으로, 동시에 더 경제적으로 조성할 수 있다.

비닐하우스

'출입형 터널'에 해당하는 비닐하우스는 난방 기능 없이 비닐 한 겹을 일정 간격으로 배치한 아치나 후프에 고정시켜 사람이 걸어 들어가서 작업할 수 있는 높이로 만든 구조물을 의미한다. 이러한 구조물은 아주 가벼운 소재로 지은 종류부터 온실과 큰 차이가 없는(난방 시설을 추가로 설치하지 않는 것만 제외하고) 구조물까지 다양한 설계로 만들 수 있다. 나는 길이가 60미터에 달하는 온실도 본 적이 있지만 보통 30미터짜리 온실이 가장 많이 보인다. 15미터 길이의 비닐하우스는 내부 환기를 좀 더 세심하게 관리해야 할 경우 활용도가 높다. 일반적으로 비닐하우스의 너비는 최소 3.7미터, 최대 5.2미터이지만 너비가 4.3~4.9미터인 모델이 가장 많이 쓰인다(이 정도면 너비가 75센티미터인 이랑 4줄이 충분히 들어간다). 비닐하우스의 너비는 설치 시 사용된 재료와 경작하려는 작물의 배치, 그리고 구성을 단순하게 할 것인지 아니면 복잡하게 만들 것인지와 같은 형식에 따라 결정된다.

이 같은 출입형 터널은 파이프를 휘어서 프레임으로 활용하는, 퀀세트Quonset로도 알려진 반원형 막사와 비슷하다. 그러나 막사는 장소를 옮겨서 세울 수 있도록 설계되므로 보통 소재가 더 가볍고 영구성도 덜하다. 유리섬유 막대, 플라스틱 파이프, 금속 막대, 철근, 전기 도관, 심지어 길게 잘라서 구부린 목재도 막사 소재로 활용되어 왔다. 아치형 프레임을 지탱할 수 있도록 땅에 파이프를 고정시키고 거기에 이 같은 프레임 재료의 말단을 고정시키는 형태로 제작된다. 아치는 대부분 1.2~1.8미터 간격으로 설치된다.

비닐하우스에 씌우는 비닐은 독창적인 방식으로 고정시킨다. 아치 형태의 틀에 투명 비닐을 씌우고, 비닐이 팽팽하게 씌워지도록 줄을 조절하고 후프 양쪽 끝의 T 포스트에 묶어서 고정한다. 환기가 필요하면 바닥과 만나는 쪽의 비닐을 위로 끌어올리면 된다.

내부 환기와 온도 변화로부터 식물을 보호하기 위해 낮 시간에는 비닐을 위로 올리고 밤이 되면 다시 끌어내리는 작업도 조금만 연습하면 금방 익숙해진다. 재배 면적이 넓을수록 환기를 시키는 데 더 많은 노동력이 들 수밖에 없으므로 손이 더 많이 가는 건 당연한 일이다. 비닐하우스 내부에 들어갈 때는 한쪽 가장자리의 비닐을 들어 올리고 머리를 숙인 자세로 들어가면 된다.

출입형 터널이 점점 발전하여 구조도 바뀌는 추세다. 이제는 끝부분에 프레임을 따로 설치하고 널찍한 문을 다는 경우가 많다. 또한 아치 양쪽에 판자를 프레임 길이대로 길게 지면에서 0.9미터 높이가 되도록 설치한 후 비닐 끝을 이 판자에 고정시키는 경우도 있다. 이 경우, 내부 환기 시 이 판자를 이용해서 비닐을 돌돌 말아올릴 수 있다. 밤이 되면 다시 비닐을 내리고 판자는 바닥에 놓은 뒤 돌이나 벽돌로 눌러둔다.

출입형 터널의 맨 윗부분은 파이프로 프레임을 만드는 일반적인 온실처럼 굽도리 널(밑 판자)을 설치하고 비닐을 널에 고정시킨다. 먼저 기초 말뚝으로 삼을 파이프를 1.2미터 간격으로 놓고 각 파이프가 45센티미터 정도 땅속에 들어가도록 박은 뒤 이 기초 말뚝에 굽도리 널을 볼트로 연결한다.

기초 말뚝으로 쓰이는 파이프의 내부 직경은 아치로 설치할 파이프의 외부 직경보다 조금 더 커야 한다. 그래야 아치용 파이프를 양쪽의 기초 말뚝 안에 삽입하는 형태로 고정할 수 있다. 이때 각 아치는 기초 말뚝에 연결한 굽도리 널의 맨 윗부분에서 시작되도록 설치한다.

비닐을 측면에서 말아 올릴 수 없는 형태의 비닐하우스는 큰 문을 설치하거나 지붕을 통해 내부를 환기시킨다. 문은 비닐하우스의 너비에 따라 가능한 한 넓게 틀을 만든다. 지붕으로 환기할 경우 환기구를 손으로 직접 열고 닫거나 내부 온도에 따라 자동으로 활성화되는 스프링 개폐 장치를 설치할 수도 있다. 지붕의 환기구도 상당히 흥미로운 구조에 속한다. 먼저 비닐하우스 지붕에서 환기구를 설치하고자 하는 부분에 틀을 만든다. 틀 재료는 비닐하우스 틀과 동일한 종류로 선택해도 되고 목재를 이용해도 된다. 보통 후프 4개당 환기구를 한 개 만드는 정도로 간격을 정하는 경우가 가장 많다. 지붕 환기구와 맞닿은 비닐은 따로 고정해야 한다. 환기구 가장자리에 두 줄로 된 채널과 철사 고정 장치를 부착하면 가장 손쉽게 비닐을 고정시킬 수 있다. 두 줄 채널이 철사를 더 단단히 붙잡는 기능을 하므로 안정적이다. 경량 소재로 프레임을 만든 경우 해치 형태의 지붕 환기구를 비닐로 덮는다. 환기구 한쪽에 경첩을 달고, 온도에 따라 활성화되는 개방 장치를 함께 부착한다.

비닐로 된 모든 구조물은 강풍과 맞부딪히고 마모되는 문제가 심각한 수준에 이를 수 있다. 보편화된 방식으로 비닐을 씌운 경우에도 예외가 아니다. 처음 씌울 때 아무리 꼼꼼하게 확인하고 팽팽하게 씌워도 완성하고 나면 느슨한 것 같다면, 두 가지 방법으로 대처할 수 있다. 가장 간단한 방법은 비닐하우스를 만드는 방식대로 신축성 있는 줄을 한쪽 가장자리에서 다른 쪽 가장자리까지, 꼭대기를 지나도록 길게 연결하는 것이다. 보통 후프 4개 간격으로 줄을 연결하면 충분하다. 줄이 눌러주므로 기온 변화에 따라 비닐이 팽창하거나 수축하는 정도가 약화되어 늘 팽팽한 상태가 유지된다. 두 번째 해결 방법은 기온이 높아 비닐이 팽팽하게 펴지는 날에 씌우는 것이다. 그런 다음 기온이 낮아지면 비닐이 수축하면서 팽팽해진다. 가장 안정적으로 완성하는 방법은 비닐 두 장을 씌우고 소형 원심 송풍기를 이용하여 비닐 사이에 공기를 불어 넣어 팽창시키는 것이다. 이렇게 하면 바깥 면의 비닐이 바람과 눈을 막는 기능을 한다.

출입형 터널을 이렇게 개량하는 것 외에 추가로 더 개선할 수 있는 마지막 방법은 태양광 외에 열을 공급할 수 있는 장치를 마련하는 것이다. 이 단계까지 선택한다. 이제 여러분이 만든 시설은 온실이 되므로, 처음부터 그냥 온실을 차근차근 짓는 편이 낫다.

온실

출입형 터널을 좀 더 튼튼하고 복잡하게 만들면 가장 단순한 형태의 온실이 된다. 주된 차이는 보통 온실의 구조적 안정성이 더 우수하고 열을 공급할 수 있는 보조 장치가 설치된다는 점이다. 온실도 5×10센티미터 규격의 목재로 지을 수 있다. 이 경우 프레임이 비닐하우스와 매우 비슷한 형태가 된다. 또는 더 무거운 파이프를 준비하고, 이를 구부려서 출입형 터널처럼 퀀세트(막사) 형태로 짓는 방법도 있다. 나는 후자를 더 선호한다. 온실을 지을 아치형 파이프는 직접 만들어도 되고, 필요에 따라 세우거나 길이를 늘이고 옮길 수 있는 모듈 단위 상품으로 구입해도 된다. 파이프는 목재보다 부피도 작고 필요한 수량도 작아서 그늘이 거의 생기지 않으므로 온실 내부로 들어오는 광량을 최대치로 끌어올릴 수 있다.

앞서 설명한, 비닐을 두 겹 씌우고 그 사이에 공기를 불어 놓는 방식이 온실을 지을 때 가장 많이 활용된다. 비닐을 이렇게 공기로 팽창시키면 강도와 안정성이 향상되고 더 탄탄하게 지을 수 있다. 바깥쪽 비닐은 어떠한 온도에서도 팽팽하게 유지되며 바람이 많이 불 때 비닐을 한 겹만 씌운 온실에서 흔히 발생하는 일들, 즉 비닐이 바람에 날리거나 마모되고 찢어지는 일도 막을 수 있다. 뿐만 아니라 곡선으로 된 표면의 응력으로 강력한 눈보라가 아닌 이상 눈이 쉽게 떨어진다. 빗자루나 삽으로 털어낼 필요도 없다. 비닐 두 장을 씌우고 사이에 바람을 불어넣는 경우 간격은 10센티미터로 둔다. 이 공기층은 단열 기능을 발휘하여 비닐을 한 겹만 씌운 온실보다 난방비가 25~35퍼센트 줄어드는 효과도 얻을 수 있다.

1972년에 내가 처음으로 직접 만든 온실.

파이프를 직접 구부려서 온실을 짓는 방법도 있다.

비닐하우스 입구에 설치된 환기구.

온실에 공급하는 열은 아무 연료를 태워도 상관없지만 소형 온실 히터에 가장 많이 사용되는 연료이자 내가 추천하는 연료는 천연가스나 프로판이다. 이러한 히터는 송풍기와 환기구를 함께 설치하도록 되어 있다. 설치법도 비교적 간단하고 온실 내에서 위치를 옮길 수 있다.

에너지 문제는 중요한 이슈다. 온실에 열을 공급할 에너지로 목재나 썩힌 유기물, 자연 태양열 에너지를 모은 축열 등 다양한 연료의 가능성을 확인해보고 싶은 농부도 있을 것이다. 나도 그러한 우려에 전적으로 공감한다. 그러나 에너지 문제를 직접 해결하려는 시도는 몇 년 뒤로 미뤄두라고 권하고 싶다. 내가 이 책에서 여러분에게 알려주고 싶은 것은 실효성 있는 농업 시스템이며, 여러분은 자신의 우선순위가 무엇인지 기준을 정해야 한다. 원예작물을 재배하는 농장을 원하는지, 아니면 새로운 에너지 기술을 실험해볼 수 있는 토론장이 필요한지 생각해봐야 한다. 농사에 처음 뛰어든 사람은 기존에 사용되던 믿을 만한 기술을 택하는 것이 현명하다. 그러한 기술은 문제가 될 만한 부분이 이미 거의 다 드러나 있으며 다른 사람들이 해결법을 찾아낸 경우가 많기 때문이다.

열을 공급하는 것과 함께 생각해야 할 요소는 환기 시스템을 기계화해야 한다는 점이다. 자동온도조절 기능이 있는 팬과 자동 셔터가 가장 뛰어나며 전통적인 온실의 온도 조절 시스템으로 활용되어 왔다. 자동온도조절기로 외부 기온에 따라 온도를 2단계로 조절하면 공기 흐름이 질적으로 달라진다. 이는 환기 시스템을 정확하게 조절할 수 있는 가장 효과적인 방법이다.

여기서 한 가지 덧붙일 조언이 있다. 2단계 온도조절장치며 자동 셔터, 환기용 팬을 설치하는 것이 기술에 과도하게 의존하는 것처럼 보일 수도 있지만 단언컨대 그렇지 않다. 온실은 구조상 내부 온도가 식물에 치명적인 수준까지 급격히 상승할 수 있다. 그러므로 신뢰할 수 있는 환기 시스템을 반드시 갖추어야 한다. 간혹 장치가 제대로 작동하지 않을 때도 있고, 수동으로 개폐하는 환기구나 측면 비닐을 말아 올리는 방식보다 비용이 더 많이 드는 것도 사실이다. 그럼에도 분명 성공적인 시스템이며, 충분히 제 기능을 발휘한다. 온실에서 작물을 키워보면 이러한 시스템이 왜 필요한지 알게 될 것이다. 또한 온실 외에도 채소 농사에서 해야 할 일은 얼마든지 쌓여 있으니, 아마 자동화된 장치로 일부분이 세심하게 관리된다는 사실에 감사하게 될 것이다.

상업용 온실

상업적인 목적으로 채소를 재배하는 경우, 너비 5.2~9미터에 길이는 15~30미터 크기의 온실을 파이프를 휘어서 만든 아치 구조로 짓고 폴리에틸렌 비닐을 한 겹이나 두 겹으로 씌워 그 사이에 공기를 불어 넣으면 소규모 농사에 필요한 최상의 요건을 갖출 수 있다.

이보다 작은 규모로 지은 온실에서도 작물을 충분히 효율적으로 재배할 수 있다. 또한 필요에 따라 해체하거나 위치를 옮기기도 쉽다. 반대로 위에서 말한 것보다 더 크게 지은 온실도 농부의 생산 시스템에 잘 맞기만 하면 더욱 편리한 시설이 될 수 있다. 이때 반드시 고려해야 할 사항이 있다. 다종 작물을 생산할 경우 큰 온실 하나보다 소형 온실을 두 개 이상 마련하는 편이 유동성 측면에서 더 낫다는 점이다. 재배하는 작물마다 필요한 온도가 다르므로 온실이 하나면 한 가지 작물에 맞는 조건을 택하거나 재배 조건이 비슷한 작물만 기를 수 있다. 또한 이렇게 하면 뭔가 잘못되더라도 그 영향이 생산 시스템 전체가 아닌 일부에 미치는 것으로 끝난다.[2]

온실 재배

온실을 이용하는 목적은 식물 성장에 가장 적합한 조건을 갖추는 것이다. 온실의 토양도 같은 목적으로 관리해야 한다. 온실에서는 식물이 집약적으로 자라므로 토양도 더욱 세심한 관리가 필요하다. 토양을 비옥하게 만드는 법을 설명한 장에서 강조한 모든 요소들에 세 배는 더 중점을 두어야 한다. 온실에서 작물을 성공적으로 재배하기 위해서는 잘 만들어진 퇴비를 사용해야 한다. 특히 토마토와 오이는 온실 재배 시 가장 손이 많이 가는 작물로 꼽힌다. 한층 더 비옥한 토양이 필요할 뿐만 아니라, 6주 간격으로 퇴비를 표토에 뿌려주어야 하기 때문이다. 온실에서 많이 재배되는 주요 작물 중 하나인 상추는 토마토나 오이를 기른 자리에 흙을 추가적으로 강화할 필요 없이 윤작으로 심어도 잘 자란다.

수요가 많은 작물을 온도 조절이 되는 온실에서 생산하면, 마치 자석처럼 소비자가 같은 농장에서 생산되는 다른 농산물에도 관심을 보이도록 끌어당기는 귀중한 기능을 발휘한다. 온실 재배 자체만으로도 특화할 만한 수익성 높은 사업이 될 수 있다. 그러나 충분한 숙고 없이 무작정 뛰어들지는 말아야 한다. 온실에서 품질이 우수한 채소를 재배하려면 정말 최선을 다해 헌신적으로 관리해야 하며 사소한 부분까지 다 챙겨야 한다. 농장이 자리를 잡고 여유 자본이 축적될 때까지는 온실 농사 상업화를 미뤄둘 필요가 있다. 온실에서 채소를 생산하는 방법에 관한 자세한 정보는 책 뒤쪽에 목록으로 제시한 참고자료를 확인해보기 바란다.

내일을 위한 정답

꾸준히 발전하는 농부는 늘 하고 있는 일에 집중하면서도 더 나은 방법이 없는지 주시한다. 현재의 생산 기술을 실질적인 측면에서나 경제적인 측면에서 개선할 수 있는 길은 없는지 항상 고민해야 한다. 미래에 대비하기 위해서가 아니라, 미

래를 이끌기 위해서는 그래야 한다. 미래는 현재의 발전 양상을 토대로 예측될 때가 많다. 재배 기간을 확대하려는 노력에도 상당히 뚜렷한 패턴이 나타난다. 구조물을 좀 더 가볍고, 관리하기 쉽게, 이동성을 높이는 방향으로 나아가고 있다.

현재의 생각은 어제의 제안에서 출발한 것이다. 그리고 내일의 생각은 현재의 문제에서 시작된다. 새롭고 가장 우수한 생각은 현장에서 숙련된 사람들에게서, 그들이 필요한 부분을 채우기 위해 애쓰는 과정에서 생겨난다. 경험이 쌓이면 소규모 농사를 짓는 농부로서, 그리고 셀 수 없이 많은 다른 생산자들에게도 도움이 될 만한 새로운 개선 방안을 금방 떠올리게 될 것이다.

25장

이동식 온실

지난 수년간 유기농 농산물 생산 분야에서는 토양을 자연적으로 비옥하게 만드는 방법이 가장 크게 발전했다. 같은 맥락에서 유기농법으로 작물을 재배할 수 있는 가장 이상적인 온실 시스템을 찾으려는 노력은 채소를 자연적인 방식으로 보호하면서 키우는 방법을 한 걸음 앞서 생각한 시도라 생각된다. 임시로 비닐을 덮어서 만든 비닐하우스도 이전보다 훨씬 더 많이 쓰인다. 필요할 때 지면을 덮고 해체해서 또 다른 곳을 덮는 식으로 활용된다. 비닐하우스는 작물을 재배하기 전에 미리 설치해서 땅을 덮어둘 수도 있고, 녹비 식물을 재배한 다음에 설치할 수

작물을 촘촘하게 재배하고 파종이 성공적으로 완료되면 온실 공간을 빠짐없이 활용할 수 있다.

도 있다. 이렇게 하면 영구 시설로 만들어진 온실에서 흔히 발생하는 문제들, 즉 해충과 병해 문제가 축적되거나 토양 영양소가 과도한 수준에 이르는 문제를 피할 수 있다. 임시 구조물을 이용하면 주기적으로 토양을 바깥 공기에 노출시킬 수 있고 동시에 영구 설치된 온실의 모든 기능도 누릴 수 있다. 그런데 이 온실 두 종류의 장점을 모두 누리는 방법이 있다. 바로 해체하지 않고도 위치를 옮길 수 있는 온실을 만드는 것이다.

이동식 온실

내가 이야기하려는 온실은 밀거나 굴려서 다른 장소로 옮길 수 있는 이동식인데다 영구적으로 설치된 온실의 기후 조절 효과와 임시로 설치한 터널의 토양 정화 효과를 모두 누릴 수 있는 시설이다. 온실을 해체하지 않고 위치를 옮기면 좋을 것 같다는 아이디어는 19세기 말에 처음 실현됐다. 온실 토양의 상태가 나빠지는 문제가 생기자 해결 방법을 찾다가 나온 결과였다. 당시 온실 흙을 30~40센티미터 정도 깊이로 파서 제거한 후 다른 흙으로 대체하거나 증기로 토양을 멸균하는 방법도 등장했으나 인건비가 많이 들고 멸균 후에는 토양의 영양 수준이 감소하는 문제가 발생했다.

100여 년 전에 나온 초기 형태의 이동식 온실은 만들기가 상당히 어려웠다. 유리 온실 같은 취약한 구조물을 망가지지 않도록 옮기는 방법을 찾는 것이 첫 개발자에게 얼마나 까다로운 숙제였을지 짐작할 수 있다. 그럼에도 상당히 내구성이 우수한 결과물이 나왔다. 겉모습은 일반적인 온실과 똑같으나 나무나 철재 프레임에 유리가 덮여 있었다. 이 초기 이동식 온실은 기반을 세우고 거기에 바로 연결해서 세우는 대신 금속 레일과 연결된 금속 바퀴 위에 프레임이 연결되어 있었다. 즉, 금속 레일을 일반적인 온실의 토대에 단단히 부착한 형태였다. 바퀴를 굴려서 온실을 다른 곳으로 이동할 때는 지면에 자라는 작물 위로 통과할 수 있도록, 온실의 벽면은 바닥과 닿지 않게 위로 높일 수 있도록 제작되었다.

이와는 다른 접근방식을 택한 모델도 있었다. 지붕만 옮길 수 있도록 고안된 형태였다. 이 경우 지붕 트러스는 안정적인 삼각형 구조로 만들고, 측면 벽 상단에 설치된 레일을 따라 바퀴로 움직이도록 했다. 바람이 많이 부는 지역에서는 이러한 형태가 더 유용했다. 지붕을 제거한 후에도 사방의 벽이 반투명한 방풍막이 되므로 기후 변화를 더욱 확실하게 조절할 수 있었다. 이동식 온실을 지으려면 초기 설계에 더 많은 비용이 들었지만 혁신을 추구하는 농부들이 시험 삼아 시도해 볼 만한 가치가 있다고 여겼고, 실제로 상당히 많은 이동식 온실이 만들어졌다.[1]

나는 1976년 이른 봄, 유기농 농산품을 재배하는 네덜란드의 한 농장에 방문했을 때 처음 이동식 온실을 보았다. 지은 지 얼마 안됐지만 그 전에 여러 자료에서 읽은 정통적인 모델과 일치하는 형태로, 너비 12미터, 길이 36미터인 금속 프레임에 유리가 끼워진 종류의 온실이었다. 금속 바퀴로 철로 위를 이동하면서 그 농원의 경작지 세 곳에서 활용되고 있었다. 내가 도착한 날 마침 이동 작업이 진행되고 있었다. 어떻게 움직이는지는 알고 있었지만, 실제로 그 거대한 구조물이 일꾼들이 미는 대로 느릿느릿 굴러오는 광경을 보니 정말 놀라웠다. 관개 시설과 난방 장치, 전기선은 옮기기 전에 연결을 다 끊고 목적지에 도착한 후에 다시 연결했다. 온실 안에서 심은 상추를 키우다가 이제 야외 환경에서 마저 키워도 될 만큼 자라자 온실의 위치를 옮긴 것이다.

그 당시에 나는 딸기나 화초를 제철이 아닌 시기에 재배하는 경우처럼 특수한 상황이 아니라면 이제 이동식 온실은 새로 짓지 않는다는 이야기를 들었다. 네덜란드 농부들 대다수가 온실의 토양 문제를 화학물질이나 인공배지로 해결하는 쪽을 택한 것이다. 우리를 초청해준 농장의 주인은 그럼에도 이동식 온실 기술이 유기농 농산물을 생물학적으로 생산하는 데 큰 도움이 된다고 믿었다. 실제로 같은 생각을 가진 농부들은 애초에 이동식 온실을 개발하게 된 이유인 해충의 축적과 토양의 영양수준이 악화되는 문제도 자연적인 방법으로 해결하려고 노력했다. 그 시기에 네덜란드에서는 고정식 유리 온실을 지을 때보다 이동식 온실을 만드는 데 드는 비용이 평균 20퍼센트 정도 더 컸지만 돌아오는 수익도 이동식 온실이 20퍼센트 더 높았다. 내가 만난 농장 주인은 이동식 온실의 다른 장점도 강조했다. 1년 동안 키울 수 있는 작물이 고정식 온실보다 더 많아서 이동식 온실을 마련하는 데 들어간 비용이 더 빠르고 효과적으로 돌아온다는 점이었다.

이동식 프레임 네 개가 하나의 구조물처럼 연결된 모습.

미닫이 문처럼 밀어서 이동할 수 있는 온실.

이동식 온실의 장점

무엇보다 나는 이동식 온실을 처음 만든 초기 혁신가들이 원했던 목표를 달성하고 싶었다. 바로 흙의 상태를 자연에 더 가깝게 만드는 것이다. 비와 바람, 눈, 직사광선, 영하로 크게 떨어지는 기온 등 바깥 환경에 흙을 노출시키면 온실 안에서 보호를 받는 흙에서는 발생하지 않는 자연적인 정화와 균형 조절 과정이 일어나도록 만들 수 있다. 이동식 온실의 두 번째 장점은 이 첫 번째 장점이 확장된 것으로, 더 다양한 작물을 윤작할 수 있다는 점이다. 온실에서 재배하는 작물의 가능성을 전혀 희생시키지 않고도 장기적으로 녹비 식물을 키울 수 있게 되었다. 녹비 식물은 온실 바깥에서 키우기 때문이다. 토양을 개선시키는 이 같은 작물은 흙에 물리적, 생물학적인 영향을 발생시킬 뿐만 아니라 온실 재배에 필요한 퇴비의 양을 줄여주므로 분명 농사에 득이 된다. 이동식 온실을 이용하면 온실 내부의 흙도 농장의 다른 경작지처럼 스스로 비옥하게 유지된다(13장 참고). 인위적이고 임시방편에 지나지 않는 방식을 덜 이용할 수 있게 되었다는 점이 이동식 온실의 세 번째 장점이다. 솔직히 나는 증기로 토양을 멸균하거나 토마토를 내성이 있는 뿌리줄기와 접붙이는 것, 지속적인 해충 모니터링, 덫 설치하기, 이로운 곤충 보강하기 등의 일시적인 해결책에는 별로 관심이 없다. 그런 방법보다는 그냥 가만히 내버려 두면 자연에서 일어나는 현상들이 나타나고 그 기능이 충분히 발휘될 수 있게 하는 방법을 찾고 싶다.

이동식 온실의 네 번째 장점은 토마토처럼 여름에 온실에서 재배하는 작물을 온도 조건만 맞으면 가을까지도 그대로 키울 수 있다는 것이다. 겨울 작물은 적당한 시기에 인접한 경작지에 파종을 할 수 있으므로 가능한 일이다. 즉 겨울 작물이 날씨로부터 보호를 받아야만 하는 시기가 오기 전까지는 온실의 위치를 옮기지 않고 그대로 야외에서 키우면 된다.

난방과 냉방에 드는 비용과 에너지를 모두 절약할 수 있다는 것이 다섯 번째 장점이다. 예를 들어 나는 겨울에 수확하는 여러 가지 작물을 한여름부터 초가을까지 계속해서 심는다. 이렇게 심은 겨울 작물은 온실 없이 재배한다. 그대로 왕성하게 잘 자라도록 두었다가 낮이 짧아지고 기온이 서늘해지는 늦가을이 찾아와 성장 속도가 느려지면 그때 온실로 옮겨서 겨울에 수확할 때까지 외부 환경으

겨울 온실은 주변에 배수로를 충분히 깊게 마련해야 한다.

이동식 온실의 천장에 설치된 관개 시설.

로부터 보호한다. 만약 고정식 온실에 이러한 작물을 심는다면 큰 비용을 들여 냉각 시스템을 가동해야 할 것이다. 환기구를 열고 문도 떼어내서 온도를 최대한 수동적으로 떨어뜨린다 해도 여름철 온실 내부 온도는 겨울 작물을 심기에는 너무 높다. 반대로 높은 온도에서 잘 자라는 작물은 여름철 온실만큼 이상적인 재배 환경도 없다. 그러므로 위와 같은 방법을 활용하는 것이다.

이 모든 생물학적인 이점을 누리는 데 드는 비용은 고정식 온실을 이동식으로 만드는 데 추가로 들이는 돈이 전부다. 추가 비용이 합리적인 수준이라면 굉장히 매력적인 아이디어가 아닐 수 없다. 그래서 나는 제대로 된 이동식 온실을 지어야겠다는 생각이 들었을 때 먼저 유럽의 업체들이 이동식 비닐 온실을 어느 정도의 가격에 판매하고 있는지부터 알아보았다. 그보다 몇 년 앞서 네덜란드의 농장들을 둘러봤을 때 전해들은 비용 차이도 크게 바뀌었다. 즉 당시 이동식 온실을 마련하는 데 드는 돈은 일반 온실보다 20퍼센트 더 비싼 수준이었지만 이제는 아니었다. 한 제조업체는 과거에 내가 처음 들었던 이동식 온실 가격의 3배에 달하는 가격을 제시했다. 물론 비용이 이토록 달라진 이유 중 상당 부분은 유리와 비닐의 가격 차이와 관련이 있다. 그렇다 해도 나는 적정선을 넘은 것 같다는 생각이 들었다. 일반적인 비닐 온실보다 최대 10퍼센트 이상 비용을 더 들이지 않고 너비 9미터, 길이 29미터 정도의 튼튼한 이동식 온실을 만드는 것이 나의 목표였다. 당시에 우리 농장에는 고정식 비닐 온실이 있었으므로, 부품을 너무 많이 추가하지 않는 선에서 이를 이동식 온실로 바꾸고 싶었다. 방법을 찾아다니면서 몇 번 좌절을 경험하고 나자 '이동식 온실이 정말 꼭 필요할까? 그냥 한 자리에 고정된 온실로도 농사를 잘 지을 수 있지 않을까?'라는 생각이 몇 번이고 떠올랐다. 그럴 때마다 위에서 언급한 이동식 온실의 장점들이 떠올랐고, 이는 방법을 계속 찾아봐야 한다는 결론으로 이어졌다. 다행히도 결국 답을 찾을 수 있었다.

그동안 다른 사람들의 경험에서 많은 교훈을 얻었다. 평소 알고 지내던 한 대형 농장에서는 폭 9미터, 길이 30미터짜리 이동식 온실을 열과 성을 다해 만들더니 나중에 증축하여 폭 9미터, 길이 122미터인 고정식 온실로 바꾸었다. 온실 재배 작물을 키울 땅을 경운하고, 식물을 심고, 수확하는 과정을 더 큰 기계로 처리하고 농사의 효율성을 높이기 위해 내린 결정이었다. 그러나 토양을 건강하게 유지하려면 토질 개선 효과를 발휘하는 피복 작물이 반드시 필요하다는 사실을 이들도 알고 있기에, 3년 주기로 피복 작물을 키우기 위해 겨울에 온실을 해체하는 수고로움을 감당해야 했다. 이동식 온실의 장점은 이처럼 다양한 방법으로 만들 수 있다.

설계

몇 년 전에 내가 처음으로 설계한 이동식 온실은 바닥에 묻은 파이프에 목재 레일을 부착하고 그 위로 움직이는 형태였다. 온실 하부에 그에 맞는 구조를 설치한 후 액체 비누를 조금 사용하면 레일 위를 미끄러지듯 이동하도록 할 수 있었다. 우리는 이 원형 설계를 통해 이동실 온실의 기능과 가치를 확신했다. 그래서 온실의 이동 과정을 더 간소화하고 비용도 덜 드는 개선 방법을 찾기 위해 실험을 이어갔다. 다음에 만든 온실은 설치할 장소의 양쪽 가장자리를 따라 땅에 묻은 파이프 상부에 큼직한 볼베어링 캐스터(바퀴다리)를 설치하고 온실 하부에는 앵글(L자형 철재)을 부착해서 바퀴로 굴러가도록 만들었다. 너비 6미터, 길이 11미터 크기로 만든 이 원형 온실은 두 사람이 힘을 주면 이동시킬 수 있었다. 이 설계를 토대로 시중에 판매되는 상품과 같은 크기의 이동식 온실을 처음으로 제작했다. 너비 9미터, 길이 30미터 크기의 온실이었다. 물과 전기는 지하를 통해 공급되었다. 26마력 트랙터를 이용하면 온실의 위치를 쉽게 옮길 수 있었다. 또한 우리 농장에서 만든 모든 이동식 온실과 마찬가지로 원하는 자리로 옮긴 후에는 1,815킬로그램 규격의 그라운드 앵커와 체인으로 연결하여 고정시켰다.

볼베어링 캐스터는 몇 가지 기술적인 문제가 있었다. 무엇보다 우리 경작지에는 돌이 많아서 파이프 위로 굴리기가 매우 힘들었다. 그래서 다음에 만든 온실은 온실 하부에 메탈 러너를 설치하여 썰매가 미끄러지듯 움직이도록 설계를 변경했다. 이것으로 문제가 어느 정도 해결됐지만, 땅에 설치한 러너에서 발생하는 마찰력으로 인해 더 큰 힘을 들여야 온실을 움직일 수 있었고 그러려면 중장비를 빌려야만 했다. 이즈음에 우리는 온실 길이를 30미터로 확장한 것이 단점이 더 크다는 사실도 깨달았다. 그때부터 우리가 제작한 온실은 전부 15미터 길이로 만들어졌다. 더불어 온실을 좀 더 수월하게 옮길 수 있도록 후프 형태의 다리마다 금속 바퀴를 하나씩 설치해 땅에 있는 파이프 레일 위로 굴러가게끔 다시 설계했다. 괜찮은 방법이었지만 두 가지 문제가 있었다. 첫 번째는 온실마다 하부에 금속 바퀴를 설치하기에는 상당한 비용이 든다는 점이었다. 그리고 두 번째 문제는 수직 파이프에 볼 베어링이 달린 다리를 이용하는 방식과 수평 파이프에 바퀴가 굴러가도록 하는 방식 모두 온실과 지면이 살짝 떠 있다는 점이었다. 지면과 온실 바닥 사이의 틈을 막아야 찬 공기가 유입되지 않는데 온실을 한 번 이동할 때마다 이렇게 막아 놓은 것을 다 제거해야 했다. 레일 위로 바퀴가 굴러가는 방식으로 새롭게 만든 버전은 미국의 한 온실 제작 업체에 제공해서 현재 그 설계대로 만든 제품이 판매되고 있다. 해당 제품에는 파이프 레일 대신 20센티미터 너비의 V자형 앵글과 성능이 우수한 볼 베어링이 장착되어 중장비도 견딜 수 있는 바퀴가 설치되어 있다. 다만 이렇게 품질이 우수한 앵글과 바퀴를 이용하려면 제작비용도 훨씬 더 많이 든다.

이렇게 이동식 온실을 설계하고 좀 더 쉽게 옮길 수 있는 방법을 고민하면서 온실 양쪽 끝 벽면도 새로 설계했다. 기존에 만든 온실은 폴리카보네이트(일명 렉산) 재질로 벽을 만들고 수평으로 열리는 패널을 하단에 경첩으로 만든 후 떼어 낼 수 있는 문을 설치했는데, 비용도 많이 들고 다소 엉성했다. 그래서 벽면을 비닐로 덮고, 탈착식 문 대신 키가 가장 큰 작물도 이동할 수 있는 높이로 가로대를 설치했다. 온실 안으로 들어가려면 이 가로대 위를 건너가야 했지만 그 정도 불편함은 감수할 수 있는 사소한 문제였다. 이에 관한 상세한 정보는 『겨울 농사 핸드북The Winter Harvest Handbook』 10장을 참고하기 바란다.

가장 최근에 제작한 이동식 온실은 지금까지 가장 적합한 특징으로 추려낸 요소를 모두 반영해서 설계했다. 너비는 9미터, 길이는 15미터이고 벽면은 낮게 설치한 터널 위로 지나갈 수 있도록 개방한 형태로 되어 있다. 출입문은 측면 벽에 설치하고 온실 각 측면의 후프 다리는 땅에 설치된 정사각형 금속 파이프와 연결되어 있다. 온실 양쪽 하단에 달린 금속 파이프에 공기 타이어가 달린 손수레용 바퀴가 다섯 개씩 달려 있고 이 바퀴를 이용해 온실의 위치를 옮긴다. 이 금속 파이프에 구멍을 내고 '온실을 들어올리는 바퀴' 축을 설치하여 이동하지 않을 때는 온실이 바닥에 놓여 있도록 했다. 이동 시 먼저 체인과 체인을 고정시키는 바인더를 제거하고 들어올리는 바퀴에 달린 수직 레버를 아래로 내려 적정 위치에서 핀으로 고정시키면 온실을 지면과 몇 센티미터 떨어진 높이로 쉽게 들어올릴 수 있다. 이동이 완료되면 다시 이 바퀴를 고정시킨 핀을 제거하고 따로 보관해둔다. 이 같은 바퀴가 현재 우리 농장에 설치된 모든 온실에 장착되어 있다. 수동 윈치만 있으면 큰 힘을 들이지 않고 온실을 원하는 위치로 굴러가게 할 수 있으므로 트랙터를 동원할 필요도 없다. 지금까지 만든 것 중에서는 가장 완벽한 설계에 가깝다고 생각하지만, 향후에는 또 바꿔야 할 부분이 생길 것이다. 최종 설계로 확신할 만한 결과가 나와도 분명히 더 개선할 수 있는 요소는 나타나게 마련이다. 나는 단순한 법칙과 필연적인 결과를 믿는 사람이다. "길은 반드시 있다."는 말이 법칙이라면 "길을 찾으면 언제나 더 나은 길이 존재한다."는 것이 필연적인 결과다.

26장

겨울 농사 계획

온실과 온실 운영 시스템에 내가 큰 관심을 기울이게 된 배경에는 고객들에게 1년 중 가능한 오랜 기간 동안 식품을 공급하고 싶은 열망이 있다. 품질이 남다른 채소를 재배하고 공급하면 소비자의 건강에 유익한 영향을 줄 수 있다. 활기찬 지역 경제 성장에도 도움이 될 것이다. 앞서 언급했듯이 나처럼 소규모 농사를 짓는 사람들은 도매로 농산물을 납품하는 대규모 농업보다 중요한 이점이 있다. 바로 신선한 채소를 공급할 수 있다는 점이다. 벌크 단위로 재배되어 도매 시스템에 공급되는 채소는 뭐가 됐든 신선하지가 않다. 내가 키운 채소는 수확된 당일이나 바로 다음 날 소비자의 식탁에 오른다. 이 사실만으로도 충분히 경쟁력이 있다.

나는 신선함을 내 농장의 본질로 강조할 수 있도록 그러한 상품을 최대한 길게 공급하고 싶다. 그래야 소매점과 음식점, 협동조합, 이웃 주민들 등 우리 농장을 찾는 고객들을 실망시키지 않고 다른 업체에 빼앗기는 일도 생기지 않을 것이다. 겨울철 농사는 채소의 생물학적 특성과 기후를 바꾸는 기술을 결합하면 성공할 수 있다. 기술은 두 겹의 보호막으로 이루어진다. 하나는 세찬 겨울바람의 영향을 누그러뜨리는 것이고 두 번째는 난방 시설이 없는 비닐하우스 안에서 자라는 작물을 보온덮개로 덮는 것이다. 채소는 혹독한 추운 날씨를 잘 견디는 종류로 선택하면 된다. 낮 길이가 짧아도 큰 영향을 받지 않고 추운 날씨에도 냉해를 입거나 장기간 얼어버리는 일이 발생하지 않는 전통적인 겨울 작물들이 있다.

우리는 농장 내에서 구할 수 있는 원료를 활용하여 겨울 전 기간에 걸쳐 신선한 채소를 더 길게 수확할 수 있는 방안을 항상 모색해왔다. 에너지와 자원을 최소한도로 활용하여 환경에 부담을 주지 않아야 이 목표를 제대로 이루는 것이라는 기준도 세웠다. 온실 벽에 아래와 같은 구체적인 기준을 붙여두고 좀 더 나은 방법이 없는지 계속해서 고민했다.

기후 조정 기온이 낮은 기간에 내한성 작물을 보호하고 생산할 수 있게 기온을 간단하게 올릴 수 있는 방법을 연구한다.

일광 활용 파이프를 뼈대로 삼아 비닐 한 장으로 둘러싼 비닐하우스 안쪽에 비닐을 한 장만 추가하는 최소한의 기술을 유지한다. 부가적으로 열을 공급하지 않고 단열재로 주변을 감싸지 않는다.

자연이 이끄는 방식대로 추운 날씨와 싸워서 이기려고 하지 않고 주어진 환경 내에서 할 수 있는 일을 찾는다. 낮의 길이와 토양의 온도가 식물을 심고 수확하기까지 소요되는 시간에 어떤 영향을 주는지 파악하여 기온이 낮은 기간에도 튼튼한 내한성 작물을 성공적으로 키워낸다. 겨울철 일조량과 기온을 잘 견디는 품종을 잘 활용한다.

농장에서 나온 것 활용하기 직접 만든 퇴비를 사용하고, 작물 위에 덮개를 씌우고, 윤작 계획에 풀도 포함시키는 등 땅을 비옥하게 만들 수 있는 원칙을 지킨다.

해충 예방 식물에 유익한 관리 시스템의 일환으로 균형 잡힌 토양을 만드는 데 주력한다. 이동식 온실을 활용하여 온실 지표 속에 해충이 축적되지 않도록 한다.

잡초 예방 땅을 얕게 갈고 제때 식물을 심는 한편 토양 소독, 화염 제초와 같은 방법을 적극 활용하여 잡초 씨앗이 발아하여 자라지 않도록 방지한다.

실용적인 도구 경작지를 마련하는 단계부터 수확 단계까지 각 과정에 최대한 단순하고 효율성이 높은 도구를 찾는다(우리 농장에서는 직접 도구를 만들거나 기존의 도구를 변형해서 쓰는 경우가 많다).

영양학적으로 우수한 작물 우리 지역에서 생산된 농산물을 지역 시장에 공급하는 일에 초점을 맞추고, 소비자가 영양학적인 이점을 모두 누릴 수 있는 신선한 농산물을 생산한다.

자원 효율성 난방 없이 소규모로 재배된 겨울 농산물은 장거리 운송 비용이 들지 않아 에너지 절약에 도움이 된다.

경제와 생태계 모두에 적합한 성과 경제적인 원칙과 생태학적인 원칙을 모두 중시한다. 농부는 충분히 수익을 올리고, 소비자의 건강과 지역 환경에 유익한 영향을 줄 수 있는 방법을 찾는다.

겨울에 추위가 가장 극심한 기간에도 우리 농장에서는 비닐하우스 한 곳에 열을 최소 수준으로 공급한다. 목재와 프로판 가스를 연료로 삼아 온도를 어는점을 조금 벗어날 정도로만 유지되도록 한다. 이러한 방식으로 우리는 난방 시설이 없는 비닐하우스에서 재배할 수 있는 작물의 종류를 확장시켜 더 다양한 작물을 키울 수 있게 되었고 이는 겨울에 열리는 농산물 직판장에서 고객을 끌어모으는 요소가 되었다. 판매 규모가 커지면서 거두는 수익은 난방비의 거의 네 배 수준으로 늘었다.

잡초

내가 겨울 농사를 짓는 온실에서 잡초를 없애기 위해 활용하는 방식은 싹이 갓 돋아났을 때 제거하고 절대 씨가 열리도록 두지 않는 것이다. 이 기준은 몇 번이고 강조해도 지나치지 않다. 잡초는 처음부터 없애야 하며 그 흐름을 지켜야 한다. 방법은 매우 간단한데, 대부분의 잡초는 지면에서 5센티미터 높이로 자랐을 때 발아한다. 이때 씨앗을 제거하면 문제는 해결된다. 땅을 얕게 갈고 낮은 높이에서 새로운 씨앗이 열리지 않도록 지속적으로 관리하면 5센티미터 높이에서 발아할 수 있는 잡초 씨앗이 전부 고갈되어 농사를 지을 수 있는 말끔한 환경이 마련된다.[1] 겨울철 온실 농사는 이 같은 잡초 관리가 필요하다는 점에서 '5센티미터 농장'으로도 부를 수 있다. 이 계획에는 잡초를 예방하고 억제할 수 있는 두 가지 기법이 활용된다. 첫 번째로 전기로 작동하는 경운 기계로 밭을 간다. 땅을 얕게만 갈 수 있도록 고안된 이 기계를 이용하면 땅속 깊이 자리한 잡초 씨앗은 그대로 묻혀서 남아 있다. 우리 농장에서 활용하는 두 번째 기법은 필요할 경우 3년 주기로 온실 흙을 여름철 햇빛에 한 달간 노출시켜 소독하는 것이다. 지표면에서 5센티미터 깊이까지의 온도가 63℃에 이르면 표토 최상층 5센티미터에 있는 잡초 씨앗을 전부 없앨 수 있다.

코마츠나(소송채).

청경채.

콘샐러드를 지면과 같은 높이에서 잘라 수확하는 모습.

도쿄 베카나.

비트의 어린잎.

웨스턴 프론트 케일.

아루굴라(샐러드용 루꼴라).

클레이토니아.

하쿠레이 순무.

해충

나는 겨울철에 농사를 지으면서 해충이나 병해 문제를 거의 겪지 않았다. 처음에는 비닐하우스라는 환경의 인위적인 특성 때문에 해충과 병해를 더 잘 이겨낼 수 있다고 생각했지만, 지금은 잘 썩힌 퇴비와 윤작 계획을 활용하면 농사에 발생할 수 있는 어떠한 악영향도 최소 수준으로 약화시킬 수 있다고 확신한다. 내가 겪은 유일한 병해는 잿빛곰팡이병이었다. 원래 서늘하고 축축한 환경에서 잘 자라는 균이니 그리 놀라운 일도 아니었다. 지금은 아침에 습도가 높은 공기를 환기로 제거하여 이 균이 생기지 않도록 방지한다. 온실 농사를 잘 짓는 전통적인 방법은 바로 예방이다. 네덜란드에서 유기농법으로 농사를 짓는 한 온실을 방문했을 때 작물을 새로 심기 전에 사용하는 특수 설계된 진공청소기를 본 적이 있다. 지표면에 떨어진 잎과 부분적으로 부패된 잔류 유기물을 모두 제거하여 병해를 일으키는 생물이 남지 않도록 하는 것이다. 진공청소기를 사용하지는 않지만, 나는 충분히 시간을 들여 작물의 잔재를 없애고 가지는 말끔하게 다듬는다. 그리고 온실에 균이 생기지 않도록 관리한다.

이랑에 부유 덮개를 씌운 모습.

한겨울 상추 농사에 발생하는 문제를 예방하려면 통기가 개선되어야 하는데, 유럽에서는 이를 위해 기발한 아이디어를 활용한다. 옮겨 심으려고 흙 블록에 키운 모종을 일반적인 깊이로 심는 대신 지표면 위에 놓는다. 그리고 물을 약간 공급하면 흙 블록 바닥에서 뿌리가 왕성하게 자라나기 시작한다. 흙 블록의 크기에 따라 차이가 있지만 보통 이로 인해 잎이 지표면에서 2.5센티미터 이상 떨어져서 자라므로 공기 흐름이 개선되고 식물의 아랫부분이 썩을 확률도 줄어든다.

가을과 겨울에 기온이 영하로 떨어지는 것도 해충 피해를 입지 않는 것과 큰 관련이 있다. 나는 곤충학자들에게 정말 그런지 물어본 적이 있다. 재배 온도를 선택적으로 낮추는 방식을 해충을 없애는 농사법으로 활용할 수 있는지에 관한 연구 결과가 있는지도 궁금했다. 농부들 중에 겨울이 되면 해충을 저온에 노출시켜 없애기 위해 비닐하우스를 해체하는 사람들이 많다는 사실은 알고 있었지만 비닐하우스 안에 식물이 자라고 있을 때 그런 조치를 취한다는 이야기는 전혀 들어보지 못했다. 식물과 해충의 내한성에 차이가 있다면, 이 특징을 활용해서 밤에 기온이 영하로 떨어질 때 해충은 죽고 식물만 살아남도록 할 수 있을 것이다.

겨울 시금치를 수확하는 모습.

내가 문의한 여러 곤충학자들은 우리 농장의 시스템을 구성하는 요소들, 즉 이동식 온실과 퇴비로 땅을 비옥하게 만드는 것, 작물 윤작, 녹비 식물 활용, 겨울 농사에 관한 설명을 듣고는 곤충의 생활사와 저온 노출 시 나타나는 반응을 토대로 할 때, 내가 해충 문제로 골머리를 앓은 적이 한 번도 없는 건 당연한 결과라고 이야기했다. 나는 실제로 그 의견이 옳다는 사실을 재차 확인했고, 이는 지금까지 농사를 지으면서 경험한 일들과도 정확히 일치했다. 이유가 무엇이든, 겨울에 수확하는 작물을 재배할 때 해충은 우려 사항 중 매우 사소한 축에 속한다. 덕분에 가장 중요한 부분인 작물의 품질에 더욱 집중할 수 있으니 참 좋은 일이다.

작물의 품질

겨울에 재배한 작물도 시각적인 측면에서나 맛, 연한 정도, 음식을 먹을 때 느끼는 즐거움의 측면에서 모두 지속적으로 높은 품질을 유지할 수 있다. 우리 농장에서는 토양이 최적의 상태로 유지될 수 있도록 가능한 모든 노력을 기울인다. 그

보상은 반드시 돌아온다.

온실에서 재배되는 작물의 품질을 해치는 주된 문제는 질소 농도가 너무 높은 것과 관련이 있지만 우리의 농사 시스템과는 무관하다. 가용성 질소 비료를 공급하는 것, 빛은 적고 온도는 높은 환경에서 작물을 키우는 것, 미량 영양소 결핍, 추위에 취약한 품종을 재배하는 것과 같은 문제의 원인 요소가 아예 존재하지 않기 때문이다. 우리는 1년 반에서 2년 정도 잘 썩힌 퇴비만 사용하고, 작물의 기능을 억지로 유도하지 않는다. 토양에는 미량원소가 충분히 존재한다. 그리고 겨울날씨를 억지로 이겨내도록 만든 품종은 재배하지 않는다.

여기에 이동식 온실을 활용하면서 얻는 유익한 요소가 더해진다. 영구 설치된 온실에서는 질소나 기타 염 성분이 토양에 계속 축적되지만 이동식 온실을 이용하면 2년 주기로 토양이 1년간 바깥 환경에 그대로 노출되므로 그런 문제가 발생하지 않는다. 또한 일조량이 가장 작은 11월 중순부터 2월 중순에 수확하는 작물은 모두 가을에 야외 환경에서 파종한다. 그래서 기온이 낮아지고 낮 길이가 짧아지면 자연히 식물의 성장이 멈춘다. 이 때 비닐하우스를 이동해서 작물을 보호한다. 작물을 기후가 더 온난한 곳으로 옮기는 것과 같은 원리다. 이와 같이 식물이 자라는 시기에 파종해서 수확할 수 있는 기간을 늘린다.

겨울에 재배한 농산물이 높은 품질을 유지하는 것이 유기농법에만 관련이 있는 것은 아니다. 유럽의 농민들이 겨울에 건혈분이나 우모분을 비료로 사용해서 그로 인한 여러 문제에 시달리는 경우를 본 적이 있다. 건혈분과 우모분은 가용성 질소 화학비료를 사용하는 것과 마찬가지로 겨울 농작물의 질소 함량을 높인다. 겨울 농사에서 양질의 농산물을 얻기 위해서는 그 시기에 따르는 제약 요소가 무엇인지 이해하고 식물이 자랄 수 있는 최상의 환경이 조성되도록 신경을 써야 한다.

겨울철 일조량에 따른 비닐하우스 내부 배치

겨울철에는 낮의 길이가 짧아질 뿐만 아니라 태양 각도 낮아진다. 그러므로 비닐하우스가 나무나 생울타리, 주택, 산, 다른 비닐하우스에 가려 그늘에 위치하지 않도록 해야 한다. 나는 여름과 겨울에 태양 각이 크게 변한다는 사실을 인지할 때마다 놀라곤 한다. 우리 농장의 경우(북위 44도) 6월 21일에는 정오의 태양 각이 69도지만 12월 21일이 되면 이 각이 22도에 그친다. 그래서 비닐하우스 내부의 배치를 정할 때는 겨울에 그림자가 어느 쪽으로 떨어지는지 꼭 기억해야 한다는 사실을 끊임없이 일깨운다.

나는 겨울철에 햇빛을 최대한 활용할 수 있도록 비닐하우스의 긴 면을 동서 방향으로 둔다. 남위 40도에서 농사를 짓는 경우에는 이 면이 남북을 향하는 것이 좋다. 비닐하우스의 배치를 정할 때, 남쪽에 해당하는 위치가 대부분의 다른 장소에서 이야기하는 남쪽인 자남극과 다르다는 사실을 알아두어야 한다. 그러므로 지형도를 통해 거주 지역의 자기 편차가 어느 정도인지 확인하고 그에 맞게 위치를 조정해야 한다.

태양 각이 낮은 겨울에 동서 방향으로 놓인 3미터짜리 비닐하우스에서는 길이가 7.6미터에 달하는 그림자가 생긴다. 비닐하우스 높이가 3.7미터라면 그림자의 길이는 9미터로 늘어난다. 비닐하우스를 하나 세우면 두 번째 비닐하우스를 그만큼 거리를 두고 세워야 한다는 의미다. 예전에 나는 겨울철에 그늘이 질 것을 감안해서 이 여분의 면적에 비닐하우스 없이 여름작물을 재배하거나(양쪽에 서

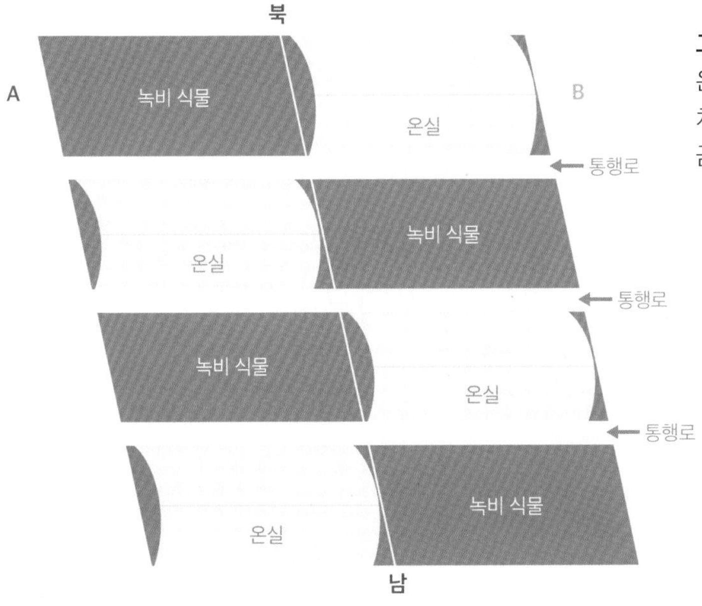

그림 26.1 작물이 그늘에 가리지 않고 온실이 방풍막으로 기능할 수 있도록 배치하는 방법. 통행로는 온실 높이보다 조금 더 넓어야 한다.

있는 비닐하우스가 바람을 막아준다는 이점이 있다) 태양 각이 높아지는 봄과 여름에만 임시로 온실을 세워서 농사를 지었다.

또 한 가지 해결 방안은 이동식 온실을 활용하고 온실 농사를 보충할 수 있는 윤작 계획을 수립하는 것이다. 이때 윤작이 실시되는 경작지가 서로 가까이에 붙어 있어야 편리하지만 겨울에 그늘이 지지 않는 거리를 유지해야 한다. 그림 26.1에 겨울철 윤작이 가능하도록 경작지 A와 B를 번갈아 배치하는 예시가 나와 있다.

겨울철에 기온 저하와 태양 각이 낮아지는 것과 더불어 고려해야 할 마지막 또 한 가지 요소가 있다. 바로 눈이다. 난방 시설이 갖추어진 온실에서는 눈보라가 치면 열을 공급하여 눈을 녹여 없애는 방식이 일반적으로 활용된다. 난방 시설이 없고 저온 환경에서 생산하는 시스템에서 나는 이와 다른 접근방식을 택한다. 비닐하우스 설계 시 지붕을 고딕 아치 형태로 하고 묵직한 파이프로 뼈대를 만든다. 이렇게 하면 구조적으로 더 튼튼해질 뿐만 아니라 지붕에 닿은 눈이 더 쉽게 아래로 흘러 내려간다. 그러나 지붕에서 흘러내린 눈이 다른 곳으로 가지는 않으므로 폭설이 내리면 지붕 양쪽에 계속 쌓여 햇빛을 막을 수 있다. 삽을 들고 나설 때는 주의해야 한다. 비닐하우스를 감싼 비닐을 삽으로 뚫기 십상이기 때문이다. 온실을 여러 곳 운영한다면 분사식 제설기를 활용하는 것이 좋다. 분사식 제설기를 이용하면 비닐하우스 벽면을 따라 쌓인 눈을 제거할 수 있으므로 일반 제설기에서 발생하는 역압 문제에서도 자유롭다.

참고 사항: 상업적인 목적의 겨울 농사에 관한 더 자세한 정보는 내가 쓴 다른 저서 『겨울 농사 안내서: 심층 유기농법과 난방 시설 없는 비닐하우스로 1년 내내 채소 생산하기 The Winter Harvest Handbook』에 나와 있다. 난방 시설이 없는 비닐하우스에서 이랑 덮개를 활용하는 방법, 비닐하우스에 열을 최소한으로만 공급해야 하는 이유, 각종 채소별 온도에 따른 생존력을 정리한 표, 작물별 파종 일정 등 광범위한 최신 정보가 담겨 있다.

27장

가축

농장에서 판매하는 상품을 다양화하여 잠재적인 상품 수를 늘리고 작물 경작지를 더욱 비옥하게 만들 수 있는 방법이 있다. 바로 생산 시스템에 가축을 포함시키는 것이다. 그러나 농장에 동물이 더해지면 관리해야 할 일이 크게 늘어나므로, 기본적인 채소 재배가 확고히 자리 잡기 전까지는 축산을 고려하지 말아야 한다. 그런 수준에 이른 다음에도 가축을 기르면 일하는 시간이 몇 시간이나 늘어나고 일꾼을 추가로 구해야 할 가능성도 있다는 점을 깊이 생각해봐야 한다.

그래도 기꺼이 감수하겠다는 판단이 선다면, 농장에 가축을 추가로 들이는 것을 안정성과 경제적인 자립성을 향상시키는 논리적인 단계로 삼을 수 있다. 가축은 작물 윤작 계획의 한 부분으로 키워도 되고 별도의 영역으로 분리해도 된다.

공짜 거름

많은 농업인들이 작물 윤작과는 별개로 가축을 키우고 시중에 판매되는 사료를 동물의 주식으로 공급해왔다. 수익을 내기 위해서가 아니라 거름을 무료로 얻기 위해 동물을 키우는 경우가 일반적이었다. 1864년에 나온 에드먼드 모리스Edmund Morris의 재미있는 책 『10 에이커면 충분하다Ten Acres Enough』에도 저자가 바로 그와 같은 목적으로 가축을 기르면서 쌓은 긍정적인 경험이 상세히 나와 있다. 예를 들어 농장에 외양간을 세울 만한 여유 공간이 있으면, 젖소가 낳은 송아지를 여러 마리 사고 구입한 건초와 곡물을 먹여 살을 찌운 다음 육우로 되파는 계획을 세울 수도 있다. 이처럼 농장의 부가적인 활동으로 가축을 키우면 수익이 생길 가능성은 별로 없다. 그 과정에 드는 비용과 나중에 동물을 팔아서 얻는 수익이 거의 동일하기 때문이다. 그러나 수익성을 계산할 때 거름을 구입할 필요가 없어지면서 절약한 돈과 농장에서 직접 나온 거름에서 얻을 수 있는 양적, 질적인 이익도 함께 고려해야 한다.

말

채소 재배에 다양한 거름을 비료로 사용해본 경험에 비추어 볼 때 소보다는 말을 키울 것을 권장한다. 특히 겨울에 대비해서 말을 기르는 것이 좋다. 여러 면에서 일이 한결 간소하기 때문이다. 무엇보다 겨울이 되면 채소 농사는 늘어지기 쉽고, 더 바쁘게 일하는 1년의 나머지 기간에도 말을 키우느라 처리해야 하는 일이 그리 많지는 않다. 두 번째로 말이 먹는 먹이나 생활할 공간 모두 짚을 제공하면 충분히 해결되고 배설물과 짚이 섞인 양질의 거름을 얻을 수 있다. 말을 키워서 얻는 수익이 크지 않아 들어간 비용과 거의 동일한 수준이라 하더라도, 전통적으로 일반적인 채소 작물의 경작지를 비옥하게 만드는 말 배설물과 깔짚이 섞인 거름을 공짜로 1년 치는 얻을 수 있다는 사실을 마지막 장점으로 들 수 있다. 섬유질이 풍부한 이 거름은 상업적인 원예 농사의 전 역사를 통틀어 늘 믿음직한 비료로 인정받았다.

축산 규모는 농장에 거름이 얼마나 필요한지 먼저 생각한 후 그에 맞게 정하면 된다. 매년 경작지의 절반에 해당하는 면적에 4천 제곱미터당 평균 18,145킬로그램의 거름을 뿌린다고 할 경우, 땅이 8천 제곱미터라면 18,145킬로그램의 거름이 필요하다. 말 한 마리가 1년 동안 생산하는 거름은(깔짚 포함) 13,610킬로그램이므로 거름 1킬로그램당 1/13,610마리의 말이 필요하다는 것을 알 수 있다. 6개월간 말을 기르면 거름 1킬로그램당 필요한 말의 숫자는 그 두 배인 1/6,805마리가 된다. 따라서 6개월 동안 18,145킬로그램의 거름을 얻기 위해서는 1/6,805 × 18,145 = 약 2.6마리의 말을 길러야 한다(3마리라고 보면 될 것이다). 말 세 마리를 데려다가 깔짚을 마련해주고 6개월간 기르면 최상급 채소 비료 20톤이 생긴다. 이렇게 얻은 거름을 식물 폐기물과 반반씩 섞어서 퇴비를 만들면 그야말로 무엇과도 비할 수 없는 퇴비가 된다.

거름 관리

그러나 감수해야 하는 문제가 있다. 우리가 고려하는 생산 규모를 기준으로, 거름을 퇴비로 만들어 밭에 뿌리려면 농부가 관리해야 하는 일이 꽤 늘어난다는 것이다. 마구간을 매일 청소하고, 퇴비 더미에 지속적으로 거름을 쌓아 옮기면 퇴비를 만드는 일까지는 어느 정도 해결이 된다. 하지만 그만한 양의 비료를 밭에 뿌리는 것은 훨씬 만만찮은 일이다. 나는 1년에 18,145킬로그램의 거름을 손으로 직접 뿌린다. 채소 농사를 시작한 후로 매년 이렇게 해왔다. 고된 노동임에는 이견이 없지만, 어지간한 사람이 감당 못할 일은 아닌 것도 분명하다. 대부분 어느 정도 시간을 들이면 완료할 수 있고, 다 지난 뒤에 떠올려보면 그다지 힘든 일이었다는 생각은 들지 않는다. 기계나 장비를 활용하면 18,145킬로그램이나 되는 거름을 더 수월하게 뿌릴 수 있다는 점에도 동의한다. 우리 농장에서도 경제적인 기반이 탄탄하게 잡혔을 때 전면에 삽이 달린 트랙터(프론트 로더) 한 대를 장만했고 확실히 일이 많이 수월해졌다.

축산과 농사의 순환

앞에서도 언급했듯이 동물의 거름을 활용하기 위해 축산을 시작한다면 나는 말을 택할 것이다. 그러나 다른 여러 가지 요소도 고려해본 결과, 나는 동물을 키워서 활용하는 첫 번째 방법, 즉 가축을 윤작에 포함시키는 것이 더 낫다는 결론에 도달했다. 그 이유는 아래와 같다.

- 신선한 달걀 같은 소소한 축산물은 소비자가 농장의 채소 농사에 관심을 갖고 꾸준히 상품을 구입하게 하도록 하는 귀중한 수단이 된다. 가축도 키우고 토양도 비옥하게 만드는 방법이 농가 소득에 직접적으로 기여하는 것이다.
- 다양한 콩과 식물과 목초를 재배하고 가축이 뜯어먹게 하면 토양을 가장 적합한 구조로 만들 수 있을 뿐만 아니라 거름이 더해지므로 토양에 유기물 공급 시 얻는 효과를 함께 획득할 수 있다.

좋은 소식은 콩과 식물과 목초를 먹여 키울 수 있으면서 필요하면 금방 팔 수 있고, 돌보기가 크게 까다롭지 않으면서도 거름을 충분히 생산하여 땅 곳곳에 흩뿌리는 단계까지 알아서 해결되는 가축이 있다는 것이다.

가금류

채소 농사를 보완하는 효과는 가금류를 윤작 중인 목초지에 풀어 놓고 키울 때 가장 크게 얻을 수 있다. 닭은 방목으로도 불리는 방식, 짧게 자란 목초지를 마음대로 돌아다닐 수 있도록 하면 잘 자란다. 다양한 경험을 토대로 할 때 동물이 필요로 하는 먹이의 최대 40퍼센트를 목초로 공급할 수 있다. 이 방법을 택할 경우, 윤작의 일환으로 재배한 목초와 콩과 식물을 가금류가 직접 뜯어 먹도록 하면 된다. 그러면 토질 개선을 위해 재배한 목초와 콩과 식물을 가축의 먹이로도 활용할 수 있으며 그 풀을 먹고 자란 동물이 밭에 거름을 공급한다.

닭 여러 마리가 함께 사용하도록 만들어진 롤아웃 방식의 산란 상자를 가까이에서 본 모습.

여러 연구를 통해 동물을 방목해서 키운 목초지는 풀을 베어내고 잘라낸 풀을 바닥에 그대로 두어 동물이 먹도록 한 목초지보다 작물 생산량이 더 높은 것으로 밝혀졌다. 동물의 배설물로 인해 토양에서 이루어지는 생물학적인 과정은 토양을 비옥하게 만드는 데 큰 공헌을 한다. 산란계의 경우 농장 외에서 구매한 사료를 추가로 공급하므로 방목할 때 땅이 비옥해지는 효과도 상당하다. 평균적으로 닭이 먹는 사료 성분 중 비료 기능을 할 수 있는 부분의 75퍼센트가 배설물의 형태로 땅에 공급된다. 가금류를 방목해서 키우려면 가장 먼저 이동식 축사가 필요하다.

칙쇼

방목해서 키울 가금류가 지낼 공간은 여러 가지 형태로 마련할 수 있다. 가축 방목은 1950년대 이전부터 활발히 활용되었고 그때부터 다양한 디자인의 축사가 등장했다.[1] 우리 농장은 1965년에 가금류를 방목해서 키우기 시작했다. 당시 우리는 그와 같은 초기 디자인을 변형해서 트랙터 없이도 옮길 수 있도록 더 작고 가벼운 축사를 제작했다. 축사를 더 수월하게 싣고 다닐 수 있도록 지름이 65센티미터인 수레용 바퀴도 달았다. 완성된 디자인에는 '칙쇼Chickshaw'라는 이름을 붙였다.

처음에 칙쇼는 목재로 만든 소형 축사였지만 이제는 상부 구조를 곡선 길이가 2.5센티미터인 금속 전기 도관을 앞서 소개한 '퀵 훕스'와 같은 방식으로 구부려서 만든다(24장 참고). 이렇게 만든 도관에 얇은 유리섬유나 잘 구부러지는 다른 불투명한 재료를 한 겹으로 씌우면 지붕이 완성된다. 하부 구조는 지름 3.5센티미터 철책의 상부 레일을 T자형 죔쇠로 연결해서 만든다. 그리고 바닥에는 2.5센티미터 굵기의 철망을 깔고 벽면은 1.25센티미터 굵기의 아연 도금된 철망으로 만든다. 나무로 만든 문을 경첩으로 하단에 연결하면 닭이 오가는 경사로 겸 사람이 내부에 접근하는 통로로 활용할 수 있다.

우리는 어린 가금류를 농장에 데려온 첫날부터 칙쇼에 둔다. 가로 1.5미터, 세로 1.8미터인 칙쇼는 한 대당 병아리를 최대 100마리까지 키우기에 충분하다. 포란 목적으로 칙쇼를 활용할 경우 철망으로 된 바닥에 신문지를 깔고 그 위에 톱밥을 깔아주면 된다. 우리는 전기 램프 두 개를 지붕에 달고 바닥과의 높이를 조정해서 내부 온도를 적정 수준으로 맞춘다.

벽면에는 아연 도금된 철망과 비닐을 함께 씌우면 내부를 더욱 따뜻하게 유지할 수 있다. 가금류 새끼를 키울 때 알아야 할 온도와 먹이에 관한 정보는 여러 책과 팸플릿, 가금류 공급업체가 제공하는 자료에서 확인할 수 있다. 날씨가 추울 때 가금류를 기를 경우 칙쇼를 창고에 두었다가 기온이 오르면 바깥에 둔다. 우리 농장에서는 매월 6월 1일에 병아리를 새로 들인다.

농장에 데리고 온 이튿날, 우리는 칙쇼 문을 열어 경사로를 만들고 풀이 짧게 자란 풀밭으로 갈 수 있도록 한다. 이때 풀밭은 옮길 수 있는 울타리를 이용하여 사방을 둘러놓는다. 성장 중인 가금류는 짧게 자란 풀과 되도록 일찍 접촉하도록

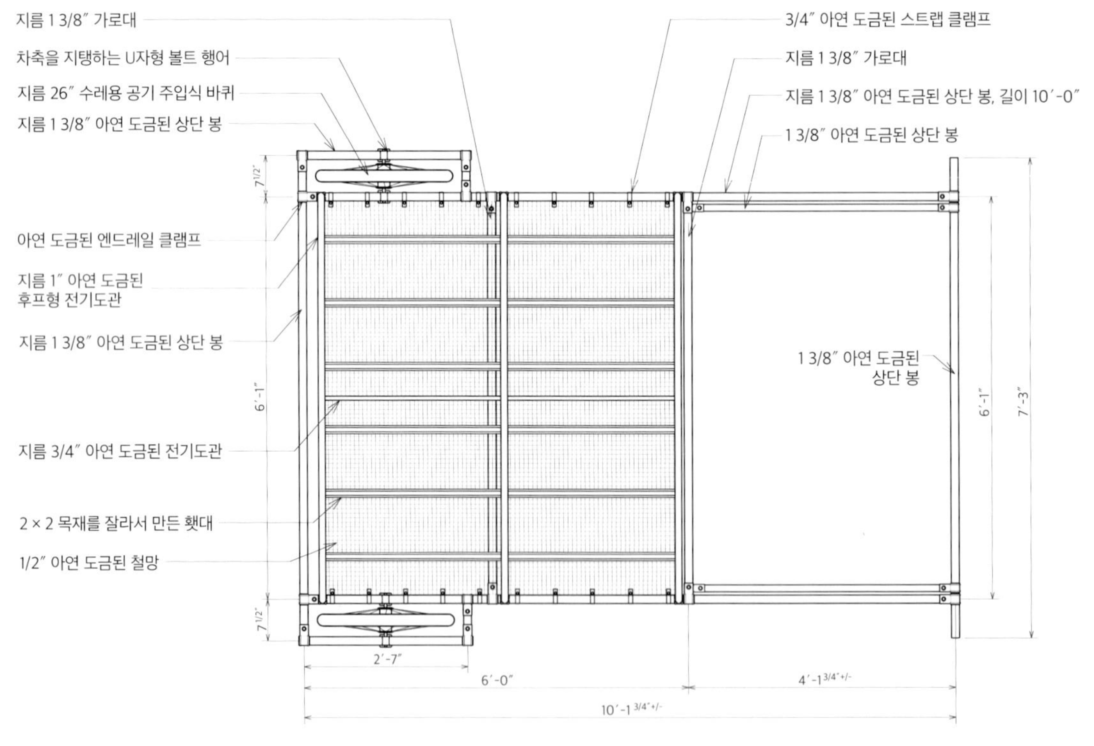

그림 27.1 칙쇼 도면.

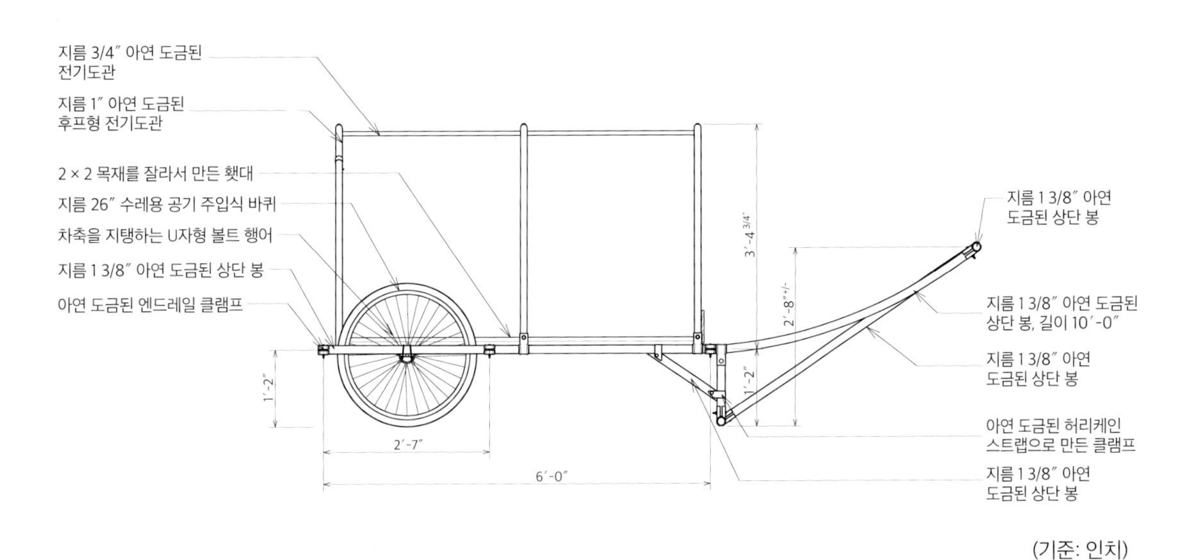

(기준: 인치)

그림 27.2 치쇼 측면도.

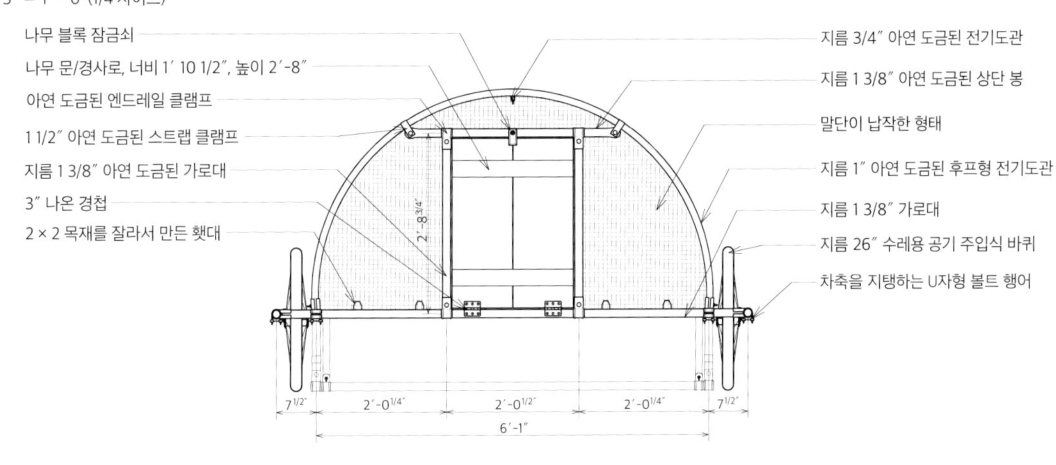

(기준: 인치)

그림 27.3 치쇼 정면도.

하는 것이 활력을 되찾는 최고의 방법이라고 생각한다. 춥다고 느끼면 병아리가 알아서 칙쇼 안으로 들어간다. 처음부터 칙쇼에서 병아리를 키우면 여러 가지 이점이 있다. 첫 번째는 병아리가 칙슈를 집으로 인식하므로 나중에 목초지에 풀어 놓아도 쉬고 싶을 때 칙쇼로 돌아온다는 것이다. 두 번째는 병아리가 풀과 조기에 접촉하는 중요한 기회를 줄 수 있다는 점이다. 병아리를 풀어 놓는 풀밭은 수년간 가금류가 방사된 적이 없는 깨끗한 장소여야 한다. 이렇게 말끔한 새 땅을 확실하게 준비해서 내어줄 수 있다는 것은 윤작 계획에 가금류를 포함시킴으로써 누릴 수 있는 혜택 중 하나다. 우리는 병아리가 생후 6주가 될 때까지 깨끗한 잡목이 자라는 보호된 장소로 칙쇼를 계속 옮긴다. 이 시기가 지나면 병아리가 칸막이에 구애받지 않고 자유롭게 돌아다닐 수 있도록 한다.[2] 그리고 영계가 산란계로 자라면 칙쇼를 추가해서 동물들이 머물 수 있는 공간도 늘린다.

방목해서 키우는 산란계용 칙쇼

산란계를 키울 칙쇼에는 여러 동물이 함께 사용하는 롤 아웃roll-out 방식의 산란 상자를 설치하고 목재로 만든 횃대를 철망을 깐 바닥 위에 고정시킨다. 그래야 야간에 배설물이 바닥에 쌓인다. 다 자란 산란계는 4월부터 11월까지 방목하고 이곳을 쉼터로 쓴다. 우리 농장에서는 200마리의 산란계를 총 4대의 칙쇼에서 키운다. 닭들은 야간에만 다른 동물의 공격을 받지 않도록 칙쇼 내부에 머문다. 칙쇼 한 대에 마련된 횃대의 면적은 50마리의 성계가 사용하기에 충분하다. 아침마다 칙쇼의 바닥을 아래에 있는 목초지까지 완전히 내리면 밤새 쌓인 배설물을 새로운 장소에 뿌릴 수 있다.

닭들을 목초지로 내보낸 후에는 다음과 같은 단순하지만 세밀한 관리 방식을 따라야 한다. 먼저 사료통에 남은 먹이를 밖에 뿌리고, 칙쇼의 문을 연 다음 위치를 조금 옮긴다. 그런 다음 사료통을 채우고 물통에 물이 얼마나 남았는지 확인 후 달걀이 있으면 수거한다. 우리 농장에서는 야외 방목용 사료 공급기와 호수와 연결된 자동 급수기를 사용한다. 이후에 낳은 달걀은 저녁에 수거한다.

각 칙쇼에 롤아웃 방식의 산란 상자가 설치된다.

칙쇼에 처음 들인 작은 병아리들이 짧게 자란 풀밭에 나온 모습.

후프쿱의 내부.

겨울철에 닭들이 배출한 거름이 뿌려진 곳에 옥수수가 자라는 모습.

후프쿱

11월부터 4월까지 겨울에 해당하는 기간에는 우리가 사는 지역의 기후 특성상 칙쇼를 활용할 수가 없다. 따라서 암탉은 파이프로 틀을 만들고 비닐을 씌운 가로 8미터, 세로 15미터 크기의 비닐하우스에서 지낸다. 우리는 노던 툴(Northern Tool) 사의 지름 25센티미터짜리 경질 고무 바퀴를 구입해서 비닐하우스를 지면과 5센티미터 높이로 띄워 둔다. 바퀴는 비닐하우스 각 면에 7개씩 설치한다. 이렇게 만든 닭장에는 '후프쿱The Hoop Coop'이라는 이름을 붙였다. 겨울철에는 풀과 콩과 식물이 자라는 총 97.5미터 규모의 목초지에 후프쿱을 세워놓고 매주 3미터씩 위치를 옮겨서 24제곱미터의 새로운 땅에 닭들을 풀어놓고 풀을 뜯도록 한다. 옮기기 전에는 고정해둔 쇠사슬을 풀고 위치를 옮긴 뒤 이동 경로로 미리 정해둔 길을 따라 단단히 고정시켜둔 T 포스트에 후프쿱의 각 모서리를 쇠사슬로 연결한다.

후프쿱에도 한쪽 면 끝에 횃대가 있다. 천장에 매달린 사료 통, 한쪽에 놓인 롤아웃 방식의 산란 박스 모두 비닐하우스의 위치를 옮길 때 함께 이동된다. 급수기는 열이 공급되는 바닥 위에 두었다가 직접 들어서 옮긴다. 비닐하우스에는 빛이 넘치게 들어오므로 따로 조명 장치를 설치하지 않아도 닭들은 겨울 내내 알을 잘 낳는다.

4월이 되고 후프쿱이 목초지 반대쪽 끝까지 이동하면 산란계를 전부 칙쇼로 옮겨 여름을 보낸다. 그 동안 비어 있는 후프쿱은 토마토, 멜론, 그 밖에 온도가 높을 때 잘 자라는 여름작물을 키우는 비닐하우스로 활용한다. 후프쿱이 이동한 길쭉한 땅(일주일에 3미터씩 27주간 이동하면 총 81미터)은 이미 거름이 넉넉히 뿌려진 상태이므로 경운 작업을 마친 뒤 옥수수와 자이언트 콜라비를 재배한다. 크기가 거의 축구공만한 자이언트 콜라비는 지하 저장고에 보관해두었다가 겨울철에 매일 열두어 개를 꺼내서 산란계 먹이로 공급한다. 반으로 잘라서 놓아두면 닭들이 열심히 쪼아 먹는 훌륭한 겨울철 먹이가 된다. 옥수수는 말려서 가루를 내어 닭 사료로 활용한다.

10월이 되고 후프쿱에 심었던 여름작물을 모두 수확하고 나면 다시 후프쿱을 출발지점에 옮겨놓고 바로 옆에 마련한 길쭉한 땅과 일렬로 나란히 이어지도록 이동 경로를 정한다. 10월 중순에는 처음 산란을 시작하기 직전의 영계들을 이 후프쿱으로 옮긴다. 그리고 앞서 설명한 과정을 다시 거친다. 늦가을이 되고 닭들이 완전히 자라 산란율이 최고조에 이르면 기존에 키우던 닭들은 식용으로 판매하거나 직접 닭을 키우려는 사람들에게 판매한다. 후프쿱의 장점은 아래와 같이 정리할 수 있다.

초기 비용이 적게 든다 후프쿱을 마련할 때 드는 비용은 여름철 비닐하우스로 활용하면서 일부 보상되므로 겨울철에 가장 적은 비용을 들여서 지을 수 있는 가금류 사육장이라 할 수 있다.

옮기기가 쉽다 소형 트랙터와 견인용 이음쇠만 있으면 큰 힘을 들이지 않고 옮길 수 있다. 수동 윈치로도 가능하다.

청결하다 배설물은 대부분 횃대 아래에 쌓인다. 후프쿱은 횃대가 맨 뒷면에서 3미터 떨어진 곳에 설치되므로 매주 후프쿱을 옮길 때 자동으로 땅에 떨어진다. 삽으로 배설물을 옮길 필요도 없다. 여름이 끝나고 다시 닭장으로 사용하기 전에는 고압 세척기로 내부를 청소한다. 이와 같은 이동식 닭장은 한곳에 오래 두지 않으므로 동물이 쉼터로 생활하는 공간 내에 병을 일으키는 원인균이나 기생충이 쌓이지 않는다.

28장

정보 자원

자연은 언어다. 우리가 새롭게 배우는 모든 사실은 새 단어와 같다. 하지만 전부 합쳐보면 그저 하나의 언어에 그치지 않고, 가장 의미 있고 보편적인 책의 꼴을 갖춘다. 나는 그 언어를 배우고 싶다. 새로운 명사와 동사들로 이루어진 언어가 아닌, 바로 그 언어로 이루어진 위대한 책을 읽고 싶다.

— 랄프 월도 에머슨Ralph Waldo Emerson

유기농법으로 농사를 지으면서 내가 발전해온 과정을 돌아보면 뚜렷한 패턴을 발견할 수 있다. 나는 돈을 주고 사야 하는 상품 대신 농장에서 만들어내는 생산

우리 농장에서 내가 서재로 쓰는 곳에 있는 책들.

시스템을 활용하는 쪽으로 의식적인 방향 전환을 꾀했다. 토질 개선과 뿌리가 땅 속 깊이 자라는 콩과 식물, 녹비 식물, 작물 윤작, 그리고 영양이 부족한 메마른 땅의 원인을 바로잡을 수 있는 관리 방법에 관한 여러 정보를 접할수록 촉진 성분이 포함된 비료를 구입해서 땅이 비옥하지 못해 발생한 증상을 해결해야 할 필요가 없었다.

마찬가지로 토양을 더 비옥하게 만들고 생물학적인 작용을 활성화시키고 무기질이 불균형 상태가 되지 않도록 하는 것, 물과 공기가 충분히 순환하고 적절한 식물 종을 골라 재배하는 것, 식물이 스트레스를 받지 않도록 하는 것과 같은 방법을 활용하면 식물이 해충 피해에 취약해지지 않도록 튼튼하게 키울 수 있다는 사실을 알게 되자 굳이 해충을 죽여서 증상을 해결해야 할 필요성도 사라졌다. 상품은 나타난 증상만 치료할 수 있었지만 정보는 원인을 바로잡을 수 있는 방법에 초점을 맞추도록 나를 이끌어주었다.

자연계의 생물학적인 특성을 더 깊이 알게 될수록 나는 자연계에서 이루어지는 현상을 그대로 모방한, 작물에 유익한 생태계를 어떻게 해야 조성할 수 있는지 알게 되었다. 우리 농장에 관해 이야기할 때, 나는 '생물학적으로' 계속 변화하고 있다는 표현을 즐겨 사용한다(이러한 농업 방식을 전반적으로 일컬을 때 나는 '유기농'보다 이 표현이 더 마음에 든다). 이 같은 변화를 피상적인 유기농업에서 심층적인 유기농업으로 바뀐 것이라고도 표현된다는 이야기도 들었다. 아마도 심층 생태운동에서 따온 표현이리라. 이름이야 어떻게 불리든 핵심은 동일하다. 내가 지속적으로 발전시키고 있는 농업 기술이기도 한 최상의 유기농업 시스템은 자연계에 존재하는 생물학적 시스템 중에서 채택하여 최대한 자연의 방식 그대로 실행 가능한 시스템이라는 것이다. 농장에서 나온 것을 투입하는 방식으로 우리가 달성하고자 하는 궁극적인 목적, 즉 따로 구입해서 투입하는 재료가 하나도 없는 수준에 이르려면 어느 정도의 시간이 더 걸릴지는 아직 알 수 없다. 내가 농사를 처음 시작한 땅의 포드졸토만 하더라도 내재된 한계가 있어 그 목표는 아주 흥미로운 도전이 된다. 하지만 이 일은 종교적인 탐구와는 다르다. 융통성 없는 원칙을 마음대로 만들어서 내 사업을 스스로 망칠 생각은 전혀 없다. 목표 달성을 위해 내가 끊임없이 노력하는 이유는 큰 성공을 얻을 수 있기 때문이다. 내가 찾은 방향으로 한 걸음 더 나아갈수록 농업 시스템이 한층 더 안정화되고 생산성도 높아진다는 사실을 확인했다. 바로 그 점이 마음에 든다. 유기농업이라 불리는 방식이 주류 농업에 가까이 다가갈수록 이와는 정반대의 경향이 나타나는 것, 돈을 주고 구입한 투입물의 규모가 줄어드는 것이 아니라 점점 늘어난다는 것도 알게 되었다. 이런 차이가 발생하는 이유는 그리 어렵지 않게 찾을 수 있다. 그 전에 먼저 몇 가지를 확실히 정의해야 한다.

농업의 기술과 사업, 그리고 과학

나는 내가 현재 하는 일을 농사짓는 '기술'이라고 정의한다. 나는 농부이고, 식품을 생산한다. 그리고 나는 경제적인 동시에 환경적으로 타당한 기술을 내 생산 시스템의 기반으로 삼으려고 한다. 무엇을 구입할 것인가에 대한 것보다는 어떻게 할 것인가에 초점을 맞춘다. 그것이 비용도 덜 들 뿐만 아니라 앞서 설명했듯이 더욱 성공적인 결과를 얻을 수 있기 때문이다. 그럼에도 유기농법으로 농사를 짓는 사람이라면 외적인 도움이나 격려가 없어도 정보를 투입하는 방식 그 자체에 순수하게 의존하여 생산 시스템을 구축해야만 한다. 그래야 하는 매우 타당한 이유가 있다.

농업이 하나의 '사업'이라는 것이 바로 그 이유다. 사업으로서 농업은 농부에게 특정 제품이 반드시 필요한 이유를 납득시켜 판매한다. 올해, 그 이듬해, 그 다음 해에도 그 상품을 팔아서 돈을 번다. 사업으로서의 농업은 농장 중심의 생산 시스템에 관심이 없다. 라지E. C. Large가 쓴 『균류의 발달The Advance of the Fungi』에 농부들이 이러한 사업적 압박에 얼마나 시달리는지 정확하게 묘사되어 있다.

> 출장을 다니는 영업사원들은 잠시도 가만히 있지 않는다. 낙농장 주변에서 농부들을 계속 쫓아다니고, 장이 열리는 날에는 농민들에게 빵과 치즈, 맥주를 뇌물처럼 접대한다. 그리고 농장에 찾아와 제품 시연을 하고 얼마나 유용한지를 이야기한다. 열의를 다해 장점만 늘어놓는 모습을 보면 지켜보는 사람이 민망해서 얼굴이 다 빨개질 정도다. 심지어 그러한 일종의 교육을 받았다는 이유로 농부들에게

돈을 지급하는 경우도 있다. 영업사원들은 자사제품이 무척 좋다고 이야기하면서 농부들의 입장을 고려해 저렴하게 판매한다고 강조한다.

이러한 유능한 영업사원은 결코 무시할 수 없는 압박을 가한다. 영업 능력이 탁월할수록 농부들은 권유받은 상품을 구입해서 사용하게 된다. 구입한 투입물에 의존하는 농부들은 잘 돌보고 가꾸기만 하면 똑같은 결과를 얻을 수 있는 자연적인 구성요소를 경시하게 된다. 결국 마약에 중독되는 것과 같은 일이 벌어진다. 어느 경제학자의 냉소적인 설명대로, 기업들은 자사의 멋진 상품을 두고 "10센트를 들여서 만든 다음 1달러를 받고 팔면 된다. 그럼 금방 다 써 버리지만, 습관은 남아있다"라고 이야기한다. 농업 상품들 다수가 바로 그와 매우 흡사한 기능을 한다. 실제로 경제학자들은 수년 전부터 화학적인 농업은 생산 시 투입되는 비용이 계속 늘어나 경제적인 실효성이 없으며, 이내 소규모 농민들을 내몰고 말 것이라고 이야기했다. 그 말이 사실이라면, 유기농업을 택한 농부들이 같은 결과가 초래되도록 내버려 두는 건 이치에 맞지 않는 일일 것이다.

내가 이토록 강조했으니 아마도 여러분은 세 번째 항목인 '농업과학'에서 유기농업에 관한 많은 정보를 얻을 수 있을 것이라 생각할지도 모른다. 농업을 관리하는 정부기관에서도 유기농업을 새롭게 인식하고 있는 만큼 유용한 정보도 쉽게 얻을 수 있어야 할 것이다. 하지만 안타깝게도 일부를 제외하면 현실은 그와 정반대다. 농업의 기술, 즉 우리 농부들이 매일 밭에서 하는 일이 실용적이라면 실험실이나 시험 재배가 이루어지는 곳에서 탄생하는 농업과학은 이론적이다.

유기농업에 필요한 지식을 찾아다니면서 나는 이론과 실제 사이의 간격이 얼마나 큰지 명확히 확인했다. 농업에 정보를 투입하는 일이 얼마나 중요한지 열성적으로 옹호하는 한 사람으로서 나는 출판된 자료는 모조리 면밀히 검토하고 가능한 한 많은 정보를 읽었다.

그러나 50여 년이 지난 지금, 내 경험에 비추어 내릴 수 있는 결론은 현재까지 이루어진 과학적인 연구는 대부분 내게 실질적으로 도움이 되지 않았다는 것이다. 이유는 간단하다. 과학이 추구하는 목표와 농부인 내가 추구하는 목표에는 너무나도 큰 차이가 있다. 심지어 같은 문제를 바라보는 경우에도 목표가 같지 않다. 농업과학은 문제가 일어나는 메커니즘을 파악하는 문제 지향적인 태도를 중시하지만 농업 기술은 실제로 적용할 수 있는 무언가를 찾고자 하는 해결 지향적인 태도로 접근한다. 최근에 내가 만난 어느 농업대학의 학장도 자신이 속한 대학은 옥수수를 재배하는 방법보다는 옥수수가 왜 자라는지에 초점을 둔다는 말로 이 점을 분명히 밝혔다.

여기서 짚고 넘어갈 것이 있다. 내가 어떤 현상이 왜 일어나는지에 관심이 없는 것은 아니라는 점이다. 나도 특정한 현상이 일어나는 메커니즘을 토대로 매일 농장에서 해야 할 일들을 계획한다. 하지만 그런 지식은 두 팔을 걷고 일을 하는 순간에는 도움이 되지 않는다. '왜냐하면' 의문에 대한 답을 찾으면 무엇을 해야 하는지 계획을 수립할 때는 도움이 될 수 있지만 그 해답이 어떤 일을 가장 효과적으로 처리할 수 있도록 도와주지는 않는다. 현시점에서 농업과학은 머릿속에 저장할 정보는 지나치게 많이 쏟아내면서도 활용할 수 있는 정보는 별로 내놓지 못한다. 내가 생각하는 실질적인 정보는 전부 다른 곳에서 얻었다.

이론적인 농업과학은 지난 세기 동안 화학적 농업에서 설 자리를 찾았다. 농업에 투입되는 화학물질, 그러한 물질의 개발과 시험 중 많은 부분이 실험실이라는 자원을 활용한 결과물이다. 농부들은 활용할 수 없는 자원이기도 하다. 또한 화학적인 농업은 기술적으로 복잡해서 과학자들이 그 내용을 해석하고 설명하는 중간자 역할을 맡아야 한다. 유기농업 시스템에서는 그런 일을 할 사람이 필요하지 않다. 어떻게 해야 자연적 생산 시스템이 이루어지는지 가장 잘 아는 사람은 바로 그 일을 매일 하는 사람, 농부 자신이기 때문이다. 아이러니하게도 농부들의 경험은 입증되지 않은 증거로 여겨지고, 따라서 농업과학의 일부로 볼 수 없다고 간주된다.

농부들이 실질적으로 활용할 수 있는 연구 결과는 1940년 이전부터 발표되었다. 그때는 복잡한 화학물질을 이용하면 모든 문제를 해결할 수 있다는 꿈같은 이야기가 지금처럼 확고히 뿌리를 내리지 않았다. 정확한 이유는 알 수 없지만, 당시 많은 대학들은 농장에 적용할 수 있는 방안을 찾기 위한 연구를 이어갔다. 나도 그 시절에 나온 유익한 자료를 찾을 수 있었지만 그 양은 한정적이었다. 옛날 방식을 똑같이 고수한다면 현대식 유기농업이 될 수 없다. 우리는 새로운 영역으로 나아가고 있다. 네덜란드에서는 농업 연구를 통해 현실적인 정보가 계속 발표되고 있고, 나는 그곳을 방문할 때마다 깊은 인상을 받는다. 네덜란드의 농부들은 재배 기술을 더욱 세밀하게 다듬을 수 있는 실질적인 데이터가 필요하다는 점을 성공적으로 전달해 왔다. 그렇게 얻는 데이터는 농업 규모와도 무관하고 생산 시스템과도 무관하다. 예를 들어 네덜란드에서는 온실에서 비프스테이크 토마토를 재배할 때 계절별로 각 송이를 어떻게 가지치기해야 하는가에 관한 세부적인 방법이 마련되어 있다. 이러한 작물별 기술 정보는 농사를 짓는 사람들이 필요성을 절감하는 내용이다. 나는 그런 정보를 직접 찾으면서 농사를 지어왔다.

정보 찾기

나의 정보습득 과정은 크게 두 가지다. 첫 번째는 내가 매일 직접 하는 경험이다. 배운 것들을 기록하면 정보의 가치도 더 올라간다. 두 번째는 다른 농부들이나 농

업 연구자들이 얻은 경험이다. 이 두 가지 정보원은 서로를 통해 생겨나므로 닭과 달걀의 관계와도 같다. 그러니 두 번째 정보원부터 살펴보자. 나는 미국은 물론 해외에서 농사를 짓는 농부들을 찾아가서 만날 기회를 누렸으니 참 운이 좋은 사람이다. 그 기회를 통해 정말 많은 것들을 배웠고, 내게 정보를 공유해준 모든 분들께 빚을 진 기분이 든다. 여러 농장을 찾아가서 살펴본 덕분에 나는 각 농장의 차이점과 유사점을 비교하고 분석할 수 있었다. 농장 주인은 서로 아는 사이가 아닌 이상 다른 농장에 가서 그렇게 할 수 없으니, 내 나름의 독특한 관점으로 그러한 분석이 이루어진다. 또 다른 농장을 방문할 때마다 이렇게 얻은 정보의 가치는 두 배, 세 배로 계속해서 늘어난다. 여러분도 다른 농장에 갈 일이 생기면 반드시 그 기회를 잡길 바란다.

하지만 이렇게 찾아다니며 정보를 얻는 것은 수박 겉핥기에 지나지 않는다. 모든 농장을 일일이 다 방문할 수도 없는 노릇이고, 설사 그것이 가능하다 해도 한 곳에 갈 때마다 얻은 새로운 아이디어를 더 확장시키거나 다듬고 싶을 것이다. 그래서 나는 한 달에 한 번은 우리 지역에 있는 주립대학교 도서관을 찾아간다. 도서관을 이용하는 것만으로도 내가 원하는 모든 정보를 얻을 수 있다. 도서관이 영 낯설게 느껴지는 사람들도 있을 것이다. 절대 그럴 필요가 없으니 겁먹지 말라는 말을 해주고 싶다. 도서관에서 정보를 제공하는 방식은 농장에서 식품을 공급하는 것과 같다. 즉 농부들과 마찬가지로 도서관 사서들도 전문가이고 자신이 가진 능력을 자랑스럽게 여긴다. 그러니 찾고 싶은 정보가 있으면 사서를 찾아서 물어보기만 하면 된다.

내가 이용하는 주립대학교 도서관까지 가려면 한 시간 반이 걸리지만 장서가 많고 정부가 무상 제공한 땅에 지어진 곳이라 농업에 관한 책도 많이 포함되어 있으므로 자주 찾아간다. 더 좋은 도서관이 있는 인접한 다른 지역에 살 때는 그곳을 이용했었다. 대학 도서관은 매일 상당히 긴 시간 개방하므로 아침 일찍 가서 밤늦게까지 책을 볼 수 있다. 컴퓨터로 검색해야 할 자료가 있어서 기술적인 도움을 받아야 하거나 찾고 싶은 책이 많아서 이것저것 물어볼 것들이 많을 때는 방학 기간이나 토요일 등, 되도록 학생들이 도서관 말고 다른 곳에 있을 확률이 높을 때 방문한다.

내가 만난 도서관 직원들은 거의 대부분 예의 바르고 큰 도움이 되었다. 나는 학생이 아니라서 보통 외부 대출자로 분류된다. 학교마다 차이는 있지만 일반 시민 이용자로 분류되어 도서관 서비스를 전부 이용할 수는 없다. 가끔 직원이 나 대신 일을 처리해줄 때도 있는데, 아무래도 내가 학생들보다 나이가 많다보니 교직원으로 생각해서 그러는 것 같다. 그렇게 생각하게끔 넥타이를 매고 코트 차림으로 도서관을 찾을 때도 있다. 때로는 그냥 어찌할 바를 몰라 가만히 서 있거나 부드럽게 씩 웃기만 해도 문제가 해결된다. 행정적인 이유로 요청에 거절의 답변이 돌아온 경우, 나는 교대시간이 지난 후 새로운 직원에게 다시 찾아가서 혹시라도 운 좋게 다른 대답을 들을 수 있는지 시도해본다. 그럼에도 실패한다면 우리 마을에 있는 작은 도서관으로 간다. 시간은 훨씬 더 오래 걸리지만, 그곳에 관심 있는 책이나 논문을 요청하면 거의 예외 없이 얻을 수 있다. 그러니 여러분도 도서관을 괜히 겁내지 말았으면 한다. 도서관은 어마어마하게 많은 정보와 그 정보를 찾을 수 있도록 여러분을 도와줄 사람들이 가득한 곳이다.

도서관에 가면 전 세계의 자료를 얻을 수 있고 이제는 그 정보의 양이 과거 어느 때보다도 방대하다. 나는 『솔리스Solis』나 『퍼틸라이저스Fertilizers』, 『호티컬처럴 어브스트랙츠Horticultural Abstracts』 등에 실린 논문 초록을 주로 공략한다. 리뷰가 실리는 이러한 학술지는 매달 세계에서 발표된 거의 모든 논문을 검토한 후 저자명과 제목, 출처와 함께 영어로 각 논문을 짤막하게 요약한 내용을 제공한다. 요약된 내용은 모두 주제별로 정리되어 있어서 검색하기도 쉽다. 어떤 주제를 선택해야 검색 범위를 좁혀서 찾고자 하는 정보를 얻을 수 있는지 정확히 파악하려면 도서관을 한두 번 정도 찾아가서 직접 해볼 필요는 있지만(매달 1천 건이 넘는 요약 자료가 나오므로) 금방 익숙해질 것이다. 이제는 이집트부터 우크라이나, 아르헨티나 학자들의 연구 결과도 확인할 수 있다. 네덜란드를 비롯해 동유럽 여러 국가들 같은 일부 국가에서 발표된 연구 결과는 특히 우리가 실제로 활용할 수 있는 정보인 경우가 많다.

유용한 논문을 찾았다면 맨 뒤에 나온 참고문헌 목록도 살펴보기 바란다. 해당 논문의 저자가 같은 주제로 실시된 이전 연구 자료들을 정리해둔 목록으로, 시간을 거슬러 훨씬 옛날에 밝혀졌지만 더 실용적인 결과나 완전히 새로운 접근 방식을 발견하는 계기가 될 때가 많다. 나는 저자가 신빙성이 없다고 언급한 오래된 아이디어가 내가 운영하는 생산 시스템에서는 더 개선된 모형으로 일컬어지는 아이디어보다 실용적이고 도움이 된다는 사실을 여러 번 깨달았다. 반대로 예전에 나온 논문부터 읽기 시작했다면, '과학기술논문 색인Science Citation Index'이라 불리는 훌륭한 기준을 토대로 현 시점까지 발표된 관련 자료를 온라인 검색할 수 있다. 예를 들어 1972년에 최초 발표된 논문을 하나 읽은 후 저자와 논문 제목을 '과학기술논문 색인'에서 검색하면, 1972년 이후로 해당 논문을 참고문헌에 포함시킨 논문 목록을 얻을 수 있다. 그렇게 동일한 주제, 또는 관련된 주제를 다룬 다른 논문들을 볼 수 있게 되는 것이다. 도서관에서 보내는 하루는 마치 농업 분야의 탐정이 되어 신나는 게임을 벌이는 것처럼 느껴지기도 한다.

오래전에 정보를 처음 수집하기 시작했을 때부터 수기로 남긴 기록들을 보유하고 있다. 카드식 카탈로그로 정리된 도서관 자료들을 장시간 찾아야 했던 시절도 생생하다. 이제는 훨씬 수월해졌다. 읽고 싶은 논문은 복사기로 전부 복사해서 집에 한 부 가져올 수 있고 컴퓨터로 검색하면 책이 꽂혀 있는 위치를 더 빠르게 찾을 수 있다. 특정 주제가 상호 참조된 자료도 마찬가지다. 심지어 도서관에 가지 않아도 인터넷으로 전 세계의 정보와 발표된 논문들을 확인할 수 있다. 그래서 이제는 주로 정해진 장소가 아닌 곳에서는 열람이 불가능한 학술지를 보기 위해 도서관을 방문한다.

도서관에는 감당하기 힘들다고 느낄 만큼 어마어마하게 많은 자료가 있으므로 찾으려는 정보의 범위를 가능한 한 좁히는 것이 좋다. 여러분도 금세 대강 훑는 것으로 괜찮은 자료를 집어낼 수 있게 될 것이다. 이 모든 노력은 명확한 정보보다는 새로운 영감, 새로운 가능성으로 돌아오는 경우가 많다. 나는 바로 그 점이 매우 귀중하다고 생각한다. 평균적으로 내가 훑어보는 자료 중에 흥미가 생기는 것은 20퍼센트 정도고 유용한 자료는 5퍼센트 정도다. 그리고 앞서 언급한 정보들처럼 진짜 귀중한 보석 같은 정보는 1퍼센트다. 이 정도면 검색이 충분히 즐겁고 보람도 느껴진다. 도서관에 한 번 다녀올 때마다 농장을 성공적으로 발전시킬 수 있는 기회도 더욱 늘어난다.

나의 경험

1965년 가을에 있었던 일이다. 나는 이듬해 여름부터 농사를 지어보기로 마음먹고, 농사와 관련된 책들을 찾아 잡히는 대로 모조리 읽었다. 하지만 읽을수록 머릿속에는 의문만 늘어났다. 그래서 농사일을 하는 친구들에게 밤낮없이 성가시게 물어보았지만 내가 궁금했던 부분은 도저히 해결이 안 되는 것 같아서 실망했다. 초보들이 전형적으로 겪는 증상이었다.

시간이 가고 다음 해 여름이 끝날 무렵, 내가 직접 다 겪어보고 나니 혼란은 싹 사라졌다. 궁금했던 문제가 다 해결되었기 때문이 아니라, 무엇을 물어봐야 하는지를 알게 되었기 때문이다. 답이 알아서 튀어나와 자연히 사라진 의문도 많았다. 그리고 새로운 의문도 많이 생겼다. 나는 얼른 다음 농사철에 시험해보고 그 궁금증을 해결해보고 싶었다.

밭에서 내가 경험하고 깨달은 것들이야말로 가장 귀중한 정보다. 나는 농사를 시작한 직후부터 실험해보는 습관이 생겼고 지금까지도 그 습관은 이어지고 있다. 항상 잘 된다는 뜻은 아니다. 오류가 생길 가능성도 분명히 존재한다. 전력을 다해 일해야 할 정도로 바쁠 때 무언가를 배우려고 시간을 더 내기란 결코 쉬운 일이 아니다. 농장 판매대에서 팔던 채소가 동이 났는데 다 자란 당근이나 양배추 등 진열장에 채워 넣어야 하는 채소가 마침 시험 재배지에서만 자라고 있어서 얼른 달려와 잠깐 둘러보고 수확해간 적도 여러 번 있었다. 내가 얻은 결과가 썩 번듯하지 않아 전문 학술지에 실을 수는 없다고 해서 개인적인 가치도 퇴색되지는 않는다. 유용한 정보가 아닌 경우에도 다음 해에 사소한 것이라도 개선할 수 있는 힌트가 담겨 있을 때가 많기 때문이다.

정보의 확장

정리하면 다른 농부들이 이야기해주는 경험과 내 땅에서 내가 매일 얻는 경험, 그리고 매달 도서관을 찾아가 책에서 찾은 아이디어가 나의 스승이다. 나 역시 내가 배운 것들을 기꺼이 공유하려고 노력한다. 내가 얻은 교훈도 대부분 직접적으로 또는 간접적으로 다른 사람들이 알려준 것이다. 농부들이 한자리에 모여서 정보를 공유하면, 각자 조금씩 다른 관점에서 겪은 일들을 이야기하므로 얻을 수 있는 정보는 배가 된다. 아이디어를 교환할 때 생기는 시너지는 엄청나다. 아이디어는 상호 교류를 거쳐 발전하고 성장한다. 내가 알고 싶은 문제의 답을 다른 누군가는 반드시 알고 있고, 반대의 경우도 마찬가지다. 우리가 해야 할 일은 개개인의 머릿속에 담긴 그 지식을 꺼내서 집단 지성을 발휘하는 것이다.

나는 바로 그러한 기회를 얻고자 하는 바람으로 몇 년 전 한 친구와 함께 버몬트에서 이틀간 컨퍼런스를 개최하고 북미대륙의 북동부 지역에서 농사를 짓는 뛰어난 농부들을 초대했다. 남쪽으로는 펜실베이니아와 뉴저지, 서쪽으로는 뉴욕, 북쪽으로는 퀘벡과 뉴브런즈윅까지 포함됐다. 네덜란드의 뛰어난 유기농 농부 두 분도 초청했다.

공식적인 컨퍼런스의 목적은 이 네덜란드 농부들에게 농사 방식을 상세히 전해 듣는다는 것이었다. 그리고 참가비를 받지 않는 대신 각 참석자는 자신의 농장에서 떠올린 가장 멋진 아이디어를 5분간 발표해야 한다는 조건을 제시했다. 이 발표는 별도로 마련된 세션에서 진행했다. 반응은 폭발적이었다. 걸출한 유기농 농부들이 방대한 지식을 쏟아냈다.

우리는 컨퍼런스 참석자로 50명 정도를 선정하면서 우리 농장과 아주 가까운 곳에서 농사를 짓는 사람들이나 경쟁자는 포함되지 않도록 주의했다. 농산물 직판장에 가면 바로 근처에서 같이 장사하는 사람들에게 자신만의 노하우를 밝히게 해서 서로 서먹해지지 않기를 바랐기 때문이다. 하지만 불필요한 배려였던 것 같다. 컨퍼런스가 시작되자 아이디어를 교환하는 것이 얼마나 유익한지 모두가 인식했을 뿐만 아니라, 모든 참가자가 솔직담백하게 의견을 내놓았다. 스스로 거둬 충분히 자랑스러워할 만한 성과가 있기에 가능한 일이었다. 다른 지역이나 다른 나라에서 이와 같은 자리가 생긴다면 분명 같은 일이 벌어지리라 확신한다.

나는 1974년 첫 여행을 시작으로 유럽의 유기농 농장들을 총 일곱 차례 방문했다. 시간이 흐르면서 세계 곳곳에서 농사를 짓는 뛰어난 농부들과 만나고 연락을 하면서 지내고 있다. 전 세계 유기농 농장에서 나온 정보 자원은 그야말로 놀라움 그 자체다.

유기농 농장을 발전시킬 수 있는 사업을 구상 중인 기관이 있다면, 꼭 제안하고 싶은 것이 있다. 우리처럼 세계 각 지역에서 농사짓는 사람들이 모일 수 있는 회의부터 연이어 개최하라는 것이다. 그 자리에 숙련된 유기농 농부들을 모으고, 애로사항이 무엇인지 묻는 것이 아니라 할 수 있는 것이 무엇인지 물어봐야 한다. 그러면 각자가 보유한 생물학적 농업 기술 혹은 기계적인 기술과 해결책, 혁신 방안을 얻을 수 있다. 작물별로 농사를 어떻게 지어야 하는지 매뉴얼이 될 만한 정보도 얻을 수 있다. 완성된 매뉴얼을 보면 그 완벽함에 다들 깜짝 놀랄 것이다. 현재 그러한 정보가 농민들 손에 없는 이유는 단 하나다. 정보를 수집하고 배포하려는 노력이 한 번도 이루어지지 않았기 때문이다. 하지만 정보는 분명히 존재한다.

유기농법으로 농사를 짓는 사람이라면, 외부에서 나온 부적절한 정보는 농장에서 나올 수 있는 정보들로 대체되어야 한다는 것을 반드시 인지해야 한다. 유기농법의 기술을 발전시킬 수 있는 기술적인 정보는 땅을 더 비옥하게 만드는 유기물이 그러하듯 농사를 짓는 농장 자체에서 나올 가능성이 훨씬 높다. 유기농 농부들이 함께 노력한다면 최상의 정보가 만들어질 것이다.

몇 가지 괜찮은 정보원

그로잉 포 마켓(Growing for Market)
소규모로 농사를 짓는 사람들이 필요로 하는 정보를 뉴스레터 형식으로 제공한다. 직접 농사를 짓는 사람들이 쓴 논문과 그 농부들에 관한 풍성한 정보를 얻을 수 있다.

대체농업 정보센터(Alternative Farming Systems Information Center, AFSIC)
지속 가능한 농업에 관한 의문을 해결하고 논문 사본을 얻을 수 있다. 전화나 서면으로 문의하면 무료로 얻을 수 있는 정보 목록과 참고문헌을 제공한다.

시골 지역의 적정기술 이전(Appropriate Technology Transfer for Rural Areas, ATTRA)
국립 적정기술 센터에서 운영하는 프로그램으로, 기술 전문가와 정보 전문가가 요청 시 맞춤형 검색을 실시한다. 또한 50여 종의 지속가능한 농업 관련 정보 패키지나 요약 정보, 자료 목록을 무료로 제공한다.

역주: 우리나라의 경우 농촌진흥청 홈페이지(http://www.rda.go.kr)에서 친환경 유기농업에 대한 다양한 정보를 제공하고 있다.

미래를 거부하다

유기농법의 역사를 보면 한 시대의 정설로 여겨지던 것에서 떨어져 나와 성공적으로 자리매김한 다른 아이디어의 역사와 비슷한 흐름을 보인다. 정설이라 일컬어지는 아이디어는 처음에 이 새로운 생각을 맹렬히 거부하다가 중요성을 최대한 깎아내리려고 한다. 그러다 결국에는 끌어들여 통합할 방법을 찾는다. 사업으로서의 농업, 그리고 농업과학은 서로 화폐를 맞교환하는 환전상과 같다. 그러나 자연의 기능을 대체하려고 고안된 제품을 만들고 판매하는 과학 단체나 기업은, 결국 자연은 대체할 필요가 없다는 사실을 깨닫게 된다. 아직도 산업적인 농업이라는 진창에 빠져 허우적대는 사람들에게 필요한 정보를 대신 찾아달라고 부탁하고 싶지는 않다. 영업 사원의 술책에 우리 농장의 생물학적인 미래를 맡기고 싶지도 않다. 유기농법에서 최고의 투입물은 모두 무료로 얻을 수 있으며 농사 시스템 전반과 주변 환경과의 관계 속에서 그 기능을 발휘한다.

화학적인 농업의 입지가 역사상 유례없이 좁아진 상황에서 농업의 사업과 과학 부문에 속한 리더들은 계속해서 그 길로 사람들을 이끈다. 유기농법으로 농사짓는 사람들이 그러한 방식으로 생산한 결과물을 판매하는 모습은 보고 싶지 않다. 유기농법이 엄청나게 다양한 '천연' 상품을 농사에 투입하는 방식에 의존하고, 결국 그 돈은 중간 상인의 주머니 속으로 들어가면서 농부들은 경매장으로 내몰리는 일이 일어나지 않았으면 좋겠다. 엉터리 약인지도 모르고 사보라는 권유에 넘어가기 쉬운 이유는 농장에서 나온 투입물은 그런 상품과 경쟁을 벌일 만큼 광고하지 않기 때문이다. 농장에서 생산된 투입물을 광고하는 사람은 바로 그것을 만든 당사자인 농부다. 그 농부들만이 아직 채 발견되지 않은 생물학적 농업 시스템의 잠재성을 잘 알고 있다.

우리가 지금까지 일군 성공은 모두 우리가 스스로 노력해서 얻은 것임을 잊지 말자. 아직 갈 길은 멀지만 불가능한 건 없다. 지금 할 수 있는 일, 또는 할 수 없는 것을 근거로 삼아 앞으로 유기농업이 나아갈 수 있는 한계를 정한다면 그건 큰 실수다. 지금 내가 이용하는 기술은 20년 전만 해도 꿈도 꾸지 못한 일이었다. 10년 전에는 해결이 안 되던 일들이 지금은 수월하게 이루어지고 있다. 그리고 5년 전보다 더 나은 결과를 얻고 있다. 이러한 발전은 내가 꾸준히 연구하면 우리 농장에 필요한 모든 것을 자연에서 얻을 수 있다고 믿었기에 이룬 결과다. 나는 무턱대고 아무 곳에서나 채소 농장을 세우지 않는다. 어떻게 해야 내 농사가 자연의 시스템과 통합될 수 있는지 연구해왔고, 지금도 계속 연구 중이다. 이 통합은 지속적으로 진행해야 할 숙제다.

29장

유기농업의 모험

아주 뛰어난 전문가들이 쓴 글에서는 토양의 건강과 식물, 동물의 건강, 그리고 사람의 건강은 하나라는 한 줄기 빛과 같은 진실을 거의 볼 수 없다. 기술을 숭배하느라 자연의 법칙을 이해할 시간은 턱없이 부족하고, 우리는 자연에 아무런 영향을 받지 않고는 살아갈 수 없음을 아는 겸손함도 갖추지 못한다.

— 월터 옐로리스 Dr. Walter Yellowlees

나는 유기농 농부가 되기 전에 암벽 등반이나 등산, 급류에서 카약 타기 같은 익스트림 스포츠에 심취했던 터라 농사도 일종의 모험처럼 느껴진다. 자연계의 새

우리 농장에서는 신선한 농산물을 일 년 내내 공급한다.

로운 부분, 바로 발밑에 있는 신비한 곳을 찾아가는 기분이 든다. 토양의 신비로움을 탐구하는 일은 고도가 높은 곳에서 엄습하는 추위나 직각으로 서 있는 암벽, 용솟음치듯 흘러가는 강과는 무관하지만 성취감과 만족감, 신나는 기분은 똑같이 느낄 수 있다. 원래 탐험가였던 덕분에 나는 50여 년 전 처음 농사에 흥미를 가질 때부터 탐험가가 지켜야 할 윤리를 그대로 따랐다.

그 윤리의 바탕에는 미니멀리즘과 자연계를 존중하는 마음, 그리고 독립성이 있다. 탐험가는 자연 세계의 경계를 최대한 있는 그대로, 손대지 않고 순수하게 경험하려고 하며 필요한 선택은 스스로 내린다. 암벽 등반을 하는 가장 이상적인 방법은 인공적으로 만들어진 것은 전부 피하고 불필요한 기술은 되도록 이용하지 않는 것, 그리고 다른 탐험가들과 최대한 친하게 지내고 주변 세상을 있는 그대로 받아들이는 것이다. 그 속에서 도전할 과제를 찾고, 성공적으로 해내고, 뒤따라오는 다른 탐험가들도 볼 수 있노록 때 묻지 않은 자연 상태 그대로 남겨둔다. 바람 사이로 내리쬐는 햇볕처럼 탐험가는 풍경 속을 지나간다. 우아하게 그 과정을 마치는 것이 목표이고, 성공하면 비로소 기쁨이 찾아온다.

20대 시절에 나는 '불가능'이라는 말을 정말 좋아했다. 그런 수식이 붙는 곳이야말로 내가 가봐야 할 곳이라고 느꼈다. 그래서 처음 농사를 지어볼까, 하는 생각이 들었을 때 바깥에서 도전 목표를 계속 만나게 된다는 점에 마음이 몹시 끌렸다. 마찬가지로 화학물질과 농약을 쓰지 않고는 농사가 불가능하다는 말을 수도 없이 들었을 때, 도전 정신이 확 깨어났다. 야생의 자연 속에서 모험을 즐기며 익숙해진 자연계와 조화를 이루는 방식으로, 인공적으로 만들어진 보조 수단 없이 식품을 생산해보고 싶다는 생각이 들었다. 탐험하는 탐험가의 정신으로 자연을 이해하며 가꾸면 올바른 길은 반드시 나타난다는 것, 그러면 농사도 우아하게 춤을 추듯이 이루어질 수 있을 것이라고 확신했다. 그리고 내가 모험에 심취해있던 시절에 경험한 순수한 즐거움, 프랑스의 위대한 등산가 리오넬 테레이Lionel Terray가 "불가능의 경계에 피어난 장미의 향을 맡는 기분"이라 표현한 그 즐거움은 이제 내가 일상의 본질이 되었다. 지금까지 농사를 지으면서 생긴 일들이 모두 그랬다.

이런 말들이 50년 전에 암벽을 타느라 아직 씨뿌리기조차 해보지 못한 20대청년이 떠올릴 법한 상상처럼 들린다면, 내가 말한 일들이 1960년대에 이루어졌다는 사실을 기억해야 한다. 환경 운동이 힘을 얻고 모두가 지구를 지키기 위한 이상주의적 생각에 열렬히 환호했다. 자연계를 사랑하는 나 같은 사람들에게 화학물질 없이 식품을 생산함으로써 환경을 보호하는 것은 탁월한 생각으로 여겨졌다. 그 시절에 듀퐁DuPont 사가 내건 슬로건은 '화학으로 더 나은 삶을'이었다. 화학물질에 인간이 자연스레 거부감을 느낀다는 사실을 잘 알고 있었기 때문이다. 농사를 지어본 경험이 없는 사람들도 어떻게 지구에 그토록 무지한 짓을 할 수 있는지 의아하게 생각했다. 『침묵의 봄』은 모두가 농약의 위험성을 깨닫는 계기가 되었다. 그러나 DDT나 화학업계를 옹호하면서 그 책을 쓴 레이첼 카슨Rachel Carson을 공격하던 사람들보다 더 놀라운 것은 농약이 사용된 역사였다. DDT가 등장하기 전까지 농업에 주로 사용된 농약은 비산납이라 불리던 물질로, 독성이 매우 강한 두 성분이 하나로 합쳐진 것이었다. DDT 같은 제품은 최종적으로는 분해가 될 수 있지만 납, 비소 같은 물질은 흙과 환경에 영원히 잔류한다. 우리는 사람들이 먹는 음식을 납과 비소를 뿌려가며 생산하는 농업을 지지하는 것만큼 양심 없는 행동은 없다고 느꼈다. 그래서 농사에 문외한인 우리도 그보다는 더 잘 해낼 수 있다고 생각했다.

탐험가들은 문제 해결 능력이 매우 뛰어나다. 수직으로 솟은 암벽에서 기어올라갈 길을 찾을 때나 목표로 정한 캠프까지 올라가려면 짐을 얼마나 챙겨야 하는지 정할 때 우리는 계획과 예측, 발생 가능한 문제를 파악해야 성공적으로 목표를 달성할 수 있음을 잘 알고 있다. 또한 어떤 문제를 해결하는 방법은 반드시 현실적이어야 하며 또 다른 문제를 일으키지 않아야 한다는 것도 알고 있다. 과도하게 밀어붙이거나 한번에 너무 많은 일을 해결하려고 한다면, 또는 욕심을 부리거나 서두르면 산 한가운데서 곤란한 상황을 맞이할 수 있다. 나는 이 원칙이 농사에도 그대로 적용된다는 것을 깨달았다. 하지만 탐험가는 어느 한 시점에 스스로의 안전을 위해 현명한 판단을 내려야 하지만 농부는 모든 면에서 조화로운 방안을 생각해야 한다는 차이가 있다. 즉 농부는 자기 자신은 물론, 음식을 먹는 사람들의 안전도 생각해서 현명한 선택을 해야 할 책임이 있다. 등산을 할 때 함께 도전하는 사람들의 안전을 생각해서 어떤 결정을 내릴 때도 그랬다. 굳이 말로 하지 않아도 탐험가들 사이에서 늘 존재했던 진실함이 유기농 농부가 되려면 반드시 갖추어야 하는 자질과 일치한다는 생각이 들었다. 그래서 나는 농사를 짓기 시작했다.

그 당시에 우리는 러다이트 운동을 벌이던 사람들 마냥 시작부터 현대식 농업 시스템을 비난했다. 과학자들, 판매자들은 격분하며 유기농업을 공격했다. 우리가 자신들이 '진실'이라 이야기하는 것에 감히 의문을 제기하고 판매에 악영향을 끼치는 것이 터무니없는 일이라고 화를 냈다. 화학업계, 미국 농무부, 나라에서 무상으로 제공한 땅에 설립된 대학들, 농업 연구원들, 심지어 종자와 비료를 파는 마을 상점의 판매원까지도 우리를 근거 없이 떠들어대니 욕먹을 만하다고 여겼다. 하지만 우리는 우리가 발을 들인 곳이 '이상한 나라의 앨리스'에나 나올 법한 이상한 나라라는 사실을 금방 깨달았다.

그 근거를 두 가지만 예로 들어보면, 우선 첫 번째로 오래전부터 농업 관련 문헌에서는 토양에 유기물이 얼마나 중요한지 열심히 이야기해왔지만 현대의 산업화된 농업에서는 토양 유기물을 생산성의 동력으로 여기는 것은 시대착오적인 생각이라고 보았다. 우연한 기회에 우리는 오래 전에 나온 전단지를 몇 가지 입수했는데, 이 자료를 통해 몬산토 Monsanto 사에서 1950년대에 1천 만 달러를 들여 '크릴륨 Krilium'이라는 제품을 개발했고 농업을 살리는 기적의 제품으로 홍보했다는 사실을 알게 되었다. 크릴륨은 '토양 첨가물'로 판매되었고 광고에서는 이 제품에 함유된 합성수지가 토양의 단립 구조 형성과 물 침투성을 강화하고 흙의 수분 저장 기능도 향상시킨다는 점을 강조했다. 그러나 크릴륨에 관한 연구 논문 중 한 편에는 다음과 같은 강한 지적이 담겨 있다. "사실상 이 제품은 토양의 유기물에서 나오는 천연 고무진과 수지를 대체하는 합성물이다." 다시 말해 산업적인 농업에서도 토양의 유기물이 얼마나 중요한지 너무나 잘 알고 있으며, 그것을 합성물질로 대체하여 팔고자 한다는 의미다. 두 번째 근거는 러트거스 대학교의 퍼민 베어 Firmin Bear 가 잘 계획된 윤작만으로도 농부가 할 수 있는 다른 모든 노력으로 얻을 수 있는 성과의 75퍼센트는 확보할 수 있다는 사실을 밝혔을 때 단일 경작이 윤작을 대체할 수 있다는 주장이 등장했다는 것이다. 정말이지 '이상한 나라의 앨리스' 그 자체였다. 하지만 밥 시거 Bob Seger 의 노래처럼 "우리는 젊고 강한" 자들이라 "바람에 맞서 달렸다." 우리는 그와 같은 마음가짐으로 '불가능한 것'을 가능하게 만들기 위한 준비를 시작했다. 그리고 처음부터 유기농업은 토양의 유기물과 토양의 생물학적인 활성, 성공적인 식품 생산의 연결고리로 봐야 한다는 점을 잊지 않았다.

대자연과 조화를 이루는 방식을 추구하면서 우리가 배운 첫 번째 교훈은 우리를 막을 수 있는 건 아무것도 없다는 사실이었다. 농사에 투입한 것들이 대부분 자연계에서 나온 것이고, 따라서 상품을 공급하는 일부 업체에 의해 우리가 들이는 노력이 인질처럼 붙들리는 일도 생길 수가 없었다. 땅을 비옥하게 유지하기 위한 관리 기법, 즉 윤작과 퇴비, 피복 작물, 가축이 풀을 뜯게 하는 것, 토양을 얕게 가는 것과 같은 방식은 자연에서 일어나는 일들을 촉진했다. 더불어 이러한 기법은 식물과 동물이 더 건강하게 자랄 수 있는 최적의 환경을 만들었고, 이는 사람의 건강으로 이어졌다. 야생 자연과 마찬가지로 자립적인 농업은 자립적인 사람들의 마음을 끌어당겼다. 하지만 1960년대에 유기농업에 뛰어든 우리가 이 모든 일을 할 수 있었던 이유는 화학물질은 틀렸다는 것을 증명할 필요가 없었기 때문이다. 그냥 우리가 옳다는 것만 증명해 보이면 되는 일이었다. 그리고 실제로 우리는 전통적인 방식, 자연에 맞는 기법으로 맛도 좋고 보기에도 멋진 작물을 키워내고 번성시키는 것으로 증명해냈다. "진실은 무시당했다고 해서 사라지지 않는다"는 올더스 헉슬리Aldous Huxley의 말은 당시의 상황을 완벽하게 나타낸다. 대중은 우리가 거둔 성과에 열광했고, 그렇게 유기농 시장이 탄생했다.

우리가 처음 농업이라는 야생 자연에 발을 들였을 때, 우리에게 훌륭한 가이드가 있었다는 사실은 참 운이 좋은 일이다. 우리는 유기농업의 기본적인 원리를 직접 마련할 필요가 없었다. 100년도 더 전에 우리보다 먼저 농사를 지은 현명한 사람들이 발전시킨 원리가 있었기 때문이다. 이들은 인간이 영양을 올바르게 공급받기 위해서는 생물학적으로 활성화된 비옥한 토양이 필요하다는 것을 알았고, 이를 토대로 유기농업의 기술과 과학을 발전시켰다. 유기농업은 불필요한 화학물질을 거부하는 농업이 아니라 비옥한 토양의 이점을 활용하는 농업으로 정의되어야 한다. 해충과 병해를 이겨내는 작물은 바로 그와 같이 충분한 영양을 품은 흙에서 작물을 키울 때 얻게 되는 결과다.

1965년에 우리가 유기농법으로 농사를 짓기로 결정한 것은 자연계의 지혜와 비옥한 토양에서 생산된 음식이 영양학적으로 가장 뛰어나다는 사실을 확고히 믿는나는 의미였다. 우수한 농업과 뛰어난 음식은 훌륭한 농부의 세심한 관리와 작물을 가꾸는 방식에 의해서만 좌우된다는 것을 우리는 본능적으로 알고 있었다. 나는 그 당시에 전임자들과 이야기를 나누거나 그들이 남긴 책을 읽고 배운 것들을 지금도 농사의 기준으로 삼고 있다.

첫째 작물의 영양학적 가치가 손상되지 않으려면 반드시 땅과 하나로 이어진 비옥한 토양에서 재배되어야 하며, 그 토양에서 이루어지는 자연적인 생물학적 활성을 통해 영양이 공급되어야 한다. 토양에서는 필수적인 과정이 수도 없이 일어나고 우리는 아직 그 기전을 알지 못하므로 다른 것으로 대체하고 싶다 한들 그럴 수 없다.

둘째 토양은 원칙적으로 농장에서 나온 유기물과 암석을 분쇄해서 나온 무기질 입자로 비옥하게 유지해야 한다. 농장 내에서 충분히 땅을 비옥하게 만들고 유지할 수 있는데 왜 굳이 산업적으로 생산된 오염 물질을 쓰려고 하는가?

셋째 생물학적 다양성을 향상시키기 위해 광범위한 윤작 계획을 수립하고 녹비 작물과 피복 작물을 반드시 포함시킨다. 농장 동식물의 다양성이 확대될수록 농업 시스템의 안정성도 높아진다.

넷째 해충을 없앤다는 생각보다 식물에 유익한 방향을 추구하는 철학이 핵심이다. 약해진 식물을 먹이로 삼는 해충을 없애 증상만 없애기보다는 해충이 발생하지 않는 최적의 재배 환경을 조성하여 식물이 튼튼하게 잘 자라도록 하여 문제의 원인을 없애는 쪽에 초점을 맞춘다. 오늘날 발표된 광범위한 과학적 근거를 보면 생물학적으로 활성화된 비옥한 토양에서 자라면 작물의 저항성이 발달한다는 사실을 알 수 있다.

다섯째 가축은 최대한 야외 목초지에서 키워야 한다. 혼합 농법을 택한 소형 농장에서 토양을 비옥하게 만들기 위해서는 가축과의 공생이 중요한 요소를 차지한다.

이 5가지 원칙의 궁극적인 목표는 작물과 가축에 내재된 생명력과 저항성을 끌어내어 원기 왕성하고 건강하게 자라도록 하는 것이다. 여기에 외부 투입물에 최소한으로 의존하고 독립성을 키우면 탐험가의 정신을 농업에 그대로 적용하게 된다.

나는 농사를 시작할 때부터 위와 같은 기준을 받아들였다. 미국 국립 유기농 프로그램이 발족했을 때 농무부에도 이 기준을 전달했다. 그러나 농무부는 방사선 조사와 유전자 변형 농산물, 하수 슬러지 비료 등을 허용 범위에 포함시키며 금세 본색을 드러냈다. 1980년에 농무부가 발행한 「유기농업 보고서와 권고 사항Report and Recommendations on Organic Agriculture」을 보면 농무부도 분명 위와 같은 기준을 모두 인지하고 있다. 해당 자료에는 유기농업의 원칙이 다음과 같이 명시되어 있다. "흙은 생명의 원천이다. 농업의 장기적인 미래를 위해서는 토양의 질과 균형이 반드시 지켜져야 한다. 식물과 동물, 그리고 인간의 건강은 생물학적으로 활성화된 균형 잡힌 토양에서 비롯된다."

100년이 넘은 유기농 운동은 의식 있는 농부들이 직접 시작했다. 판매하는 식품의 영양학적인 품질을 높이기 위해 더 신경 쓰고 애써야 한다고 강요한 사람은 아무도 없었다. 농부들은 그렇게 하는 것이 농업의 윤리라고 생각했기에 그런 노력을 기울였다. 하지만 이제 유기농 운동은 농부들의 손을 떠났다. 사회 비평가 에릭 호퍼Eric Hoffer의 말처럼, "대의가 운동이 되면 모두 비즈니스가 되고, 결국에는 부정한 돈벌이로 전락하고 만다." 오래전에 유기농법으로 농사를 지으며 작물의 품질과 완전성을 위해 헌신했던 농부들은 유기농 라벨이 붙은 제품이 인기와 신뢰를 얻게 만들었다. 그러나 '유기농'이 거대한 비즈니스가 되어 장사꾼들, 사업가들의 손으로 넘어간 뒤부터 그로 얻을 수 있는 이익이 강조되었고 유기농 운동을 시작한 농부들의 영향은 하찮은 취급을 받게 되었다.

오늘날 유기농업이 거두고 있는 성공은 이 모험의 시작에 불과하다. 앞으로 다가올 10년 동안 진정한 유기농법이 식물과 인류의 건강, 그리고 지구 전체의 건강에 관해 가르쳐줄 이야기들은 아마 모두를 깜짝 놀라게 할 것이다. 토양 미생물군에 관한 연구로 진짜 생물학적 농업이 무엇인지 보여주는 새로운 장이 펼쳐지고 있다. 토양을 중시하는 전통적인 생물학적 농업이 오랜 세월 인류를 먹여 살렸다. 이러한 방식의 농업이 제대로만 이루어지면 작물도 가축도 해충의 피해 없이 잘 자란다는 사실이 밝혀진다면, 농업과학은 완전히 새로운 세계로 진입할 것이다. 자연이 만든 시스템을 강화하여 식물과 동물(그리고 더 나아가 사람까지)의 건강을 지킨다는 개념은 유기농업의 철학에 어떤 힘이 담겨 있는지 보여주고, 이는 생물계에 관한 인류의 생각이 전면적으로 재구성되는 계기가 될 수 있다. 그렇게 되려면 유기농업의 전통적인 의미와 원칙이 결코 희석되지 않아야 한다.

유기농 농부들이 지금까지 거둔 성과는 유기농업의 바탕이 된 생각들이 인간과 지구의 관계를 어떻게 바꾸어놓을 수 있는지 보여주었지만, 이제부터가 시작이다. 100여 년간 유기농이라는 자연을 탐험하며 쌓인 지식이 그대로 보존되어 앞으로도 올바른 길을 따라 모험이 계속되기를 희망한다.

30장

맺음말

> 현대의 발명품들이 기적 같은 성공을 이루고 우리의 생각은 물론 일상생활에도 깊은 영향을 발휘하면서 마지막 수수께끼, 즉 인간의 존재는 땅에서 비롯되며 이는 인간의 독창성으로도 절대 해결할 수 없는 사실이라는 것도 인정하기 힘든 일이 되었다. 이로 인해 인간이 자연의 섭리를 이루는 요소들을 알아서 대체할 수 있다는, 거대하고 방대한 착각이 생겨날 수 있다.
>
> — 페어필드 오스본 Fairfield Osborn, 『약탈당한 행성 Our Plundered Planet』

이 일에 간단한 해결책이나 지름길은 없다. 만병통치약 같은 것도 없다. 그러나 논리적인 답은 있다. 자립 가능한 생산 기술은 환경적, 경제적인 현실에 대처할 수 있다. 이러한 생산 기술 중에는 새로운 사고방식을 요하는 것도 있고 낡은 아이디어를 되살린 것도 있다. 좀 더 면밀히 들여다보면 낡았다고 치부되는 이러한 방식들은 쓸모가 없어진 것이 아니라, 과학이 간단한 해결 방법을 제공해주리라는 환상이 농업계를 지배했던 시기에 밀려나 폐기된 것임을 알 수 있다.

생물학적인 농업의 생산 기술은 자연의 기본적인 기능을 촉진하고 강화한다. 오래된 농경 방식과 새로운 재배 방식을 광범위하게 펼쳐 놓고 경제적 실효성이 있는 생산 시스템으로 만든 결과가 그러한 생물학적 농업 기술이다. 합리적이고 과학적인 기반을 토대로 발달한 결과물이며, 그저 옛 방식으로 되돌아가려는 시도가 아니다. 이러한 농업 시스템은 여러 가지 식물 재배 방식과 토양 관리 방식이 한데 엮여 있으므로 올바르게 실행하면 화학물질을 이용해 식품을 생산하는 기술보다 더 어려울 이유가 없다(생각은 더 많이 하게 될 것이다).

이 책에 담은 정보는 최대한 최신 자료로 제시하였으나 이 또한 변화할 것이다. 새로운 기술을 익히고 나면 적용 방식도 바뀔 것이고, 내가 직접 한두 가지 방

겨울철에 땔감으로 열을 공급하면 품질이 우수한 겨울 샐러드용 채소를 키울 수 있다.

법을 고안할 수도 있다. 분명한 것은 이 책에 소개한 방법들은 권고한 내용대로 따르면 잘못될 일이 없다고 자신할 수 있을 만큼 직접 오랫동안 활용해왔다는 점이다. 그럼에도 부분부분 바꾸고 싶다고 느낄 수도 있다. 여러분 개개인이 처한 특정한 환경에 맞추기 위해서, 혹은 그저 시키는 대로 단조롭게 따라하고 싶지 않다는 이유 때문일 수도 있다. 우리는 우리보다 먼저 농사를 짓고 연구를 해 문제를 해결하거나 이어서 해결할 수 있도록 단서를 남겨준 분들께 큰 빚을 지고 있다. 이 게임에 전문가나 올바른 방법만 모아 놓은 저장고 같은 건 없다. 그저 같이 배우고 연구하는 동료들만 있을 뿐이다. 발전을 위한 모든 정보는 어딘가에서 우리에게 발견되기만을 기다리고 있다.

새로 알게 된 지식을 현재 운영 중인 생산 시스템에 어떻게 접목시켜야 생산적으로 활용할 수 있을지 아는 것은 농부에게 정말 유익한 능력이다. 경험이나 근거를 통해 잘못된 방식임을 인지했다면 주저 없이 폐기해야 한다. 하지만 그런 판단은 어떻게 내릴 수 있을까? 살짝 바꾸면 되는지, 아니면 전면적인 변화가 필요한지는 어떤 기준으로 판단할 수 있을까? 분석 마지막 단계에 이르면 오랜 세월 지속 가능한 생산 기술이야말로 믿고 의지할 수 있다는 사실을 알게 된다. 침식과 오염, 환경 파괴, 자원 낭비를 일으키지 않아야 한다는 조건도 지켜져야 한다. 합리적인 식품 생산 시스템이라면 토양과 공기, 물로 이루어진 생물권과 그 속에서 살아가는 생물, 그리고 그곳에 의지하는 인류의 건강을 지키는 데 중점을 두어야 한다.

부록 A

작물별 정보

나는 오래 전부터 유용한 지식과 사람들이 선호하는 기술에 관한 자투리 정보를 많이 수집했다. 이런 간단한 정보들은 대부분 기본적인 지식이라기보다 어떻게 하면 조금 더 나은 결과를 얻을 수 있는지 시도해본 경험에서 얻은 결실이라 할 수 있다. 이 같은 정보들은 알려지지 않는 경우가 많다. 아래에 작물별로 정리한 내용은 내가 즐겨 활용하는 방법들로, 현 시점까지 가장 괜찮은 방법이라고 생각하는 것들을 모은 것이다.

감자

감자 농사로 수익을 가장 크게 올리는 방법은 주요 작물로 키우는 것이 아니라 갓 열린 어린 감자를 아주 이른 시기에 수확하는 것이다. '샬롯Charlotte', '저먼 핑거링German Fingerling', '로즈 골드Rose Gold'처럼 노란색 품종은 특히 그와 같은 방법이 유리하다. 고급 식재료를 찾는 소비자들로부터 상당한 수익을 올릴 수 있을 뿐만 아니라 수확이 끝난 땅에 다른 채소나 녹비 작물을 연이어 재배할 수 있다.

나는 폭 75센티미터인 이랑 중앙에 품종과 얻고 싶은 크기에 따라 2~30센티미터 간격으로 감자를 심는다. 감자의 경우 윤작 순서와 토양을 비옥하게 만드는 일에 더 각별히 신경을 쓰는 편이다. pH가 낮은 환경에서 키우지 않고, 붉은곰팡이병의 예방을 위해 감자가 잘 자랄 수 있는 최상의 환경을 조성하는 동시에 윤작 순서가 곰팡이 발생을 억제하는 작물보다 앞에 오도록 계획한다. 내가 농사를 짓는 지역에서 가장 파괴력이 큰 해충은 콜로라도 감자잎벌레*Leptinotarsa decemlineata*다. 1987년까지 내가 유일하게 해결 방법을 찾지 못했던 해충 문제가 바로 이 잎벌레였다. 그 해에 우리 농장에서는 감자가 어떤 스트레스를 받는지 찾고 어떤 재배 환경이 그 스트레스를 낮추는 데 도움이 될 수 있는지 알아보기 위한 시험 재배를 시작했다. 그 결과 감자 싹이 돋아난 직후에 짚이 다량 섞인 뿌리덮개를 두툼하게 덮어주면 콜로라도 감자잎벌레 문제가 90퍼센트 이상 줄어든다는 사실을 알게 되었다. 토양 온도가 너무 높고 습도가 급격히 변화하는 것이 감자의 주된 스트레스 요인으로 보이며, 두 가지 모두 뿌리덮개를 이용하면 최소화할 수 있다. 여러 편의 학술 논문에서 우리의 결론과 일치하는 내용을 확인할 수 있다. 끌쟁기로 감자 재배지를 갈아서 경토층을 부수고 뿌리가 깊숙이 뻗을 수 있도록 공기가 잘 통하는 환경을 만드는 것도 도움이 된다. 나는 지금도 더 완벽한 생산 시스템을 만들기 위해 연구 중이다. 더불어 감자를 심기 전 가을에 뿌리덮개 역할을 해줄 피복작물을 밀도 높게 재배한 뒤 해당 작물의 잔여물 사이에 감자를 심는다.

감자 수확 시 보행 트랙터에 결합할 수 있는 한줄 수확기를 활용할 수 있다. 감자를 다량으로 재배하는 경우 충분히 두사할 만한 설비다. 흠집과 멍든 부분이

'샬롯' 감자.

'레드 에이스(Red Ace)' 피망.

가라앉으려면 수확 후 2주 간 10℃로 보관하는 것이 가장 좋다. 이 기간이 끝나면 4~7℃, 습도 90퍼센트인 곳에 두면 형태가 온전하게 유지된다. 보관 온도가 3℃ 아래로 내려가면 전분 성분 중 일부가 당으로 바뀌면서 부적절하게 단맛이 나기 쉽다. 너무 서늘한 곳에 보관한 경우, 성분 재조정이 이루어질 수 있도록 21℃에 2주 정도 두었다가 사용한다.

고추

따뜻한 날씨에서 잘 자라는 고추는 기후 조건에 공들인 만큼 돌려주는 작물 중 하나다. 부유 덮개, 비닐 재질의 뿌리덮개, 비닐하우스 모두 고추 재배에 도움이 된다. 나는 온실과 온실 사이 공간에 형성되는 따뜻한 미세 기후를 활용하여 고추와 멜론, 셀러리를 윤작해왔다.

나는 고추를 먼저 미니 블록에 심고 22℃로 보관한다. 이른 시기에 옮겨 심을 수 있는 최상의 모종을 얻기 위해 그 다음 5센티미터 흙 블록과 15센티미터 흙 블록에 차례로 옮겨 심는다. 야간 기온은 최소 17℃가 유지되도록 한다. 열매가 자리를 잡기 전에 흙 블록을 밭에 옮겨 심고, 가장 낮은 위치에 핀 꽃은 제거한다. 이렇게 작물이 성장 초기에 받는 압박을 줄이면 나중에 생산성이 훨씬 더 크게 늘어난다. 닭 배설물로 만든 거름 등 질소 함량이 높은 토질 개량물질은 피하는 것이 좋다. 흙에 질소가 너무 많이 포함되어 있으면 열매보다 잎이 더 많이 생긴다.

수확한 고추는 10℃, 습도 90~95퍼센트인 곳에 보관해야 한다. 더운 날씨에서 열리는 열매라 보관 온도가 7℃ 이하로 내려가면 세균성 부패가 진행된다.

근대

근대는 비트와 식물학적으로 가까운 종이므로 재배 조건도 비슷하다. 나는 4센티미터 크기의 흙 블록에 씨앗을 심은 후 블록마다 모종 하나만 남도록 솎아낸다. 그런 다음 여러 번 수확할 경우 폭 75센티미터인 이랑 세 곳에 30센티미터 간격으로, 식물을 통째로 한 번 수확할 경우 폭 30센티미터인 이랑에 15센티미터 간격으로 옮겨 심는다. 먹을 때 느끼는 품질은 후자가 더 우수하다고 생각하지만, 잎이 큼직하고 중심을 이루는 줄기가 뚜렷하게 나타나는 근대가 잘 팔리는 곳이라면 전자와 같은 방식으로 재배해야 한다. 잎채소는 다 마찬가지지만 근대도 저장하기가 쉽지 않다. 수확 직후 온도를 떨어뜨리고 최대한 습도가 유지되도록 해야 한다.

당근

오래 전부터 나는 소비자들이 유기농법으로 재배된 당근에서만 느낄 수 있는 최상의 맛을 다른 어떤 채소보다도 쉽게 구분한다는 사실을 깨달았다. 그리 놀라운 일도 아닌 것이, 일반적으로 판매되는 당근에는 석유를 증류해서 얻은 물질이 제초제로 사용되기 때문에 당근에서도 그런 맛이 나기 십상이다. 여러 연구를 통해 당근은 토양의 잔류농약을 흡수하며 조직에 그 물질이 축적되는 것으로 밝혀졌다. 품질을 중시하는 농부라면 연작으로 우수한 당근을 생산해서 최대한 오래 신선한 상태로 판매할 수 있다.

재배할 품종은 맛을 중심으로 선택해야 한다. 우리 농장에서는 1월 초를 시작으로 난방 시설이 없는 비닐하우스에 리크를 심었던 자리 등의 빈 땅이 생기자마자 가장 일찍 수확할 당근을 심는다. 늦게 심는 당근도 난방 시설이 없는 비닐하우스에 심을 수 있으며 이랑을 덮는 부유 덮개를 활용하면 겨울 내내 어린 당근을 수확할 수 있다. 이렇게 키운 당근만큼 달콤하고 연한 당근은 없다.

신선 농산물로 판매할 당근은 폭이 75센티미터인 이랑 12곳에 4줄 또는 6줄 파종기를 활용하여 심는다. 우리 농장에서는 온실이나 야외 환경에서나 당근은 동일한 간격으로 심는다. 저장용 당근의 경우 이랑 4줄에 심는데, 이 때 2.5센티미터 간격을 유지하려고 노력한다. 어떤 파종기를 사용하느냐에 따라 과립 종자나 나출 종자 중 하나를 선택하면 된다. 과립 종자를 선택하는 경우, 파종 전에 발아 시험을 해보는 것이 좋다. 실제로 실망스러운 결과를 얻을 수도 있다. 당근이 안정적으로 발아하려면 파종 시점부터 싹이 나타날 때까지 계속해서 토양의 습도가 적절히 유지되어야 한다. 곧은 뿌리 작물의 일종인 당근은 믿을 수 있는 옮겨

심기 방법을 아직 찾지 못해서 늘 씨앗을 직접 파종하여 재배한다.

잡초가 무성한 곳에는 당근을 심지 말아야 한다. 이랑 내에서 잡초가 생기면 감당하기 힘든 수준에 이르고 만다. 우리 농장에서는 잡초가 없는 깨끗한 곳에 먼저 헛묘상을 마련하고 파종 후 6일이 지나면 화염 제초를 실시한다. 가을에는 저장용 당근이 다 자랐을 때 호미로 주변의 흙을 파서 당근 꼭지 높이로 쌓아두면 수확 전에 녹색으로 변하거나 어는 현상을 보다 확실하게 막을 수 있다. 수확할 때는 쟁쇠를 이용하여 흙이 헐거워지도록 하면 쉽게 잡아 당겨서 뽑을 수 있다. 우리 농장에서는 수분 손실을 막기 위해 수확한 당근의 맨 윗부분 잎을 절반 정도 잘라낸 다음 여러 개를 뭉쳐서 한 묶음을 만든다. 이렇게 묶음 단위로 정리한 당근은 수분이 유지되는 서늘한 곳에 두어야 시들지 않는다. 겨울에 수확한 어린 당근은 갓 수확한 채소라는 것을 확인할 수 있도록 꼭지에 달린 잎을 4센티미터 정도 남겨둔다.

연하게 잘 익은 당근.

수확한 당근은 0℃, 상대습도 95퍼센트인 곳에 보관한다. 다 자란 우수한 품질의 당근은 좋은 상태가 6개월까지 유지된다. 단, 사과나 배, 토마토, 멜론, 그 밖에 저장 공간에 에틸렌 기체를 방출하는 과일, 채소와 함께 보관하면 당근에서 쓴맛이 날 수 있다.

마늘

마늘은 봄보다 가을에 심는 품종이 더 우수하다. 가을에 심는 마늘은 10월 중순에 파종하면 겨울을 난 뒤 여름에 완전히 자란다. 그러므로 마늘을 수확한 다음 녹비 작물이나 연작할 작물을 심으면 된다. 내가 지금까지 경험한 것을 토대로 할 때, 마늘은 토양의 유형에 따라 품종별로 제각기 다른 영향을 받는다. 마늘을 처음 재배할 경우 구할 수 있는 품종을 여러 가지 시도해보고 농사짓는 땅에 가장 잘 맞는 종류로 선택하는 것이 좋다. 그런 다음 매년 수확한 마늘 가운데 알이 굵은 것을 남겨두었다가 다시 심는다. 마늘은 수확 후에 충분한 숙성과 건조 과정이 필요하다. 보관 조건은 0℃, 습도는 65퍼센트로 유지되어야 한다.

멜론

멜론도 따뜻한 곳에서 재배해야 하는 작물이다. 오이보다도 기온이 더 높아야 한다. 야외에서 재배할 때 흙의 온도가 올라가도록 뿌리덮개나 이랑 덮개, 방풍벽을 활용하거나 사방이 둘러싸인 곳을 선택하면 그 노력이 우수한 품질로 돌아온다. '퀵 훕스'에 이랑 덮개를 씌우면 멜론을 재배하기에 꼭 알맞은 환경이 된다. 단, 식물의 수분이 진행되는 시기에는 덮개를 제거해야 한다. 토양 조건은 오이와 동일

마늘을 심는 모습.

'골드스타' 멜론.

하다. 흙이 비옥할수록 멜론의 품질도 우수하다. 멜론 재배에는 온도가 빨리 올라가는 모래흙이 활용되는 경우가 많다. 이 경우 유기물을 추가로 공급하면 모래흙의 수분 보유력을 높이는 데 도움이 된다.

머스크멜론은 과일과 붙은 줄기가 쉽게 분리될 때 수확해야 최상의 맛을 즐길 수 있다. 그러나 유럽산 샤랑테Charentais 품종은 줄기와 과일이 완전히 분리되기 전에 수확해야 맛이 가장 좋은 종류가 많다. 수확한 멜론은 4℃의 습도가 높은 곳에 보관해야 하며 저장 기간이 짧다.

무

잘 자란 무는 훌륭한 샐러드 채소로 활용할 수 있다. 무가 가진 잠재력이 모두 발현되도록 하려면 매우 비옥한 땅에서 단기간에 재배해야 한다. 서늘한 경사면에서 키우는 것도 도움이 된다. 나는 늦가을이나 초봄에 아직 온도가 오르지 않은 땅에서 비닐하우스나 이동식 온실을 활용하여 재배하는 방식을 선호한다.

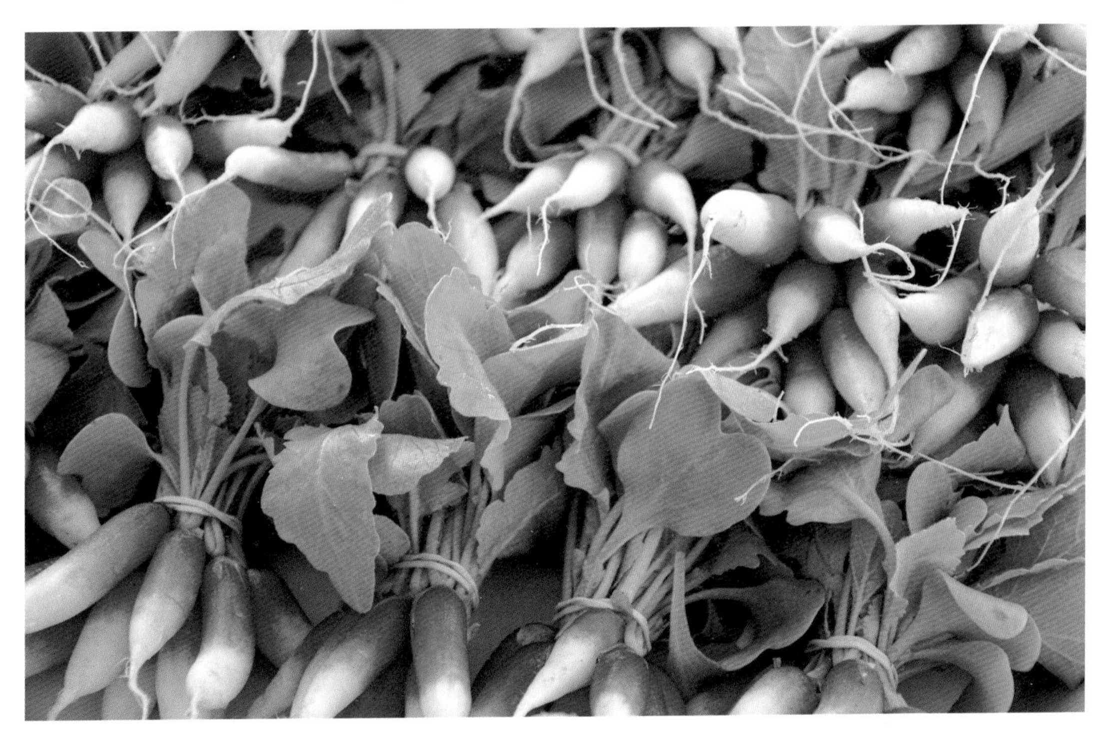

'프렌치 브렉퍼스트' 래디시(French Breakfast Radish).

우리 농장에서는 이랑 12곳에 4줄 파종기나 6줄 파종기를 이용하여 무 씨앗을 심는다. 그리고 최상의 품질을 확보하기 위해 매주 연이어서 파종을 실시한다. 뿌리파리 유충이 발생한 경우, 배추속 식물 재배 시 활용하는 낙엽 비료를 똑같이 사용한다. 시래기로 사용할 무청을 빼고 남는 잎을 토질 개선 물질로 활용하면 낙엽에서 방출된 질소가 해충 피해가 발생하기 전에 무가 더 빨리 자라게 하는 데 도움이 되는 것으로 보인다. 자주개자리 가루를 비료처럼 흩뿌리는 것도 상당한 효과를 얻을 수 있는 방법이다.

무는 수확 후 신속하게 펼쳐 놓아야 한다. 수확하자마자 판매하는 경우가 아니라면 꼭지 부분끼리 한데 묶어서 두지 말아야 한다. 수분이 빠지고 뿌리가 시들 수 있기 때문이다. 무는 아삭아삭할수록 잘 팔린다.

벨기에 엔다이브

벨기에 엔다이브(위트로프)는 적색 치커리와 에스카롤, 프리제, 컬리 엔다이브와 함께 치커리과 작물에 속한다. 아삭한 식감과 달콤하면서도 견과류의 풍미가 느껴지고, 부드럽게 쌉싸래한 맛이 나는 특징이 있어 생으로 먹어도 좋고 익혀 먹어도 좋다.

벨기에 엔다이브는 가장 흥미로운 채소 중 하나이기도 하다. 바로 수확해서 먹기 전에 뿌리 성장과 뿌리 촉진 과정을 반드시 거쳐야하기 때문이다. 밭에 씨앗을 심은 시점부터 초록색 잎과 땅속 깊이 파고든 곧은 뿌리가 형성되기까지는 150일 정도가 소요된다. 수확은 먼저 맨 윗부분에 자란 잎을 잘라내고 뿌리를 뽑아서 18센티미터 길이로 길게 자른 뒤 높이가 20센티미터인 벌브 상자에 위로 나란히 세워 둔다. 상자 여러 개를 쌓아서 저온 저장고에 두면 뿌리는 휴지기에 들어간다. 뿌리 촉진을 하기 위해서는 불투명한 플라스틱

우리 농장에서는 이와 같은 단순한 방식으로 벨기에 엔다이브의 싹을 틔운다.

통을 여러 개 준비하고 그 안에 뿌리가 담긴 벌브 상자를 넣는다. 통에 물을 10센티미터 높이로 채운 다음 가을 기준의 18℃ 또는 봄을 기준으로 한 13℃로 맞춘 발열 패드 위에 통을 올려둔다. 그리고 통 윗부분에 두꺼운 검은색 비닐봉지를 조심스럽게 씌워서 빛을 완전히 차단한다. 이렇게 두면 뿌리 맨 윗부분에서 새로운 싹이 돋아난다. 햇볕에 노출시키지 않는 이 과정을 거치면 치커리의 초록색 잎을 씹었을 때 쓴맛이 심하게 나는 것을 방지할 수 있다.

'치콘'으로도 불리는 벨기에 엔다이브는 품종과 온도, 재배시기에 따라 14~28일이면 다 자란다. 우리 지역에서는 겨울철 농산물 직판장에서 인기가 식을 줄 모르는 채소 중 하나다.

배추속 식물

배추속 식물에는 브로콜리와 방울양배추, 양배추, 콜리플라워가 포함된다. 모두 재배 조건이 비슷하다. 내가 경험해본 바로는 이 네 가지 작물 모두 콩과 식물을 녹비 작물로 키운 땅에 재배하면 왕성하게 자랄 뿐만 아니라 뿌리 구더기의 피해도 발생하지 않는다. 녹비 작물을 대신할 수 있는 환경은 가을에 떨어진 낙엽을 흙과 섞어서 한 해 동안 묵힌 경작지에서 키우는 것이다. 봄이 되어 잎이 분해되면 콩과 식물 다음에 그 땅에서 자랄 식물이 활용할 수 있는 질소가 생긴다. 낙엽 다음으로는 자주개자리 가루를 비료로 활용하는 것이 효과적이다.

나는 위의 네 가지 작물을 모두 옮겨심기로 재배한다. 씨앗이 모종으로 자라면 폭이 75센티미터인 이랑에 사방에 40센티미터 간격을 두고 심는다. 연작 방식으로 재배하는 경우 수확 시기를 초여름부터 늦가을까지 넉넉하게 잡는다.

브로콜리는 가운데 머리 부분이 작고 측면으로 뻗어 나가는 잎이 풍성하게 자라는 특징이 있다. 중국 브로콜리인 카이란과 교배한 품종일수록 그렇다. 최근 들어 큰 인기를 얻고 있는 브로콜리는 샐러드 바를 주력 상권으로 삼기에 좋은 채소다. 방울양배추는 초가을에 심으면 균일하게 자라므로 보다 수월하게 수확할 수 있다. 콜리플라워는 자체적으로 색이 희어지는 작물이므로 농부의 수고를 덜어주지만, 잎이 머리를 완전히 덮도록 관리하면 더 확실하게 색이 변할 수 있는

브로콜리.

환경을 조성할 수 있다. 재배 기간이 긴 양배추 종류의 경우 수확 일정을 여유 있게 잡을 수 있다.

브로콜리와 양배추, 콜리플라워는 날이 잘 드는 칼로 줄기를 잘라서 수확한다. 방울양배추는 측면으로 빠르게 이동하면서 방울 하나하나를 신속하게 딴다. 저장해둘 방울양배추는 잎을 모두 제거하고 양배추가 달린 줄기를 잘라서 수확한 후 저장한다.

우리 농장에서는 가을과 초겨울에 농산물 직판장에서 줄기에 매달린 방울양배추를 그대로 진열해놓고 판매하는데, 인기가 아주 좋다. 브로콜리와 방울양배추, 콜리플라워는 수확하자마자 얼른 온도를 낮춰야 한다. 배추속 식물은 모두 0℃, 습도 90~95퍼센트인 환경에 보관해야 가장 신선하다. 더불어 공기가 잘 통하는 곳에 두어야 한다.

비트

비트는 여러 계절에 판매할 수 있는 채소다. 비트 잎을 먼저 수확하고 어린 비트를 판매한 다음 가을과 겨울에는 저장근을 수확해서 판매한다. 이 각각의 종류마다 다른 품종을 키우면 최상의 결과를 얻을 수 있다. 종류별 특성을 꼼꼼하게 읽고 선택해야 한다.

나는 폭이 40센티미터인 이랑에 7.5센티미터 간격으로 저장근을 수확할 비트를 심는다. 조기 수확할 비트와 베이비 비트로 수확할 식물은 폭 25센티미터 이랑에 5센티미터 간격으로 심는다. 우리가 비트 씨앗이라고 부르는 것은 사실 비트의 열매로, 그 안에 한 개에서 네 개의 씨앗이 들어 있어 파종 후 솎아내는 작업이 필요하다. 단배종자, 즉 씨앗이 딱 하나만 들어 있는 품종도 있지만 나는 별로 선호하지 않는다. 가장 일찍 수확할 식물은 흙 블록에 심었다가 옮겨 심는다. 블록 하나에 씨앗은 세 개씩 심는데, 이 경우 각 열매에 포함된 씨앗 중에서 가장 우세한 모종이 자라므로 따로 솎아내지 않아도 된다. 흙 블록에서 3주간 키운 후 옮겨 심는다. 폭 25센티미터인 이랑에 30센티미터 간격으로 심으면 된다.

비트는 pH가 중성이고 붕소가 충분히 포함된 흙에서 가장 잘 자란다. 내 경험상 토양에 붕소를 공급하려면 붕소가 10퍼센트 함유된 펠렛 형태의 제품을 식물을 심기 전에 미리 흙에다 뿌리는 것이 최선이다. 얼마나 뿌려야 하는지 신중하게 계산해야 한다. 토양에 유기물이 충분히 섞여 있다고 할 때, 4천 제곱미터(약 1,200평)당 붕소 1.36킬로그램 정도의 비율이면 안전하다. 가슴에 앞으로 매고 손으로 레버를 돌리면 작동하는 형태의 파종기를 이용하면 펠렛 형태의 붕소를 정확하게 뿌릴 수 있다. 잎이 달린 채로 수확한 비트는 재빨리 온도를 낮추어야 한다. 수확 후에는 2℃, 습도 95퍼센트인 환경에 보관해야 하며 통풍이 잘 되는 용기에 두어야 한다.

노란 비트.

상추

상추는 스위트콘(사탕 옥수수)과 달리 단위 면적당 수익률이 매우 높은 작물이다. 집약적인 생산이 이루어지는 상업 농장 중에는 상추가 주력 작물인 곳들도 있다. 이로 인해 윤작 계획이 복잡해진다. 아주 짧은 간격으로 동일한 작물을 심고 퇴비를 추가로 공급해야 하기 때문이다.

나는 여러 번에 걸쳐 상추를 재배하며 모두 옮겨심기 방식을 활용한다. 그 이는 첫째, 이랑에 빈 곳 없이 작물을 꽉 채우기 위해서다. 상추 씨앗은 덥고 건조한 날씨에서는 발아가 잘되지 않으므로 나는 환경을 통제할 수 있는 실내에 파종한다. 많이 따뜻한 날씨에는 흙 블록에 파종한 씨앗을 서늘한 지하 저장고에 두어도 이틀이면 발아해서 다음 단계로 키울 수 있다. 두 번째 이유는 대부분의 상추는 파종부터 수확까지 60일이 소요되고 그 기간의 3분의 1에서 절반 동안 옮겨 심을 수 있는 모종이 마련된다는 점 때문이다. 즉 상추 모종이 흙 블록에서 3~4주를 보내는 동안 경작지에는 상추와 무관한 작물을 키울 수 있다. 생산성을 높이는 동시에 윤작에 따른 문제도 덜 수 있는 방법이다. 상추를 옮겨심기하는 세 번째 이유는 워낙 성장 속도가 빠른 작물이므로 이상적인 환경에서 왕성하게 자란 모종을 비옥한 흙에 옮겨서 신속히 자라게끔 하기 위해서다. 흙 블록에서 자란 우수한 상추를 옮겨 심으면 바로 그와 같은 일이 일어난다. 연작을 할 때 상추를 심는 시점에 관한 정보는 이 책 8장과 26장에 나와 있다.

나는 결구 상추의 경우 온실에서는 앞뒤와 양옆을 25센티미터 간격으로, 야외 밭에서는 30센티미터 간격으로 심는다. 잎이 여러 겹으로 형성되는 '살라노바' 타입의 상추는 폭 75센티미터인 이랑 네 곳에 20센티미터 간격으로 심는다. 야외 밭에 심은 상추에는 옮겨 심은 직후 표토에 양질의 퇴비를 살짝 섞어준다. 상추를 성공적으로 재배하는 핵심은 빠른 성장이다. 따라서 최대한으로 상추가 빨리 자랄 수 있는 이상적인 조건을 갖추어야 한다. 여기에는 토양과 관개 조건뿐만 아니라 옮겨 심는 모종의 품질이 매우 우수해야 한다는 조건도 포함된다. 상추 모종은 잎이 찢어지거나 중심에 흙이 채워지지 않도록 조심스럽게 다루어야 한다. 날씨가 너무 따뜻하면 품질이 보존될 수 있도록 어린잎 단계일 때 수확하여 포장 봉지에 평소보다 두 배 더 많이 담아서 판매하면 된다.

셀러리

소규모 농장에서는 셀러리를 잘 기르지 않지만 나는 기를 필요성이 있다고 생각한다. 유기농법으로 재배된 셀러리는 수요가 높다. 셀러리는 유기물이 듬뿍 섞여 있고 수분도 일정하게 공급되는 아주 비옥한 토양에서 재배하는 것이 가장 좋다. 특히 토양에 칼슘과 붕소가 충분히 포함되어 있는지 꼭 확인해야 한다. 농장 근처에 닭 부화장이 있는 경우 달걀 폐기물이 토양을 셀러리를 키우기에 유리한 환경으로 향상시킨다. 셀러리는 무엇보다 관개 시설이 갖추어져야 성공적으로 재배할 수 있다.

셀러리는 먼저 미니 블록에 심고 22℃에서 발아가 될 때까지 수시로 물을 분무한다. 싹이 트면 5센티미터 흙 블록에 옮기고 16℃ 또는 그보다 따뜻한 온도에서 키운다. 밭에 옮겨 심은 뒤에 온도가 13℃ 이하로 오랫동안 지속되면 심은 첫해에 씨앗이 열린다. 옮겨 심을 때는 30센티미터 너비의 이랑에 30센티미터 간격

셀러리악.

아주 이른 시기에 수확할 시금치는 옮겨심기로 재배한다.

으로 심는다. 야외 경작지에 일찍 옮겨 심는 경우 비닐하우스 등으로 보호해야 날씨가 너무 습하거나 서늘할 때 씨가 열리는 것을 막을 수 있다. 나는 가장 일찍 수확할 셀러리는 받침목을 세울 만큼 지붕이 높지 않은 온실에 먼저 심어둔 토마토의 가장자리에 나란히 심는다.

수확한 셀러리는 0℃, 상대습도 95퍼센트인 곳에 보관한다. 우리 농장에서는 소형 분무기를 활용해서 저장고의 습도를 유지한다. 셀러리악도 보관법이 동일하다. 단, 셀러리악은 셀러리보다 씨앗이 열리지 않도록 방지해야 하는 조건이나 습도 유지 조건이 조금 덜 엄격하다.

시금치

시금치는 농사철에 비옥한 토양에서 비교적 쉽게 재배할 수 있는 작물이지만, 농사철이 아닌 시기에 재배해야 한다는 것이 시금치 농사의 팁이다. 서늘한 날씨에서 자라는 시금치는 수많은 요리 재료로 1년 내내 수요가 이어진다. 이 수요를 충족할 수 있는 방법은 여러 가지가 있다.

더운 날씨에서 자라는 시금치는 모래흙보다는 성분이 더 촘촘한 점질 토양에서 재배하는 것이 좋다. 경작지가 모래흙인 경우 점토와 함께 퇴비를 충분히 섞고 훌륭한 관개 시설을 마련하면 토질을 향상시킬 수 있다. 농사가 어려운 환경에서는 셀러리와 마찬가지로 달걀 폐기물, 게 껍질 등을 비료로 활용하면 큰 효과를 얻을 수 있다. 9월 중순이 다 되어 가는 시기에 시금치를 심을 때는 난방 시설이 없는 이동식 온실로 작물을 보호하면 수확 기간이 겨울철 전 기간으로 확대된다.

시금치는 보통 옮겨심기를 하지 않지만 옮겨 심는 경우에도 충분히 간단하게 완료할 수 있다. 먼저 4센티미터 크기의 흙 블록마다 씨앗을 4개씩 심고 3주간 키워 모종이 되면 폭 30센티미터인 이랑에 15센티미터 간격으로 옮겨 심는다. 그러나 일반적으로 조기 수확용 시금치는 겨울이 오기 전 가을이나 겨울이 끝나기 전에 파종한다. 어린 시금치는 상당히 튼튼하고 눈만 막아주면 다른 보호 시설이 없어도 겨울을 견딘다. 눈을 더 확실하게 차단해야 하는 경우에는 소나무 가지를 뿌리덮개로 사용하여 살짝 덮어주거나 부유 덮개를 활용한다. 봄에 파종하는 시금치는 언 땅이 녹자마자 밭에 비닐하우스를 덮어두면 파종 시기를 앞당길 수 있다.

우리 농장에서는 겨울을 난 시금치 잎을 날이 잘 드는 칼로 잘라서 수확한다. 식물 전체를 바짝 잘라내는 것보다 이렇게 수확하면 잎이 다시 자라서 또 수확할 수 있다. 오래전에 네덜란드에서 야외 밭에 키운 시금치를 수확하는 아주 효율적인 시스템을 본 적이 있다. 간격을 좁게 둔 이랑에 시금치를 심고 아주 두툼한 시금치가 위로 곧게 자라나면 큰 낫으로 조심스럽게 이랑 전체에 난 작물을 잘라낸 후 낫에 장착된 망에 수확한 시금치를 담는 방식이었다.

수확한 시금치는 신속히 열을 식혀야 한다. 가능하면 잘게 부순 얼음으로 덮어두는 것이 좋다. 상대 습도는 90~95퍼센트로 유지한다.

아스파라거스

아스파라거스는 여러해살이 작물이므로 윤작에 포함시키지 않는다. 세심하게 관리하면 20년 이상 재배가 가능한 작물이기도 하다. 나는 뿌리모종을 구입하지 않고 씨앗을 사서 키운다. 식물이 성장할 수 있는 시간을 더 길게 얻기 위해 연초에, 1월 1일부터 2월 1일 사이에 씨앗을 심는다. 씨앗은 미니 블록에 심은 다음 흙으로 덮고 온도는 22℃로 맞춰 둔다. 이후 미니 블록을 7.5센티미터 크기의 흙 블록으로 옮겨 심고 16℃에서 더 키운 다음 마지막 서리가 지나고 나면 밭에 옮겨 심는다.

아스파라거스를 심을 토양에는 암석 가루와 거름을 뿌린다. pH는 최대 7로 맞춘다. 거름은 가능하면 4천 제곱미터(약 1,200평)당 45,360킬로그램을 넉넉하게 뿌리는 것이 좋다. 모종은 1.5미터 간격으로 만든 이랑에 30센티미터 간격으로 심는다. 기둥 구멍을 파내는 도구를 이용하여 20센티미터 깊이로 구멍을 내고 각 구멍에 흙 블록 하나씩 넣은 후 블록이 똑바로 서 있을 만큼 구멍의 절반 정도를 흙으로 채운다. 그대로 두었다가 식물이 지표면 위까지 자라면 나머지 구멍에도 흙을 채운다.

연초에 파종을 일찍 시작하면 옮겨 심은 다음 해에 어느 정도 수확이 가능하다. 그렇지 않으면 세 번째 해가 올 때까지 기다려야 한다. 수확할 때는 길쭉한 줄기를 지표면 바로 아래에서 날이 잘 드는 칼로 잘라낸다. 이때 흰색 줄기부분도 어느 정도 포함되도록 잘라야 더 오랫동안 보관할 수 있다. 수확한 아스파라거스는 바로 온도를 낮추고 0~2℃, 습도 95퍼센트인 환경에서 보관한다.

아티초크

영양번식 식물인 아티초크는 원래 추운 기후에서는 재배하지 않았다. 여러해살이 식물은 겨울을 이겨내지 못하기 때문이다. 그러나 씨앗이 발아해 완전히 자란 아티초크는 날씨가 추운 지역에서도 키울 수 있고 상품성이 있으므로 새로운 특수작물로 활용할 수 있다. 나는 버몬트 주의 쌀쌀한 산악 지역과 메인 주의 서늘한 해안 지역에서 아티초크를 재배해본 적이 있다. 아티초크를 일년생 작물로 만들면 가능한 일로, 약간의 원예학적인 손재주만 있으면 된다.

아티초크 씨앗을 심으면 보통 첫 해에는 잎만 자라고 그 다음 해가 되면 우리가 식용 재료로 활용하는 꽃봉오리가 달릴 줄기가 나타난다. 그러나 겨울에 날씨가 너무 추우면 첫 해에 자란 식물이 이듬해까지 살아남지 못한다. 그러므로 씨앗을 심은 첫 해에 아티초크가 마치 두 번째 해가 된 것처럼 착각하게 만드는 원예학적 기술이 필요하다.

아티초크.

그러기 위해서는 먼저 어린 아티초크를 따뜻한 곳에서 키우다가 서늘한 온도로 옮겨야 한다. 내가 활용하는 방법은, 찬 바깥이나 난방 설비가 없는 비닐하우스에 모종을 안전하게 옮길 수 있는 가장 이른 날짜로부터 6주 전에 아티초크 씨앗을 따뜻한 온실에 심는 것이다. 그리고 냉상의 내부 온도가 -4℃ 이하로 더 떨어지지 않을 때 그곳으로 옮겨 심는다. 버몬트 주에서는 2월 15일에 씨앗을 심고 4월 1일에 냉상(콜드 프레임)으로 옮긴다. 이때 식물이 꽁꽁 얼지 않도록 냉상을 꼭 닫아둔다. 이 6주 동안에는 온도가 낮을수록 좋다.

식물이 성장 중일 때 온도를 따뜻했다가 서늘하게 조절하면(원예학에서는 이를 '춘화 처리'라고 부른다) 의도대로 속는다. 따뜻한 환경에서 보낸 첫 6주는 식물이 첫 번째 여름 시즌을 완료하기에 충분한 기간이다. 이어서 다시 6주 동안 서늘한 기온이 유지되면 식물은 첫 겨울이 찾아왔다고 생각한다. 따라서 실제로는 이제 겨우 12주째 성장 중인 식물을 밭에 옮겨 심으면 식물은 두 번째 해가 시작된 것으로 여긴다. 2년째가 되면 우리가 먹는 꽃봉오리가 생기므로, 이렇게 옮겨 심으면 바로 그 꽃봉오리를 얻을 수 있다.

아티초크는 모종을 옮겨 심은 다음에 어떻게 관리하느냐에 따라 꽃봉오리의 수와 크기가 달라진다. 식물의 상태가 최상에 이르면 중간 크기에서 중상에 해당하는 식물 한 그루당 평균 8~9개의 꽃봉오리가 열린다. 여기서 말하는 최상의 상태란 유기물이 풍부하고 수분도 충분한 환경을 의미한다. 나는 폭이 75센티미터인 이랑 중앙에 60센티미터 간격으로 모종을 심는다. 여러해살이 아티초크를 심을 때와 비교하면 간격이 훨씬 좁지만 이러한 방식으로 재배하면 식물이 그리 크게 자라지 않는다. 수확할 때는 날이 잘 드는 칼로 꽃봉오리 바로 밑의 줄기를 잘라낸다. 너무 오래 기다리면 안 된다. 봉오리 밑에 포엽이 열리기 시작하면 이미 과육이 단단하고 질겨진다. 뉴잉글랜드에서는 7월 말부터 9월 말까지 아티초크를 재배한다. 두 달이면 이 독특하고 맛도 좋으면서 풍미가 뛰어난 신선한 특수 작물을 생산할 수 있다.

씨앗을 뿌려서 키우는 아티초크는 대부분 품종과 상관없이 이와 같은 방식으로 키울 수 있다. 내가 12종이 넘는 품종을 직접 키워본 결과, 일년생 작물로 키울 경우 가장 성공적인 결과를 거둘 수 있었다.

애호박

여름 호박의 뛰어난 가치는 최근에야 제대로 인정받기 시작했다. 크기가 작은 호박은 수요가 굉장히 많다(프랑스 품종인 꾸제트courgette와 비슷한 종류). 꽃이 달려 있는 호박, 수술을 활용할 수 있는 호박 역시 인기가 많다. 실제로 호박꽃 수요를 충족할 수 있는 특수한 품종도 개발되어 왔다.

성장 속도가 빠른 다른 작물들과 마찬가지로 여름 호박은 재배 환경을 가능한 한 최상으로 조성해야 잘 자란다. 조기 수확할 호박은 밭에 옮겨 심은 후 비닐하우스를 설치해서 재배할 수 있다. 야외에서 재배할 경우 나는 직접 파종하는 방식을 선호한다. 애호박과 다른 여름 호박을 재배할 때 가장 중요한 것은 제때 수확하는 것이다. 크기가 작은 열매를 수확할 생각이라면 주의 깊게 지켜봐야 한다. 여름 호박은 신선하고 어린 상태일 때만 값어치가 있다. 생산성이 매우 높아서 매일 수확할 수 있고 날씨가 더우면 심지어 하루에 두 번씩 수확하기도 한다. 수확할 때는 열매를 아주 조심스럽게 다루어야 한다. 겉면이 약하고 쉽게 멍이 드는 채소라 흠집이 나지 않도록 부드러운 장갑을 끼고 작업하는 농부들도 있다. 수확 후에는 너무 오래 보관하지 않아야 한다.

양파

내가 흙 블록 하나에 여러 그루를 심을 때 얻을 수 있는 효과를 배운 작물이 바로 양파다. 나는 둥근 구 형태의 양파를 선호해서 옮겨심기로 재배한다. 옮겨 심은 후 이어서 이랑별로 잡초를 제거하는 일이 영 효율적이지 않아 마음에 들지 않았으나, 한 블록에 여러 그루를 심은 뒤부터 모든 상황이 바뀌었다.

양파는 4센티미터 크기의 블록 하나에 씨앗을 4~5개 심고 5~6주간 키운 뒤 야외에 옮겨 심을 수 있는 시기가 되자마자 옮겨 심는다. 배추속 식물과 마찬가지로 블록에 씨앗을 심고 화분용 흙으로 살짝 덮어주면 모종이 더 잘 자란다. 다 자란 모종은 폭 75센티미터인 이랑 세 곳에 30센티미터 간격으로 심는다. 이때 다른 흙 블록을 동일한 간격으로 옮겨 심을 때 사용한 장비를 그대로 활용하면 된다. 이 정도 간격이면 블록 좌우와 앞뒤로 김을 맬 수 있으므로 잡초 문제를 염려하지 않아도 된다.

한 블록에서 자란 양파는 덩어리로 함께 자라다가 크기가 커지면 서로 더 많은 공간을 확보하기 위해 밀어낸다. 수확 시기가 되면 한 다발마다 마치 한 이랑에 따로따로 심어서 자란 것처럼 크기가 같은 4~5개의 양파가 열린다.

양파과 식물은 윤작 시 먼저 재배한 작물에 큰 영향을 받는다. 양파 이전에는 흰겨이삭이나 상추, 호박과 작물을 재배하는 것이 가장 좋다.

나는 파를 재배할 때도 17장에서 설명한 여러 그루 심기 방식을 활용하는데, 양파보다 더욱 밀도 있게 심는다. 즉 4센티미터 크기의 흙 블록 하나에 파 씨앗을 12개씩 심고 너비 75센티미터인 이랑 4곳에 20센티미터 간격으로 심는다. 다 자라면 알아서 한 묶음을 형성하므로 그대로 수확하면 된다.

양파는 흙 블록 하나에 씨앗을 4개씩 심는다.

양파는 잎이 자연스럽게 시들기 시작할 때 수확한다. 우리 농장에서는 날씨 조건이 괜찮으면(따뜻하고 건조한 날씨) 양파를 뽑은 다음 윗부분을 잘라내고 밭에 그대로 며칠 둔 채로 말린다. 그런 다음 씨앗을 발아 시키는 온실 한쪽에 벤치를 놓고 그 위에 양파를 한 겹으로 펼친 후 주변에 선풍기를 돌린다. 습도가 너무 높으면 온실의 난방 시스템이 가동되어 열이 공급되므로 건조한 공기를 유지할 수 있다. 양파의 꼭지 부분이 완전히 마르려면 이 같은 건조 과정을 3~4주간 거쳐야 한다. 다 말린 양파는 0℃, 상대습도 65퍼센트인 곳에 보관한다. 이렇게 하면 판매하거나 보관할 양파의 품질을 최상으로 유지할 수 있다.

오이

오이는 따뜻한 기후에서 잘 자라는 작물로, 최대한 비옥한 토양에서 재배해야 가장 좋은 결과를 얻을 수 있다. 온실에서 오이를 키우는 농부들은 다른 어떤 채소보다 더 넉넉하게 거름과 퇴비를 공급한다. 양이나 말의 분비물을 썩혀서 만든 거름이 특히 토질 개선을 위해 활용되어 왔다. 오이 재배 시 발생하는 해충 문제는 닭 분비물로 만든 거름에 질소가 과도하게 함유되어 있거나 미량 원소가 부족한 경우처럼 보통 토양의 불균형이 원인이다. 오이 농사에서 발생하는 대부분의 문제는 양질의 퇴비와 함께 말린 해조류를 첨가하여 미량 원소를 보강하면 해결된다.

'소크라테스' 오이.

가정에서 텃밭을 가꾸는 사람들도 오이를 재배하는 경우가 많다. 그러므로 시장 경쟁력은 품질이 얼마나 월등한가에 따라 좌우된다. 유럽 품종 중에서 껍질이 얇은 종류가 가장 유리하다. 이러한 종류는 대부분 온실이나 비닐하우스에서 키워야 한다. 또한 격자 울타리를 설치하고 줄기 하나의 잎 마디마다 열매 하나만 열리도록 가지치기를 해주어야 한다.

오이를 수직으로 재배하면 단위면적당 수확량을 높일 수 있다. 토양이 아주 비옥하고 식물을 보호하는 장치가 최상으로 마련된 경작지를 가장 효율적으로 활용하는 방법은 격자 울타리를 설치하여 위로 자라도록 하는 것이다. 튼튼한 정원용 끈을 이용하여 울타리 높이만큼만 자라도록 유도할 수 있다. 식물이 꼭대기에 이르면 줄기 두 개만 남기고 가지치기를 해서 지지대를 넘도록 한 다음 땅 쪽을 향하도록 유도하면 오이가 계속 생산된다. 온실에서 재배하는 품종을 기준으로 한 그루당 오이를 최대 50개까지 생산할 수 있다.

나는 오이를 전부 옮겨심기로 재배한다. 먼저 7.5센티미터 크기의 흙 블록에 씨앗을 심고 바닥 온도는 30℃, 대기 온도는 18℃가 유지되는 곳에서 발아시킨다. 발아된 후에는 바닥 온도를 21℃로 낮춘다. 2주에서 3주째가 되면 온실이나 비닐하우스로 옮겨 심는다. 나는 폭이 75센티미터인 이랑에 60센티미터 간격으로 지지대와 함께 오이를 심는다. 물을 충분히 주고, 한 달에 한 번씩 지표면에 퇴비를 넉넉하게 덮어준다. 수확은 우수한 품질이 유지되도록 매일 실시한다. 수확하지 않은 채로 너무 오래 두면 식물이 받는 부담이 늘어나고 생산량이 떨어진다. 수확한 오이는 10℃, 상대습도 90~95퍼센트인 환경에 보관한다. 사과나 토마토 등에서 방출되는 에틸렌은 익는 속도를 앞당기고 오이의 초록색을 노랗게 변질시킨다.

옥수수

소규모로 농사짓는 농부들이 난감한 선택을 하게 만드는 작물이 바로 옥수수다. 스위트콘(사탕 옥수수)을 재배해서 돌아오는 경제적인 이득은 적은데 소비자들 사이에서 인기와 수요는 높기 때문이다. 어떻게 해야 할까? 정기 결제 방식으로 농산물을 판매하는 경우 수요를 채울 수 있을 만큼만 키우고 싶을 것이다. 또한 몇 가지 작물만 키우는 경우 땅이 넉넉하지 않은 이상 옥수수가 포함되는 경우는 거의 없다. 시장에 판매대를 설치해서 농산물을 판매한다면 스위트콘은 필요할 때 다른 농부에게서 구할 수 있다.

가장 일찍 수확할 옥수수는 흙 블록에 심었다가 밭으로 옮겨 심는다. 이 때 흙 블록은 빵 운송 상자에 올려둔다. 바닥이 철망으로 되어 있어서 사방으로 공기가 통하고 곧은 뿌리 식물인 옥수수 모종이 블록을 벗어나 자라는 것을 막을 수 있다. 옥수수 모종은 흙 블록 맨 윗부분에 첫 번째 싹이 돋기 전에 옮겨 심어야 한다. 야외 재배 시 온도에 따라 성사가 좌우된다. 옥수수는 토양 온도가 13℃ 이하로 떨어지면 제대로 발아하지 못한다. 일부 농부들은 어린 모종이 더 튼튼하게 자랄 수 있도록 사전 발아 단계를 거친 다음 심는 방식을 시험해보고 있다. 중요한 것은 씨앗이 동면 상태에서 깨

언덕에서 옥수수가 자라는 모습.

어나되 뿌리가 뻗어나가지 않도록 하는 것이다. 제대로만 된다면 유용한 방법이 될 것으로 전망되는 만큼 여러분도 각자 시험해보기 바란다.

스위트콘을 지속적으로 공급하고자 하는 경우 여러 가지 품종을 심고 수확 날짜가 차례로 이어지도록 계획한다. 몇 번 재배해봐야 어떤 종류가 가장 잘 자라는지 제대로 찾을 수 있다. 막상 직접 재배를 해보면 종자 카탈로그에 나온 정보처럼 잘 자라지 않는 경우도 있기 때문이다. 옥수수의 당 함량은 수확하고서부터 감소하기 시작하므로 옥수수는 수확 직후가 가장 맛이 좋다. 이때의 품질을 보존하려면 즉시 온도를 떨어뜨리고 서늘한 곳에 보관하는 것이 가장 중요하다. 새로 개발된 초당옥수수는 수확 후에도 당도 유지가 길며 저장력도 뛰어나다. 수확한 뒤 곧아로 쪄먹는 것이 당도도 높고 신선도도 좋다. 하지만 당도가 높다해서 영양이 풍부하다고는 생각하지 않는다.

완두

완두는 거의 모든 작물을 통틀어 종류가 다양한 편에 속한다. 낮게 자라는 완두도 있고 말뚝을 타고 높게 자라는 종류가 있는가 하면 씨앗 표면이 매끈한 것, 주름

완두가 트렐리스를 타고 자라는 모습.

진 것도 있고 일반적인 완두도 있다. 완두 재배 시 가장 문제가 되는 것은 다른 콩과 마찬가지로 어떻게 해야 경제적으로 수확하는가이다. 이를 위해 일부 시장에서는 슈가스냅이나 깍지완두 같은 이국적인 종류가 가장 좋은 선택이 될 수도 있다. 판매 가격에 실제로 재배에 들어간 비용이 더 잘 반영되기 때문이다.

나는 수확 시기를 분산시키기 위해 일찍 수확하는 키가 작은 종류와 늦게 수확하는 키가 큰 종류를 모두 재배한다. 내가 재배하는 완두는 모두 폭 75센티미터인 이랑 두 곳에 15센티미터 간격으로 이랑 중앙에 심는다. 낮게 자라는 품종은 이렇게 두 줄로 나란히 심으면 서로 기대면서 자라므로 위로 더 높이 자라지 않는다. 말뚝을 타고 올라가는 품종은 금속 전선관으로 기둥과 가로대에 한 칸이 15센티미터인 그물로 만든 트렐리스를 이랑 양쪽에 설치한다.

완두를 옮겨심기하면 매우 이른 시기에 수확할 수 있다. 5센티미터 흙 블록 하나당 씨앗 4개를 심고 공기가 사방으로 드나들 수 있도록 바닥에 철망이 깔린 빵 운송 상자에 흙 블록을 올려둔다. 이렇게 하면 뿌리가 뻗어나오는 것도 막을 수 있다. 옮겨심기는 최대한 빨리 실시한다.

최상의 품질을 유지하기 위해서는 완두를 최소 이틀에 한 번 꼴로 수시로 수확해야 한다. 수확한 완두는 신속히 옮겨 0℃로 보관해 식혀야 한다. 나는 수확한 당일에 판매할 것을 권장한다. 오래된 완두는 수익성이 떨어진다.

케일

케일은 양배추과 식물과 가까운 작물이므로 토양을 비옥하게 만드는 조건도 동일하다. 나는 케일을 재배할 때 언제나 4센티미터 크기의 흙 블록에 씨앗을 심은 다음 폭 75센티미터인 이랑 세 곳에 30센티미터 간격으로 옮겨 심는다.

케일은 다발로, 또는 뿌리째로 판매해왔다. 살짝 얼고 지나가는 서리가 몇 번 지난 뒤

'윈터보어(winterbore)' 케일.

의 가을에 수확한 케일이 가장 맛이 좋으므로 나는 연작으로 재배한다. 배추속 식물은 양파과 작물을 심은 곳에 이어서 재배하면 굉장히 잘 자란다. 그래서 가을에 수확할 케일은 마늘 다음에 심으면 딱 알맞다. 케일은 밭에 그대로 두었다가 극심한 서리가 찾아올 때까지 꾸준히 수확할 수 있다. 늦가을이 한참 지난 후까지 남아 있는 케일은 산란계 먹이로 공급하면 된다. 꽁꽁 언 것도 닭에게는 맛좋은 간식이다.

콩

콩 재배에서 어려운 부분은 경제적으로 수확할 수 있는 방법을 찾아야 한다는 것이다. 대규모 농장에서는 기계로 콩을 수확하는 반면 소규모 농장에서는 농부가 손으로 일일이 수확해야 하므로 가격 경쟁력이 떨어진다. 그러므로 이러한 현실을 감안해서 콩은 소비자를 만족시켜 손님을 끌기 위한 특매품으로 생각하고 키우거나, 수확 비용을 반영해서 높은 가격을 받아도 충분히 판매할 수 있는 특수한 품종만 키운다. 유난히 길쭉하고 얇은 프랑스산 '필렛Filet' 콩이 그러한 종류에 속한다. 최상의 상품을 준비하려면 거의 매일 수확을 해야 하지만, 나는 특수한 품종을 재배하는 후자의 방식을 권장한다.

직립성 품종이나 덩굴성 품종도 키울 수 있다. 덩굴성 콩의 경우 위로 곧게 자라므로 수확하기가 쉬워 보이지만, 실제로 실력이 뛰어난 사람이 더 빠른 속도로 수확할 수 있는 콩은 직립성 품종이다. 콩도 콩과 식물에 포함되지만 토양이 비옥할수록 잘 자란다. 특히 콩은 썩힌 말 배설물을 거름으로 뿌리면 다른 어떤 비료를 사용할 때보다 훌륭하게 자란다. 나는 폭이 75센티미터인 이랑 두 줄에 15센티미터 간격으로 콩을 심는다. 서늘하고 축축한 환경에서는 발아가 잘 안 되는 식물이므로 흙의 온도가 올라가기 전에는 절대 야외에 파종을 하지 말아야 한다. 일찍 수확하고자 할 때는 흙 블록을 이용해서 옮겨 심으면 된다. 4센티미터 크기의 블록에는 식물 한 그루를 키울 수 있고 5센티미터 블록에는 여러 그루를 키울 수 있어 덩굴성 콩에 유리하다. 흙 블록에서 1~2주간 키운 뒤 밭에 옮겨 심으면 된다.

콩은 수확 후 온도를 떨어뜨리지 않아도 된다. 습도만 신경을 조금 써 준다면 시들지 않는다. 수확한 콩은 7℃, 습도 90~95퍼센트인 환경에 둔다. 저장용기를 쌓아둘 때는 내부에 공기가 충분히 순환하도록 유념해야 한다.

토마토

품종을 신중하게 선택해서 기른 토마토가 잘 자라서 덩굴에 매달려 완전히 익었다면, 그것만큼 매력적인 간식도 없을 것이다. 샐러드 채소를 집약적으로 생산하는 농부에게 덩굴에서 익는 온실 토마토와 상추는 가장 수익성이 좋은 두 가지 작물이다. 소비자들이 생각하는 온실 재배 토마토와는 차원이 다르다는 점을 꼭 강조하고 싶다. 아무런 맛도 나지 않는 그런 토마토들은 아직 녹색일 때 수확되어 인공적으로 숙성되어 판매된다. 그러나 내가 이야기하는 토마토는 재배 기간을 늘리고 품질을 향상시키기 위해 마련된 비옥한 온실 토양에서 자란 진짜 토마토다.

내가 토마토를 온실에서 재배하라고 권장하는 이유는 여러 가지가 있다. 토마토는 인기가 많은 작물인데 야외에서 재배할 수 있는 기간은 짧다. 온실에서 토마토를 생산하면 재배 가능한 기간이 크게 확장되고 소비자를 농장으로 이끌 수 있다. 잎마름병을 비롯해 야외 재배 시 토마토에 발생하는 병해는 날씨 스트레스와 관련된 경우가 많다. 온실이나 비닐하우스에서 재배하면 이러한 스트레스가 줄거나 아예 존재하지 않으므로 잎마름병 문제로 골머리를 앓을 일도 없다. 온난한 기후에서 재배된 작물의 품질은 거의 다 이상적인 날씨 조건이 갖추어질 때 따라온다. 그러나 토마토를 재배하는 전 기간을 아우를 만큼 오랫동안 이상적인 기후가 유지되지 않을 수 있다. 보통 현실적으로는 덩굴에서 숙성되는 토마토는 통제된 환경에서 장기간 생산하는 방법을 택하는 경우가 대부분이다.

나는 주로 '비프스테이크beefsteak' 토마토를 재배한다. 전문적으로 온실에서 토마토를 재배하는 농부라면 10월 중순과 같은 이른 시기에도 씨앗을 심을 수 있다. 나는 첫 번째 토마토를 2월 중순에 심는다. 먼저 미니 블록에 파종하고 22℃에 두었다가 8~10일 후 5센티미터 흙 블록으로 옮겨 야간 기온이 17℃가 유지되는 곳에서 키운다. 다시 10~14일이 지나면 15센티미터 흙 블록에 한 번 더 옮겨 심는다. 6주차가 되면 난방 시설이 갖추어진 온실로 옮겨 심는다.

온실에서는 75센티미터 너비로 퇴비를 듬뿍 섞어서 마련한 이랑 중앙에 토마토를 심는다. 야간 온도는 17℃로 유지하고 24℃에서 환기를 실시한다. 흙의 온도가 16℃보다 더 낮게 내려가지 않아야 가장 잘 자란다. 토양 온도를 높일 수 있는 설비가 없다면 토마토를 심기 전 최소 2주 앞서서 이랑을 투명 비닐로 덮고 6주 후 표토에 처음 퇴비를 뿌릴 때까지 그대로 두면 흙을 따뜻하게 만들 수 있다.

'빅 비프(Big Beef)' 토마토.

나는 이랑마다 중심에 60센티미터 간격을 두고 한 줄로 토마토를 재배한다. 줄기는 하나만 남기고 잘라내고 옆으로 자라나는 싹도 며칠에 한 번씩 정리한다. 식물이 위로 자랄 수 있도록 트렐리스를 설치한다. 튼튼한 노끈을 식물 아랫부분에 헐렁하게 묶고 끈 반대쪽 끝은 식물보다 높은 쪽 트렐리스에 묶는다. 식물이 자라면 끈을 줄기 주변에 두르거나 특수 클립으로 줄기를 고정시킨다. 네덜란드 연구진이 비프스테이크 토마토를 식물 스트레스가 발생하지 않는 조건에서 생산성을 최대한 올리는 방법이 무엇인지 조사한 결과를 보면, 봄 작물의 경우 처음 열리는 두 송이에는 열매 3개씩, 그다음에 열리는 송이에는 열매가 4개씩 열리도록 가지치기를 해야 한다는 것을 알 수 있다. 가을 작물은 처음 열린 열매 송이 세 개까지는 열매 3개, 네 번째와 다섯 번째에는 2개, 6번째부터 그 이후에 열린 열매 송이에는 3개씩 열리도록 해야 한다. 또한 6주 간격으로 퇴비를 2.5센티미터 정도 두께로 표토 위에 계속해서 추가하고 주기적으로 물을 줘야 한다.

식물이 수직 성장을 위해 설치한 지지대까지 자라나면(지상에서 2.4미터까지가 가장 이상적이다) 단기 재배의 경우 그 시점에서 생산을 중단한다. 그 외에는 식물의 성장 높이를 낮춘다. 이 과정은 높이 낮추기, 지지대 쪽으로 기울이기 등으로 불린다. 이때 맨 윗부분에 여분의 노끈을 길게 남겨두어야 한다. 온실용품 제작 업체에서 이 단계에 끈을 매달 수 있도록 특별히 고안된 실패를 구입할 수 있다. 식물이 이 시기까지 성장하면 아래쪽은 열매 수확이 완료되어 줄기만 남는다. 이때 식물 꼭대기에 연결된 노끈을 느슨하게 풀어서 줄기만 남은 부분을 흙 쪽으로 내린다. 끈이 고정된 부분을 잘 조절해서 이랑마다 뒤에 있는 식물 쪽을 향해 기울도록 하여 한 이랑에서 자라는 모든 식물이 같은 방향을 향하도록 한다. 이랑 끝부분에서는 줄기가 모퉁이를 돌아 다시 출발점 쪽으로 향하도록 방향을 유도한다. 식물의 맨 윗부분이 지지대에 닿을 때마다 이와 동일한 방법으로 높이를 낮추어야 한다. 식물이 수직으로 최대 2미터 안팎일 때는 정상적인 성장이 가능하다. 줄기만 남은 부분이 흙과 닿으면 그 부분에 새로운 뿌리가 생긴다. 접목한 식물을 재배할 경우 줄기가 흙 위로 자라나도록 해야 그 부분에서 뿌리가 생기지 않는다. 이렇게 높이를 낮추고 기울이면 초기에 심은 식물도 늦가을까지 높은 생산성이 유지된다. 이 책 뒷부분에 마련된 참고문헌 중 토마토 온실 재배에 관한 자료들을 참고하거나 더 숙련된 농부들에게 문의하면 더욱 상세한 정보를 얻을 수 있다. 토마토의 특화된 재배 기법은 매우 빠른 속도로 발전하고 있다.

토마토는 2월 15일에 파종한 경우 6월 1일쯤 첫 수확을 한다. 우리 농장에서는 이때부터 11월 중순까지 계속해서 수확을 한다. 나는 덩굴에 매달린 채로 완전히 익어서 바로 먹을 수 있는 토마토만 골라서 수확한다. 11월 중순이 지나면 햇빛이 충분치 않아 맛이 급격히 떨어진다. 이 시기가 되면 우리는 식물을 모두 뽑아서 제거하고 낮 길이가 짧아도 온실에서 잘 자라는 작물을 재배한다.

파스닙

파스닙도 내가 좋아하는 채소 중 하나로 우리 집 식탁에도 오르는 작물이지만, 사실 협동조합에 공급해야 한다는 것 말고는 반드시 재배해야 할 만큼 수익이 높지 않다. 파스닙은 일찍 심어야 하고 농사철에 전 기간에 걸쳐 재배한 후 이듬해 봄이 올 때까지 수확하지 말고 그대로 두는 것이 가장 좋다. 겨울철에 날씨가 추워지면 전분이 일부 당으로 바뀌면서 다음 봄이 되면 파스닙을 좋아하는 사람들에게는 아주 맛좋은 간식이 된다.

'어스웨이' 제품 같은 저렴한 정밀 파종기를 활용하면 파스닙의 생 씨앗을 충분히 파종할 수 있다. 단, 이 경우 이랑별로 솎아내는 작업이 필요하다. '장' 브랜드의 파종기와 같은 제품을 이용할 때는 펠렛 형태의 씨앗을 사용하는 것이 좋다. 나는 폭 75센티미터인 이랑 두 곳에 7.5센티미터 간격을 유지한다는 목표로 파종한다. 상권이 어느 정도 유지되면 일 년 중 보통 농가 소득이 거의 없는 시기에 수확해서 판매할 수 있다는 장점이 있다. 수확할 때는 적당한 상태가 되자마자 싹이 나기 전에 바로 파내야 한다. 가을에 수확한 파스닙은 0℃에서 2주간 보관해 두면 밭에 그대로 두고 겨울을 난 파스닙과 비슷한 수준으로 당도를 끌어올릴 수 있다. 습도는 95퍼센트를 유지해야 한다.

파스닙.

파슬리

나는 파슬리를 참 좋아해서 일을 하면서도 간식으로 집어먹곤 한다. 마케팅에 조금만 신경을 쓰면, 파슬리는 소규모 농가에 굉장히 중요한 작물이 될 수 있다고 생각한다. 잎이 납작한 종류와 구불구불한 종류 중 어느 쪽을 재배할 것인가는 시장 수요를 보고 선택한다.

내가 재배하는 파슬리는 모두 옮겨심기로 키운다. 먼저 미니 블록을 22℃로 보관해 두었다가 5센티미터 크기의 블록으로 옮긴다. 흙 블록은 파슬리처럼 뿌리가 곧게 자라는 작물을 옮겨 심는 용도로 활용할 때만 효율성이 일관되게 유지된다. 나는 밭이나 온실에 애매하게 비어 있는 구석이 생기면 그 자리에 파슬리를 연작한다. 수확할 때는 식물 전체를 지면과 같은 높이로 바짝 잘라내고 새로 자라면 다시 수확한다. 파슬리는 서늘하고 습도가 높은 곳에 두면 한 달 정도 보관할 수 있으나 나는 수확하자마자 바로 판매하는 방식을 선호한다.

호박 – 늙은 호박과 일반 호박

이 두 종류의 호박은 재배 조건이 동일하므로 하나로 묶었다. 둘 다 유기물이 듬뿍 포함된 비옥한 토양에서 잘 자란다는 공통점이 있으며, 덩굴 작물이고 이랑 간격을 넓게 두고 심어야 한다는 점도 동일하다. 늙은 호박은 할로윈 시즌에만 유용한 작물이 될 수도 있다. 그리고 내 생각에 가장 맛좋은 호박 파이는 겨울호박으로 만든 파이인 것 같다.

호박은 잡초가 무성하게 자란 땅에서 키우기에 좋은 작물이다. 호박을 심기 전에 밭을 두세 번 갈아서 잡초 씨앗이 발아한 뒤에 없애는 과정을 진행하기가 수월하다. 밭에 심은 후에도 이랑 간격이 넓고 덩굴이 생기기 전까지는 초기 성장 속도가 느린 편이라 잡초를 추가로 제거할 수 있다. 덩굴이 생기고 커다란 잎이 나오면 지표면을 덮기 시작하므로 잡초 성장도 알아서 억제된다.

우리 농장에서는 7.5센티미터 크기의 흙 블록에 늙은 호박과 일반 호박 모두 씨앗을 두 개씩 심고 2~3주 후에 옮겨 심는다. 농사철이 짧은 지역에서는 미리 키운 다음에 재배하는 것이 열매가 완전히 익도록 재배할 수 있는 유일한 방법일 수 있다. 나는 2.4미터 간격으로 이랑을 마련하고 왕성하게 잘 자라난 모종을 1.8미터 간격으로 심는다. 박과 식물은 옮겨심기 스트레스를 많이 받는 편이며, 땅에 심은 뒤 첫 몇 주 동안은 넓적다리잎벌레 피해를 입지 않도록 보호해야 한다(21장 참고).

호박은 가을에 서리가 내리기 전에 수확하는 것이 가장 좋다. 서리를 맞으면 열매의 품질 유지에 악영향이 발생한다. 수확할 때는 튼튼한 줄기가 붙어 있는 상태로 덩굴과 분리되도록 조심스럽게 잘라낸다. 우리 농장에서는 겨울 호박의 경우 수확 후 모종을 키우는 온실에 옮기고 27℃로 2주 정도 두면서 숙성시킨다. 이후 13℃, 상대 습도 65퍼센트인 곳에 보관한다. 허버드 호박Hubbard squash은 수확 시 줄기를 완전히 제거하면 보관 중에 더 쉽게 썩는 편이다.

부록 B

생물학적 농업의 원리

이번 부록에서 소개하는 도식은 원래 내가 농사를 지으면서 아이디어를 정리하고, 모든 요소가 다 잘 맞아떨어지는지 확인하기 위해 만든 것이다. 말이 되는 것 같다고 해서 그대로 현장에 적용할 수 있을까? 초등학교 저학년을 가르치는 선생님 한 분이 내게 어떤 아이디어를 떠올리더라도 그 배경이 된 생각들이 명확하지 않으면 아이디어를 논리정연하게 정리할 수 없다고 하신 적이 있다. 이 도식은 상당히 논리정연하니, 그 선생님께서 본다면 꽤 흡족해하실 것 같다.

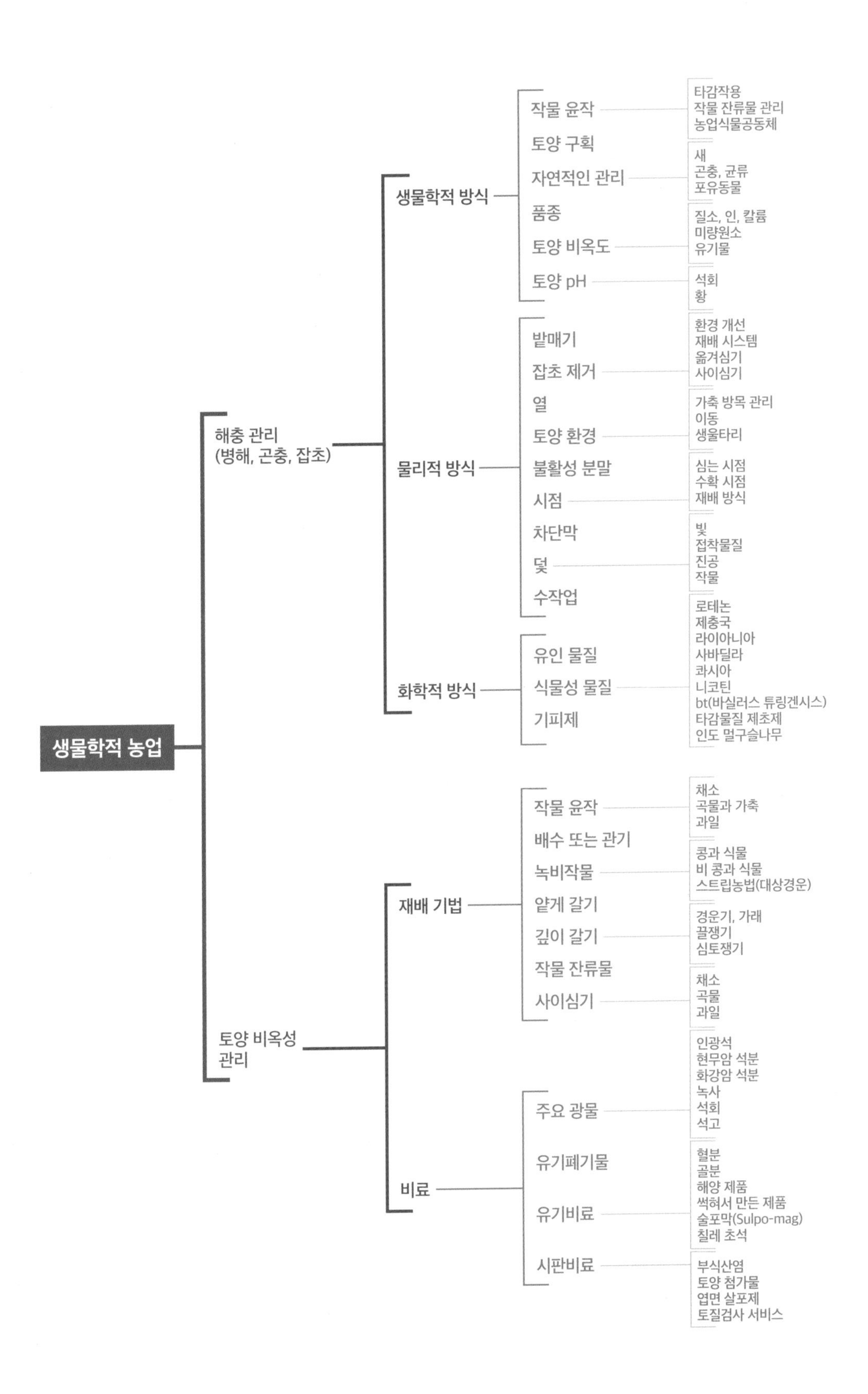
생물학적 농업
해충 관리
(병해, 곤충, 잡초)
생물학적 방식
작물 윤작
토양 구획
자연적인 관리
품종
토양 비옥도
토양 pH
타감작용
작물 잔류물 관리
농업식물공동체
새
곤충, 균류
포유동물
질소, 인, 칼륨
미량원소
유기물
석회
황
물리적 방식
밭매기
잡초 제거
열
토양 환경
불활성 분말
시점
차단막
덫
수작업
환경 개선
재배 시스템
옮겨심기
사이심기
가축 방목 관리
이동
생울타리
심는 시점
수확 시점
재배 방식
빛
접착물질
진공
작물
화학적 방식
유인 물질
식물성 물질
기피제
로테논
제충국
라이아니아
사바딜라
콰시아
니코틴
bt(바실러스 튜링겐시스)
타감물질 제초제
인도 멀구슬나무
토양 비옥성
관리
재배 기법
작물 윤작
배수 또는 관기
녹비작물
얕게 갈기
깊이 갈기
작물 잔류물
사이심기
채소
곡물과 가축
과일
콩과 식물
비 콩과 식물
스트립농법(대상경운)
경운기, 가래
끌쟁기
심토쟁기
채소
곡물
과일
비료
주요 광물
유기폐기물
유기비료
시판비료
인광석
현무암 석분
화강암 석분
녹사
석회
석고
혈분
골분
해양 제품
썩혀서 만든 제품
술포막(Sulpo-mag)
칠레 초석
부식산염
토양 첨가물
엽면 살포제
토질검사 서비스

참고문헌

2장 유기농업의 간략한 역사

1. Gunter Vogt, "The Origins of Organic Farming," in *Organic Farming: An International History*, edited by William Lockeretz (Wallingford, Oxfordshire, England: CAB International, 2007).
2. G. Vivian Poore, *Essays on Rural Hygiene* (London: Longmans, Green, 1893), 163.
3. Cyril G. Hopkins, *Soil Fertility and Permanent Agriculture* (Boston: Ginn and Company, 1910).
4. Cyril G. Hopkins, *Shall We Use "Complete" Commercial Fertilizers in the Corn Belt?* (University of Illinois AES Circular No. 165, 1912), 1-20.
5. Vogt, "The Origins of Organic Farming," 15-16.
6. Vogt, "The Origins of Organic Farming," 18.
7. Pierre Delbet, *L'agriculture et la sante* (Paris, Denoél, 1945).
8. A. de Saint Henis, *Guide pratique de culture biologique* (Angers, France: Agriculture et Vie, 1972).
9. E. B. Balfour, *The Living Soil* (London: Faber and Faber, 1943).
10. Sir Albert Howard, *An Agricultural Testament* (London: Oxford University Press, 1940).
11. Karl B. Mickey, *Health from the Ground Up* (Chicago: International Harvester, 1946).
12. E. C. Auchter, "The Interrelation of Soils and Plant, Animal and Human Nutrition," Science 89, no. 2315 (1939): 421-27.
13. R. C. Barron, ed., *The Garden and Farm Books of Thomas Jefferson* (Golden, CO: Fulcrum, 1987), 169.
14. E. Darwin, *Philosophy of Agriculture and Gardening* (London: J. Johnson, 1800).
15. Thomas Green Fessenden, *The New American Gardener*, 13th ed. (Boston: Otis, Broaders, 1839), 169.
16. Vincent Gressent, *Le potager moderne.* (Paris: Librairie Agricole de la Maison Rustique, 1926), 135, 861-62.
17. Paul Sorauer, *Handbuch der pflanzenkrankheiten* (Berlin: P. Parey, 1905).
18. H. Marshall Ward, "On Some Relations Between Host and Parasite in Certain Diseases of Plants" (Croonian Lecture), *Proceedings of the Royal Society* 47 (1890): 303-433.

19. Kenneth F. Baker and R. James Cook, *Biological Control of Plant Pathogens* (San Francisco: W. H. Freeman, 1974).
20. Von H. Thiem, "Uber Bedingungen der Massenvermehrung von Insekten," *Arbeiten uber physi ologische und angewandte entomologie aus Berlin Dahlem* 5, no. 3 (1938): 229-55.
21. Louise E. Howard, *Sir Albert Howard in India* (London: Faber and Faber, 1953), 162.
22. Sir Albert Howard, *An Agricultural Testament*, 161.
23. Fred Magdoff and Ray R. Weil, *Soil Organic Matter in Sustainable Agriculture* (Boca Raton, FL: CRC Press, 2004), 3.
24. Luciano Pasqualoto Canellas et al., "Humic Acids Isolated from Earthworm Compost Enhance Root Elongation, Lateral Root Emergence, and Plasma Membrane H+-ATPase Activity in Maize Roots," *Plant Physiology* 130 (2002): 1951-57.
25. Harry A. J. Hoitink and P. C. Fahy, "Basis for the Control of Soil Borne Plant Pathogens with Compost," *Annual Review of Phytopathology* 24 (1986): 93-114.
26. T. C. R. White, "The Abundance of Invertebrate Herbivores in Relation to the Availability of Nitrogen in Stressed Food Plants," *Oecologia* 63 (1984): 90-105.
27. Eliot W. Coleman and Richard L. Ridgeway, "Role of Stress Tolerance in Integrated Pest Management," in *Sustainable Food Systems*, edited by Dietrich Knorr (Westport, CT: AVI Publishing, 1983), 127.
28. Vinod Kumar et al., "An Alternative Agriculture System Is Defined by a Distinct Expression Profile of Select Gene Transcripts and Proteins," *Proceedings of the National Academy of Sciences of the United States of America* 101, no. 29 (2004): 10535-40.
29. Brian Halweil, *Still No Free Lunch* (Boulder, CO: Organic Center, 2004).
30. Benjamin D. Walsh, *The Practical Entomologist* (Philadelphia: Entomological Society of Philadelphia, 1866).
31. Thomas. B. Colwell Jr., "Some Implications of the Ecological Revolution for the Construction of Value," in *Human Values and Natural Science*, edited by E. Laszlo and J. B. Wilbur (New York: Gordon and Breach, 1970), 247.

3장 농부의 솜씨

1. George Henderson, *The Farming Ladder* (London: Faber & Faber, 1944).
2. Henderson, *The Farming Ladder*.

4장 땅

1. See Norman Rosenberg, Blaine Blad, and Shashi Verma, Microclimate: *The Biological Environment* (New York: John Wiley & Sons, 1983).
2. Two useful books for background on irrigation methods are Melvyn Kay's *Sprinkler Irrigation: Equipment and Practice* (London: Batsford, 1984) and Robert Kourik's *Drip Irrigation for Every Landscape and All Climates* (Santa Rosa, CA: Metamorphic Press, 1992).
3. I learned about this from Jeff Beringer, Fish & Wildlife Research Center, Missouri Department of Conservation, 1110 South College Avenue, Columbia, MO 65201; telephone (314) 882-9880.

7장 마케팅 전략

1. Some books that deal with the ideas of food quality as it relates to the use of fertilizers and pesticides are: *Silent Spring* by Rachel Carson (Boston: Houghton Mifflin, 1962); *Nutritional Values in Crops and Plants* by Werner Schuphan (London: Faber, 1961); *Mineral Nutrition and the* Balance of Life by Frank Gilbert (Norman: University of Oklahoma Press, 1957); Nutrition *and the Soil* by Dr. Lionel Picton (New York: Devin-Adair, 1949); and *The Living Soil* by E. B. Balfour (London: Faber, 1943).

8장 계획과 관찰

1. A good book for those getting started in greenhouse vegetable production is *Greenhouse Tomatoes, Lettuce and Cucumbers* by S. H. Wittwer and S. Honma (East Lansing: Michigan State University Press, 1979).
2. This is the same layout a tractor-scale grower would refer to as a bed system.
3. Further information on succession planting of greenhouse lettuce can be found in *Lettuce Under Glass*, Grower Guide No. 21, published by Grower Books, 50 Doughty Street, London WCIN 2LP.

9장 윤작

1. The most complete bibliography of studies on all aspects of crop rotations up through 1975 is collected in G. Toderi, "Bibliografia sull avvicendamento delle colture," *Rivista di agronomia* 9 (1975): 434-68.
2. The results of the University of Rhode Island crop-rotation experiments are reported in the

following two studies: "A Half-Century of Crop-Rotation Experiments" by R. S. Bell, T. E. Odland, and A. L. Owens in Bulletin No. 303 (1949), and "The Influence of Crop Plants on Those Which Follow: V" by T. E. Odland, R. S. Bell, and J. B. Smith in Bulletin No. 309 (1950) (Kingston: Rhode Island Agricultural Experiment Station).

10장 녹비

1. The most comprehensive book on green-manuring is still the classic *Green Manuring* by Adrian J. Pieters (New York: John Wiley, 1927). Obviously, good basic information is never out of date.
2. For a complete discussion of the decomposition of green manures in the soil, see *Soil Microbiology* by Selman A. Waksman (New York: John Wiley, 1952). *Soil Microorganisms and Higher Plants* by N. A. Krasil'nikov (1958), which is available from the US Department of Commerce, 5285 Port Royal Road, Springfield, VA 22161, provides an amazing wealth of information about the effects of different crops on soil properties.
3. Waksman, *Soil Microbiology*, 256.
4. A. R. Weinhold et al., "Influence of Green Manures and Crop Rotation on Common Scab of Potato," *American Potato Journal* 41, no. 9 (1964): 265-73.

11장 밭 갈기

1. An excellent bibliography is the "Annotated Bibliography on Soil Compaction" available from the American Society of Agricultural Engineers, 2950 Niles Road, Saint Joseph, MI 49085-9659.
2. J. N. Collins, "Hoeman's Folly," *The Land* 4, no. 4 (1945): 445.
3. Aref Abdul-Baki and John Teasdale, *Sustainable Production of Fresh-Market Tomatoes with Organic Mulches*, USDA Agricultural Research Service Farmers Bulletin FB-2279 (1994).
4. Anonymous, "Good Crops and an End to Soil Damage," *Ecos* 69 (Spring 1991): 1-6.

12장 토양의 비옥성

1. Powdered or pelleted soil amendments need to be spread evenly. At one time or another, I have used the following methods: (1) Mix them together with the compost or manure and spread, or (2) spread with a metered spreader, such as the Gandy, which can be adjusted for accurate coverage. I recommend the latter. A 4-foot- (1.2 meter) wide Gandy spreader is easy to pull or tow with the walking tractor and allows for accurate spreading at almost any rate. For very light applications of trace elements, use a hand-cranked, chest-mounted seeder filled

with the soil amendment rather than seed.

2. Your state geologist or department of mines can usually provide you with a list of quarries or rock-crushing operations in your area that may have finely ground rock powder wastes (called trap float at my local basalt quarry). These are often available free for the hauling. Ask for an analysis to make sure there are no undesirable contaminants.
3. A large number of studies have been done. Two are representative: A. S. Cushman, "The Use of Feldspathic Rocks as Fertilizers," USDA Bureau of Plant Industry Bulletin No. 104 (1907); and W. D. Keller, "Native Rocks and Minerals as Fertilizers," *Scientific Monthly* 66 (February 1948): 122-30.
4. C. C. Lewis and W. S. Eisenmenger, "Relationship of Plant Development to the Capacity to Utilize Potassium in Orthoclase Feldspar," *Soil Science* 65 (1948): 495-500.
5. Cyril G. Hopkins, *Shall We Use "Complete" Commercial Fertilizers in the Corn Belt?* University of Illinois AES Circular No. 165, 1912), 1-20.

13장 직접 기르는 사료 작물

1. D. Fritz and F. Venter, "Heavy Metals in Some Vegetable Crops as Influenced by Municipal Waste Composts," *Acta Horticulturae* 222 (1988): 51-62.
2. Arthur B. Beaumont, *Artificial Manures* (New York: Orange Judd, 1943); George Bommer, *New Method Which Teaches How to Make Vegetable Manure* (New York: Redfield and Savage, 1845).
3. The following study reinforces my experience: Andrew G. Hashimoto, "Final Report: On Farm, Composting of Grass Straw," Oregon State University, 1993.
4. An excellent instructional manual is The *Scythe Book* by David Tresemer (Brattleboro, VT: By Hand & Foot, 1981).
5. Some background on this topic can be found in P. M. Huang and M. Schnitzer, eds., "Interactions of Soil Minerals with Natural Organics and Microbes," SSSA Special Publication No. 17 (Madison, WI: Soil Science Society of America, 1986).
6. M. M. Mortland, A. E. Erickson, and J. E. Davis, "Clay Amendments on Sand and Organic Soils," *Michigan State University Quarterly Bulletin* 40, no. 1 (1957): 23-30. A more recent study confirms those results: Gerhard Reuter, "Improvement of Sandy Soils by Clay-Substrate Application," *Applied Clay Science* 9 (1994): 107-20.

14장 곡초식 윤작

1. *Alternate Husbandry*, May 1944, Imperial Agricultural Bureau, Joint Publication No. 6.

16장 옮겨심기

1. The best source for information on all topics such as germination temperatures, numbers of seeds or transplants required for a given acreage, and any agricultural tables and lists ever compiled is *Knott's Handbook for Vegetable Growers*, 3rd ed., by Oscar A. Lorenz and Donald N. Maynard (New York: John Wiley & Sons, 1988).

17장 흙 블록

1. Michael D. Coe, "The Chinampas of Mexico," *Scientific American* (July 1964).
2. W. J. C. Lawrence, *Catch the Tide: Adventures in Horticultural Research* (London: Grower Books, 1980), 73-74.
3. The old-time official definition of *loam* referred to the crumbly, dark brown "soil" made by stacking layers of sod from a fertile grass field upside down to decompose for a year or two. The development of the old loam-based mixes is well covered in *Seed and Potting Composts* by W. J. C. Lawrence and J. Newell (London: Allen & Unwin, 1939). I based my earliest mixes on modifications of their formulas by using soil and compost to replace the loam to which I did not have access at the time. The addition of real loam as the soil ingredient in the blocking mix recipe on page 126 could make it even better.
4. T. E. Odland, R. S. Bell, and J. B. Smith, "The Influence of Crop Plants on Those Which Follow: V," Bulletin No. 309 (Kingston, RI: Rhode Island Agricultural Experiment Station, 1950).
5. B. Gagnon and S. Berrourard, "Effects of Several Organic Fertilizers on Growth of Greenhouse Tomato Transplants," *Canadian Journal of Plant Science* 74, no. 1 (1994): 167-68.
6. Harry A. J. Hoitink and P. C. Fahy, "Basis for the Control of Soil Borne Pathogens with Compost," *Annual Review of Phytopathology* 24 (1986): 93-114; H. A. J. Hoitink, Y. Inbar, and M. J. Baehun, "Status of Compost-Amended Potting Mixes," *Plant Disease* (September 1991): 869-73.
7. A. C. Bunt, *Modern Potting Composts* (University Park: Penn State University Press, 1976).
8. Occasionally, if the mix is a shade too moist, some blocks may fall out when you lift the blocker. If you first tip the blocker slightly with a quick twisting motion before lifting it, you can break the moist suction between the soil blocks and the surface beneath them, ensuring that the blocks remain inside the blocker.

9. J. L. Townsend, "A Vacuum Multi-Point Seeder for Pots," *HortScience* 22, no. 6 (1987): 1328.
10. Redi-Heat heavy-duty propagation heat mats are sold by Johnny's Selected Seeds.

19장 잡초

1. H. A. Roberts and Patricia A. Dawkins, "Effect of Cultivation on the Numbers of Viable Weed Seeds in Soil," *Weed Research* 7 (1967): 290-301.

20장 해충과의 공존

1. C. E. Yarwood, "Predisposition," in *Plant Pathology*, vol. 1, edited by J. G. Horsfall and A. E. Dimond (San Diego: Academic Press, 1959), 521-62.
2. S. Perrenoud, *Potassium and Plant Health* (Worblaufen-Bern, Switzerland: International Potash Institute, 1977).
3. T. C. R. White, "The Abundance of Invertebrate Herbivores in Relation to the Availability of Nitrogen in Stressed Food Plants," *Oecologia* 63 (1984), 90-105.
4. Cited in Rene Dubos, "An Inadvertent Ecologist," *Natural History* 85, no. 3 (1976): 8-12.
5. A. H. Lees, "Insect Attack and the Internal Condition of the Plant," *Annual Biology* 13 (1926): 506-15.
6. S. H. Wittwer and L. Haseman, "Soil Nitrogen and Thrips Injury on Spinach," *Journal of Economic Entomology* 38, no. 5 (1945): 615-17.
7. F. Chaboussou, "Cultural Factors and the Resistance of Citrus Plants to Scale Insects and Mites," in *Fertilizer Use and Plant Health: Proceedings of the 12th Colloquium of the International Potash Institute* (Worblaufen-Bern, Switzerland: International Potash Institute, 1972), 259-80.
8. White, "The Abundance of Invertebrate Herbivores."
9. A. M. Primavesi, A. Primavesi, and C. Veiga, "Influences of Nutritional Balances of Paddy Rice on Resistance to Blast," *Agrochemica* 16, nos. 4-5 (1972): 459-72.
10. P. A. Van Der Laan, "The Influence of Organic Manuring on the Development of the Potato Root Eelworm, *Heterodera rostochiensis*," *Nematology* 1 (1956): 113-25.
11. Von H. Thiem, "Uber Bedingungen der Massenvermehrung von Insekten," *Arbeiten uber physiologische und angewandte entomologie aus Berlin Dahlem* 5, no. 3 (1938): 229-55.
12. United States Department of Agriculture, *Soil: The Yearbook of Agriculture* (Washington: USDA, 1957), 334.
13. T. W. Culliney and D. Pimental, "Ecological Effects of Organic Agricultural Practices on Insect Populations," *Agricultural Ecosystems Environment* 15 (1986): 253-66.

14. G. S. Williamson and I. H. Pearse, *Science, Synthesis and Sanity* (Edinburgh: Scottish Academic Press, 1980), 315.
15. Cited in T. B. Colwell, "Some Implications of the Ecological Revolution for the Construction of Value," in *Human Values and Natural Science*, edited by E. Laszlo and J. B. Wilbur (New York: Gordon and Breach, 1970), 246.
16. Robert Van den Bosch, *The Pesticide Conspiracy* (Garden City, NY: Doubleday, 1978), 19.
17. Meadow seed blends whose blooms provide nectar, pollen, and habitat for predatory wasps, lacewings, ladybugs, and other beneficial insects are sold under brand names such as Good Bug Blend and Border Patrol. Of course, the same plantings can also provide habitat for pest insects. Researchers have investigated a number of management strategies for enhancing the effect of the beneficials. There are scientific references in Mary Louise Flint's *Pests of the Garden and Small Farm* (Davis: University of California, 1990) that provide more information to growers interested in exploring that option.
18. Pieterse, Corne M. J. et al. "Induced Plant Responses to Microbes and Insects," *Front Plant Sci.* 2013;4:475.

21장 임시적 해충 퇴치

1. There are quite a number of both seaweed-based and non-seaweed-based "plant enhancing" nutrient sprays used by organic growers. An extensive selection of them is available from Peaceful Valley Farm Supply.
2. A good study with which to begin investigating this subject is Heinrich C. Weltzein, "Some Effects of Composted Organic Materials on Plant Health," *Agriculture, Ecosystems, and Environment* 27 (1989), 439-46.

   Compost Tea Manual 1.1, by Elaine Ingham and Michael Almes, is available for $15 US from Growing Solutions, Inc., 1702 W. 2nd Avenue, Eugene, OR 97402; (541) 343-8727. It provides a clear explanation of the compost tea idea as well as information on production methods and formulas for enhancing the effect of compost teas in different situations.
3. Walter Ebeling, "Sorptive Dusts for Pest Control," *Annual Review of Entomology* 16 (1971): 123-58.

22장 수확

1. A good (although dated) book on farmwork efficiency is *Farm Work Simplification* by L. M.

Vaughan and L. S. Hardin (New York: John Wiley & Sons, 1949).
2. See *Growing for Market* magazine, January 16, 2013.

24장 재배 기간 늘리기

1. Some interesting books on microclimate are: *Climates in Miniature* by T. Bedford Franklin (London: Faber, 1945); *Shelterbelts and Windbreaks* by J. M. Caborn (London: Faber, 1955); and *Climate and Agriculture* by Jen-Hu Chang (Chicago: Aldine, 1968).
2. For a manual of general information on all aspects of greenhouses, see *Greenhouse Engineering* by Robert A. Aldrich and John W. Bartok Jr. (Storrs: University of Connecticut, n.d.). Other books are listed in the bibliography.

25장 이동식 온실

1. The only history of mobile greenhouses I have been able to find is a 1960 study done by an English garden writer with funding from a Royal Horticultural Society trust: I. G. Walls, *Design, Cropping, and Economics of Mobile Greenhouses in Britain and the Netherlands* (R. H. S. Paxton Memorial Bursary, 1960). It proved so difficult to locate that I eventually begged a copy of the manuscript from the author. Photocopies of that manuscript were recently available from ATTRA (see the sidebar in on page 227 for the address).

26장 겨울 농사 계획

1. H. A. Roberts and Patricia A. Dawkins, "Effect of Cultivation on the Numbers of Viable Weed Seeds in Soil," *Weed Research* 7 (1967): 290-301.

27장 가축

1. H. R. Bird, "The Vital 10 Percent for Poultry," in United States Department of Agriculture, *Soil: The Yearbook of Agriculture* (Washington: USDA, 1948), 90-94.
2. My young layers on range have not been bothered by hawks. But if that is a problem where you live with hawks or owls, you might investigate guard dogs or guard geese or use covered pens. There are excellent designs in Joel Salatin's *Pastured Poultry Profits* (Swoope, VA: Polyface, 1993). This exceptional book also contains extensive material on feeding, slaughtering, and marketing. The author is a specialist on range poultry, and his information is very sound.

이미지 출처

Barbara Damrosch 1, 19, 23, 24, 33, 41, 53, 57, 61, 62, 64, 66, 83, 85, 105, 124, 132, 135, 138(오른쪽), 139, 145, 146, 154, 165, 168, 176, 182, 185~213, 219, 220, 222, 223, 231, 238, 245, 250, 258, 263, 268, 272, 278, 280, 286~288, 291, 293(오른쪽), 295(아래), 301~306, 315, 317~333, 342, 347~384, 408

Lynn Karlin 12, 48

Robbie George 37, 271

Clara Coleman 63, 173, 275, 293(왼쪽), 295(위), 335

Tom Jones (*Maine Times*) 69

Eliot Coleman 111, 112, 121, 133, 216, 221, 274(아래), 313(위)

Johnny's Selected Seeds 130, 181, 184(안쪽), 233

James Baigrie 138(왼쪽)

Adam Lemieux 184(바깥쪽), 240, 313(아래)

Stephen Orr 236

Jonathan Dysinger 274(위)

Eric Chase Architecture 344, 345

찾아보기

유기농 농부

초판 인쇄 2021년 3월 20일
초판 발행 2021년 3월 25일

지은이 엘리엇 콜먼
옮긴이 제효영
감수자 김원신
펴낸이 조승식
펴낸곳 돌배나무
공급처 북스힐

등록 제2019-000003호
주소 서울시 강북구 한천로 153길 17
전화 02-994-0071
팩스 02-994-0073
홈페이지 www.bookshill.com
이메일 bookshill@bookshill.com

ISBN 979-11-90855-18-1
정가 28,000원